TRAITÉ ÉLÉMENTAIRE

DE

MÉTÉOROLOGIE

PAR

Alfred ANGOT,

MÉTÉOROLOGISTE TITULAIRE AU BUREAU CENTRAL MÉTÉOROLOGIQUE,
PROFESSEUR A L'INSTITUT NATIONAL AGRONOMIQUE ET A L'ÉCOLE SUPÉRIEURE DE MARINE.

PARIS,

GAUTHIER-VILLARS, IMPRIMEUR-LIBRAIRE

DU BUREAU CENTRAL MÉTÉOROLOGIQUE DE FRANCE,

Quai des Grands-Augustins, 55.

—

1899

TRAITÉ ÉLÉMENTAIRE

DE

MÉTÉOROLOGIE.

25786   PARIS. — IMPRIMERIE GAUTHIER-VILLARS,
Quai des Grands-Augustins, 55.

PRÉFACE.

Ce *Traité élémentaire de Météorologie* est, au moins dans ses parties essentielles, le résumé du Cours que je professe à l'Institut national agronomique. C'est donc avant tout un Ouvrage d'enseignement, écrit pour ceux qui veulent apprendre les éléments de la Météorologie, et non un Traité complet, où l'on irait chercher l'exposé de tous les faits connus à ce jour et la discussion critique des théories qui ont été proposées pour les expliquer. Je me suis efforcé, cependant, de ne laisser de côté aucune question réellement importante. Les lois des phénomènes généraux et leurs théories ont été exposées en détail, mais sans recourir à des développements mathématiques, et en ne supposant, chez le lecteur, que la connaissance préalable des notions élémentaires de la Physique et de la Mécanique.

Il a paru inutile, dans un Ouvrage de cette nature, de multiplier les exemples numériques; les tableaux de chiffres sont remplacés, autant que possible, par des cartes et des diagrammes. De même on a supprimé la description des instruments et les détails techniques sur la manière de faire les observations; ces questions n'intéressent que les praticiens et on les trouve développées amplement dans tous les recueils d'Instructions météorologiques. Par contre, on a cru bon de donner des indications générales sur les principes mêmes des méthodes d'observation et sur les conditions auxquelles ces observations doivent satisfaire pour donner des résultats dignes de confiance.

La Météorologie offre un champ de recherches des plus variées, tant dans le domaine de la théorie pure que dans celui des applications; peu de sciences peuvent être abordées plus facilement par les travailleurs isolés, qui ne disposent pas des ressources de grands laboratoires. Cependant notre pays, qui a joué autrefois un grand rôle dans le développement de la Météorologie, est aujourd'hui un de ceux où elle est le moins cultivée; il suffit pour s'en assurer de faire la statistique des travaux publiés chaque année en France et à l'étranger. Cette différence a pour cause l'absence, dans notre pays, de tout enseignement régulier de la Météorologie ou, plus généralement, de la Physique du Globe. En dehors de l'Institut agronomique, la Météorologie ne figure pas dans les programmes de nos établissements d'enseignement supérieur; dans les contrées voisines, au contraire, et jusqu'aux États-Unis, un grand nombre de chaires spéciales lui sont consacrées, tant dans les Écoles supérieures que dans les Universités. Je m'estimerai heureux si le Traité que je publie contribue, pour une petite part, à combler cette lacune et à rappeler l'attention sur une science où, malgré des progrès incessants, il reste encore beaucoup à faire.

Alfred ANGOT.

Paris, décembre 1898.

TRAITÉ ÉLÉMENTAIRE

DE

MÉTÉOROLOGIE.

INTRODUCTION.

1. Objet et division de la Météorologie. — La Physique du globe comprend l'étude des différents phénomènes physiques qui se manifestent sur la Terre et dans l'atmosphère : variations de température, de pression et d'humidité; pluies et vents, mouvements de l'air et des eaux; intensité de la pesanteur, magnétisme terrestre, électricité atmosphérique, météores lumineux, etc. La *Météorologie* est la partie de la Physique du globe qui traite plus spécialement de ceux de ces phénomènes dont l'atmosphère est le siège.

La Météorologie est souvent divisée en deux grandes parties : dans la *Climatologie* on étudie la manière dont se produisent, en chaque lieu, les divers phénomènes météorologiques, les relations de ces phénomènes entre eux, l'influence des conditions géographiques et topographiques, les rapports de ces phénomènes avec le développement des végétaux, la vie des animaux, la santé publique, etc.; dans la *Météorologie dynamique*, on recherche surtout les lois générales des mouvements de l'atmosphère, le mode de formation et de propagation des tempêtes. Ces deux parties se rattachent, du reste, l'une à l'autre par des liens si nombreux et si étroits qu'il serait impossible de les traiter complètement à part.

2. Variations régulières ou irrégulières. Moyennes. — Les éléments que l'on considère en Météorologie sont soumis à des variations incessantes : les unes, dites *variations régulières* ou *périodiques,* se manifestent généralement dans le même sens et à des intervalles réguliers ; c'est ainsi que la température de l'air monte d'ordinaire chaque jour depuis le lever du Soleil jusque dans l'après-midi, pour baisser ensuite. Les autres, dites *variations irrégulières* ou *perturbations,* se produisent dans un sens ou dans l'autre et à des époques quelconques, ou, tout au moins, dans lesquelles on n'a pas encore reconnu de périodicité ; elles viennent souvent troubler et quelquefois même masquent complètement, en apparence, la régularité des variations périodiques.

En raison de ces variations multiples, la marche des éléments météorologiques devient souvent trop complexe pour se prêter immédiatement à l'étude. La méthode des *moyennes* permet alors d'ordinaire de simplifier le problème et de faire la part des diverses influences qui se sont fait sentir. Comme cette méthode est une des plus fécondes que l'on puisse employer en Météorologie et que, d'autre part, elle conduit à des résultats illusoires quand on l'applique sans discernement, nous croyons utile d'y insister avec quelques détails,

3. Moyennes diurnes, mensuelles, annuelles. — Un premier emploi de la méthode des moyennes consiste, étant données les valeurs successives par lesquelles a passé un élément météorologique pendant un certain temps, à chercher la valeur moyenne de cet élément, c'est-à-dire une valeur autour de laquelle les nombres ont oscillé et telle que tous les écarts qui se sont produits au-dessus de cette moyenne balancent exactement ceux qui se sont produits au-dessous. Nous supposerons toujours que cette recherche porte sur un élément, tel que la pression atmosphérique ou la température, dont la marche est continue, c'est-à-dire qui ne peut pas passer d'une valeur à une autre sans prendre dans l'intervalle toutes les valeurs intermédiaires.

Soient a_1, a_2, a_3, ..., a_n les valeurs aux époques t_1, t_2, t_3, ..., t_n d'un certain élément météorologique qui varie d'une manière continue. Sur une droite Ox (*fig.* 1), portons des longueurs OA, OB, ..., ON, proportionnelles aux temps t_1, t_2, ...,

t_n écoulés depuis l'origine des observations, et aux points A,
B, ..., N, élevons les perpendiculaires AA′, BB′, ..., NN′ proportionnelles aux valeurs numériques a_1, a_2, ..., a_n fournies
par l'observation. Par exemple, AA′ représentera la quantité de
chaleur envoyée par le Soleil à midi, BB′ la quantité de chaleur
envoyée à 1^h du soir, et
ainsi de suite. La courbe
continue qui passe par les
points A′, B′, C′, ..., N′ représentera graphiquement
la loi du phénomène en
fonction du temps, c'est-
à-dire, dans le cas actuel,
la manière dont la quan-
tité de chaleur envoyée
par le Soleil varie avec
l'heure.

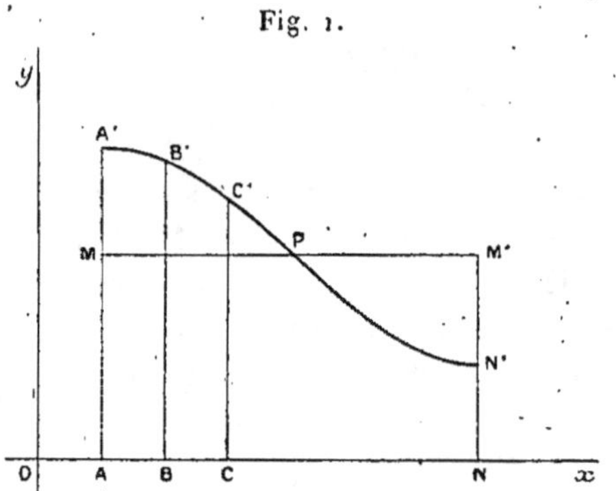

Fig. 1.

Imaginons maintenant
que l'on mène une droite MM′ parallèle à Ox, et telle que le rectangle AMM′N ait même surface que le trapèze curviligne AA′N′N;
la hauteur AM de ce rectangle sera dite la *moyenne* de toutes les
ordonnées de la courbe AA′, BB′, ..., NN′; dans l'exemple que
nous avons choisi, ce sera la quantité constante de chaleur que
devrait envoyer le Soleil pendant tout le temps AN pour qu'au
bout de ce temps la quantité totale reçue fût la même qu'elle l'a
été en réalité, alors qu'elle a varié, d'une manière continue,
depuis la valeur AA′ jusqu'à la valeur NN′. D'après la définition
même de la moyenne, la surface de la partie MA′P, située au-
dessus de la droite MM′, est égale à la surface de la partie M′N′P,
située au-dessous; cette égalité cesserait évidemment d'être réalisée
si l'on déplaçait la droite MM′ parallèlement à elle-même, dans un
sens ou dans l'autre; une courbe donnée n'admet donc qu'une
seule moyenne, qui est ainsi parfaitement déterminée.

L'utilité des moyennes est facile à comprendre. Par exemple, il
peut arriver qu'un jour donné la température monte à la fois
plus haut et descende plus bas que la veille; il est donc difficile
de décider laquelle de ces deux journées a été, en somme, la plus
chaude. On représentera alors la marche de la température dans

les deux journées par deux courbes, comme nous l'avons fait plus haut pour les quantités de chaleur; si l'on peut construire les rectangles dont la surface équivaut à celle de chacune des courbes, les hauteurs de ces rectangles représenteront les températures moyennes des deux journées, qu'il sera alors facile de comparer. Il est clair que ce mode d'opérer ne laisse rien à désirer, car il tient compte aussi bien de la valeur du phénomène à un instant donné que de la manière dont il varie avec le temps.

Il existe un grand nombre de procédés qui permettent, dans la pratique, de déterminer la valeur numérique de la moyenne, c'est-à-dire la hauteur d'un rectangle dont la surface est équivalente à celle d'un trapèze curviligne de même base.

Si les valeurs successives du phénomène considéré étaient liées au temps par une formule mathématique, on pourrait d'ordinaire calculer directement la moyenne; mais c'est un cas qui ne se présente pas généralement en Météorologie.

Si l'on découpe dans une bande de carton, d'épaisseur bien uniforme, le trapèze curviligne $AA'N'N$, puis un rectangle ayant même base AN et une hauteur égale à l'unité, le rapport des poids de ces deux morceaux représentera la moyenne cherchée.

On peut encore obtenir la moyenne au moyen d'instruments nommés *planimètres,* qui permettent de mesurer directement la surface d'une figure quelconque; en évaluant au planimètre la surface du trapèze curviligne $AA'N'N$ et divisant le nombre obtenu par la longueur de la base AN, le quotient donnera la hauteur AM du rectangle équivalent, c'est-à-dire la moyenne cherchée.

Un dernier moyen, le plus souvent employé, consiste à diviser la base AN en un nombre suffisamment grand n de parties d'égale longueur, et à mesurer la hauteur des ordonnées a_0, a_1, a_2, ..., a_n, qui correspondent aux points de division. Diverses formules, connues sous le nom de *formules de quadrature* (formules des trapèzes, de Simpson, de Poncelet), permettent alors de calculer approximativement, au moyen de ces ordonnées, la surface de la courbe, d'où l'on déduit ensuite la moyenne. La plus simple de ces méthodes, dite *méthode des trapèzes,* consiste à remplacer la courbe $A'N'$ par les cordes $A'B'$, $B'C'$, ... et à évaluer la surface des trapèzes rectilignes $AA'B'B$, $BB'C'C$, ... La moyenne m

est alors donnée par la formule approximative

$$m = \frac{1}{n}\left(\frac{a_0}{2} + a_1 + a_2 + \ldots + a_{n-1} + \frac{a_n}{2}\right).$$

Par exemple, pour calculer la température moyenne d'un jour donné, on prendra la température d'heure en heure, de minuit à minuit; on divisera par 2 les températures du minuit qui commence et du minuit qui finit la journée; on additionnera ces deux nombres avec les vingt-trois autres températures observées d'heure en heure, et l'on divisera la somme par 24; le quotient m ainsi obtenu représentera approximativement la température moyenne de la journée. On vérifie du reste qu'en opérant de cette façon sur des observations faites d'heure en heure, la moyenne approximative ainsi obtenue ne diffère de la moyenne vraie, qu'aurait donnée le planimètre, que d'une quantité inférieure aux erreurs d'observation. Il suffit même le plus souvent de prendre la moyenne arithmétique de huit observations faites de trois heures en trois heures pour avoir un nombre identique avec la moyenne vraie. Enfin nous verrons, à propos de chaque élément météorologique, que l'on obtient encore assez exactement la moyenne de la journée en prenant la moyenne arithmétique de trois ou quatre observations seulement, pourvu qu'elles aient été faites à des heures convenables..Dans la pratique, la moyenne vraie d'un élément quelconque pendant une journée peut donc toujours être obtenue sans difficulté.

Une fois qu'on a calculé, par l'une des méthodes précédentes, la moyenne diurne d'un élément météorologique pour chacun des jours d'un mois, on obtient la moyenne du mois en prenant la moyenne arithmétique de toutes les moyennes diurnes, c'est-à-dire en les additionnant, puis en divisant la somme par le nombre de jours. Chaque moyenne diurne représente, en effet, comme nous venons de le voir, la hauteur d'un rectangle dont la base, qui est la durée du jour, est constante pour tous les jours du mois. Pour avoir la hauteur du rectangle équivalent à la somme de tous les rectangles de chaque jour, il suffit donc de prendre la moyenne arithmétique des hauteurs de tous ces rectangles.

On aurait de même la moyenne annuelle en prenant la moyenne

arithmétique des 365 (ou 366) moyennes diurnes; mais au lieu de faire ce calcul, qui serait long, on profite toujours de ce que les moyennes mensuelles ont été précédemment calculées. En appelant A_1 la moyenne de janvier, A_2 celle de février, A_3 celle de mars, etc., A_{12} celle de décembre, on opère comme si tous les mois avaient même longueur et l'on prend pour moyenne de l'année l'expression

$$M = \frac{1}{12} (A_1 + A_2 + A_3 + \ldots + A_{12}).$$

La valeur exacte de la moyenne serait évidemment

$$M' = \frac{1}{365} (31 A_1 + 28 A_2 + 31 A_3 + \ldots + 31 A_{12})$$

pour les années communes, et

$$M' = \frac{1}{366} (31 A_1 + 29 A_2 + 31 A_3 + \ldots + 31 A_{12})$$

pour les années bissextiles; mais on vérifie aisément qu'il n'y a pas d'ordinaire une différence appréciable entre les nombres M et M'; ainsi, à Paris, la température moyenne annuelle calculée par la moyenne arithmétique (M) des douze moyennes mensuelles est plus faible que la moyenne vraie (M'), mais seulement de $0°,03$. Aussi, dans la pratique, prend-on toujours comme moyenne annuelle la moyenne arithmétique des douze moyennes mensuelles.

Il est clair que, dans le cas où nous nous sommes placés, d'un élément qui varie d'une manière continue, les moyennes diurnes, mensuelles et annuelles représentent quelque chose de très net : ce sont réellement des valeurs moyennes, autour desquelles ont oscillé les éléments considérés et par lesquelles ils ont nécessairement passé un certain nombre de fois.

4. Recherche des variations périodiques. Moyennes horaires. — On emploie fréquemment en Météorologie le mot de *moyenne* dans un sens différent de celui que nous venons de considérer, notamment dans l'étude des variations périodiques. Prenons comme exemple la marche diurne de la température.

Par suite de circonstances particulières, il peut arriver qu'en

un jour donné la température soit la plus haute à 10^h du matin ;
un autre jour le maximum sera observé à midi ; un autre encore
vers 3^h ou 4^h du soir ; la variation diurne de la température ne
paraîtra donc pas régulière tant que l'on considérera chaque jour
en particulier. Mais observons la température tous les jours
d'heure en heure pendant un mois ; à la fin du mois, additionnons
toutes les températures obtenues à 1^h du matin et divisons cette
somme par le nombre des journées d'observation ; faisons de
même pour les observations de 2^h, 3^h, et ainsi de suite. On
verra immédiatement que ces moyennes présentent une marche
très régulière. Elles augmentent d'une manière continue depuis
le lever du Soleil jusque vers 2^h de l'après-midi, puis diminuent
pendant le reste du jour et la nuit ; la variation périodique diurne
est ainsi mise nettement en évidence.

De même, pour chercher si la Lune exerce une influence sur
le baromètre, on diviserait le temps en jours lunaires et en fractions, en douzièmes, par exemple ; puis on observerait le baromètre au commencement de chaque jour lunaire, au premier
douzième, au second, etc. Quand on aura réuni ainsi des observations pendant un certain nombre de jours, on fera la moyenne
arithmétique de tous les nombres qui correspondent au commencement de chaque jour lunaire, puis de ceux qui correspondent
au premier douzième, et ainsi de suite. S'il existe une variation diurne produite par la Lune, elle se manifestera dans ces
moyennes. Les perturbations accidentelles et les variations régulières de périodes différentes qui masquaient le phénomène que
l'on recherche se trouveront ainsi éliminées de ces moyennes, à
condition qu'elles aient été déduites d'un nombre assez grand
d'observations.

Le Calcul des probabilités permet dans une certaine mesure de
déterminer jusqu'à quel point les perturbations sont ainsi éliminées des moyennes ; aussi, avant de conclure quelque loi des
nombres obtenus de cette manière, faut-il toujours avoir soin d'en
vérifier la valeur au moyen des règles du Calcul des probabilités,
sans quoi l'on pourrait arriver à des conclusions illusoires.

Comme on le voit, les deux espèces de moyennes dont nous
venons de parler sont tout à fait différentes et sont, du reste,
employées à des objets distincts. La première espèce de moyennes,

comme les moyennes diurnes, mensuelles ou annuelles, a une signification géométrique précise et donne une valeur autour de laquelle ont oscillé pendant un certain temps les divers éléments météorologiques, telle que tous les écarts qui se sont produits au-dessus de cette valeur moyenne balancent exactement ceux qui se sont produits au-dessous; elle permet ainsi de comparer plus facilement entre eux les jours, les mois ou les années. La deuxième espèce de moyennes, comme les moyennes horaires, s'emploie surtout dans la recherche des variations périodiques; c'est une opération purement arithmétique qui permet, dans une certaine mesure, d'éliminer toutes les variations, régulières ou non, autres que celles que l'on veut étudier, mais qui ne donne que des valeurs probables, dont le degré d'exactitude peut et doit toujours être déterminé.

5. Interpolation; méthode graphique. — Quand on ne dispose que d'une série d'observations discontinue et qu'on a besoin de connaître la valeur probable d'un élément pour une époque intermédiaire à celles où les observations ont eu lieu, on a recours à l'*interpolation*. La méthode d'interpolation la plus simple et qui donne en même temps les meilleurs résultats est la *méthode graphique*.

Supposons, pour fixer les idées, qu'il s'agisse de représenter la marche diurne de la température. Sur une droite Ox (*fig. 2*) on prend des points A, B, C, ..., E, F, G, dont les distances au point O, ou *abscisses*, représentent, à une échelle convenable, les diverses heures d'observation; en ces points, on élève des perpendiculaires AA', BB', ..., GG', ou *ordonnées*, dont les longueurs sont proportionnelles aux températures observées aux époques A, B, ..., G. Dans certaines portions, entre O et C, et au delà de E, les observations sont assez nombreuses pour qu'il n'y ait aucune incertitude sur le tracé de la courbe qui passe par les points A', B', ... et qui représente la marche de la température. Mais entre C. et E, espace qui correspondra, par exemple, à une partie de la

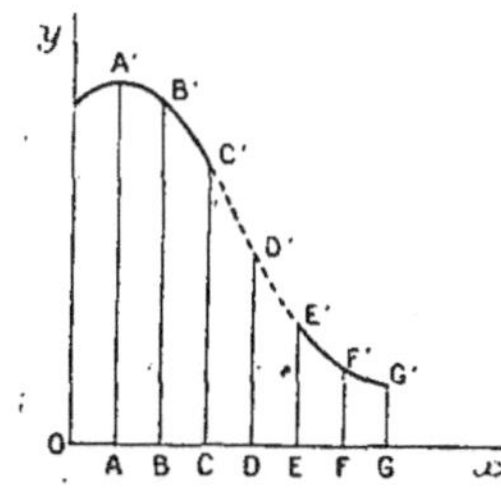

Fig. 2.

nuit, il n'y a eu aucune observation. On complétera alors la courbe au sentiment, comme on l'a représenté sur la figure en traits interrompus et, si l'on veut savoir quelle a été la valeur probable de la température à une époque telle que D, il n'y aura plus qu'à élever en D une perpendiculaire et à en mesurer la longueur DD'.

Cette méthode, fondée uniquement sur la loi de continuité, ne peut donner de bons résultats que si la courbe ne change pas d'allure pendant l'intervalle sur lequel porte l'interpolation. Cette condition rend très douteuse toute interpolation qui porte sur des observations brutes, soumises à des variations accidentelles; ainsi, il est pour ainsi dire impossible, dans le plus grand nombre des cas, de déduire, en un jour donné, la température probable de 10^h du matin si l'on connaît seulement les températures observées avant 8^h et après midi. Rien ne permet, en effet, d'affirmer que la variation de température entre 8^h et midi ait été régulière et toujours de même sens; des causes accidentelles, un nuage, le vent, la pluie, pourraient introduire de grandes irrégularités dans la courbe.

Si, au contraire, on opère sur des moyennes; si AA', BB', ... représentent les moyennes mensuelles des températures relevées à diverses heures de la journée, l'interpolation devient beaucoup plus sûre, puisque la courbe de la variation moyenne est, en grande partie, sinon en totalité, débarrassée des perturbations.

Pour que l'interpolation soit tout à fait légitime, il n'y a plus alors qu'une condition : c'est qu'on sache que, dans l'intervalle pendant lequel est faite l'interpolation, la variation a toujours eu lieu dans le même sens et qu'il ne s'est produit ni maximum, ni minimum; ceci peut généralement être présumé, soit d'après l'allure de la courbe, soit d'après la comparaison avec des courbes analogues et complètes obtenues en d'autres pays. Ainsi l'interpolation semble légitime dans le cas de la *fig.* 2, tandis qu'elle serait illusoire dans celui de la *fig.* 3. On pourrait, en effet, dans ce dernier cas, imaginer un grand nombre de courbes entre C'

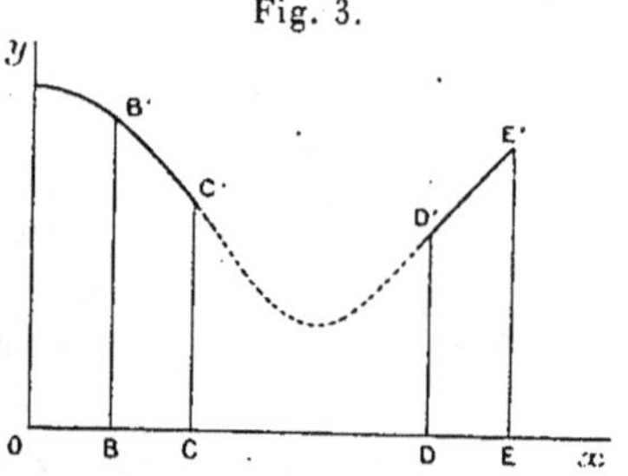

Fig. 3.

et D′, qui satisfassent toutes à la condition de se raccorder aux deux branches données B′C′ et D′E′.

La méthode graphique se prête également à la solution d'un grand nombre de problèmes, par exemple la détermination de l'heure exacte des maxima et des minima d'une courbe donnée, ainsi que de leur valeur absolue. Supposons qu'on veuille déterminer le maximum d'une courbe telle que ABC ... (*fig.* 4). Le moyen le plus simple et le plus exact consiste à mener une série de cordes AA′, BB′, ... parallèles à Ox, à prendre les milieux $a, b, c, ...$ de ces cordes et à tracer la droite ou la courbe qui passe par ces points. Cette courbe

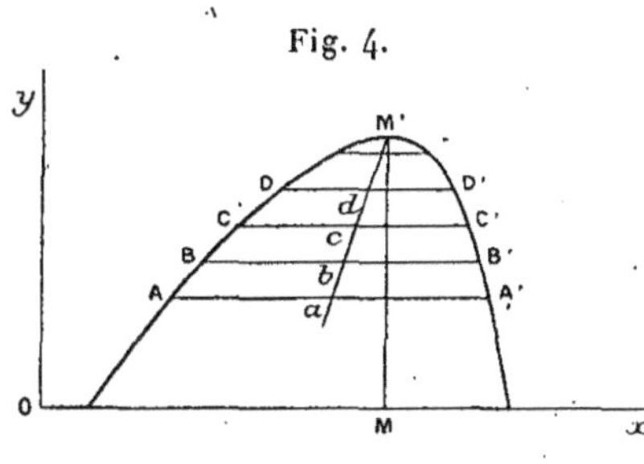

Fig. 4.

prolongée coupe la première en un point M′ qui est le maximum cherché; en menant MM′ parallèle à Oy, la longueur MM′ donnera la valeur absolue du maximum; la position du point M sur Ox indiquera en même temps l'heure à laquelle ce maximum s'est produit.

Nous n'insisterons pas plus longuement sur ce sujet: les considérations qui précèdent suffisent pour faire comprendre au moins l'esprit de la méthode, qui est d'un usage constant en Météorologie.

LIVRE I.

TEMPÉRATURE.

—

CHAPITRE I.

ACTINOMÉTRIE.

—

6. Variations diurne et annuelle de la radiation solaire. — La cause première de presque tous les phénomènes météorologiques, sinon même de tous, doit être cherchée dans la chaleur que nous envoie le Soleil, et dans la manière dont les différentes parties qui constituent l'écorce du globe absorbent ou rayonnent cette chaleur. Peut-être faudrait-il admettre encore, comme nous le discuterons plus tard, quelques actions cosmiques; mais ces dernières, dont l'existence ne peut être considérée comme rigoureusement démontrée, sont en tous cas très faibles vis-à-vis de l'action du Soleil. L'étude de cette action, ou de la radiation solaire, constitue l'*Actinométrie;* c'est par elle qu'il convient donc de commencer et, pour simplifier, nous considérerons d'abord ce qui se passerait si la Terre était dépourvue d'atmosphère, ou, ce qui revient au même, si l'atmosphère laissait arriver intégralement jusqu'au sol la chaleur envoyée par le Soleil.

Soit une surface horizontale AB (*fig.* 5) prise sur le sol. A partir du moment où le Soleil se lève, elle reçoit une quantité de chaleur qui croît en même temps que la hauteur du Soleil au-dessus de l'horizon. En effet, quand le Soleil est dans une direction telle que AA′, BB′, tous les rayons qui arrivent sur la surface AB sont compris dans le cylindre AA′ BB′, dont la section droite A′ B′ est d'autant plus petite que la direction AA′ fait un plus petit angle avec l'horizon. La hauteur du Soleil est maximum à midi puis diminue progressivement jusqu'à l'heure du coucher;

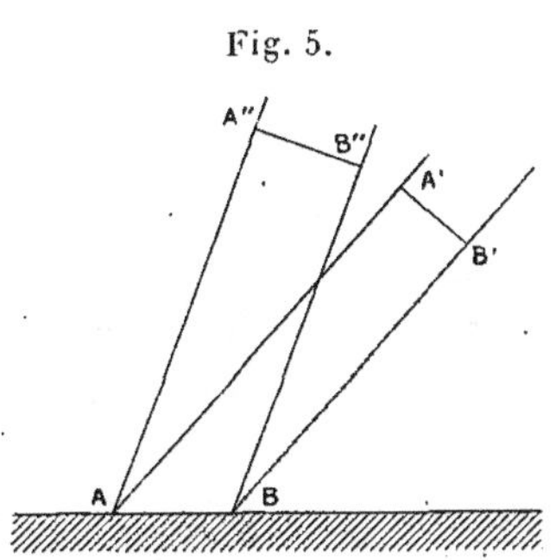

Fig. 5.

il en est donc de même de la quantité de chaleur reçue, de sorte que cette quantité de chaleur, nulle pendant la nuit, va en croissant depuis le lever du Soleil jusqu'à midi, pour décroître ensuite jusqu'au coucher du Soleil.

Au moyen de formules établies en Astronomie, il est aisé de calculer non seulement la quantité de chaleur qui tombe à chaque instant sur un mètre carré de la surface de la Terre, mais encore la quantité totale de chaleur reçue pendant une journée. Cette quantité dépend :

1º De la position que la surface considérée occupe sur la Terre, c'est-à-dire de la latitude du lieu d'observation;

2º De la saison; l'influence de la saison se fait d'ailleurs sentir de trois manières : par les hauteurs différentes que le Soleil atteint chaque jour à la même heure au-dessus de l'horizon; par la durée inégale des jours, et enfin par la variation de distance du Soleil à la Terre. On sait, en effet, que toutes choses égales d'ailleurs, la quantité de chaleur reçue à différentes distances d'une source calorifique varie en raison inverse du carré de la distance.

Au point de vue de l'influence de la latitude, tous les points de la Terre se divisent en cinq zones qui ont des régimes distincts : la zone équatoriale, comprise entre les deux tropiques; les deux zones moyennes comprises entre les tropiques et les cercles polaires, et enfin les deux calottes qui s'étendent des cercles polaires jusqu'aux pôles.

Considérons d'abord ce qui se passe à l'équateur : la durée des jours y étant constamment de douze heures, il n'y a plus qu'à tenir compte de la variation de hauteur du Soleil au-dessus de l'horizon et de sa distance à la Terre; mais, pour un instant, nous supposerons celle-ci constante. Deux fois par an, aux équinoxes, le 20 mars et le 22 ou 23 septembre, le Soleil est précisément dans le plan de l'équateur; il passe au zénith à midi et sa hauteur est plus grande à toute heure qu'aux autres jours de l'année. La quantité de chaleur reçue pendant les deux jours d'équinoxe est donc plus grande qu'à toute autre époque.

De l'équinoxe jusqu'aux solstices, le Soleil s'écarte de plus en plus de l'équateur : la chaleur reçue en un jour diminue et est la plus petite possible aux solstices, le 20 juin et le 21 décembre. La chaleur reçue en un jour à l'équateur éprouve ainsi une double oscillation annuelle, avec maxima aux équinoxes et minima aux solstices. Si la Terre décrivait une circonférence autour du Soleil, les deux oscillations seraient égales; mais la Terre décrit réélle-ment une ellipse, de sorte que sa distance au Soleil ne resté pas constante. Si l'on prend comme unité le demi grand axe de l'orbite terrestre, la distance du Soleil à l'époque du périhélie (actuellement le 1er janvier) est seulement 0,983, tandis qu'elle devient 1,017 à l'aphélie (le 2 juillet); la chaleur reçue par la Terre au solstice d'hiver sera ainsi, d'après la loi du carré des distances, plus grande qu'au solstice d'été, dans le rapport de 107 à 100. La double oscillation de la chaleur envoyée par le Soleil à l'équateur perd donc sa symétrie, et le minimum du solstice d'été devient plus accusé que celui du solstice d'hiver, en même temps que l'époque réelle des minima se présente un peu avant les solstices. Malgré l'inégalité des deux oscillations, la quantité totale de chaleur reçue à l'équateur depuis l'équinoxe de printemps jusqu'à l'équinoxe d'automne est toutefois exactement la même que de l'équinoxe d'automne à l'équinoxe de printemps; car l'ellipticité de l'orbite, à laquelle est due la variation de la dis-tance du Soleil à la Terre, produit, en même temps, une inégalité dans la durée des saisons. De l'équinoxe de printemps à celui d'automne il y a 186 jours, tandis qu'on n'en compte que 179 de l'équinoxe d'automne à celui de printemps; la saison la plus longue est en même temps celle où le Soleil est le plus loin, et l'on démontre que cette augmentation de durée compense rigou-reusement la diminution d'intensité calorifique qui résulte de la plus grande distance du Soleil à la Terre.

La marche annuelle de la chaleur reçue en un jour à l'équateur est représentée par la courbe 1 (*fig.* 6), sur laquelle on distingue nettement les deux oscillations inégales que nous venons d'indi-quer.

Si l'on considère maintenant un point de l'hémisphère nord compris entre l'équateur et le tropique du Cancer, la courbe qui représente la variation annuelle de la chaleur envoyée par le Soleil en ce point est analogue à la courbe 1; seulement, le minimum de décembre se creuse de plus en plus et s'élargit à mesure qu'on s'éloigne de l'équateur; en même temps, le minimum de juin se rétrécit et se comble par suite du rapprochement progressif des deux maxima entre lesquels il est compris. La quantité de chaleur reçue du 20 mars au 22 septembre devient plus grande que celle qui est reçue du 22 septembre au 20 mars; le contraire a lieu dans l'hémisphère sud. Au tropique même, les deux maxima arrivent à se confondre, et la courbe ne présente plus qu'un seul maximum (été) et un seul minimum (hiver): c'est le caractère des courbes de la région moyenne.

Comme exemple de la région moyenne, nous prendrons le parallèle de 45° nord. Du solstice d'hiver au solstice d'été, la durée des jours croît constamment; il en est de même pour la hauteur du Soleil au-dessus de l'horizon à une heure donnée. La quantité de chaleur reçue en un jour augmente donc régulièrement, tandis qu'elle diminue dans la seconde partie de l'année; il n'y a ainsi dans l'année qu'un seul maximum et un seul minimum, comme on le voit sur la courbe 2 (*fig.* 6), tracée à la même échelle que la courbe 1. En réalité, le minimum et le maximum se présentent un peu avant l'époque des solstices, comme nous l'avons indiqué pour l'équateur, mais cette petite différence, qui tient à la position du périhélie et de l'aphélie, n'altère pas la forme générale de la courbe.

Plus on se rapproche du cercle polaire arctique, plus la quantité de chaleur qui arrive en hiver est faible; au cercle polaire même, le Soleil ne se lève pas le 21 décembre, la chaleur reçue est nulle ce jour-là. En dedans de ce cercle et à mesure qu'on se rapproche du pôle, la durée de la nuit aux environs du solstice d'hiver est de plus en plus grande; il y a donc une partie de l'année où ces régions ne reçoivent plus du tout de chaleur du Soleil et la courbe de la radiation y tombe à zéro. Au pôle même, le Soleil reste constamment en dessous de l'horizon entre le 22 septembre et le 20 mars; la chaleur reçue pendant tout ce temps est donc nulle. Au contraire, le Soleil ne se couche jamais du 20 mars au 22 septembre; sa hauteur au-dessus de l'horizon augmente jusqu'au 21 juin et diminue ensuite; la chaleur reçue suit la même marche (courbe 3, *fig.* 6); toutefois, à cause de la variation de

Fig. 6.

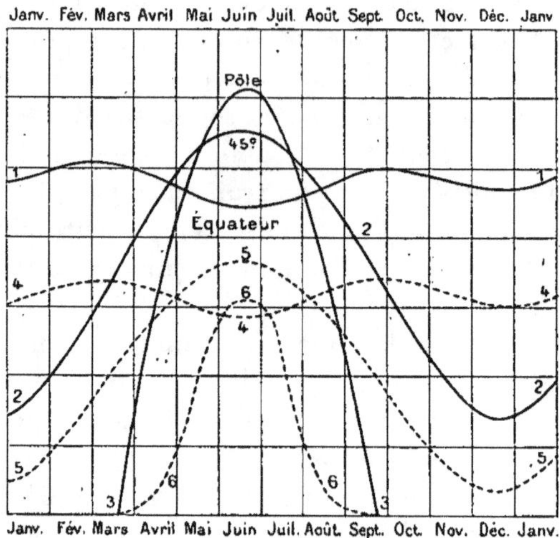

Variation annuelle de la chaleur solaire aux différentes latitudes.

distance du Soleil et de la Terre, le maximum de la chaleur se présente un peu avant le solstice d'été.

Le 21 juin, à l'équateur, la hauteur du Soleil au-dessus de l'horizon varie de 0° à 66°33′ et le jour dure, comme toujours, douze heures; au pôle, la hauteur du Soleil n'est que de 23°27′, mais elle reste constante pendant les vingt-quatre heures. La longueur du jour compense et au delà la faible élévation du Soleil, de sorte que la quantité de chaleur envoyée pendant cette journée par le Soleil est plus grande au pôle qu'à l'équateur et qu'à toute autre latitude, comme on le voit d'ailleurs sur la *fig.* 6, où les trois courbes correspondant aux latitudes 0°, 45 et 90°, sont tracées à la même échelle. Le rapport des quantités de chaleur reçues le jour du solstice d'été au pôle nord et à l'équateur est celui de 136 à 100.

Pour l'hémisphère sud, il n'y aurait qu'à répéter ce que nous venons de dire pour l'hémisphère nord, en intervertissant les

saisons. Mais l'effet de la variation de distance du Soleil est opposé
à ce qu'il est dans l'hémisphère nord et l'on verrait aisément qu'il
tend à accentuer, dans l'hémisphère sud, la différence entre l'été
et l'hiver. Au solstice d'hiver, par exemple, le Soleil étant plus
près de la Terre, il tombe plus de chaleur en un point quelconque
de l'hémisphère sud qu'il n'en tombait sur le point correspondant
de l'hémisphère nord au solstice d'été. Mais si, au lieu de considérer un jour particulier, on prend toute une saison, on trouve
qu'il y a compensation rigoureuse entre les effets inverses de
l'inégalité des saisons et de la variation de distance du Soleil.
Pendant l'été de l'hémisphère sud, le Soleil est plus près de la
Terre et par conséquent semble plus chaud que pendant notre
été ; mais, en revanche, notre été dure 93 jours, et celui de l'hémisphère sud 89 seulement ; de sorte que, pendant les saisons correspondantes et, à plus forte raison, pendant toute l'année, les
deux hémisphères reçoivent exactement la même quantité de
chaleur.

7. Absorption de la chaleur par l'atmosphère. — Dans ce qui
précède, nous avons considéré la chaleur envoyée par le Soleil
à la Terre ; mais, avant de parvenir jusqu'au sol, cette chaleur,
en traversant l'atmosphère, subit une
absorption qui dépend à la fois de la
composition de l'atmosphère et de l'obliquité des rayons, ou de la masse d'air
qu'ils rencontrent sur leur chemin ; un
rayon qui tombe normalement, tel que
SA (*fig.* 7) a, en effet, à traverser une
épaisseur d'air AB beaucoup moins
grande que l'épaisseur AC qui se présente devant un rayon oblique S'CA.

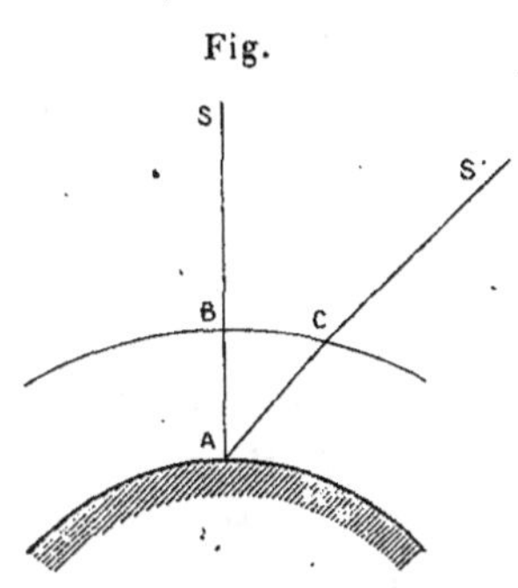

Si l'on considère un rayon tombant
normalement, tel que SA, il subit une absorption en traversant
l'atmosphère, et il ne parvient au sol qu'une certaine fraction p
de la chaleur envoyée réellement par le Soleil. Cette fraction p,
que l'on appelle *coefficient de transparence*, varie avec la nature
du rayonnement et avec la composition de l'atmosphère. Si l'on
a, par exemple, $p = 0,8$, cela veut dire que l'état de l'atmosphère

est tel que, le Soleil étant au zénith, il arrive seulement au sol les $\frac{8}{10}$ de la chaleur envoyée par le Soleil; l'atmosphère arrête les deux autres dixièmes.

L'absorption dépend encore de la quantité d'air ou masse atmosphérique ε rencontrée par le rayon; cette masse, qui augmente avec l'obliquité du rayon, s'exprime par le rapport de la quantité d'air rencontrée par un rayon quelconque tel que AC à la quantité d'air rencontrée par le rayon normal AB; ce rapport n'est pas égal à celui des deux longueurs AC et AB, car l'absorption dépend non seulement de la longueur du chemin parcouru par les rayons, mais encore de la densité des diverses couches d'air, c'est-à-dire de la masse d'air totale que les rayons ont traversée. La masse ε peut être calculée, pour toutes les hauteurs du Soleil au-dessus de l'horizon, par différentes formules, notamment celles de Bouguer ou de Laplace. On trouve ainsi, par exemple, qu'en représentant par l'unité la masse traversée quand le Soleil est au zénith, on a $\varepsilon = 1,56$ quand le Soleil est à $40°$ au-dessus de l'horizon; $\varepsilon = 5,57$ quand il est seulement à $10°$, et $\varepsilon = 35,5$ quand le Soleil est juste à l'horizon.

La loi fondamentale de l'absorption, due à Bouguer, est la suivante :

Pour un coefficient donné de transparence, les quantités de chaleur transmises décroissent en progression géométrique quand la masse atmosphérique traversée croît en progression arithmétique ([1]).

Donnons alors à p une valeur déterminée, $0,8$ ou $0,6$ par exemple, que nous supposerons constante et qui caractérise un certain état de l'atmosphère. Nous pourrons calculer au moyen de la loi de Bouguer, pour toutes les hauteurs du Soleil, le rapport de la quantité de chaleur qui parvient réellement jusqu'au sol à celle qui est envoyée par le Soleil. On trouvera, comme exemple,

---

([1]) Cette loi s'exprime par la formule

$$i = I p^\varepsilon,$$

dans laquelle I est la quantité de chaleur envoyée par le Soleil, i celle qui parvient à la surface du sol, p le coefficient de transparence et ε la masse atmosphérique rencontrée par le rayon.

quelques-unes de ces valeurs dans le Tableau suivant :

Hauteur du Soleil.	Chaleur transmise au sol pour une transparence de :		
	1.	0,8.	0,6.
90°	1	0,800	0,600
40	1	0,454	0,291
10	1	0,050	0,010

Ces nombres montrent avec quelle rapidité la chaleur transmise diminue à mesure que le Soleil s'approche de l'horizon, dès que la transparence de l'air n'est pas très voisine de l'unité.

En appliquant la loi de Bouguer, il devient possible de calculer le rapport de la quantité totale de chaleur qui arrive réellement jusqu'au sol en un jour donné à celle qui a été envoyée par le Soleil et de construire les courbes qui représentent, pour l'état particulier de l'atmosphère caractérisé par chaque valeur de p, la variation annuelle de la chaleur reçue par le sol. Ces courbes sont analogues comme forme générale à celles qui représentent la chaleur totale envoyée par le Soleil, mais non géométriquement semblables ; les ordonnées sont proportionnellement moindres en hiver qu'en été et dans les latitudes élevées que dans les régions équatoriales. Les courbes pointillées 4, 5 et 6 de la *fig.* 6 représentent, pour les mêmes latitudes (0°, 45° et 90°) que les courbes pleines et à la même échelle, la variation annuelle des quantités de chaleur qui parviendraient réellement jusqu'au sol à travers une atmosphère dont le coefficient de transparence serait 0,75, valeur plutôt supérieure à ce qu'on observe d'ordinaire ; les courbes réelles sont donc généralement encore plus réduites. On remarque entre les courbes de la chaleur totale (courbes pleines) et les courbes de la chaleur transmise jusqu'au sol (courbes pointillées) une grande différence, surtout pour les régions polaires, où le Soleil est toujours bas sur l'horizon et où, par suite, l'absorption exerce la plus grande influence.

L'effet de l'absorption atmosphérique est indiqué encore d'une manière peut-être plus frappante sur la *fig.* 8, qui montre les quantités de chaleur reçues en chaque point de la Terre pendant la journée du solstice d'été (21 juin). La courbe supérieure correspond à un coefficient de transparence égal à l'unité et représente ainsi la quantité totale de chaleur envoyée par le Soleil et

reçue à la limite supérieure de l'atmosphère. Cette quantité, nulle
pour tous les points compris entre le pôle sud et le cercle polaire
austral, qui ont alors le Soleil au-dessous de l'horizon, augmente
rapidement jusque vers 44° de latitude nord, et diminue ensuite
un peu d'abord, jusqu'au cercle polaire; puis elle augmente de
nouveau jusqu'au pôle nord, où la hauteur plus faible du Soleil
est compensée et au delà par l'augmentation de la durée du jour,
comme nous l'avons indiqué plus haut. La courbe intermédiaire

Fig. 8.

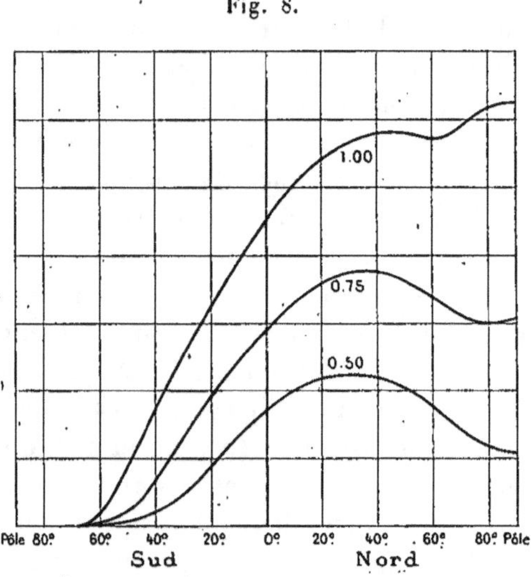

Chaleur reçue aux différentes latitudes le jour du solstice d'été.

correspond à un coefficient de transparence égal à 0,75, c'est-
à-dire aux mêmes conditions atmosphériques que les courbes
pointillées de la *fig.* 6; au pôle, où il ne parvient que 49 pour 100
de la chaleur envoyée par le Soleil, il n'y a plus qu'un maximum
relatif; le maximum absolu se présente vers 36° de latitude nord.
Enfin la courbe inférieure montre l'effet d'une atmosphère dont le
coefficient de transparence serait de 0,5 seulement. Il n'y aurait
plus qu'un maximum unique, vers 32° de latitude nord; au delà,
la quantité de chaleur parvenant au sol irait en décroissant rapidement; au pôle même il n'arriverait effectivement que 18 pour 100
de la chaleur versée par le Soleil à la limite de l'atmosphère.

Nous verrons, dans l'étude de la distribution des températures
à la surface du globe, l'importance qu'offrent ces résultats. Il en
est un, en particulier, qui a joué un certain rôle en Géographie :
le fait, exact en théorie, que, de tous les points de la Terre, le
pôle est celui auquel le Soleil envoie la plus grande quantité de
chaleur en un jour au moment du solstice, a été longtemps un
argument en faveur de l'existence, autour du pôle, d'une mer
libre de glaces en été. Les considérations qui précèdent montrent que cet argument tombe de lui-même; ce qu'il faut considérer, en effet, c'est non pas la chaleur envoyée par le Soleil,
mais celle qui parvient au sol après avoir subi l'absorption atmosphérique. Or, dès que le coefficient de transparence tombe au-
dessous de 0,75, ce qui est le cas ordinaire dans la réalité, la
chaleur reçue effectivement au pôle le jour du solstice est beaucoup
plus petite que celle qui parvient aux latitudes moyennes.

8. Mesures actinométriques. Constante solaire. — D'après ce
qui précède, on voit que l'étude expérimentale de l'actinométrie
comporte d'abord la vérification de la formule de Bouguer, puis
la détermination de deux quantités : la quantité de chaleur I que
le Soleil enverrait sur une suface égale à l'unité, placée à la limite
de l'atmosphère normalement à la direction des rayons incidents,
et la transparence p de l'atmosphère.

Parmi les nombreux procédés employés pour déterminer ces
quantités nous indiquerons le suivant, dû à M. Violle. Un thermomètre à réservoir sphérique, recouvert de noir de fumée, est
placé au centre d'une double enveloppe sphérique, noircie inté-
rieurement et percée d'une ouverture par laquelle on fait arriver
les rayons solaires sur le thermomètre. Dans l'intervalle des deux
enveloppes, on met de la glace ou bien l'on fait circuler de l'eau,
de façon que le thermomètre se trouve placé au milieu d'une
enceinte à température constante, avec laquelle il se met d'abord
en équilibre. On fait alors arriver les rayons solaires sur le thermomètre et l'on note de minute en minute la température jusqu'au
moment où elle devient stationnaire; puis on supprime les rayons
solaires et l'on note encore de minute en minute le refroidissement du thermomètre jusqu'à ce qu'il ait repris à peu près la température de l'enceinte. De ces deux séries d'observations, on

déduit la vitesse d'échauffement et la vitesse de refroidissement du thermomètre à un instant quelconque. Pour un excès donné de la température du thermomètre sur celle de l'enceinte, la somme des deux vitesses d'échauffement et de refroidissement correspondant à cette même température mesure l'effet calorifique du Soleil; car cet effet calorifique est évidemment représenté par la chaleur que gagne réellement le thermomètre, augmentée de celle qu'il perd en même temps par rayonnement. En divisant cette somme par la capacité calorifique et par la section du réservoir du thermomètre, on obtient en valeur absolue, c'est-à-dire en calories, la quantité de chaleur que le Soleil envoie normalement en une minute sur l'unité de surface au moment de l'observation.

Si l'on répète cette expérience à diverses heures de la journée, on vérifie que la quantité de chaleur reçue est d'autant plus petite que le Soleil est plus bas sur l'horizon et que, si la journée ne présente pas de perturbations, les observations vérifient la loi de Bouguer. En combinant plusieurs observations faites, dans une journée favorable, à des hauteurs différentes du Soleil, on pourra calculer ainsi les valeurs de I et de p.

La valeur de I paraît constante, mais p varie d'un jour à l'autre et souvent même dans le courant d'une journée, car ce nombre mesure la transparence de l'atmosphère, qui dépend de conditions météorologiques très variables. La valeur du coefficient de transparence p dépasse rarement 0,8 et peut s'abaisser au-dessous de 0,5. Les expériences ont montré que, toutes choses égales d'ailleurs, la transparence est plus grande par un temps sec que par un temps humide et dépend principalement de la quantité de vapeur d'eau contenue dans les couches d'air que les rayons ont traversées. En hiver, l'air contient beaucoup moins de vapeur d'eau qu'en été; aussi, pour une même hauteur du Soleil, la radiation est-elle plus intense dans la saison froide que dans la saison chaude.

Quant à I, ce nombre, connu sous le nom de *constante solaire*, représente la quantité de chaleur que le Soleil envoie normalement pendant une minute sur un centimètre carré, à la limite de l'atmosphère. D'après les expériences de M. Violle, la constante solaire serait égale à 2,54, c'est-à-dire que le Soleil enverrait pen-

dant une minute sur un centimètre carré une quantité de chaleur
capable d'élever de $2°,54$ la température d'un gramme d'eau.
D'autres expériences, faites notamment par M. Langley et par
M. Crova, conduisent à penser que le nombre réel est plus grand
encore et dépasse peut-être 3. La principale cause d'incertitude
dans cette mesure provient de ce que la chaleur est complexe et
formée de radiations différentes, qui sont absorbées très inégale-
ment par l'atmosphère; la méthode de M. Langley permet d'étudier séparément chaque radiation, tandis que celle qui a été suivie
par M. Violle mesure en bloc l'effet de toutes les radiations.

Les expériences n'ont pas encore été assez nombreuses ni assez
précises pour permettre de voir si la valeur de la constante solaire
est réellement invariable, ou si l'énergie calorifique du Soleil varie
d'une époque à une autre, d'une manière irrégulière ou périodique.

En effectuant avec la valeur $2,54$ de la constante solaire, qui
est plutôt trop faible, les calculs indiqués plus haut (§ 6 et 7), on
trouve que la quantité de chaleur que le Soleil verse en un an sur
une surface d'un centimètre carré placée à l'équateur et à la limite
de l'atmosphère ne s'élève pas à moins de 407900^{Cal}. Si l'on
suppose que pendant toute l'année le coefficient de transparence
reste égal à $0,8$, ce nombre se trouve réduit à 293200^{Cal}, et il
deviendrait seulement 198300^{Cal} si le coefficient de transparence
tombait à $0,6$. Ces quantités de chaleur représentent ce qui serait
nécessaire, par unité de surface, pour fondre une couche de glace
qui entourerait l'équateur et qui aurait respectivement $54^m,8$,
$39^m,4$ et $26^m,7$ d'épaisseur. Si maintenant on répète les mêmes
calculs pour le pôle, on trouve que la quantité totale de chaleur
qu'il reçoit du Soleil en une année pourrait y fondre une couche
de glace dont l'épaisseur serait respectivement de $22^m,8$, $10^m,7$
et $4^m,4$ selon que le coefficient de transparence serait égal à 1,
à $0,8$ ou à $0,6$. Enfin la quantité totale de chaleur reçue en
moyenne sur toute la Terre pendant une année pourrait, dans les
mêmes hypothèses, y fondre une couche de glace dont l'épaisseur
serait respectivement de $28^m,6$, $19^m,4$ et $12^m,5$.

On voit par ces nombres combien sont peu fondées les tentatives que l'on a pu faire pour recueillir et utiliser directement la
chaleur solaire. En supposant que le Soleil ne soit jamais caché
par les nuages, la quantité totale de chaleur qu'il enverrait pen-

dant toute l'année à l'équateur sur une surface donnée équivaudrait seulement à la chaleur que dégagerait la combustion d'une couche de houille épaisse de $0^m,34$, qui recouvrirait cette surface. La chaleur qui parvient réellement au sol après avoir subi l'absorption atmosphérique est beaucoup plus faible; elle équivaut à celle que donnerait une couche de houille épaisse de $0^m,24$, si la transparence atmosphérique est $0,8$, et de $0^m,17$, si la transparence descend à $0,6$. Les valeurs correspondantes pour les autres latitudes seraient évidemment encore bien plus petites.

9. Actinomètres divers. Action chimique. — On a besoin le plus souvent de connaître l'intensité de la radiation solaire non pas en valeur absolue, mais seulement en valeur relative, et d'en suivre aisément les variations. Arago a indiqué que l'on pouvait employer dans ce but deux thermomètres à mercure semblables, dont les réservoirs sphériques sont placés au centre de deux ballons de verre hermétiquement clos et purgés d'air. L'un des thermomètres est un thermomètre ordinaire; l'autre a son réservoir recouvert de noir de fumée. Exposés au Soleil, ils indiquent des températures différentes. L'excès du thermomètre à boule noircie sur le thermomètre ordinaire serait proportionnel à l'intensité de la radiation solaire si d'une part on pouvait admettre que le thermomètre à boule nue donne la température de l'enceinte dans laquelle est renfermé le thermomètre à boule noircie et si, d'autre part, l'enveloppe de verre laissait toujours parvenir au thermomètre noirci la même fraction de la radiation solaire. Ces deux conditions ne sont jamais remplies, de sorte qu'on ne peut espérer obtenir avec un tel actinomètre de résultats quantitatifs qui aient une valeur bien exacte. Cet instrument, qui est souvent désigné sous le nom d'*actinomètre à boules conjuguées dans le vide,* mesure, et encore d'une manière très douteuse, non pas tant la radiation calorifique totale que la portion lumineuse de cette radiation, car l'absorption par le verre porte surtout sur les rayons calorifiques obscurs ([1]).

([1]) Quelquefois les actinomètres à boules conjuguées dans le vide sont composés de deux thermomètres à maxima; dans ce cas on ne peut en déduire aucune indication, et l'instrument est sans valeur, car les maxima des deux thermomètres ne se produisent pas nécessairement au même instant.

M. Violle a proposé, pour remplacer l'actinomètre d'Arago, d'employer deux sphères de métal mince, l'une dorée, l'autre recouverte de noir de fumée, dans l'intérieur desquelles sont deux thermomètres, dont on note les excès sur la température de l'air. Il est possible de déduire de ces excès une mesure exacte de l'intensité relative de la radiation solaire.

On emploie enfin pour mesurer, non plus l'intensité de la radiation calorifique, mais l'intensité de la radiation lumineuse, des *actinomètres chimiques,* fondés sur l'observation de réactions chimiques, combinaisons ou décompositions, effectuées sous l'influence de la lumière. Tel est l'actinomètre de M. Roscoë, dans lequel on note la teinte que prend une feuille de papier photographique sensible, dont chaque partie est exposée successivement pendant le même temps à la lumière du ciel.

Dans toute cette catégorie d'instruments on mesure non l'intensité de la radiation solaire seule, mais la somme des radiations envoyées directement par le Soleil et de celles qui sont diffusées par tout le ciel. C'est d'ailleurs cette somme qui présente le plus d'intérêt dans les applications, notamment pour la Météorologie agricole.

CHAPITRE II.

10. Thermomètres; graduation. — En Météorologie on évalue toujours les températures au moyen du thermomètre à mercure. Dans les cas spéciaux où l'on est obligé d'employer un autre instrument, comme un thermomètre à alcool, il est sous-entendu que celui-ci doit avoir été gradué par comparaison avec un thermomètre à mercure; c'est donc toujours à l'échelle de ce dernier que les températures sont rapportées ([1]).

La graduation la plus employée est la graduation *centigrade,* d'après laquelle le thermomètre marque $0°$ dans la glace fondante et $100°$ dans la vapeur d'eau bouillant sous la pression de 760^{mm}, au niveau de la mer et à la latitude de $45°$ ([2]). Les divisions prolongées en sens inverse au-dessous de zéro sont alors comptées négativement, et, dans l'écriture, on fait précéder ces divisions négatives du signe —. Bien que les thermomètres usuels en Météorologie ne soient généralement gradués qu'en degrés, on évalue à l'estime les températures en degrés et dixièmes de degré.

Dans les pays de langue anglaise on persiste, malgré l'inconvénient des échelles multiples, à employer un autre mode de graduation, la graduation *Fahrenheit,* d'après laquelle le thermomètre marque $32°$ dans la glace fondante et $212°$ dans la vapeur d'eau, bouillant dans les mêmes conditions où le thermomètre

---

([1]) En réalité les températures sont rapportées non au thermomètre à mercure, mais au thermomètre à hydrogène; du reste, entre $0°$ et $100°$ ces deux thermomètres diffèrent toujours de moins d'un dixième de degré; ils peuvent donc être considérés comme identiques pour les besoins de la Météorologie.

([2]) Dans certains pays on désigne improprement la graduation centigrade sous le nom de graduation de *Celsius.* Le thermomètre de Celsius était bien divisé en 100 parties, mais le $0°$ était à la température d'ébullition de l'eau et le point $100°$ à la température de fusion de la glace.

centigrade marque 100° (¹). Enfin on a employé autrefois la graduation de *Réaumur*, d'après laquelle le thermomètre marquait 0° dans la glace fondante, et 80° dans la vapeur d'eau bouillante ; ce dernier mode de graduation est complètement tombé en désuétude. Dans tout ce qui suit, nous emploierons exclusivement la graduation centigrade.

Il est généralement inutile que les thermomètres dont on se sert en Météorologie pour mesurer la température de l'air indiquent des températures supérieures à 50° ou 55° ; la tige du thermomètre sera donc de longueur telle que la division 50° ou 55° soit tout en haut. De semblables thermomètres ne sont pas gradués directement, puisqu'on ne peut les porter à la température d'ébullition de l'eau ; on les gradue par comparaison avec un thermomètre-étalon.

Un thermomètre, même quand il a été gradué d'une manière parfaitement exacte, peut devenir inexact au bout d'un certain temps, par suite d'un travail moléculaire qui s'effectue lentement dans le verre et dont le résultat est de diminuer le volume du réservoir, de façon que le liquide remonte dans la tige et que toutes les lectures deviennent trop hautes. Il est donc indispensable de vérifier, une fois par an au moins, la position du zéro des thermomètres, en les mettant dans la glace fondante. Si l'on trouve que, dans ces conditions, un thermomètre marque par exemple 0°,3, cela indiquera que les températures relevées sur cet instrument sont trop fortes de trois dixièmes de degré, et l'on devra diminuer

---

(¹) Pour traduire les températures Fahrenheit en températures centigrades, il faut retrancher 32° de la température Fahrenheit et multiplier le reste par $\frac{5}{9}$; on peut encore diviser le reste par 2 et ajouter au quotient le dixième, le centième, le millième de sa valeur. Par exemple, pour transformer en température centigrade, la température 100° Fahrenheit, on aura : 100 − 32 = 68, dont la moitié est 34 et l'on fera la somme

$$
\begin{array}{r}
34 \\
3,4 \\
34 \\
34 \\
34 \\
\hline
37,7774
\end{array}
$$

la température centigrade correspondante est donc 37°,78 ou 37°,8 si l'on s'arrête aux dixièmes de degré.

toutes les lectures de cette quantité. On sait maintenant, du reste, construire des thermomètres dans lesquels la variation du zéro est à peu près nulle. Ces thermomètres sont fabriqués en verre vert très peu fusible et, avant de les graduer, on les soumet pendant très longtemps (un jour au moins) à une température supérieure à 400°.

Indépendamment de l'exactitude de sa graduation, un thermomètre doit encore être sensible, c'est-à-dire se mettre très rapidement en équilibre de température avec les corps qui l'entourent. Il faut pour cela qu'il ait une petite masse et, en même temps, que la surface du réservoir soit la plus grande possible. Cela conduit à rejeter les thermomètres à réservoir sphérique, car, de tous les corps de même volume, la sphère est celui qui a la plus petite surface; on choisira de préférence un réservoir ovoïde, de grande longueur et de faible section. Enfin on évitera de fixer le thermomètre sur une planchette qui, ne suivant que très lentement les changements de température, influencerait l'instrument; la graduation sera gravée sur la tige même du thermomètre.

On emploie fréquemment des thermomètres à alcool, soit comme thermomètres à minima, soit pour évaluer les températures très basses, car le mercure se congèle vers — 40°. L'alcool de ces thermomètres devra toujours être incolore, car la matière colorante rend l'instrument beaucoup plus sensible à l'effet des réverbérations; de plus, cette matière colorante se précipite à la longue et encrasse le tube. Le haut de la tige de ces thermomètres se termine par une petite ampoule arrondie; si des gouttelettes d'alcool venaient à distiller dans cette ampoule, il suffirait d'attacher le thermomètre à une ficelle, par l'anneau qui termine la tige et de le faire tourner rapidement en fronde, pour que tout l'alcool rentre dans la tige et que la continuité de la colonne liquide soit rétablie; cela serait très difficile, ou même impossible, à obtenir si l'ampoule n'existait pas. Avec les thermomètres à mercure, il est quelquefois commode, au contraire, que la tige se termine par une partie effilée sans ampoule.

En dehors des thermomètres ordinaires on se sert encore d'instruments qui répondent à des besoins particuliers; tels sont les thermomètres à *maxima* ou à *minima,* qui enregistrent automatiquement la plus haute ou la plus basse température qui s'est

produite dans l'intervalle des observations directes. On conçoit
que ces températures extrèmes, dont la connaissance présente un
grand intérêt, échapperaient le plus souvent aux observateurs, qui
ne peuvent avoir constamment leurs instruments sous les yeux.

Dans ces dernières années l'emploi des instruments enregistreurs
s'est beaucoup répandu. Ce sont des instruments qui, au moyen
de dispositions mécaniques convenables, écrivent automatiquement, sous forme d'une courbe continue, leurs indications sur
une bande de papier qu'un mouvement d'horlogerie déroule avec
une vitesse uniforme; nous donnons ici (*fig.* 9), en vraie gran-

Fig. 9.

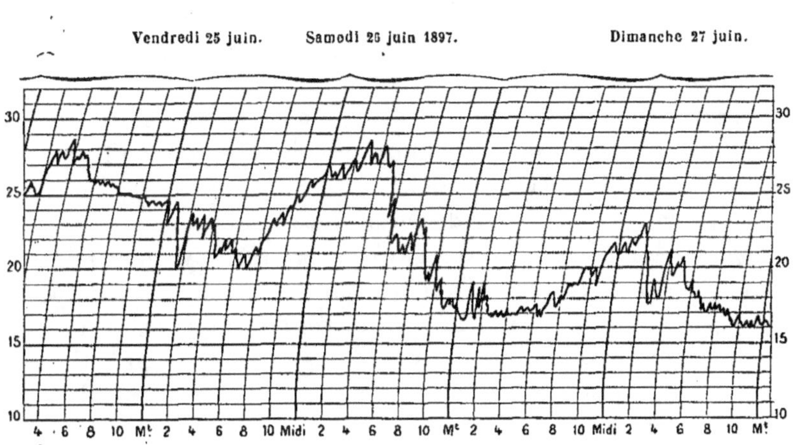

Spécimen de courbe donnée par un thermomètre enregistreur.

deur, un spécimen des courbes tracées par un thermomètre enregistreur. Ces instruments permettent ainsi de suivre dans tous
leurs détails les plus petites variations qui, sans eux, passeraient
le plus souvent inaperçues. Leur emploi a réalisé un progrès
énorme dans les méthodes d'observation et l'on ne saurait trop
les recommander. Mais il ne faut pas oublier que ces instruments, quels qu'ils soient, ne donnent d'ordinaire que les variations et non les valeurs absolues des divers éléments météorologiques. Ils ne dispensent pas des observations directes, mais

permettent d'en réduire beaucoup le nombre. Par exemple, au lieu d'aller observer toutes les heures un thermomètre à mercure, ce qui ne suffirait même pas toujours en cas de changements brusques, on emploiera un thermomètre enregistreur; mais on aura soin de noter, au moins deux fois par jour, les indications simultanées du thermomètre enregistreur et d'un thermomètre à mercure placé à côté. On aura ainsi un contrôle qui donnera la correction que doivent subir les lectures faites sur les courbes de l'enregistreur, pour qu'on en puisse déduire la valeur exacte de la température à un moment quelconque.

11. Installation des thermomètres. Thermomètre fronde. — La détermination de la température de l'air présente quelques difficultés. En effet, à moins que l'air ne soit renouvelé incessamment autour du thermomètre, la masse de celui-ci est grande par rapport à celle du gaz dont il doit prendre la température; il en résulte un retard dans les indications du thermomètre et, si la température de l'air varie rapidement, ces variations sont amorties par l'instrument ou même disparaissent entièrement.

Un autre inconvénient tient aux propriétés physiques du verre qui forme l'enveloppe des thermomètres : cette enveloppe est transparente pour les radiations qui sont à la fois calorifiques et lumineuses, mais non pour les radiations obscures. Si le thermomètre est exposé à la réverbération des rayons solaires, il absorbera ces radiations lumineuses, qui ne pourront plus ensuite s'échapper que par conductibilité, c'est-à-dire très lentement; le thermomètre prendra donc un excès de température sur l'air ambiant.

Les thermomètres placés le long des murs sont soumis pour ces diverses raisons, et aussi par l'influence propre des murailles, dont la température est le plus souvent très différente de celle de l'air, à des causes d'erreur tellement grandes que la température moyenne annuelle peut se trouver ainsi faussement relevée de plus d'un degré, surtout dans les pays où l'insolation est forte. Quant aux observations isolées, elles peuvent être entachées quelquefois d'erreurs montant à 5° ou 6°. Il n'y a donc aucun parti sérieux à tirer d'observations faites dans ces conditions et qui ne représentent absolument rien de défini.

Pour avoir la température de l'air aussi exactement que possible, il faut placer les thermomètres loin de tout bâtiment et à 2^m environ de hauteur au-dessus d'une pelouse gazonnée, pour éviter les réverbérations. Les instruments seront garantis de l'action directe du soleil et de la pluie par un abri formé, par exemple, d'un double toit légèrement incliné vers le Sud et muni à l'Est et à l'Ouest de deux petits volets verticaux qui protègent les instruments du soleil, à son lever et à son coucher. Cet abri doit être aussi léger que possible et bien dégagé de tous côtés, pour que la libre circulation de l'air ne soit nullement entravée.

Quoi qu'il en soit des précautions qu'on aura prises pour installer l'abri des thermomètres, il sera toujours utile, surtout lorsqu'on observera une température extraordinaire, de vérifier les indications des thermomètres fixes par celles du *thermomètre fronde*. C'est un thermomètre à mercure de petites dimensions que l'on fait tourner au bout d'un cordon, dont une extrémité est tenue en main et dont l'autre est attachée à l'anneau qui termine la tige de l'instrument. On se place dans un lieu bien découvert, autant que possible à l'ombre et face au vent, puis on fait tourner rapidement le thermomètre ; on l'arrête et on lit son indication assez vite pour que la chaleur du corps n'ait pas le temps de l'influencer. On recommence ainsi deux ou trois fois de suite pour s'assurer que les lectures sont concordantes.

Le mouvement du thermomètre-fronde le soustrait en grande partie aux réverbérations et surtout le met en contact avec une grande masse d'air, ce qui est la condition pour que l'équilibre de température s'établisse rapidement. Même tourné en plein soleil, le thermomètre-fronde ne donne une température supérieure à celle de l'air que de quelques dixièmes de degré. Mais, avant de faire l'expérience, il faut s'assurer que le réservoir du thermomètre est bien sec, sans cela on obtiendrait des températures notablement trop basses.

On peut arriver au même résultat qu'avec le thermomètre-fronde en employant un thermomètre fixe placé dans un tube dont les deux extrémités sont ouvertes ; au moyen d'un petit ventilateur on fait circuler de l'air dans le tube avec une vitesse de deux ou trois mètres par seconde. Le thermomètre-fronde et le thermomètre à ventilateur sont les seuls instruments qui puis-

sent donner d'une manière toujours exacte la température de
l'air.

12. Variation diurne de la température. — La loi de la variation diurne de la température est d'ordinaire appréciable dans
les observations de chaque jour en particulier; mais, pour avoir
des résultats plus sûrs et débarrassés des perturbations, il vaut
mieux considérer les moyennes mensuelles des températures pour
les diverses heures de la journée. On arrive ainsi à reconnaître
les lois suivantes :

La température commence à monter presque aussitôt après le
lever du Soleil; le mouvement ascendant persiste jusque dans la
journée et le maximum se produit d'ordinaire vers 2^h de l'après-
midi; puis la température baisse pendant le reste du jour et toute
la nuit, de sorte que le minimum s'observe un peu après le lever
du Soleil. On comprend aisément que l'heure du minimum suive
de très près celle du lever du Soleil; la température, qui avait
baissé toute la nuit, par suite du rayonnement vers les espaces
célestes, continue de descendre jusqu'au moment où la chaleur
envoyée par le Soleil pendant un certain temps devient supérieure à celle qui se perd par rayonnement. Quant à l'heure du
maximum, elle se présente non pas à midi, au moment où le Soleil
envoie la plus grande quantité de chaleur, mais notablement plus
tard; en effet, la quantité de chaleur reçue à un moment quelconque vient s'ajouter à celle qui a été recueillie pendant les
moments antérieurs de sorte que, s'il n'y avait aucune cause de
déperdition, la température irait en montant constamment depuis
le lever du Soleil jusqu'à son coucher. Mais, à mesure que la
température s'élève, les pertes par rayonnement augmentent;
aussi arrive-t-il un moment, compris entre midi et le coucher du
Soleil, où la chaleur reçue pendant un certain temps et qui va alors
en diminuant, devient précisément égale à la chaleur perdue par
rayonnement. C'est alors que la température cesse de monter et
comme, à partir de ce moment, le Soleil continue de baisser, la
perte de chaleur dans un temps donné est supérieure au gain et la
température diminue.

Nous avons déjà dit que l'atmosphère absorbait une partie des
radiations solaires; mais cette absorption a lieu surtout dans les

couches élevées et devient très faible dans les couches les plus
voisines de la surface de la Terre. L'échauffement de ces dernières se produit donc beaucoup moins par l'absorption directe
de la chaleur solaire que par l'action de la surface du sol, qui
communique sa chaleur à l'air par rayonnement et surtout par
contact. On conçoit alors que l'amplitude de la variation diurne
et l'heure du maximum diffèrent d'une station à l'autre, selon que
le sol environnant s'échauffera avec plus ou moins de facilité.
De plus, toutes choses égales d'ailleurs, la variation diurne sera
d'autant plus marquée que la quantité de chaleur envoyée par le
Soleil pendant le jour sera plus grande, et surtout variera plus
rapidement.

Prenons comme type la marche diurne de la température à
Paris représentée, pour les mois de janvier et de juillet et pour
l'année moyenne, par les trois courbes de la *fig.* 10. Dans

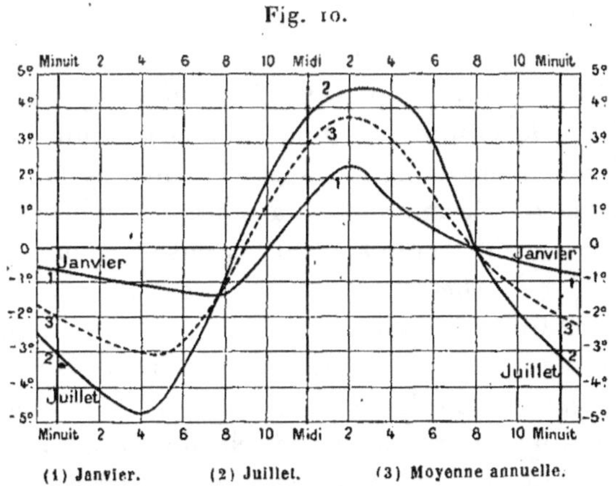

Fig. 10.

Variation diurne de la température à Paris.

cette figure, la ligne horizontale marquée 0° représente, pour les
trois courbes, la moyenne diurne de la température et la hauteur
des différents points des courbes au-dessus de cette ligne est
proportionnelle à la différence entre la température au moment
donné et la moyenne diurne. Ainsi la courbe 1 (janvier) coupe la
ligne marquée 0° un peu après 10ʰ du matin et un peu avant 8ʰ

du soir ; cela veut dire qu'à ces deux moments en janvier la température a précisément la même valeur que la moyenne des vingt-quatre heures. La courbe (2) juillet coupe l'horizontale marquée — 4° vers 2ʰ du matin ; cela veut dire encore qu'à ce moment la température en juillet est inférieure de 4° à la température moyenne des vingt-quatre heures, et ainsi de suite.

On voit que le minimum a lieu en janvier (courbe 1) un peu avant 8ʰ du matin et en juillet (courbe 2) un peu après 4ʰ, c'est-à-dire, dans les deux cas, quelques instants après le lever du Soleil. L'heure du maximum varie beaucoup moins, de 2ʰ de l'après-midi (janvier) à 2ʰ30ᵐ (juillet). Quant à l'amplitude totale de la variation elle est de 3°,6 en janvier et de 9°,3 en juillet ; la plus grande partie de cette différence est due à l'inégalité des quantités de chaleur que le Soleil envoie en un jour à ces deux époques, sous la latitude de Paris.

La courbe pointillée (n° 3) figure la variation moyenne annuelle ; mais cette courbe, qui a été obtenue simplement en prenant la moyenne des douze courbes mensuelles, ne représente en réalité la marche diurne de la température à aucune époque de l'année. C'est ainsi que le minimum y tombe un peu avant 5ʰ du matin, tandis que l'heure moyenne du lever du Soleil est 6ʰ. Cette anomalie tient à ce que la marche de la température aux environs du minimum est très différente suivant les saisons, comme on le voit, du reste, sur les courbes (1) et (2) ; lente en hiver, la décroissance de la température un peu avant l'heure du minimum est au contraire rapide dans les mois chauds. Ceux-ci acquièrent ainsi une grande prépondérance relative dans le calcul du minimum moyen annuel et en rapprochent l'heure de celle du minimum d'été. Dans ce cas la moyenne, ainsi obtenue en combinant arbitrairement des quantités dissemblables, n'a réellement aucune signification et ne correspond à aucun phénomène naturel.

Au lieu de calculer l'amplitude totale de la variation diurne de la température par la différence de la plus grande et de la plus petite ordonnée de la courbe déduite des moyennes horaires, on peut encore prendre la différence des moyennes des indications fournies par des thermomètres à maxima et à minima, ce qui est beaucoup plus simple, puisque cela n'exige que deux observations par jour au lieu de vingt-quatre. Mais il importe de remarquer

que l'amplitude ainsi calculée est plus grande que celle qui résulte
de la courbe des moyennes horaires. En effet, le minimum absolu
de la température, et plus encore le maximum, se produisent
chaque jour à des époques variables et qui diffèrent souvent
beaucoup des heures normales du minimum et du maximum
moyens; si l'on fait la moyenne de tous les maxima quotidiens,
pris sans avoir égard à l'heure où ils se sont présentés, on aura
nécessairement un nombre supérieur à tous ceux que fournissent
les moyennes horaires; de même, la moyenne des minima absolus
sera plus basse que toutes les moyennes horaires.

Par raison de simplicité, et à cause du petit nombre de points
où les observations sont faites toutes les heures, on est convenu
en Météorologie, sauf indication contraire, de représenter l'amplitude de la variation diurne de la température par la différence
entre la moyenne des maxima et celle des minima quotidiens.
Cette amplitude ainsi calculée est, pour Paris, de $5°,4$ en janvier, de $11°,9$ en juillet et de $9°,1$ pour l'année moyenne, nombres
beaucoup plus élevés que ceux que nous avons indiqués plus haut
d'après les courbes des observations horaires.

Quand on connaît les moyennes horaires de chaque mois, dans
un pays donné, il est facile de décider à quelles heures il convient
d'observer chaque jour pour que la moyenne arithmétique d'un
petit nombre d'observations soit très voisine de la moyenne que
donneraient des observations horaires. C'est ainsi que, pour
Paris, la moyenne de trois observations faites chaque jour à 6^h
du matin, 1^h et 9^h du soir, ne diffère que de $0°,1$ à peine de la
moyenne vraie, tantôt dans un sens, tantôt dans l'autre, suivant
les saisons. Quant à la moyenne des minima et des maxima absolus
de chaque jour, elle est toujours, à Paris, plus élevée que la
moyenne vraie de $0°,5$ en moyenne, un peu moins en hiver $(0°,3)$,
un peu plus en été $(0°,7)$. En retranchant donc $0°,5$ à la moyenne
des minima et des maxima on aura un nombre qui, à Paris et dans
les climats analogues, ne différera pas de la moyenne vraie de
plus de $0°,2$ et souvent de beaucoup moins. Une règle empirique
qui donne des nombres encore plus voisins de la moyenne vraie,
et qui n'en diffèrent que rarement de $0°,1$ ou $0°,2$, consiste à
retrancher de la moyenne des minima et des maxima le vingtième
de leur différence.

Nous avons indiqué plus haut que l'amplitude de la variation diurne de la température devait varier avec la chaleur envoyée par le Soleil, et par suite avec les saisons et la latitude. Nous passerons rapidement en revue l'influence de ces deux facteurs.

A l'équateur, la quantité de chaleur envoyée par le Soleil ne varie que peu d'une saison à l'autre; de plus le jour et la nuit ont constamment la même durée : aussi l'amplitude de la variation diurne de la température est-elle presque constante et indépendante de la saison. Les faibles variations qu'elle peut présenter sont dues à des causes secondaires que nous indiquerons plus loin. A Batavia, par exemple, l'amplitude diurne de la température ne varie que de 3° seulement dans le cours de l'année; elle est la plus faible en février ($4°,2$) et la plus grande en août ($7°,2$).

Dans les latitudes moyennes, dont Paris nous a déjà offert un exemple, l'amplitude varie beaucoup avec la saison; elle est faible en hiver, car le Soleil envoie peu de chaleur pendant le jour; d'autre part le rayonnement nocturne est peu intense parce que la température est basse et présente alors la moindre différence avec les espaces vers lesquels s'effectue le rayonnement. En été au contraire le réchauffement est très grand pendant le jour; en même temps, comme la température est élevée, le refroidissement nocturne est très rapide. C'est ainsi que l'amplitude de l'oscillation diurne de la température est plus grande à Paris de $6°,5$ en juillet qu'en janvier.

En dedans du cercle polaire et en hiver, le Soleil reste au-dessous de l'horizon pendant plusieurs jours, plusieurs semaines ou même plusieurs mois, si l'on se rapproche suffisamment du pôle ([1]). Pendant tout ce temps, la température n'éprouve aucune variation diurne régulière. Par contre, dans la période opposée, en été, le Soleil ne se couche pas; mais comme sa hauteur au-dessus de l'horizon varie, il y a alors une variation diurne, bien que faible. Le maximum se produit encore entre 2^h et 3^h du soir, comme dans les autres pays; mais le minimum s'observe vers 1^h

---

([1]) La durée de la nuit est d'environ 41 jours à la latitude de 68° N, de 64 jours à la latitude de 70° N, de 103 jours à la latitude de 75° et de 134 jours à la latitude de 80°.

du matin, c'est-à-dire un peu après le moment où le Soleil a été
le plus bas sur l'horizon.

Enfin, au pôle même, la hauteur du Soleil n'éprouve plus de
variation diurne proprement dite, mais seulement une variation
annuelle; par suite la température ne saurait non plus présenter
de variation diurne.

D'une manière générale, l'amplitude de la variation diurne,
nulle aux pôles, devrait croître régulièrement jusqu'à l'équateur.
A l'équateur en effet la variation de hauteur du Soleil est plus
rapide qu'à toute autre latitude pendant le jour, et le Soleil s'élève
toujours très haut au-dessus de l'horizon; la température baisse
au contraire beaucoup pendant la nuit, dont la durée est plus
longue que dans tout l'hémisphère dans lequel se trouve le Soleil.

**13. Causes qui modifient la variation diurne de la tempéra-
ture.** — L'amplitude de la variation diurne de la température
dépend non seulement de la latitude, mais de beaucoup d'autres
conditions, nébulosité, situation topographique, altitude, etc.

Si le ciel est complètement couvert de nuages, la température
monte peu pendant le jour; inversement elle baisse peu pendant
la nuit, car les nuages, formant écran, empêchent le rayonnement
nocturne. L'amplitude de la variation diurne dans une même station sera donc beaucoup plus petite par temps couvert que par
ciel clair. A Paris, par exemple, au mois de juillet, l'amplitude
moyenne de la variation diurne est de $15°,1$ par ciel clair et
de $4°,2$ par ciel couvert.

La situation géographique exerce aussi une grande influence
sur la variation diurne de la température; celle-ci est produite
surtout, en effet, par la variation de température de la surface du
sol, qui peut être très différente suivant la nature de cette surface. Considérons deux stations placées sous la même latitude et
à la même hauteur, mais l'une au milieu d'un grand continent,
l'autre au milieu de l'océan. L'eau possède une très grande chaleur
spécifique; elle est donc également lente à s'échauffer ou à se
refroidir; de plus, il peut s'y produire aisément des courants qui
rendent plus uniforme encore la température de la surface. La
température de l'air au-dessus des mers aura donc une variation
diurne beaucoup plus faible que sur les continents, qui s'échauffent

rapidement pendant le jour et se refroidissent de même pendant
la nuit. A cette cause s'ajoute encore l'influence de la vapeur
d'eau contenue dans l'air, et qui est plus abondante au-dessus de
la mer que sur les continents. Cette vapeur arrête pendant le jour
une notable fraction de la chaleur solaire incidente; mais, par
contre, elle retient pendant la nuit la chaleur qui tend à s'échapper
sous forme de radiation obscure, et diminue ainsi l'amplitude de
la variation diurne de la température. Aussi l'amplitude de l'oscillation diurne de la température n'est-elle guère que de $1°$ à $2°$ au
plus en pleine mer. Sur les côtes elle est encore très faible; au
cap Caxine, au nord-ouest d'Alger, elle reste comprise entre $5°,2$
(janvier) et $6°,6$ (août), tandis qu'à Biskra, à l'entrée du Sahara,
elle est déjà de $11°,3$ en décembre et s'élève jusqu'à $17°,6$ en août.

Dans les continents, la variation diurne de la température pourra
être encore très différente d'un endroit à l'autre, selon la nature
du sol. Dans un pays qui est uniformément recouvert d'une riche
végétation, l'amplitude de la variation diurne est relativement
faible : pendant le jour, la plus grande partie de la chaleur solaire
est consommée par les plantes à la fois pour produire les réactions chimiques de la vie végétale et l'évaporation de l'eau qu'elles
perdent; la température ne peut donc s'élever beaucoup; pendant
la nuit, la vapeur d'eau expirée par les plantes fait obstacle au
rayonnement soit directement, soit par les brouillards auxquels
elle donne naissance. Au contraire, la variation diurne de la température sera considérable au-dessus des déserts arides; le sable,
possédant un grand pouvoir absorbant (et par suite un grand pouvoir émissif), s'échauffe beaucoup pendant le jour, et se refroidit
de même pendant la nuit; ces variations de température sont
encore favorisées par la sécheresse de l'air des déserts. La neige,
qui possède aussi un grand pouvoir émissif, augmentera de même
beaucoup la variation diurne de la température, en favorisant
surtout le rayonnement nocturne. A Paris, par exemple, en
décembre par temps clair, l'amplitude de la variation diurne est
d'environ $6°,5$ en moyenne quand le sol est découvert et s'élève
à $10°,3$ quand il est revêtu d'une couche de neige; la différence
porte alors exclusivement sur les températures de la nuit, car,
pendant le jour, la neige empêche la température de la surface de
s'élever au-dessus de $0°$.

Les conditions topographiques font aussi varier dans de grandes limites l'amplitude de l'oscillation diurne. A égalité de latitude et d'altitude, cette amplitude est beaucoup plus grande dans les stations situées au fond des vallées que dans celles qui sont en plaine ou sur le penchant des montagnes. Ainsi, en Algérie, au mois d'août, l'oscillation diurne de la température est de 17°,6 à Biskra, station de plaine, et de 21°,3 à Orléansville, qui est exactement à la même altitude, mais dans le fond de la vallée du Chélif. Pendant le jour, la température est augmentée dans le fond des vallées par la réverbération de la chaleur sur le flanc des montagnes; pendant la nuit la température est abaissée au contraire par diverses circonstances, qui ajoutent leurs effets. Le Soleil y disparaît plus tôt le soir et y pénètre plus tard le matin; la durée du refroidissement nocturne est donc augmentée. L'air qui se refroidit pendant la nuit sur la pente des montagnes devient plus dense, descend et est remplacé par de l'air moins froid; la température ne baisse donc pas beaucoup sur les versants; au contraire, cet air froid qui descend arrive au fond de la vallée et y reste sans pouvoir se renouveler. Le même phénomène sera encore plus marqué dans les dépressions du sol qui forment cuvette et où le renouvellement de l'air est très difficile; c'est dans ces endroits que l'oscillation diurne de la température est la plus grande. On s'explique ainsi pourquoi, dans une même région, les gelées blanches, par exemple, sont le plus rares sur le versant des coteaux, plus fréquentes dans les vallées et beaucoup plus fréquentes encore dans les bas-fonds. D'une manière générale, on peut résumer ces effets en disant que toute forme concave du sol augmente l'amplitude de l'oscillation diurne.

Inversement, toute forme convexe du sol tendra à diminuer cette amplitude. Cette action se rattache à l'étude de l'influence de l'altitude, qu'il est intéressant d'analyser en détail.

Nous avons vu que la variation diurne de la température de l'air était, pour la plus grande partie, due à la variation de température du sol. L'air par lui-même est très diathermane : il se laisse traverser par la chaleur sans presque en absorber; aussi la variation diurne de la température de l'air, pris isolément, serait-elle à peu près nulle; elle n'atteindrait certainement pas quelques dixièmes de degré. A mesure que l'on s'élève dans l'atmosphère en partant du sol, l'influence de celui-ci diminue rapidement; il doit donc en être de même de l'amplitude de la variation diurne.

Cinq années d'observations consécutives au sommet de la tour Eiffel (302ᵐ au-dessus du sol) ont donné par exemple les résultats suivants : l'amplitude moyenne de la température (déduite des observations horaires) a été de 1°,3 en janvier et de 5°,0 en juillet; pendant le même temps, au Parc Saint-Maur, près Paris, à 2ᵐ du sol, les nombres correspondants étaient respectivement 3°,6 et 8°,8. Dans la *fig.* 11, on a représenté les courbes de la variation diurne de la température en janvier et en juillet à Paris (Parc Saint-Maur) et au sommet de la tour Eiffel. Non seulement la variation est déjà très réduite à 300ᵐ du sol, mais les heures du minimum et du maximum, surtout celle du maximum, retardent notablement sur celles que l'on observe près de la surface de la Terre.

Le même phénomène se présente sur le sommet des montagnes; l'influence du sol s'y fait nécessairement beaucoup moins sentir que dans les vallées ou sur les plaines et par suite l'amplitude diurne de la température y sera moindre. Toutefois la masse de la montagne exerce encore

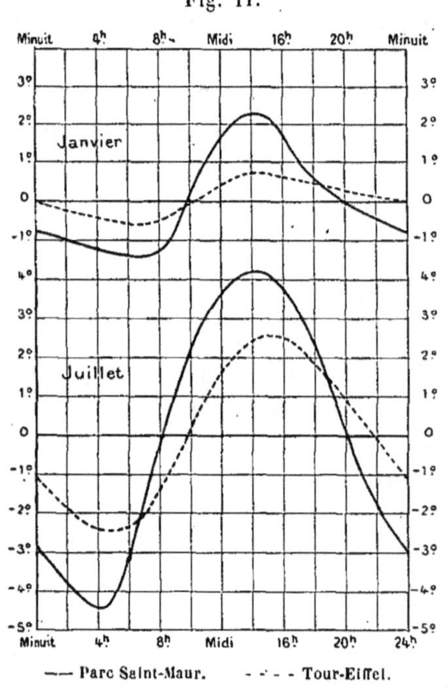

Influence de l'altitude sur la variation diurne de la température.

une influence appréciable; pour trouver des variations diurnes de même amplitude, il faudra donc s'élever beaucoup plus haut sur une montagne que dans l'air libre. Par exemple, l'oscillation diurne moyenne est de 3°,4 en janvier et de 6°,7 en juillet au sommet du Puy-de-Dôme (altitude 1470ᵐ), tandis qu'au pied de la montagne, à Clermont-Ferrand (altitude 390^m), elle est de 8°,9 en janvier et de 15°,8 en juillet. Si l'on considère que la station inférieure est ici une station de vallée, à oscillation diurne exagérée, on voit qu'une élévation en montagne de 1080^m ne produit pas, en somme, une réduction beaucoup plus grande de l'oscillation diurne qu'une élévation de 300^m dans l'air libre.

Dans le cas que nous venons d'examiner, l'oscillation diurne décroît quand on s'élève parce que l'influence du sol diminue. Mais si l'on considérait des stations placées dans des situations analogues, dans des vallées ou sur des plateaux, mais à des altitudes différentes, l'altitude deviendrait au contraire une cause d'augmentation de l'oscillation diurne. A une grande hauteur, en effet, on n'a plus au-dessus de soi que de l'air plus raréfié et contenant moins de vapeur d'eau que dans les régions plus basses; cet air absorbe donc pendant le jour une moindre fraction de la chaleur solaire et, pendant la nuit, il fait moins obstacle au rayonnement. L'altitude devient alors une condition favorable à une grande oscillation diurne. C'est ainsi que dans l'Asie centrale, sur les hauts plateaux du Pamir et du Thibet, l'oscillation diurne dépasse fréquemment 25° en été.

14. Variation annuelle de la température. Influence de la latitude. — Le procédé le plus rationnel pour étudier la variation annuelle de la température consisterait à calculer, au moyen d'une série d'années suffisamment longue, la température moyenne de chaque jour; on obtiendrait ainsi 365 nombres qui donneraient dans tous ses détails la variation cherchée. Mais, outre que l'étude d'un si grand nombre de valeurs serait pénible, il faudrait, pour que ces moyennes quotidiennes fussent débarrassées de l'influence des perturbations accidentelles, opérer sur un si grand nombre d'années que le calcul ne deviendrait possible que pour très peu de stations. On se contente d'ordinaire de comparer les températures moyennes des douze mois, obtenues au moyen de séries d'observations comprenant au moins dix, quinze ou vingt années. On arrive ainsi aux résultats suivants :

Dans les pays situés au voisinage immédiat de l'équateur, la marche annuelle de la température est représentée par une courbe à deux maxima et deux minima, telle que la courbe (B) (*fig.* 12),

qui donne la variation annuelle de la température à Batavia.
Comme on devait s'y attendre, cette courbe (B) est tout à fait
analogue à la courbe (1) de la *fig*. 6 (p. 15), qui représente la
variation annuelle de la quantité de chaleur envoyée par le Soleil
à l'équateur; seulement les époques des maxima et des minima
de la température retardent sur celles des maxima et des minima

Fig. 12.

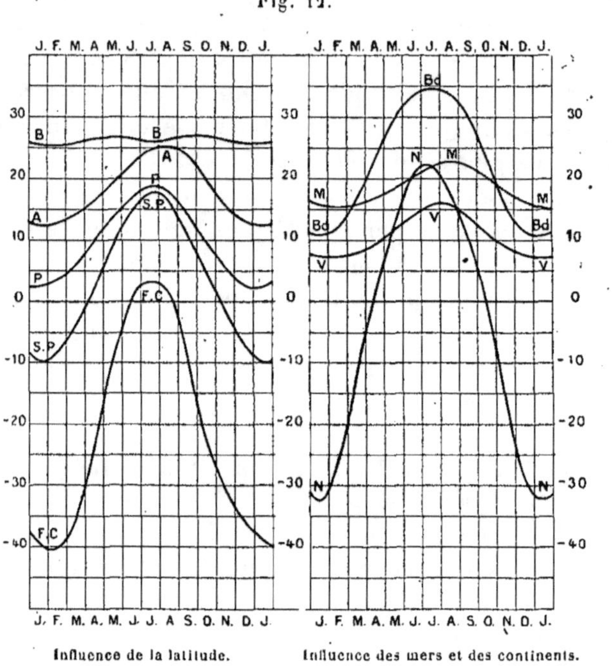

Variation annuelle de la température.

de la chaleur envoyée par le Soleil. Il se produit, en effet, comme
pour la variation diurne (§ 13), un effet d'accumulation; alors que
la chaleur reçue décroît déjà, la température continue à monter
jusqu'à ce que la quantité de chaleur qui arrive pendant un temps
donné ne suffise plus à compenser les pertes. L'époque des minima
de la température retarde également sur celle du minimum de
la chaleur, car la température ne recommence à monter qu'au
moment où la quantité de chaleur reçue en un jour et qui aug-

mente d'un jour à l'autre, est devenue plus grande que celle qui se perd dans le même temps.

En dehors des tropiques, la variation annuelle de la température n'offre plus, comme celle de la chaleur solaire, qu'un seul maximum en été et un seul minimum en hiver. Le maximum se produit en moyenne vers le 15 juillet et le minimum vers le 15 janvier; il y a donc un retard d'un peu plus de vingt jours sur les époques du maximum et du minimum de la chaleur solaire; nous verrons plus tard, du reste, que les conditions géographiques peuvent faire varier, entre des limites assez étendues, les époques du minimum et du maximum de la température. La quantité de chaleur reçue à l'époque du solstice varie peu, comme nous l'avons vu (p. 19, *fig.* 8), sur une grande étendue en latitude; mais, plus on s'élève vers le nord, plus la chaleur reçue en hiver devient faible; l'amplitude de la variation annuelle devra donc augmenter avec la latitude et cette augmentation proviendra beaucoup plus d'un abaissement progressif de la température en hiver que d'une variation de la température en été. Ces résultats sont très nets sur les trois courbes A, P et S. P. qui correspondent respectivement à Alger, Paris et Saint-Pétersbourg.

En dedans des cercles polaires, il y a une saison où le Soleil reste constamment au-dessous de l'horizon; la température ne peut que baisser pendant tout ce temps jusqu'au moment où le Soleil reparaît de nouveau. A mesure que l'on se rapproche du pôle, la température baisse donc de plus en plus en hiver, l'amplitude de la variation annuelle augmente et l'époque du minimum retarde. C'est ce que l'on voit nettement sur la courbe F. C. qui représente la moyenne de deux années d'observations faites au Fort Conger, dans la terre de Grant, au nord-ouest du Groenland, et d'une année d'observations faites sensiblement au même endroit par le navire *Discovery*. Au pôle même, le minimum annuel de température ne se produirait que vers le 20 mars.

La constance relative de l'époque du maximum annuel de la température et la variabilité de celle du minimum suivant les latitudes sont tout à fait analogues aux variations des heures du maximum et du minimum de la variation diurne suivant les saisons (§ **12**) et s'expliquent de la même manière.

Pour terminer, nous donnerons ici, comme exemple de l'influence de la latitude sur la variation annuelle de la température, les moyennes mensuelles qui ont servi à construire les cinq courbes de gauche de la *fig.* 12.

	Batavia.	Alger.	Paris.	St-Pétersbourg.	Fort Conger et Discovery.
Latitude	6°8′ S	36°47′ N	48°50′ N	59°56′ N	81°44′ N
Janvier	25,4	12,1	2,2	— 9,4	—39,2
Février	25,4	12,6	3,5	— 8,6	—40,1
Mars	25,8	13,9	5,8	— 4,6	—33,9
Avril	26,3	16,3	9,8	2,1	—25,7
Mai	26,4	19,0	13,1	8,8	—10,1
Juin	26,0	22,3	16,5	14,9	+ 0,2
Juillet	25,7	24,4	18,1	17,8	2,6
Août	26,0	25,0	17,5	16,2	1,0
Septembre	26,3	23,4	14,6	10,8	— 9,1
Octobre	26,4	19,7	9,9	4,5	—22,5
Novembre	26,1	15,8	5,7	— 1,5	—31,1
Décembre	25,6	12,7	2,6	— 6,6	—33,3
Année	26,0	18,1	9,9	3,7	—20,1

15. Causes qui modifient la variation annuelle. Climats marins et continentaux. — Nous venons de voir que la variation annuelle de la température est réglée, dans ses traits généraux, par la loi que suit l'afflux de la chaleur solaire, c'est-à-dire par la latitude géographique; s'il n'y avait que cette cause d'action, l'amplitude de la variation annuelle irait en croissant régulièrement de l'équateur aux pôles. Mais les conditions topographiques exercent aussi, comme pour la variation diurne, une grande influence dont il est facile de prévoir le sens.

Les grandes masses d'eau, comme nous l'avons déjà indiqué, ne s'échauffent et se refroidissent que très lentement; de plus, il peut s'y produire des courants qui égalisent la température; l'amplitude de la variation annuelle sera donc diminuée à la surface des mers; en même temps, les époques du minimum et surtout du maximum sont retardées. Au contraire, les époques du minimum et du maximum de température seront beaucoup plus rapprochées des solstices et l'amplitude de la variation sera bien plus grande à l'intérieur des grands continents et principalement dans les régions stériles où l'air est très sec et où la végétation ne vient pas gêner l'absorption et le rayonnement de la chaleur par le sol.

On divise communément les climats en trois classes : les *climats marins* ou *réguliers,* dans lesquels la différence des températures moyennes des mois le plus froid et le plus chaud ne dépasse pas 10° environ; les *climats moyens* ou *modérés* dans lesquels cette différence reste comprise entre 10° et 20°; enfin les *climats continentaux* ou *excessifs* dans lesquels la différence dépasse 20°. Il vaut mieux employer les mots réguliers et excessifs plutôt que marins et continentaux; en effet, à l'équateur, même au milieu des grands continents, la variation annuelle de la température est toujours très faible; la zone équatoriale présente donc tout entière le climat régulier; il est clair que dans ce cas le nom de *climat marin* serait peu convenable pour des stations situées au centre de l'Afrique ou de l'Amérique.

Nous verrons plus loin (§ 18) que, depuis l'équateur jusque vers 45°, la température moyenne annuelle est, à latitude égale, plus basse au-dessus de la mer que sur les continents; le contraire se produit au-dessus de la latitude de 45°. Dans le premier cas, la température des stations maritimes et continentales présentera donc la plus petite différence en hiver et la plus grande en été; la différence sera au contraire la plus grande en hiver et la plus petite en été entre une station maritime et une station continentale situées toutes deux à la même latitude au-dessus de 45°.

Cette loi, dont nous verrons plus tard les applications, peut être établie simplement par le raisonnement suivant : Soit M la température moyenne annuelle d'une station continentale; pendant la saison froide la température sera $M - A$ et pendant la saison chaude $M + A$, A étant la moitié de la variation de température entre ces deux saisons. De même, pour une station maritime de même latitude, la température sera $m - a$ pendant la saison froide et $m + a$ pendant la saison chaude. A est toujours plus grand que a, puisque l'amplitude de la variation annuelle est plus grande dans les stations continentales que dans les stations maritimes de même latitude, quelle que soit celle-ci.

Considérons d'abord deux stations situées en dessous de la latitude 45°; dans ce cas M est plus élevé que m. La différence de température des deux stations est

Saison froide : $(M - A) - (m - a)$ ou $(M - m) - (A - a)$
Saison chaude : $(M + A) - (m + a)$ ou $(M - m) + (A - a)$

Comme $(A - a)$ est positif, la première quantité est plus petite que la seconde; il arrivera même généralement que la première différence sera négative, car le terme $(A - a)$ sera le plus souvent plus grand en valeur absolue que $M - m$. Donc en dessous de la latitude 45°, à latitude égale, les continents pourront être tantôt plus froids, tantôt plus chauds que les mers en hiver, mais la différence sera faible; en été, au contraire, les continents seront toujours plus chauds que les mers et la différence sera grande.

Prenons maintenant deux stations situées à une latitude supérieure à 45°; m est alors plus élevé que M. La différence de température des deux stations est

Saison froide : $(m - a) - (M - A)$ ou $(m - M) + (A - a)$
Saison chaude : $(m + a) - (M + A)$ ou $(m - M) - (A - a)$

En hiver, dans ce cas, les mers sont plus chaudes que les continents et la différence est très grande; en été, au contraire, la différence sera dans un sens ou dans l'autre, mais bien plus faible.

Ces différences entre les stations maritimes et continentales se voient nettement sur les quatre courbes qui occupent la moitié droite de la *fig.* 12 (page 41). Ces courbes représentent la variation annuelle de la température dans deux groupes de stations maritimes et continentales, prises deux à deux à la même latitude; le groupe au-dessous de 45° comprend Bagdad (courbe Bd) en Asie Mineure, station continentale, et Funchal, dans l'île de Madère (courbe M), station maritime; le groupe au-dessus de 45° comprend Valentia (courbe V), station maritime à l'extrémité sud-ouest de l'Irlande, et Nertchinsk (courbe N), station continentale, dans la Sibérie orientale. Nous donnons ici, pour faciliter la comparaison, les températures moyennés de chaque mois dans ces quatre stations.

	Premier groupe.		Deuxième groupe.	
	Funchal.	Bagdad.	Valentia.	Nertchinsk.
Latitude...............	32°38′	32°31′	51°55′	51°58′
Janvier................	15,5	11,1	7,4	—32,0
Février................	15,2	11,7	7,4	—25,0
Mars..................	15,5	17,9	7,8	—13,4
Avril.................	16,5	22,2	9,6	+ 1,3
Mai...................	17,8	30,4	11,7	11,1
Juin..................	19,5	32,5	13,8	19,2
Juillet...............	21,4	34,7	15,1	21,9
Août..................	22,3	34,2	15,3	18,4
Septembre.............	21,9	29,9	13,9	11,0
Octobre...............	20,3	24,2	11,6	0,3
Novembre..............	18,3	16,7	8,7	—17,3
Décembre..............	16,4	11,5	7,9	—28,2
Année.................	18,4	23,1	10,8	— 2,7

On retrouve aisément, dans ces nombres et dans les courbes qui les représentent, toutes les lois que nous avons indiquées.

Nous pourrions enfin, comme nous l'avons fait pour la marche diurne, examiner l'influence qu'exerce sur la marche annuelle de la température, la situation particulière des stations, dans le fond d'une vallée, sur un plateau, au sommet d'une montagne isolée, etc. Nous arriverions à des conclusions analogues à celles que nous avons déjà formulées (§ 13) et sur lesquelles il est inutile d'insister davantage.

16. Variation de la température avec l'altitude dans l'air libre. Inversion de température. — Quand on s'élève dans l'atmosphère, soit sur les flancs d'une montagne, soit dans la nacelle d'un aérostat, on constate d'ordinaire que la température décroît assez rapidement. C'est aussi par suite de cette décroissance que l'on voit, même dans les régions tropicales, les sommets des hautes montagnes couverts de neiges perpétuelles.

Les causes de la décroissance de la température avec l'altitude sont multiples. Tout d'abord nous avons déjà dit que l'air, surtout lorsqu'il est sec, se laisse traverser par la chaleur solaire sans presque l'absorber; c'est donc principalement dans les régions inférieures que l'échauffement et le refroidissement se produiront par le contact avec le sol et que l'on observera les variations les plus complexes. Mais il existe d'autres causes de variation plus générales.

On sait que si l'on comprime un gaz sa température s'élève; l'expérience du briquet à air, qui démontre cet échauffement, est répétée dans tous les cours de Physique. Inversement, un gaz qui se détend en produisant un travail, en surmontant par exemple une pression extérieure, se refroidit; dans certaines machines frigorifiques on utilise précisément comme source de froid la détente de l'air comprimé. Nous verrons plus tard que la pression atmosphérique diminue à mesure que l'on s'élève; si donc, pour une cause quelconque, une masse d'air est entraînée vers le haut, elle subit une détente, augmente de volume et par suite se refroidit. Inversement, toute masse d'air entraînée vers le bas doit s'échauffer. La théorie permet de calculer les variations de température qui résultent de ces mouvements. Dans le cas d'une détente *adiabatique,* ou *à chaleur constante,* c'est-à-dire pendant laquelle l'air qui change de volume ne reçoit aucune quantité de chaleur des corps qui l'entourent et ne leur en cède pas non plus, la perte d'énergie calorifique que subit l'air qui se refroidit est strictement équivalente au travail produit par l'augmentation de volume de cet air. Pour de l'air parfaitement sec, qui s'élève dans l'atmosphère, le refroidissement causé par la détente adiabatique est proportionnel à la hauteur franchie et égal à $1°$ pour une ascension d'environ 101^m. Ainsi, de l'air que l'on élèverait de 1000^m dans l'atmosphère, sans lui laisser le temps de recevoir de la chaleur de l'extérieur, se refroidirait spontanément d'un peu moins de $10°$; inversement, de l'air sec amené d'une hauteur de 1000^m dans les mêmes conditions, arriverait au sol avec une température plus élevée de $10°$ environ que celle qu'il possédait au départ.

Si l'air contient une certaine quantité de vapeur d'eau, la loi reste la même tant que cette vapeur n'est pas saturante, seulement le refroidissement par l'ascension (ou le réchauffement par la descente) est alors de $1°$ pour 102^m, 103^m ou 104^m suivant la quantité de vapeur d'eau contenue dans l'air.

La loi de refroidissement de l'air humide par l'ascension est modifiée brusquement à partir du moment où le refroidissement devient suffisant pour amener la condensation d'une partie de la vapeur; cette vapeur, en se condensant, dégage en effet de la chaleur, qui ralentit le refroidissement de la masse d'air où se produit la condensation. L'abaissement de température produit par l'ascension n'est plus alors proportionnel à la hauteur : lent d'abord, il va ensuite en s'accélérant, tout en restant inférieur à celui qui se produirait dans l'air sec. Ainsi, de l'air à la température de 20" et saturé de vapeur d'eau se refroidirait d'abord seulement de 1" pour une ascension de 222^m. Dans les conditions que l'on rencontre dans l'atmosphère, on calcule que le refroidissement de l'air saturé, par ascension, est de 1° pour des hauteurs comprises entre 240^m et 140^m, suivant la température et la pression initiales.

Ce phénomène de refroidissement par la détente est très important parce qu'il assigne à la rapidité de la décroissance de la température avec la hauteur une limite qui ne peut être dépassée sans que l'atmosphère cesse d'être en équilibre. Supposons, en effet, qu'à un moment donné la décroissance réelle de la température soit plus rapide que celle qui correspond à la loi de la détente et qu'une masse d'air soit emportée du sol à une certaine hauteur, sans avoir le temps de recevoir de la chaleur de l'extérieur ou d'en céder; elle arrivera alors à ce niveau plus chaude que l'air qui s'y trouve déjà; par suite, elle sera plus légère et devra continuer à monter; l'équilibre primitif de l'air sera instable puisque le mouvement, une fois commencé, tend à continuer de lui-même. Si, au contraire, la décroissance réelle de la température est plus lente que celle qui correspond à la loi de la détente, l'air entraîné vers le haut y arrivera plus froid, c'est-à-dire plus lourd, que les couches environnantes; il tendra donc à retomber et l'équilibre sera stable. Pour que l'équilibre de l'air soit stable, il faut donc que la décroissance réelle de la température avec la hauteur soit plus lente que celle que l'on calcule *a priori* d'après la loi de la détente des gaz.

A mesure que l'on s'élève, la pression et la température décroissent; la première cause tend à diminuer la densité de l'air, la seconde à l'augmenter; mais, dans les circonstances ordinaires, c'est le premier effet qui l'emporte, de sorte que les couches d'air successives sont superposées par ordre de densités décroissantes vers le haut. On pourrait toutefois concevoir une variation de température tellement rapide que l'effet de la diminution de la pression dans une hauteur donnée fût précisément égal à l'effet inverse de la diminution de la température. Il faudrait pour cela que la décroissance de la température avec la hauteur fût de $1°$ pour 29^m environ. Si la variation de température était encore plus rapide, les couches supérieures de l'air deviendraient plus lourdes que les couches inférieures ; il y aurait alors bouleversement immédiat de l'atmosphère et chute brusque des couches supérieures vers le bas, tout comme cela se produit dans un vase contenant de l'huile, à la surface de laquelle on verserait un liquide plus lourd, comme de l'eau. Bien entendu ce cas extrême ne peut se présenter dans l'atmosphère que dans des conditions exceptionnelles et sur des espaces très limités ; par exemple, lorsqu'un courant d'air très froid arrive subitement au-dessus d'une région chaude.

En réalité, la décroissance de la température dans l'air libre est extrêmement complexe ; les ascensions aérostatiques montrent qu'il existe fréquemment dans l'atmosphère plusieurs courants superposés, de directions et de températures différentes ; la température varie alors brusquement de plusieurs degrés quand on passe d'une couche à l'autre, et l'on peut trouver une couche plus chaude superposée à une couche froide. Il n'y a évidemment pas lieu dans ce cas de parler de loi de décroissance de la température, car cela suppose une continuité qui n'est pas alors satisfaite ; mais la décroissance de la température est en général régulière dans l'intérieur d'une même couche et satisfait à la condition de stabilité, c'est-à-dire qu'elle est notablement moins rapide que celle qui correspond à la détente adiabatique. On trouve par exemple des variations de $0°,6$ ou $0°,7$ pour 100^m. Ces variations sont extrêmement différentes suivant les pays, les saisons et les conditions ; il n'y a donc aucune loi générale à indiquer à cet égard.

Puisque la température décroît avec la hauteur, on doit, en s'élevant suffisamment haut dans l'atmosphère, trouver des températures très basses. Les récentes observations faites en ballons sondes ont en effet donné des températures de $-60°$ à $-70°$ à des hauteurs de 14000^m à 15000^m ; cela fait en moyenne, à partir du sol, une décroissance d'environ $0°,5$ ou $0°,6$ pour 100^m. Si cette loi de décroissance se continuait, on atteindrait une température de $-273°$ à une hauteur de 53^{km} environ, hauteur à laquelle il y a encore certainement une atmosphère appréciable, comme le mon-

trent, par exemple, les aurores boréales, les étoiles filantes, etc.
Une telle conclusion est impossible; la décroissance de la température doit donc devenir de moins en moins rapide à mesure que
l'on s'élève dans les hautes régions.

L'influence du sol rend la décroissance de la température
extrêmement complexe dans les couches les plus basses de l'atmosphère. Nous avons vu (§ 13) que l'amplitude de la variation
diurne diminue très rapidement quand on s'éloigne du sol. Pendant le jour la température s'élève beaucoup en bas, peu à une
certaine hauteur; la différence de température entre le sol et la
station supérieure augmente donc et la décroissance de température
avec la hauteur est plus rapide. Pendant la nuit, au contraire, la
température baisse beaucoup plus en bas qu'en haut; la différence
de température s'atténue et la décroissance est plus lente. L'abaissement de température près du sol pendant la nuit peut même
souvent être assez grand pour que la température y devienne inférieure à ce qu'elle est au même moment à une certaine hauteur;
dans ce cas il y a *inversion de température;* la température va
d'abord en augmentant avec l'altitude à partir du sol. Ce phénomène se produit normalement pendant toutes les nuits où l'air
est calme et il est très marqué surtout quand le ciel est clair, ce
qui augmente le refroidissement du sol par rayonnement; il est
dû uniquement à ce que l'amplitude de la variation diurne est
très grande près du sol et très petite à une certaine distance, dans
l'air libre. Bien entendu, à partir d'une certaine hauteur, quand
on n'est plus sous l'influence du sol, la température recommence
de nouveau à décroître à mesure qu'on s'élève. Pendant les nuits
calmes où le vent ne vient pas mélanger toutes les couches d'air,
la température devra donc augmenter d'abord à mesure que l'on
s'éloigne du sol, passer par un maximum à un certain niveau,
puis, au delà, décroître avec la hauteur. C'est ce que l'on constate
régulièrement, par exemple, à la tour Eiffel. En janvier la température moyenne à 7^h du matin, un peu avant le lever du soleil, est
de $0°,27$ à 2^m du sol, $0°,75$ à 160^m et $0°,63$ à 302^m; le maximum
de température s'observe alors environ à 100^m. En septembre, à 5^h
du matin, les températures moyennes sont respectivement $10°,50$
à 2^m du sol, $12°,60$ à 160^m et $12°,58$ à 302^m; le maximum ne se
produit que vers 250^m.

Les inversions de température près du sol, qui sont la règle en toutes saisons pendant la nuit, se manifestent quelquefois aussi même pendant le jour en hiver, quand le temps est calme et le ciel clair, alors que le sol peut se refroidir beaucoup par rayonnement; la présence d'une couche de neige, en augmentant le rayonnement, exagère encore ce phénomène. Parmi les exemples d'inversion de ce genre les plus remarquables, on peut citer l'observation faite le 26 décembre 1879 à 6^h du matin au sommet du Puy de Dôme : le thermomètre marquait alors $+ 4°,4$, tandis que la température était de $- 15°,8$ à Clermont-Ferrand, à 1080^m plus bas. Ces inversions considérables se produisent d'ordinaire à la suite d'une longue période de temps clair, froid et calme; l'air immobile se refroidit énergiquement au contact du sol; les couches les plus basses sont en même temps les plus froides, ce qui est la meilleure condition de stabilité et l'inversion de température s'accentue de plus en plus jusqu'au moment où une perturbation violente vient mélanger les couches d'air et rétablir les conditions normales. Il faut du reste remarquer que ces inversions de température, qui sont dues à l'influence du sol, cessent toujours à une certaine hauteur, au-dessus de laquelle on finit par retrouver le phénomène régulier, qui est celui de la décroissance de la température avec la hauteur.

17. Variation de la température avec l'altitude à la surface du sol; réduction de la température au niveau de la mer. — Les variations de température entre des stations situées toutes à la surface du sol, mais à des altitudes et dans des situations différentes, présentent des anomalies beaucoup plus grandes encore que celles que nous avons signalées dans l'air libre; on se rend compte aisément de ces anomalies si l'on envisage les causes multiples qui modifient l'oscillation diurne ou l'oscillation annuelle de la température.

Toutefois, si l'on opère sur des moyennes mensuelles ou annuelles, on trouve que la loi de décroissance de la température avec la hauteur dans le voisinage du sol est assez régulière. Cette constatation a une grande importance, car elle permet de comparer entre elles les températures observées dans les différents lieux, en éliminant l'influence de l'altitude qui vient souvent mas-

quer les autres lois. L'observation montre qu'entre des stations
voisines, placées à peu près dans les mêmes conditions topographiques, mais à des altitudes différentes, la température décroît en
moyenne d'environ 1° pour une augmentation d'altitude de 180^m,
soit à peu près de 0°,56 pour 100^m.

Si l'on veut comparer les températures de différents points
et mettre en évidence les influences diverses, telles que celles
de la latitude, de la situation topographique, etc., il faudra donc
commencer par éliminer l'influence de l'altitude. On le fera en
ajoutant à la température de chaque station une quantité proportionnelle à la hauteur de la station au-dessus du niveau de la mer
et calculée à raison de 0°,56 pour 100^m. Par exemple, pour une
station située à l'altitude de 388^m, par exemple, l'effet de l'altitude serait d'abaisser la température de la station de

$$3,88 \times 0,56 = 2°,17.$$

En ajoutant 2°,2 à la température observée dans cette station on
aura donc la température que l'on aurait dû observer au même
endroit si, les autres conditions restant les mêmes, la station était
au niveau de la mer au lieu de se trouver à l'altitude de 388^m.
Cette opération s'appelle *réduire la température au niveau de
la mer*. Elle est absolument nécessaire pour rendre comparables
entre elles les températures observées dans une même région.

Pour montrer par un exemple l'utilité de ces réductions, nous
donnons ci-dessous, pour huit stations rangées par ordre de
latitude, la température moyenne de la période de dix années,
1881-1890; à côté, se trouve la valeur correspondante au niveau
de la mer, obtenue, comme nous venons de l'indiquer, en ajou-
tant à chaque température le produit $\dfrac{0,56\,z}{100}$, dans lequel z représente l'altitude de la station exprimée en mètres.

Station.	Latitude.	Altitude.	Température vraie.	Température réduite.
		^{m}		
Paris	48.49	50	9.7	10.0
Bâle	47.33	278	9.1	10.7
Nantes	47.15	40	10.8	11.0
Genève	46.12	408	9.3	11.6
Puy de Dôme	45.47	1467	3.3	11.5
Clermont-Ferrand	45.46	388	9.3	11.5
Lyon	45.41	174	10.5	11.5
Bordeaux	44.50	74	12.0	12.4

Il est difficile de rien conclure des nombres réels (températures vraies); au contraire, on voit immédiatement sur les températures réduites au niveau de la mer que la température augmente régulièrement du Nord au Sud; de plus, les quatre stations de Genève, Puy de Dôme, Clermont-Ferrand et Lyon, qui sont dans la même région et à peu près à la même latitude, donnent le même nombre $11°,5$ comme température réduite, malgré la grande différence des températures réelles. Ce nombre $11°,5$ caractérise donc bien la température moyenne que présenterait toute la région qui s'étend de Clermont-Ferrand à Genève, si l'altitude des stations était nulle; il permet en même temps de calculer, avec un très grand degré de vraisemblance, la température moyenne d'un autre point situé dans la même région et où il n'aurait pas été fait d'observations; il suffit pour cela de retrancher de ce nombre $11°,5$ la correction de température relative à l'altitude du point considéré; Roanne, par exemple, se trouve entre Clermont et Lyon, à l'altitude de 286^{m}; la correction d'altitude pour cette ville est donc $\dfrac{286 \times 0°,56}{100} = 1°,60$; comme la température au niveau de la mer de toute la région est $11°,5$, la température de Roanne sera $11°,5 - 1°,6 = 9°,9$.

La loi de décroissance que nous avons adoptée ci-dessus, $0°,56$ pour 100^{m}, ne convient bien que pour l'année moyenne et pour les saisons intermédiaires, printemps et automne. L'observation montre que la décroissance est un peu plus rapide en été, un peu plus lente en hiver; dans cette dernière saison il faudrait prendre $0°,50$ pour 100^{m} ($1°$ pour 200^{m}); en été, $0°,62$ pour 100^{m} ($1°$ pour 160^{m}). Ces nombres n'ont du reste rien d'absolu; ils varient avec les régions, mais il est évident que ces variations n'ont pas grande influence sur le résultat, tant qu'on ne considère que des stations dont l'altitude ne dépasse pas quelques centaines de mètres. Si l'on voulait comparer entre elles les températures de stations situées toutes à une grande altitude, sur les hauts plateaux de l'Asie centrale, par exemple, il est clair qu'il faudrait réduire tous les nombres non plus au niveau de la mer, mais à un niveau uniforme plus voisin de celui des stations considérées, de manière que le terme de réduction ne dépassât jamais $8°$ à $10°$. Le principe de la méthode serait toujours le même.

Nous verrons dans les paragraphes suivants l'application de cette méthode de réduction, et les résultats auxquels elle conduit.

18. Distribution des températures à la surface de la Terre. Lignes isothermes. Isothermes annuelles. — Pour représenter la distribution des températures à la surface d'une région quelconque, on porte sur une Carte la température obtenue en chaque point où des observations ont été faites, puis on réunit par un trait continu tous les points dont la température est la même. On obtient ainsi sur la Carte une succession de lignes *isothermes,* ou d'égale température, telles que la température est la même en tous les points qui sont sur une même ligne isotherme, plus haute en tous les points qui sont d'un même côté de cette ligne, et plus basse en tous ceux qui sont de l'autre côté. La forme et la position respective de ces lignes montre du premier coup, plus clairement que tout autre procédé, quelles sont les lois de la répartition de la température dans la région considérée.

Si les nombres que l'on a pointés sur la Carte sont les températures vraies, on remarque immédiatement que les lignes isothermes ont une forme très compliquée; elles semblent suivre toutes les sinuosités des lignes de niveau, qui représentent le relief du sol. On reconnaît là l'influence de l'altitude, que nous avons étudiée dans le paragraphe précédent en indiquant le moyen de l'éliminer. Il sera donc entendu dorénavant que toutes les observations de température servant au tracé des isothermes auront été préalablement réduites au niveau de la mer; c'est le seul moyen d'avoir des résultats simples et dont la discussion soit facile.

Suivant le genre d'étude qu'on se propose, les Cartes d'isothermes peuvent être construites soit avec les températures observées au même instant sur une grande étendue de pays : ce sont alors des *Cartes simultanées,* soit avec les températures moyennes d'un jour, d'un mois, d'une saison, d'une année en particulier, soit enfin avec les températures normales de ces mois, saisons ou années. Nous ne parlerons pour le moment que des isothermes normales, réservant pour le Chapitre consacré à la prévision du temps l'examen de quelques Cartes simultanées.

Les premières Cartes d'isothermes ont été établies par A. de

Humboldt ; elles donnaient d'abord seulement les températures moyennes annuelles ; puis, pour faire mieux juger des différences de climat, on leur adjoignit des Cartes de lignes *isothères,* joignant tous les points où la température moyenne de l'été est la même, et de lignes *isochimènes,* indiquant la répartition des températures moyennes pendant l'hiver. Dove a donné le premier des Cartes d'isothermes pour chacun des douze mois. Les observations sont encore, dans beaucoup de régions, trop peu nombreuses et d'une durée trop courte pour qu'on soit assuré de connaître les valeurs normales de la température ; le tracé des isothermes offre donc pour ces parties quelque incertitude, ce qui oblige à de fréquents remaniements ; nous donnerons ici le résumé des travaux les plus récents.

Si la surface du globe avait partout la même constitution et n'offrait pas de reliefs, la température moyenne annuelle ne dépendrait évidemment que de la quantité de chaleur totale envoyée en un an par le Soleil ; elle irait donc en décroissant régulièrement de l'équateur aux pôles, et les isothermes seraient des parallèles de la sphère terrestre. L'examen de la *fig.* 13 (¹) montre qu'on est bien loin de cette simplicité ; les isothermes annuelles présentent des formes très irrégulières ; nous passerons en revue les causes principales de ces irrégularités.

1° *La distribution des terres et des mers.* — L'atmosphère humide qui surmonte les mers absorbe une plus grande fraction de la chaleur solaire que l'air relativement sec qui recouvre les continents ; à latitude égale, il arrive donc un peu moins de

---

(¹) Les Cartes météorologiques sont tracées le plus souvent sur une projection de Mercator, qui a l'avantage de ne pas altérer les angles ; mais elle ne conserve pas la proportion des surfaces ; en particulier les régions correspondant aux hautes latitudes sont considérablement agrandies, ce qui tend à faire attribuer aux phénomènes météorologiques qui s'y produisent une importance exagérée. On ne doit pas oublier que la zone comprise entre les deux parallèles de 30° contient exactement la moitié de la surface totale de la Terre. La projection que nous avons adoptée a des parallèles équidistants et agrandit progressivement les distances en longitude, et par suite les surfaces, à mesure qu'on s'éloigne de l'équateur ; mais cet agrandissement reste toujours faible. Il est de 1,08 à la latitude de 45° ; de 1,20 à 60° et de 1,95 à la latitude de 80°, limite septentrionale de nos Cartes. Avec la projection de Mercator, le coefficient d'augmentation des surfaces serait de 2 à 45°, de 4 à 60° et de 33 environ à 80°.

Fig. 13.

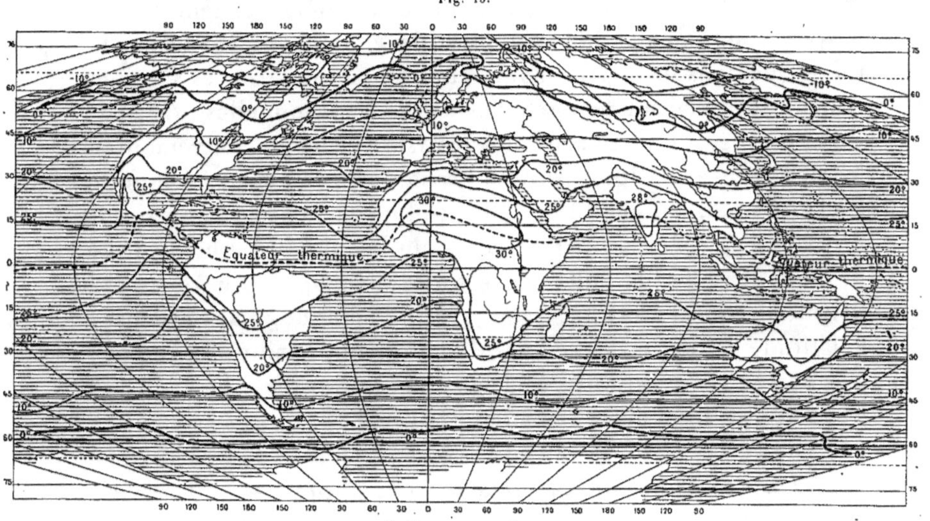

Isothermes annuelles.

chaleur à la surface des océans que sur les parties solides du globe. Une grande partie de la chaleur qui tombe sur les mers est employée non à élever la température de la surface, mais à évaporer l'eau. Enfin la température, sur les mers, est modifiée par les courants; ceux-ci ne peuvent évidemment qu'abaisser la température des régions équatoriales, les plus chaudes, de même qu'ils ne peuvent que relever la température des mers polaires, les plus froides. On démontre que, pour toutes ces raisons réunies, la température moyenne de l'air à la surface de la mer est, à latitude égale, plus basse que sur les continents jusque vers la latitude de 45°; au contraire, entre 45° et les pôles, la température moyenne sur un parallèle est plus élevée dans les parties maritimes que dans les parties continentales. Ces différences sont nettement accusées sur la Carte des isothermes annuelles (*fig.* 13). Dans les régions intertropicales les isothermes de 25° remontent le plus haut en latitude sur les grands continents, Amérique du Sud, Afrique, sud de l'Asie; elles se rapprochent au contraire de l'équateur sur l'océan Atlantique et le Pacifique. Le contraire se produit dans les latitudes élevées de l'hémisphère nord : l'isotherme de 0° remonte très haut sur le Pacifique, où elle dépasse la latitude de 60°, et sur l'Atlantique, où elle atteint presque 75°; elle descend au contraire à la latitude de 50° sur l'Amérique du Nord et plus bas encore dans l'est de l'Asie.

2° *Les courants marins et atmosphériques.* — Nous reviendrons plus tard sur ces deux sortes de courants, dont les effets sont généralement de même sens et s'ajoutent. Si dans une région du globe il existe, soit d'une manière constante, soit pendant une grande partie de l'année, des courants allant d'une latitude basse vers une latitude élevée, ces courants relèvent la température moyenne sur leur parcours. C'est ce qui se produit, par exemple, pour les courants à la fois marins (*Gulf-Stream*) et aériens dirigés du Sud-Ouest au Nord-Est sur l'Atlantique, des États-Unis vers la Norvège; ils déterminent un relèvement très marqué des isothermes de 10°, de 0° et de — 10°, qui font une grande pointe vers le nord sur l'Atlantique et l'océan Glacial. Comme exemple de l'effet inverse produit par des courants froids, on peut signaler l'inflexion vers l'équateur des isothermes de 20° et 25°

le long des côtes occidentales d'Afrique, à la fois dans l'Atlantique nord et dans l'Atlantique sud, et les inflexions analogues sur les côtes occidentales de l'Amérique, au large de la Californie et du Pérou.

3° *L'altitude.* — Un plateau élevé est surmonté d'une atmosphère moins dense et moins absorbante que celle qui recouvre les régions plus basses à la même latitude. La quantité de chaleur qu'il reçoit pendant le jour est plus grande, mais la perte par rayonnement pendant la nuit est aussi augmentée. Dans les basses latitudes, le gain l'emporte sur la perte; aussi les hauts plateaux y présentent-ils un maximum relatif de température par rapport aux régions moins élevées qui les entourent; la Carte en offre un exemple par l'inflexion vers le nord des isothermes sur les hauts plateaux du Mexique et de l'ouest des États-Unis. L'altitude produirait un effet opposé dans les latitudes élevées.

4° *La végétation.* — Dans les contrées où la végétation est très puissante, les réactions chimiques et l'évaporation qui accompagnent les phénomènes de la vie végétale consomment une fraction notable de la chaleur solaire incidente; la température moyenne doit donc être moins élevée que dans les déserts arides; c'est certainement une des causes de la grande différence de température que présentent par exemple le Brésil et le Sahara.

Au moyen des considérations qui précèdent, on expliquerait la plupart des irrégularités apparentes que présentent les isothermes.

Les cartes d'isothermes permettent de calculer la température moyenne d'une région quelconque, par exemple celle des différents parallèles; il suffira pour cela de relever sur la Carte la température d'une série de points équidistants échelonnés tout le long d'un parallèle et de prendre la moyenne de ces nombres. Nous donnons ici les températures moyennes calculées de cette façon pour des latitudes variant de 10° en 10° dans les deux hémisphères; nous y avons ajouté les nombres qui correspondent à la latitude de 55°, parce qu'au delà on ne possède pas encore, dans l'hémisphère sud, d'observations suffisantes pour permettre de tracer les isothermes. Enfin la dernière colonne donne la différence des températures moyennes dans les latitudes correspondantes des deux hémisphères.

Latitude.	Hémisphère		Différence.
	Nord.	Sud.	
0°	26°,1		
10	26,6	25,2	—1,4
20	25,4	22,9	—2,5
30	20,3	18,5	—1,8
40	14,0	12,0	—2,0
50	5,6	5,8	+0,2
55	2,3	3,2	+0,9
60	— 0,9	»	
70	—10,0	»	

Ces températures moyennes des différents parallèles ne représentent rien de bien défini, car il y figure à la fois des climats marins et continentaux, des régions où la température est relevée ou abaissée artificiellement par les courants, etc. Les nombres précédents montrent toutefois que, depuis l'équateur jusqu'à la latitude de 45° environ, la température moyenne sur un parallèle donné de l'hémisphère sud est plus basse que sur le parallèle correspondant de l'hémisphère nord; l'inverse se produit au delà de 45°.

Cette différence ne peut être expliquée par une inégalité entre les quantités de chaleur que les deux hémisphères recevraient du Soleil; nous avons dit, en effet (§ 6, p. 16) que, malgré les différences que présentent leurs saisons, les deux hémisphères ont, au bout de l'année, reçu rigoureusement la même quantité de chaleur. Jusque vers la latitude de 10° ou 15°, on pourrait attribuer une partie de l'excès relatif des températures de l'hémisphère nord à une moindre intensité des vents alizés, dont nous parlerons plus loin et qui amènent de part et d'autre, vers l'équateur, l'air des latitudes plus hautes et, par conséquent, plus froides; les alizés de l'hémisphère sud étant de beaucoup les plus intenses, il en résulterait, de ce côté de l'équateur, un refroidissement plus grand. Mais ce n'est là qu'une cause tout à fait accessoire et qui ne peut avoir d'effet que dans les régions immédiatement voisines de l'équateur. La principale raison de cette différence entre les deux hémisphères provient de l'inégale

répartition des terres et des mers. A toute latitude, la proportion relative des terres est beaucoup plus grande dans l'hémisphère nord que dans l'hémisphère sud ; or, nous avons vu (p. 57)
que, depuis l'équateur jusque vers la latitude de 45°, les continents sont, à latitude égale, plus chauds en moyenne que les
mers ; de là un excès de température pour l'hémisphère nord. Au
delà de 45° ce sont, au contraire, les mers qui présentent la température moyenne la plus élevée ; l'hémisphère sud doit donc
devenir, à latitude égale, plus chaud que l'hémisphère nord, ce
qui est bien conforme aux résultats déduits de l'étude des isothermes annuelles.

En utilisant séparément les observations faites sur les grands
continents ou au milieu des océans, on calcule que la température
serait de 41° environ à l'équateur et de — 35°,5 aux pôles sur un
globe entièrement solide ; si la surface était totalement recouverte
d'eau, la température serait voisine de 26°,5 à l'équateur et
de — 14°,8 aux pôles ; ce dernier nombre n'a évidemment pas de
signification, car, à cette température, l'eau serait gelée et la condition de la surface changerait. Sur ces deux globes la température serait la même, 11°,2, à la latitude de 45°.

Des valeurs que nous avons indiquées plus haut pour la température moyenne des différents parallèles, on déduit que la
température moyenne de toute la surface de la Terre est 15°,0 ;
celle de l'hémisphère nord serait 15°,4, et celle de l'hémisphère
sud 14°,6. L'excès moyen de l'hémisphère nord sur l'hémisphère
sud provient de ce qu'il est plus chaud que ce dernier depuis
l'équateur jusqu'à la latitude 45°, sur une zone qui occupe les
sept dixièmes de la surface de l'hémisphère. La différence en
sens inverse que l'on observe de 45° aux pôles ne porte que sur
les trois dixièmes de la surface totale et ne peut ainsi compenser
entièrement la première.

Si l'on détermine sur chaque méridien le point dont la température est la plus élevée, l'ensemble de ces points constitue une
ligne qui enveloppe le globe et que l'on désigne sous le nom
d'*équateur thermique ;* elle est figurée en traits interrompus sur
la *fig.* 13. L'équateur thermique n'est pas une ligne isotherme,
la température n'y est pas la même en tous ses points ; elle y
passe de 26° dans le Pacifique à plus de 30° en Afrique. Sur les

grands océans, l'équateur thermique se rapproche beaucoup de l'équateur géographique; il descend même un peu au sud, au centre du Pacifique. Il se relève au contraire beaucoup au nord sur les continents, qui sont surtout développés dans l'hémisphère boréal et qui, nous l'avons vu plus haut, ont dans ces régions, à latitude égale, une température plus élevée que les mers. C'est ainsi que l'équateur thermique atteint la latitude de 20° sur le Mexique, sur l'Inde et la dépasse même un peu sur le Sahara. Nous verrons ultérieurement l'influence qu'exerce la position de l'équateur thermique sur les conditions météorologiques, notamment sur la circulation générale de l'atmosphère.

19. Isothermes de janvier et de juillet. — La connaissance de la moyenne annuelle ne suffit pas à donner une idée nette de la température d'un lieu; il faut y joindre encore des indications sur la grandeur de la variation dans le cours de l'année, sur la température moyenne des mois extrèmes, par exemple. Les *fig.* 14 et 16 donnent les lignes isothermes du globe pour les deux mois de janvier et de juillet; les *fig.* 15 et 17 reproduisent les mêmes lignes, pour la partie la plus intéressante de l'hémisphère nord, sur une projection polaire, qui permet de se rendre mieux compte de la distribution des températures dans les latitudes élevées. On ne peut tracer des cartes analogues pour l'hémisphère sud, dont le climat est encore absolument inconnu au delà de la latitude de 55°.

En janvier (*fig.* 14 et 15), la ligne isotherme de 0° présente de grandes sinuosités, descendant vers le Sud sur les continents de l'hémisphère nord, remontant beaucoup au Nord sur les mers. De la côte méridionale de l'Islande, elle s'élève un peu au delà de 70° au large de la Norvège, puis elle descend tout le long de ce pays et du Danemark, traverse l'Allemagne et l'Autriche, passe au nord de la mer Noire, suit le Caucase, coupe la mer Caspienne et toute l'Asie centrale où elle s'abaisse même en dessous du parallèle de 35°. Elle sort de l'Asie en traversant la Corée et l'île de Nippon, remonte dans le Pacifique jusqu'aux îles Aléoutiennes, suit les côtes de l'Alaska et redescend au centre des États-Unis, jusqu'au-dessous de 40° nord; elle passe enfin au sud de la Nouvelle-Angleterre et remonte sur l'Atlantique jusqu'à l'Islande.

Fig. 14.

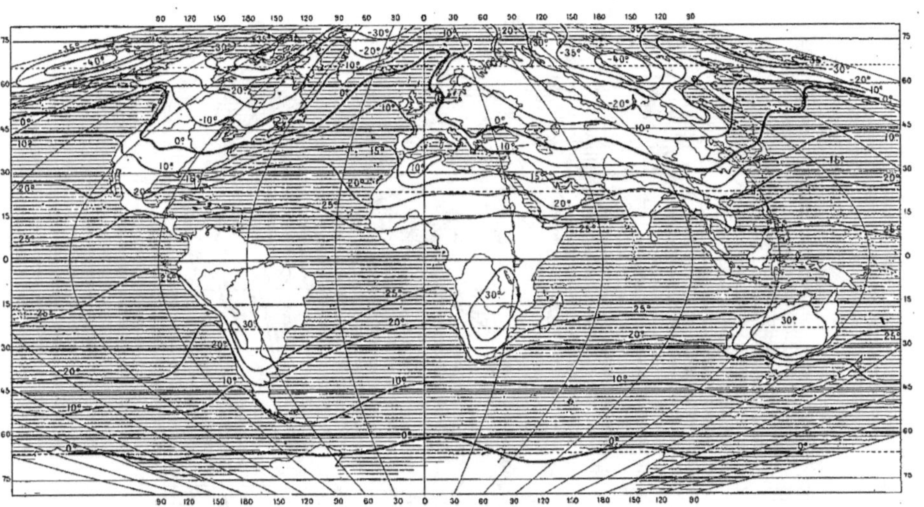

Au nord de cette ligne la température est partout inférieure à o° ;
le lieu des points les plus froids est compris dans l'isotherme
de — 35°, dont on remarquera (*fig.* 15) la dissymétrie frappante
par rapport au pôle. Cette dissymétrie, jointe à d'autres raisons
géographiques, rend probable l'existence de terres encore incon-
nues près du pôle, au nord du détroit de Behring, entre la Sibérie
et les îles arctiques américaines. C'est peut-être sur ce continent
que se trouverait le point le plus froid du globe ou *pôle du froid;*
mais, dans l'état actuel de nos connaissances, la contrée dont la
température est le plus basse se trouve en Sibérie, au nord d'Ia-

Fig. 15.

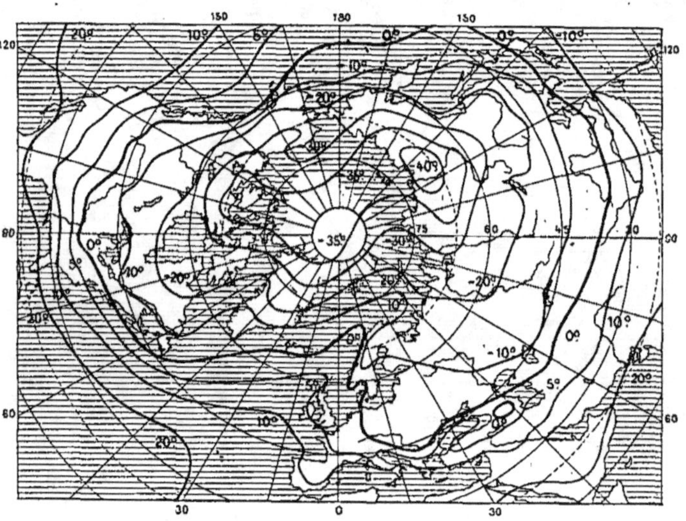

Isothermes de janvier.

koutsk ; la température moyenne de cette région s'abaisse au-
dessous de — 40° en janvier. A Iakoutsk même elle est de — 42°,8
et elle descend jusqu'à — 51°,2 à Verkhoïansk (latitude 67°34′ N)
au milieu de la vallée de la Iana.. Il est bon d'ajouter que cette
moyenne de — 51°,2, la plus basse que l'on connaisse pour un
mois d'hiver sur tout le globe, est en réalité exceptionnelle ; la
station de Verkhoïansk se trouve en effet au fond d'une vallée
orientée Nord-Sud, où toutes les conditions; situation encaissée,

Fig. 16.

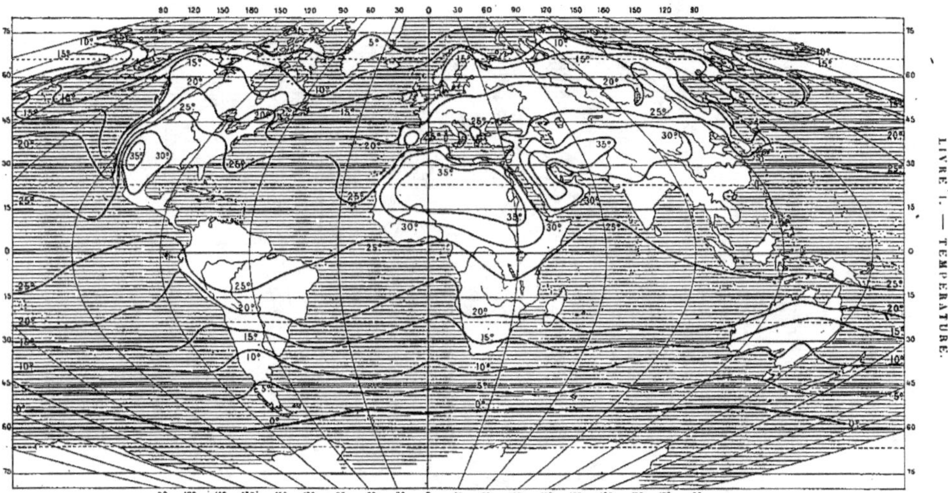

Isothermes de juillet.

temps calme, ciel clair, sol couvert de neige, sont réunies pour favoriser l'abaissement de la température en hiver. Dans la même région, mais en dehors de la vallée, sur les plateaux, la température moyenne de janvier serait probablement plus élevée de 5 à 6° au moins.

En janvier, dans l'hémisphère nord, les terres sont partout, à latitude égale, plus froides que les mers. C'est le contraire qui a lieu dans l'hémisphère sud, qui est alors au milieu de son été; les trois grands continents de l'Amérique du Sud, de l'Afrique et de

Fig. 17.

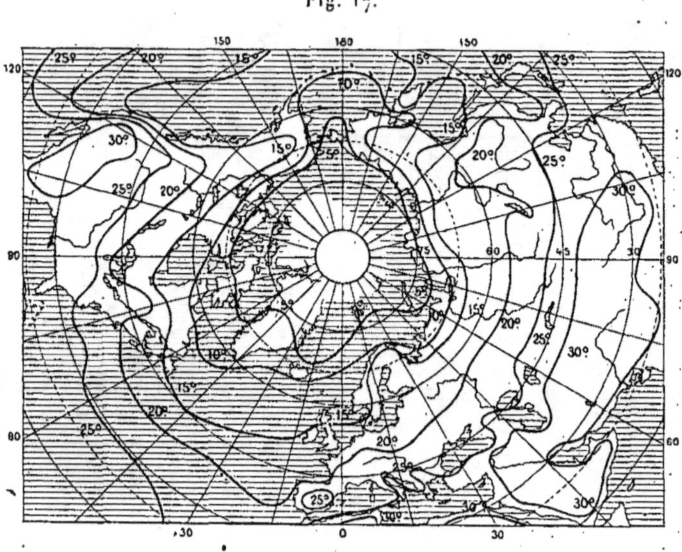

Isothermes de juillet.

l'Australie présentent alors un excès notable de température sur les mers qui les entourent.

Les parallèles le long desquels se rencontrent les plus grandes variations de température en janvier sont ceux qui sont compris entre 60° et 70° de latitude nord. Sur le cercle polaire on passe en effet d'une température de + 2° au large des côtes de Norvège à celle de — 45° et même — 50° en Sibérie.

En juillet (*fig.* 16 et 17), la température est partout supérieure à 0° dans l'hémisphère nord et, à latitude égale, les continents

5

sont plus chauds que les mers. La température moyenne dépasse 30° dans deux régions : l'une, en Amérique, comprend le
nord du Mexique et le sud-ouest des États-Unis ; l'autre, dans
l'ancien monde, comprend une partie de l'Asie centrale, la Perse,
l'Arabie, le Sahara et une partie du Soudan. Le maximum absolu
se trouve dans le Soudan et le Sahara ; la moyenne de juillet y
dépasse 35°. Dans l'extrême sud de l'Algérie, à El-Goléa (latitude 30°33'), à une altitude de 380^m, la température moyenne
de juillet est déjà de 34°,8, ce qui donnerait 37°,2 au niveau de
la mer. Dans l'hémisphère sud, qui est alors au milieu de son
hiver, l'isotherme de 0° apparaît généralement entre les latitudes
de 50° et 60°.

On pourrait tracer la position de l'équateur thermique sur les
deux cartes de janvier et de juillet, comme nous l'avons fait sur
celle de l'année. On trouverait que cette ligne suit d'une manière
générale les mouvements du Soleil ; elle descend le plus au sud en
janvier, remonte le plus au nord en juillet ; mais, à cause de la
plus grande importance des continents dans notre hémisphère, le
mouvement de l'équateur thermique vers le Nord en juillet est
plus prononcé que le mouvement inverse en janvier.

Nous n'insisterons pas plus longtemps sur les particularités que
présentent ces Cartes d'isothermes, et que l'on peut expliquer par
les considérations développées précédemment (§ 16), et par celles
que nous exposerons plus tard en parlant des courants des océans
et de l'atmosphère.

20. Courbes isanomales. — Pour représenter simplement la
distribution des températures à la surface du globe il nous a été
commode, dans ce qui précède, de faire subir aux nombres réellement observés une correction d'altitude, qui a permis d'éliminer
l'influence de l'élévation des stations au-dessus du niveau de la
mer. Dans d'autres recherches il peut être utile d'éliminer de
même l'influence de la latitude. Le procédé le plus rationnel
serait de déterminer théoriquement, à chaque époque de l'année,
la loi de variation des températures suivant la latitude, et de
comparer la température moyenne ainsi calculée pour chaque
parallèle à la température que l'on observe réellement sur les différents points de ce parallèle. Mais, comme ce calcul théorique n'a

pu encore être fait, on s'est borné jusqu'ici à évaluer empirique-
ment la température moyenne des différents parallèles, en se servant pour cela des Cartes d'isothermes qui résultent directement
de l'observation. C'est de cette manière qu'ont été obtenus, au
moyen de la Carte des isothermes annuelles, les nombres donnés
plus haut (p. 59) pour les températures moyennes de quelques
parallèles.

Si l'on retranche de la température observée en une station
et corrigée de l'altitude la température moyenne du parallèle qui

Fig. 18.

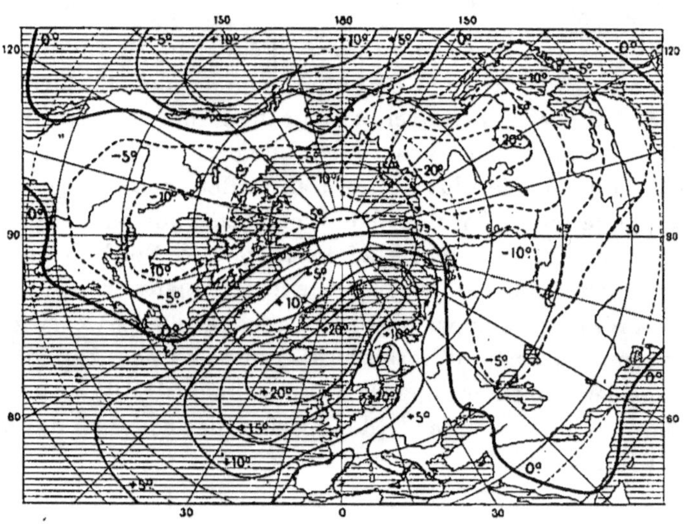

Isanomales de la température en janvier.

passe par cette station, on obtient un nombre qui représente
l'excès, positif ou négatif, ou *anomalie* de la température au
point considéré sur la température moyenne de son cercle de
latitude. Ainsi, nous avons vu plus haut (p. 59) que la température moyenne du parallèle de 60° N est — 0°,9; sur ce parallèle,
on rencontre, par exemple, les trois villes de Christiania, Saint-
Pétersbourg et Okhotsk (Sibérie) dont les températures moyennes
sont respectivement + 5°,1, + 3°,7 et — 5°,2; l'anomalie de
température, pour l'année moyenne, est donc de + 6°,0 à Chris-

tiania, + 4°,6 à Saint-Pétersbourg, et — 4°,3 à Okhotsk; pour
les deux premières villes l'anomalie est positive; leur température
est supérieure à la moyenne du parallèle; l'anomalie est négative
au contraire pour Okhotsk, dont la température est plus basse
que la moyenne de la latitude correspondante.

Si l'on porte sur une Carte la valeur des anomalies de la température aux différents points, pour les moyennes annuelles,
pour les moyennes mensuelles, ou pour une période quelconque,
puis qu'on joigne par un trait continu tous les points qui ont

Fig. 19.

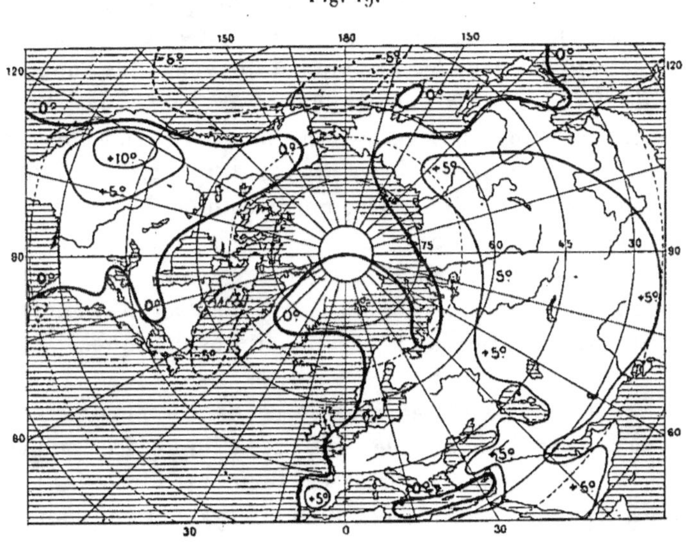

Isanomales de la température en juillet.

même anomalie, on obtient ce que Dove a appelé les *courbes isanomales* ou d'égale anomalie. Comme exemple de ces courbes,
nous donnons, en projection polaire, pour la plus grande partie
de l'hémisphère nord, la Carte des isanomales moyennes de température en janvier (*fig.* 18) et en juillet (*fig.* 19).

En janvier, l'anomalie est positive sur les océans, Atlantique ou
Pacifique, tandis qu'elle est négative sur l'Asie et l'Amérique du
Nord. De plus, les différences sont très grandes en valeur absolue;
c'est ainsi qu'entre l'Islande et la Norvège est une région dont

l'anomalie positive dépasse 20°, c'est-à-dire que tous les points compris dans cette région ont en janvier une température supérieure de plus de 20° à la température moyenne de leur parallèle. En Sibérie, au contraire, on rencontre des anomalies négatives qui dépassent — 20°. De même, il y a des anomalies de + 10° et — 10° respectivement sur la partie Nord du Pacifique et de l'Amérique.

Dans la Carte d'isanomales moyennes de la température en juillet pour l'hémisphère nord, les anomalies positives se rencontrent, au contraire, sur les continents et les anomalies négatives sur les mers. Les différences sont beaucoup plus faibles qu'en hiver : les anomalies négatives ne descendent guère en dessous de — 5° (détroit de Davis et Pacifique); de même, les anomalies positives ne dépassent pas notablement + 5° (centre de l'Asie et Amérique), sauf dans une région très limitée au sud-ouest des États-Unis, où l'anomalie positive atteint + 10°. La distribution de la température sur l'hémisphère nord est donc beaucoup plus régulière en été qu'en hiver.

Nous verrons plus tard qu'il existe des relations intéressantes entre les isanomales de la température et d'autres phénomènes, notamment la distribution de la pression atmosphérique.

21. Températures extrêmes observées. — Un élément intéressant à connaître pour chaque pays est la limite des températures extrêmes qui y ont été observées. Bien entendu, ces limites ne doivent pas être considérées comme ayant rien d'absolu, puisqu'on ne sait jamais s'il ne se présentera pas un jour des conditions particulières dans lesquelles la température sortirait de ces limites; ces valeurs extrêmes n'ont, par suite, de signification réelle que pour les stations dans lesquelles on possède de très longues séries d'observations.

A Paris, les températures extrêmes constatées d'une manière certaine sont — 25°,6, minimum observé le 10 décembre 1879, et + 38°,4, maximum observé le 19 juillet 1881.

Dans l'est de la France, le thermomètre est descendu plusieurs fois à — 30° et il pourrait même, dans des conditions exceptionnelles, s'abaisser au-dessous de ce chiffre. Dans le Midi, les froids peuvent être rigoureux jusque sur les bords de la Méditerranée où il paraît que, en 1709, le thermomètre s'est abaissé tout près de — 20°. La partie de la France où les minima sont généralement les moins bas, à cause de son climat essentiellement maritime, est l'extrémité sud-ouest de la Bretagne, vers la baie d'Audierne et la pointe de Penmarch.

Nous avons indiqué précédemment (§ 16, p. 51) que les minima exceptionnels de température se produisent toujours dans les nuits calmes et claires, dans le fond des vallées et surtout quand le sol est couvert d'une couche épaisse de neige.

La plus haute température relevée jusqu'à ce jour en France d'une manière certaine est celle de 41°,2, qui a été notée le 24 juillet 1870, à Poitiers. Il y a lieu de penser que des températures au moins égales, sinon supérieures, pourraient être observées dans le Midi, vers Nîmes et Montpellier.

Les maxima les plus élevés du globe se rencontrent dans le Sahara, surtout dans les parties dont l'altitude est faible; ils peuvent dépasser 50°. Du reste, ces hautes températures ne se produisent que dans des conditions exceptionnelles, par exemple dans des vallées étroites, garanties du vent et situées dans des régions de sables arides. Dans des conditions normales, en terrain découvert, on ne paraît pas avoir jamais constaté, d'une manière qui inspire confiance, de températures supérieures à 50°.

Dans les pays tropicaux à climat maritime, les maxima sont toujours inférieurs non seulement à ces nombres, mais même à ceux qu'on observe en France. A Cayenne, par exemple, on ne connaît pas de maximum bien observé qui dépasse 35°; par contre, les minima n'y descendent pas au-dessous de 20°, de sorte que l'amplitude totale des variations possibles de la température dans ces pays est comprise entre 15° et 20°.

Les minima les plus bas du globe se présentent en Sibérie, principalement dans la région située vers Iakoutsk, dans les parties moyennes des vallées de la Léna et de la Iana. La plus basse température connue a été relevée dans cette région, à Verkhoïansk, que nous avons déjà indiqué comme le point qui donne en moyenne la plus basse température mensuelle et annuelle. On a observé à Verkhoïansk une température de — 69°,8; ce nombre, lu sur un thermomètre à alcool, doit correspondre au moins à — 72° du thermomètre à air, peut-être même plus bas. D'autre part, on a observé en été, dans la même station, un maximum de 31°,5, ce qui fait une amplitude totale de plus de 101°; on y a vu enfin la température tomber au-dessous de — 50° pour la première fois vers le milieu de novembre et, pour la dernière, vers le milieu de mars, soit un intervalle de plus de quatre mois pendant lesquels le thermomètre peut descendre au-dessous de — 50°. Dans cette région, le temps est toujours beau en hiver, l'air absolument calme et la sécheresse de l'air extrême; dans ces conditions, ces températures extraordinaires paraissent être assez bien supportées par les habitants.

22. Influence de la température sur les phénomènes de végétation. — Parmi les applications climatologiques les plus intéressantes de l'étude des températures, on peut signaler la recherche de l'influence de la température sur les phénomènes de végétation. Le problème est très complexe, car ces phénomènes dépendent encore d'un grand nombre d'autres causes, comme la pluie, l'humidité de l'air, la longueur des jours, la transparence de l'atmosphère, l'exposition et la nature du sol, etc. Toutefois on a pu, dans certains cas, démêler l'influence propre de la température qui varie, du reste, beaucoup d'un végétal à l'autre.

La température agit de deux manières différentes : elle influe sur la distribution géographique des plantes en les maintenant dans les régions où leur végétation reste possible; enfin, dans ces régions mêmes, elle modifie les époques auxquelles se manifestent les différentes phases de la végétation.

Beaucoup de plantes ont besoin, pour se développer, d'une certaine température moyenne pendant leur période de végétation; leur distribution géographique sera donc en rapport immédiat avec les isothermes annuelles ou avec celles du printemps et de l'été. C'est ainsi que la limite septentrionale des régions où le dattier mûrit ses fruits coïncide presque exactement avec l'isotherme annuelle de 18°,5 ou 19°. Au contraire, la limite de la vigne paraît suivre plutôt la distribution de la température pendant la saison chaude seulement; le raisin ne mûrit, en effet, que dans les pays où la température moyenne de la période comprise entre avril et octobre est supérieure à 15°.

D'autre part, une température élevée peut nuire autant à certaines plantes qu'une température trop basse, ce qui permet de prévoir que, pour un grand nombre de végétaux, il existe une limite géographique du côté de l'équateur, comme du côté des pôles. Tel est le cas du sorbier des oiseleurs, qui ne vit plus dans les pays où la température moyenne de l'été dépasse 19°. Du reste les contrées les plus chaudes sont en général très sèches, ce qui rend parfois difficile la détermination exacte de la cause, trop grande chaleur ou sécheresse, qui fait obstacle à la végétation.

Enfin chaque plante meurt si elle est portée en dessous d'une température déterminée; elle ne s'acclimatera donc d'une manière durable que dans les régions où la température ne s'abaisse généralement pas jusqu'à cette limite. La durée du froid est aussi un facteur important, car telle espèce peut périr sous l'influence d'un froid prolongé de — 10°, qui résistera à une température accidentelle de — 15°.

Indépendamment du phénomène physique de la congélation, qui amène la destruction des tissus, le simple abaissement de température est encore une cause de mort pour certains végétaux; on connaît des espèces, cultivées dans nos pays en serre chaude, qui périssent dès que la température s'abaisse à + 1° et même à + 4° seulement.

Comme la température décroît avec l'altitude, la nature de la végétation change à mesure qu'on s'élève sur les montagnes. Ainsi, dans la Suisse centrale, l'orge cesse d'être cultivée au-dessus de 880^m en moyenne; le houx s'arrête à 970^m; le hêtre à 1350^m et l'épicéa à 1730^m; au delà on trouve encore des arbustes comme les rhododendrons, puis seulement des plantes herbacées, plus haut encore des mousses et des lichens, et enfin la végétation cesse complètement. On remarque en outre que, dans les montagnes des pays tempérés, la végétation prend l'aspect qu'elle présente dans les régions polaires : c'est ainsi qu'on trouve dans les Alpes et sur le mont Ventoux des espèces qui n'existent pas dans les plaines voisines et dont les analogues vivent en Laponie ou au Groenland.

Si l'on étudie maintenant une plante donnée, dans les limites géographiques où elle peut exister, on constate que les phases de sa végétation s'accomplissent à des époques très variables d'un point à un autre. Ainsi l'époque de la moisson du blé d'hiver retarde de plus de six semaines quand on passe du midi au nord de la France. Cet intervalle varie du reste avec les années et avec le phénomène que l'on envisage. L'altitude est encore une cause de variation dans les époques de feuillaison, de floraison ou de maturité ; les observations montrent qu'en France, pour la plupart de ces phénomènes, une augmentation de 100^m dans l'altitude amène en moyenne un retard de quatre jours.

On a cherché à expliquer toutes ces variations en admettant que les phénomènes de végétation se produisent seulement quand la plante a reçu une certaine quantité totale de chaleur, que l'on évalue en additionnant toutes les températures moyennes diurnes relevées depuis le moment où la végétation a commencé jusqu'à celui où le phénomène considéré s'est manifesté. Comme il y a de nombreuses raisons d'admettre que les différentes plantes ne commencent à profiter qu'à partir d'une certaine température, propre à chaque espèce, il convient de compter ces sommes de températures non pas à partir de zéro, mais à partir d'une certaine température initiale à déterminer pour chaque plante. Ainsi le maïs est mûr à l'époque où la somme des températures diurnes, comptées seulement au-dessus de 13°, atteint 2500° ; toutes les températures inférieures à 13° ne permettent pas la végétation de cette espèce et ne doivent pas être comprises dans le calcul de la somme. De même, les dattes exigent pour mûrir une somme de 5100° comptés au-dessus de 18°, et ainsi de suite.

Cette méthode de calcul donne pour un même végétal des nombres assez variables suivant les années et les pays. On a proposé de remplacer les moyennes diurnes par les températures maxima relevées chaque jour sur un thermomètre exposé à la radiation directe du Soleil. Les nombres obtenus ainsi semblent, pour certains phénomènes, peut-être un peu plus constants que les sommes des températures moyennes diurnes ; mais ils présentent encore d'assez grandes variations d'une année ou d'une région à une autre ; il n'y a donc pas de relation rigoureuse entre ces sommes de températures et les phénomènes de végétation. Ces phénomènes sont en réalité très complexes et il y intervient, en dehors de la température, bien d'autres agents tels que l'humidité, l'influence de la lumière, la durée du jour, etc. Par exemple, pour l'orge de printemps, il s'écoule en moyenne 107 jours dans la

Suède méridionale entre l'époque des semailles et celle de la maturité; cette période est réduite à 89 jours seulement en Laponie,
malgré une température plus basse. Les sommes de quantités de
chaleur, calculées depuis l'époque des semailles de l'orge jusqu'à
celle de la moisson, sont donc beaucoup plus petites pour la
Laponie que pour la Suède méridionale. L'accélération de la
période végétative en Laponie est due à l'action de la lumière;
la durée du jour est, en effet, au plus, de dix-huit heures en été
dans le sud de la Suède, tandis qu'à 70° de latitude nord, le
Soleil reste jour et nuit pendant deux mois entiers au-dessus de
l'horizon.

On pourrait rechercher de même l'influence de la température sur les époques de migrations des oiseaux, l'apparition des
insectes, le réveil des animaux hibernants, etc. Les exemples
donnés ci-dessus pour les phénomènes de végétation suffiront à
montrer la voie dans laquelle on peut aborder ces études, qui sont
encore peu avancées, malgré leur grand intérêt pratique.

CHAPITRE III.

23. Température du sol; variation diurne et variation annuelle. — Les procédés les plus employés d'ordinaire pour mesurer la température du sol aux diverses profondeurs consistent à maintenir à cette profondeur un couple thermo-électrique, ou bien à forer un trou vertical dans lequel on fait descendre un vase rempli de terre et contenant un thermomètre; après un long séjour dans le sol, on remonte le vase et, comme le thermomètre reste entouré d'une asssez grande quantité de terre, sa température n'a pas le temps de changer pendant la durée de l'observation.

Quand on opère à des profondeurs moindres de 1^m, le plus simple est de placer à poste fixe dans le sol un thermomètre à mercure dont le réservoir est sphérique et gros, et dont la tige capillaire est assez longue pour que l'extrémité de la colonne de mercure dépasse toujours le niveau du sol. Comme la tige est très longue et se trouve souvent à une température qui diffère notablement de celle du réservoir, une correction aux lectures serait nécessaire; on l'évite en plaçant à côté de la tige du thermomètre une autre tige semblable de même longueur, contenant aussi du mercure, mais simplement fermée en bas et sans réservoir. Les deux tiges subissent ainsi de la même façon toutes les influences, et la différence des deux colonnes liquides donne exactement la température du réservoir du thermomètre.

On obtient la température de la surface du sol en plaçant sur le sol même un thermomètre dont le réservoir est recouvert d'une très mince couche de terre. Cette température éprouve, sous l'influence alternative de la chaleur solaire et du rayonnement nocturne, une variation diurne dont l'amplitude est beaucoup plus grande que celle de la température de l'air. Nous avons dit en effet (§ 12) que l'air, dont le pouvoir émissif ou absorbant est très faible, ne s'échauffe ou se refroidit que peu par lui-même; c'est aux échanges de chaleur qui se produisent entre lui et le sol qu'il faut attribuer la plus grande part de la variation diurne de température qu'il présente. Le minimum de température à la surface du sol se produit normalement au moment du lever du Soleil; le maximum s'observe vers 1^h de l'après-midi, c'est-à-dire un peu avant le maximum de la température de l'air.

A la surface d'un sol bien sec et mauvais conducteur de la chaleur, l'échauffement produit par le Soleil peut être considérable. En France, on a quelquefois obtenu des températures de 60°; dans les déserts de sable du Sahara et de l'Australie on peut dépasser 70° ou même 80°, dans des endroits bien exposés et abrités du vent. Inversement, la température du sol s'abaisse, pendant la nuit, au-dessous de celle de l'air. Il y a généralement moins de différence entre les températures minima de l'air et du sol qu'entre les températures maxima; toutefois en hiver, par les nuits claires, quand le sol est recouvert de neige, corps très mauvais conducteur et doué d'un grand pouvoir émissif, la température de la surface de la neige peut descendre à 15° en dessous de celle de l'air.

Si l'on observe la température du sol non plus à la surface, mais à une certaine profondeur, on constate que l'amplitude des variations diurne ou annuelle diminue très rapidement avec la profondeur; en même temps, l'époque des maxima et des minima retarde de plus en plus. Le problème de la propagation de la chaleur dans le sol peut être traité théoriquement d'une manière complète, si l'on suppose que le sol est homogène et que les oscillations de température, suivant, en fonction du temps, les mêmes lois que celles d'un pendule, constituent ce qu'on appelle des *oscillations simples*. On démontre alors les trois lois suivantes, qui sont en complet accord avec les résultats de l'observation.

Première loi. — L'amplitude des oscillations décroît en progression géométrique quand la profondeur croît en progression arithmétique.

Soit une oscillation diurne de température dont l'amplitude est, par exemple, de 16° à la surface du sol; supposons (c'est en effet à peu près la moyenne des résultats observés dans des sols différents) que l'amplitude soit réduite de moitié, soit à 8°, à une profondeur de $0^m,12$. A une profondeur double, $0^m,24$, l'amplitude sera réduite à $\frac{1}{4}$ soit 4°; à une profondeur triple, $0^m,36$, l'amplitude sera $\frac{1}{8}$ soit 2°; à une profondeur quadruple, $0^m,48$, $\frac{1}{16}$ soit 1° et ainsi de suite. On voit ainsi que l'amplitude de l'oscillation diurne n'est plus que de quelques centièmes de degré à la profondeur de 1^m et devient plus petite que un centième de degré, c'est-à-dire inappréciable, à $1^m,30$.

Deuxième loi. — Le retard de l'époque des maxima et des minima est proportionnel à la profondeur.

Dans le même cas que précédemment, où l'amplitude est réduite de moitié à la profondeur de $0^m,12$, on constate que, à la même profondeur, le maximum et le minimum diurnes retardent, par rapport à la surface, de $\frac{1}{9}$ de période, soit, en heures : $\frac{24^h}{9}$ ou 2^h40^m; par exemple, le maximum de température, qui a lieu à la surface du sol à 1^h du soir, ne s'observe plus qu'à 3^h40^m à $0^m,12$ de profondeur. La seconde loi nous apprend alors qu'à une profondeur double, $0^m,24$, le retard est double, soit de cinq heures vingt minutes; le maximum ne s'observe donc plus qu'à 6^h20^m du soir, et ainsi de suite; à une profondeur quatre fois et demie plus grande, soit $0^m,54$, le retard serait de $\frac{24 \times 4,5}{9} = 12^h$; dans ce cas l'oscillation serait en retard sur celle de la surface de douze heures, ou une demi-période, c'est-à-dire que le maximum de la température à $0^m,54$ se produirait à la même heure que le minimum à la surface et inversement. Il faut ainsi douze heures pour que l'oscillation franchisse une épaisseur de $0^m,54$.

Troisième loi. — Si l'on considère des oscillations dont les périodes ont des durées différentes, les amplitudes sont réduites respectivement dans un même rapport pour des profondeurs proportionnelles aux racines carrées de la durée des périodes. De même le retard du maximum ou du minimum correspond à une même fraction de la période de chaque oscillation, si l'on observe dans chaque cas à des profondeurs proportionnelles aux racines carrées de la durée des périodes d'oscillation.

Considérons, par exemple, dans un même sol, l'oscillation diurne et l'oscillation annuelle de la température à diverses profondeurs; l'année contient $365^j,25$ et la racine carrée de $365,25$ est $19,1$. L'amplitude de l'oscillation diurne étant réduite de moitié à $0^m,12$ de profondeur, l'amplitude de l'oscillation annuelle sera, d'après la troisième loi, réduite aussi de moitié à $0^m,12 \times 19,1 = 2^m,292$; elle sera réduite au quart à une profondeur double, soit $4^m,584$, et ainsi de suite. De même pour les retards : le retard est d'un neuvième de période pour l'oscillation diurne à $0^m,12$; il sera donc, pour l'oscillation annuelle, d'un neuvième de période ou de $\dfrac{365,25}{9} = 40^j,6$, à la profondeur de $2^m,292$ et d'une demi-période, soit de six mois, à la profondeur de $0^m,54 \times 19,1 = 10^m,31$.

La profondeur qui correspond à un même retard ou à une même réduction de l'amplitude dépend de la nature du sol, de sa conductibilité et de sa chaleur spécifique; mais une fois que l'observation a fourni la valeur de la réduction pour une certaine profondeur, les lois précédentes permettent de calculer les amplitudes et les retards à toute profondeur.

Les nombres que l'on observe réellement ne s'écartent que très peu de ceux que nous avons cités ci-dessus. A Bruxelles, par exemple, on a trouvé que le minimum de la variation annuelle de la température se produisait, en moyenne, le 3 janvier à la surface du sol, le 12 avril à $3^m,9$ et le 14 juin à $7^m,8$; le maximum se produisait de même le 20 juillet à la surface, le 9 octobre à $3^m,9$ et le 12 décembre à $7^m,8$. Le retard est donc d'environ cinq mois pour la profondeur de $7^m,8$.

On voit, d'après les lois précédentes, que les oscillations de température se propagent d'autant plus profondément dans le sol que leur période est plus longue. Une oscillation annuelle se propage ainsi environ dix-neuf fois plus loin qu'une oscillation diurne de même amplitude; de même, une oscillation de température, dont la période serait d'un siècle, ne serait réduite d'une fraction donnée de son amplitude qu'à une profondeur dix fois plus grande qu'une oscillation annuelle, et cent quatre-vingt-onze fois plus grande qu'une oscillation diurne. Les oscillations rapides sont donc rapidement amorties et, à une certaine profondeur, il ne parvient plus que les oscillations de longue durée.

Les oscillations de la température se transmettent bien plus difficilement encore dans le sol quand la surface de celui-ci est recouverte de substances très peu conductrices, qui font obstacle à la fois à l'échauffement par la radiation solaire et au refroidissement nocturne. C'est ce qui arrive, par exemple, sous un sol recouvert de gazon ; à Paris, à $0^m,10$ de profondeur, la différence moyenne de température entre 6^h du matin et 3^h du soir est de $2°,33$ dans un sol nu ; cette même différence tombe à $0°,54$ seulement dans un sol gazonné. La neige est aussi un corps très mauvais conducteur ; on s'explique ainsi comment la gelée descend beaucoup plus profondément quand le sol est nu que lorsqu'il est recouvert d'une couche de neige.

24. Couche invariable ; augmentation de la température avec la profondeur. — Nous venons de voir que les variations diurne et annuelle de la température s'amortissent assez rapidement dans le sol ; à une certaine profondeur on ne pourra donc plus trouver que des variations à très longues périodes, des variations séculaires, par exemple, s'il en existe ; par suite, la température paraîtra constante pendant de longues années. Cette couche au-dessous de laquelle on n'observe plus de variations diurnes ni annuelles s'appelle la *couche invariable*. Dans les caves de l'Observatoire de Paris, qui descendent dans les Catacombes à 28^m au-dessous du sol, on a dépassé la couche invariable ; un thermomètre, placé en 1783 par Lavoisier et Cassini, y indique une température à peu près constante de $11°,72$; il n'éprouve que des variations irrégulières et dont l'amplitude n'atteint pas $0°,1$.

La profondeur de la couche invariable dépend à la fois de la nature du sol et de l'amplitude de la variation annuelle de la température à la surface. Dans les pays tropicaux, où cette amplitude est très petite, la couche invariable doit se rencontrer plus près du sol que dans les latitudes moyennes. Dans l'Amérique du Sud, entre $11°$ de latitude nord et $5°$ de latitude sud, M. Boussingault pense avoir rencontré fréquemment la couche invariable

à moins de 1^m de profondeur; ce nombre est un des plus faibles
que l'on ait jamais observés; dans l'Inde, à Trevandrum, la
couche invariable ne se trouve qu'à 15^m, et elle est au moins
à 6^m dans la plupart des pays tropicaux. Dans les latitudes
moyennes on la trouve environ à 20^m.

Au-dessous de la couche invariable, les températures, constantes dans toute l'année, vont en croissant régulièrement avec
la profondeur. La valeur de la progression varie d'un pays à
l'autre, principalement suivant la nature des terrains; elle est
environ de $1°$ pour 30^m ou 40^m, $1°$ pour 33^m en moyenne; mais il
semble, d'après les observations faites dans les mines les plus
profondes, que l'élévation de température n'est pas exactement
proportionnelle à la profondeur; elle croît notablement moins
vite quand la profondeur devient un peu grande, ce qui est conforme, du reste, à la théorie mathématique de la propagation de
la chaleur. Ainsi, dans une des mines les plus profondes qui
existent, celle de Sperenberg, près de Potsdam, la température
est de $9°,0$ à 27^m, profondeur de la couche invariable; elle est
de $33°,0$ à 628^m; de $43°,0$ à 942^m et de $48°,1$ à 1269^m; cela donne
une augmentation de $1°$ pour $25^m,0$ entre 27^m et 628^m; de $1°$
pour $31^m,4$ entre 628^m et 942^m, et de $1°$ pour $64^m,1$ entre 942^m
et 1269^m.

L'augmentation de température est quelquefois extrêmement
variable même entre stations voisines, sans qu'on puisse s'expliquer la cause de ces différences. Ainsi, dans les mines d'Anzin
on a trouvé, suivant les puits, une augmentation de température
de $1°$ pour des profondeurs variant de 15^m à 26^m. L'augmentation
de température la plus rapide que l'on connaisse jusqu'ici est
celle de la mine de Neuffen en Wurtemberg; la température y est
de $10°,8$ à 29^m et de $38°,7$ à 338^m, ce qui fait $1°$ pour $11^m,1$; rien
dans la nature du sol ne permet de se rendre compte d'une aussi
grande variation de température.

Avec une augmentation de température de $1°$ pour 33^m en
moyenne, on voit que, si la loi continuait jusqu'à de grandes
profondeurs, on atteindrait promptement des températures très
élevées; la température de $100°$ se rencontrerait dans le sol à
3300^m; celle de la fusion du basalte à 44^{km}, quantité très petite
encore par rapport au rayon de la Terre.

La température moyenne des couches du sol voisines de la surface est généralement un peu plus élevée que celle de l'air; à 1^m de profondeur l'excès est voisin de 1°, mais assez variable suivant les régions. La différence peut devenir beaucoup plus grande dans les contrées où, pendant la plus grande partie de l'hiver, le sol est recouvert d'une épaisse couche de neige, cette couche, très isolante, empêchant le froid de pénétrer dans la terre. A Upsal, par exemple, des observations poursuivies pendant trois ans ont donné $4^o,5$ pour la température moyenne de l'air et $6^o,6$ pour celle du sol à la profondeur de $0^m,6$. Cette différence de plus de 2° provient uniquement de l'hiver. Dans les six mois chauds, d'avril à septembre inclus, la température moyenne de l'air est en effet de $11^o,5$ et celle du sol de $11^o,2$; dans les six mois froids au contraire, d'octobre à mars, la température moyenne du sol est de $+2^o,1$, tandis que celle de l'air s'abaisse à $-2^o,5$.

Dans les pays où la température moyenne de l'air est très inférieure à 0°, la terre peut rester constamment gelée à une certaine profondeur, bien que les couches superficielles dégèlent en été, de façon que la végétation y devienne possible. C'est ainsi qu'à Iakoutsk, où la température moyenne de l'air est de $-11^o,2$, le sol a une température constante de $-7^o,6$, à 20^m de profondeur; un sondage poussé jusqu'à 116^m a donné une température de $-3^o,0$; c'est probablement à partir de 190^m de profondeur que la température du sol deviendrait supérieure à 0° dans cette région.

25. Température des sources, des rivières et des lacs. — La température des sources, mesurée à l'endroit même où elles sortent de terre, ne présente pas d'ordinaire de variation diurne; la variation annuelle est généralement très faible et souvent même tout à fait nulle, de sorte que, dans beaucoup de cas, les sources ont une température à peu près invariable. Cette température peut, du reste, être plus haute ou plus basse que celle de l'air.

Les sources qui se forment dans une région peu accidentée par la simple infiltration des eaux de pluie ont une température voisine de la température moyenne de l'air dans la région; cette température peut être un peu plus élevée que celle de l'air si les pluies qui alimentent les sources sont surtout des pluies d'été; elle est au contraire plus basse dans les pays où les pluies tombent principalement pendant la saison froide.

Les sources qui jaillissent au pied de hautes montagnes sont généralement plus froides que la température moyenne de l'air, parce qu'elles sont produites soit par la fusion des neiges, soit par l'infiltration des eaux de pluie qui entrent dans le sol à un niveau élevé, où la température est plus basse. Par contre, les eaux qui viennent de grandes profondeurs ont une température très élevée, puisque la température du sol, à partir de la couche invariable, croît à raison de $1°$ par 30^m ou 40^m de profondeur. C'est ainsi que l'eau du puits artésien de Grenelle, à Paris, qui vient d'une profondeur de 548^m, possède à la sortie une température de $27°,7$, correspondant à un accroissement de $1°$ pour $32^m,6$. Nous ne parlerons pas ici de certaines sources très chaudes, comme les sources thermales et les geysers, parce qu'elles sont produites par des causes qui sont du ressort de la Géologie plutôt que de la Météorologie proprement dite.

Les rivières et les fleuves ne présentent qu'une variation diurne de température extrêmement faible, même à la surface, ce qui se comprend aisément, puisque les couches d'eau sont constamment mélangées par suite du mouvement. Ainsi l'amplitude de la variation diurne de la température de la Marne, à Saint-Maur, près de Paris, n'atteint pas $0°,5$. Au contraire, la variation annuelle est très notable et tout à fait comparable à celle de l'air. Il n'y a, du reste, pas une grande différence sous ce rapport entre la surface et le fond.

On a remarqué que la température moyenne des rivières est généralement plus élevée que celle de l'air; l'excès est de $2°$ environ et varie à peine avec les saisons; il est un peu plus faible en février et mars, un peu plus fort en août et septembre, c'est-à-dire que la variation annuelle de la température des rivières retarde sur celle de l'air, comme cela est général pour toutes les masses d'eau. L'excès de $2°$ environ que présente la température moyenne des rivières sur celle de l'air a été vérifié dans les conditions les plus diverses, sur la Seine et la Marne, sur l'Isar à Munich, sur le Rhône à sa sortie du lac de Genève, etc. Cet excès de température tient surtout à ce que l'eau est transparente pour la chaleur lumineuse et opaque ou athermane pour la chaleur obscure; il se produit dans l'eau un phénomène d'accumulation de chaleur analogue à celui que l'on observe dans les serres. Les rayons solaires traversent l'eau et viennent échauffer surtout les substances qui constituent le fond des rivières; cette chaleur, une fois absorbée, est alors devenue chaleur obscure, et ne peut plus traverser l'eau par rayonnement; elle se répand par conductibilité dans la masse de l'eau, y reste emmagasinée et en élève la température au-dessus de celle de l'air.

En hiver, lorsque les rivières se congèlent à la surface, l'eau a une température uniforme de 0° en dessous de la couche superficielle congelée, qui préserve la masse sous-jacente du refroidissement. Comme la température de l'air peut s'abaisser beaucoup plus bas, il en résulte, pendant ces mois d'hiver, que l'eau a une température très supérieure à celle de l'air; l'excès moyen de la température de ces rivières sur celle de l'air se trouve naturellement alors dépasser 2°.

Quelquefois la température des cours d'eau est notablement modifiée par les sources souterraines qui versent leurs eaux dans le fond même du lit de la rivière. C'est ainsi que certaines rivières, alimentées par des sources souterraines abondantes et dont la température est invariable, ne gèlent jamais, même pendant les hivers les plus rigoureux, comme l'Iton qui passe à Évreux.

Lorsque l'air est très sec, une évaporation abondante se produit à la surface des cours d'eau; le refroidissement qui accompagne cette évaporation peut alors être assez grand pour abaisser la température de toute la masse de l'eau notablement en dessous de celle de l'air. Ce cas a été observé plusieurs fois en France sur de petites rivières; il serait intéressant de rechercher si le même effet se produit dans les grands fleuves, comme le Nil, qui effectuent presque tout leur parcours dans des régions désertiques extrêmement sèches.

La température des lacs tranquilles et très profonds décroît en été depuis la surface jusqu'au fond; c'est, en effet, la condition d'équilibre, la densité de l'eau augmentant alors régulièrement avec la profondeur. Il en est de même tant que la température de la surface reste supérieure à 4°. Mais, comme l'eau présente un maximum de densité à cette température de 4°; si, en hiver, la

température de la surface descend au-dessous de cette valeur, le
fond reste à 4° et la température décroît alors depuis le fond qui
est à 4°, jusqu'à la surface qui descend à 0° et se congèle; il y a
donc, entre les saisons extrêmes, inversion dans la loi de variation de la température avec la profondeur. De nombreux son-
dages effectués dans les lacs les plus profonds de la Suisse ont
montré, en effet, que la température du fond y est constamment
égale à 4°, été comme hiver, quelle que soit la température de la
surface.

Des phénomènes analogues se produisent dans les lacs peu profonds; mais la température des couches inférieures n'y est plus
constante; elle s'élève en dessus de 4° en été et s'abaisse en dessous
en hiver; dans cette dernière saison, lorsque la surface se congèle,
le fond est à une température comprise entre 0° et 4°, suivant la
profondeur du lac. La présence de sources souterraines qui débou-
chent dans le fond même des lacs peut, du reste, produire des
anomalies locales de température, semblables à celles que nous
avons signalées dans les rivières.

**26. Température de la surface de la mer. Variations diurne et
annuelle. Courants marins.** — Comme l'eau a un très faible pouvoir absorbant pour la chaleur, en même temps qu'une très grande
capacité calorifique, les variations diurne et annuelle de la température de la surface de la mer présentent une amplitude beaucoup moins grande que sur terre et les époques des minima et
surtout des maxima y sont retardées. La variation diurne de la
température en pleine mer atteint à peine 1° à la surface, même
dans les régions équatoriales, et le maximum ne se produit guère
que vers 4ʰ du soir. Quant à la variation annuelle, l'amplitude en
est extrêmement variable suivant la latitude et les autres conditions, notamment la direction des courants marins. Au milieu de
l'Atlantique, elle est de 2° à 3° seulement sous l'équateur, de 7°
à 8° à l'ouest des Açores et de 5° à 6° à 50° de latitude nord. Elle
augmente beaucoup dans les mers fermées et aux approches de la
terre.

Le maximum moyen de la température à la surface de la mer
sur l'Atlantique, le seul océan pour lequel on possède des observations nombreuses, se rencontre entre l'équateur et 5° de lati-

tude nord; il est de 27° environ; la température n'est déjà plus que de 20° en moyenne aux latitudes de 36° N et 28° S.

Les eaux des mers sont immobiles dans les grandes profondeurs; elles sont, au contraire, animées de mouvements plus ou moins réguliers, qui constituent les *courants marins,* dans une couche superficielle dont l'épaisseur est encore mal connue, mais peut dépasser plusieurs centaines et même un millier de mètres. Les causes de production des courants marins sont extrêmement nombreuses.

De toutes ces causes, la plus importante se trouve sans contredit dans les mouvements généraux de l'atmosphère. Nous étudierons ultérieurement (§§ 46 et 47) les grands courants de la circulation atmosphérique; par leur frottement incessant contre la surface des mers, les vents finissent par entraîner l'eau et déterminent la production de courants dans les couches superficielles. Dans leurs grands traits, les courants marins suivent donc la même direction que les courants de l'atmosphère; aussi nous renverrons au Chapitre de la circulation atmosphérique pour l'étude des causes principales des courants marins.

Parmi les causes accessoires, beaucoup moins importantes que la première, on doit signaler les différences de densité qui se produisent dans les couches superficielles des océans, par suite des inégalités de température, de composition et de salure.

Sans entrer plus avant ici dans la discussion des causes des courants marins, nous indiquerons les principaux de ces courants, surtout ceux qui jouent un rôle important en Météorologie. Ces courants sont indiqués par des flèches sur la *fig.* 20, qui donne la direction des courants marins et la température de la surface de la mer sur l'Atlantique en hiver.

Dans la partie tropicale de l'Atlantique nord, les eaux de la mer ont un mouvement général dirigé de l'Est à l'Ouest; il y a donc un courant d'Est ([1]). Rencontrant les côtes de l'Amérique du Sud, ce courant se sépare en deux branches; la plus importante remonte au Nord-Ouest, pénètre dans le golfe du Mexique,

---

([1]) On désigne les courants, comme les vents, par la direction *d'où ils viennent;* ainsi, un courant d'Est est dirigé de l'Est à l'Ouest; un courant de Sud-Ouest, du Sud-Ouest au Nord-Est, et ainsi de suite.

et en sort, entre la Floride et les îles Bahama, par le canal de
la Floride, passage resserré où le courant acquiert une grande

Fig. 20.

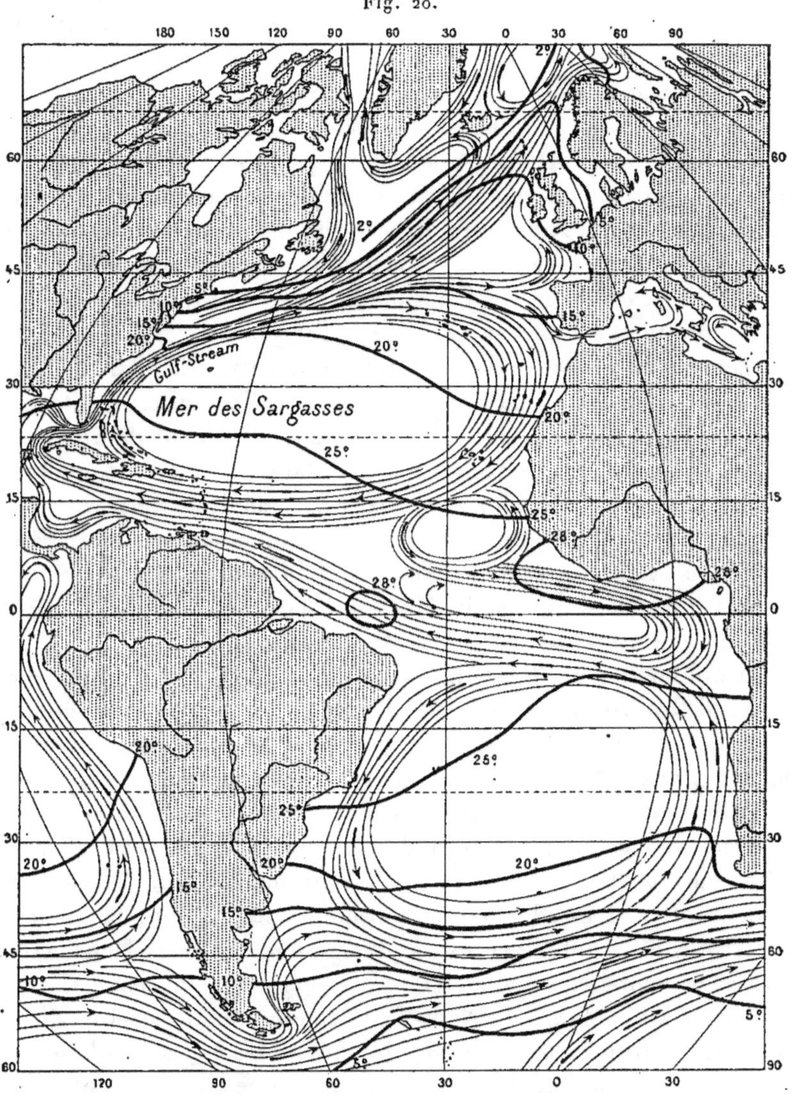

Température de la mer et courants marins en hiver.

vitesse. Il constitue ainsi le *courant du Golfe* ou *Gulf Stream*
qui, remontant au Nord et se déviant toujours vers la droite,

devient courant de Sud-Ouest, puis d'Ouest, sur l'Atlantique, entre les latitudes de 40° et 45°. Il se divise alors en deux bras : l'un remonte entre l'Écosse et l'Islande et va se perdre dans la mer Glaciale ; l'autre descend le long des côtes d'Europe et d'Afrique en déviant toujours à droite ; il devient donc successivement courant de Nord-Ouest, Nord, Nord-Est et enfin Est, au moment où il rejoint le courant équatorial. Les courants marins forment ainsi sur l'Atlantique nord un grand circuit complet, où les eaux tournent de gauche à droite autour d'un centre situé à l'ouest des Açores. Au milieu de ce grand mouvement tourbillonnaire est un espace calme, connu sous le nom de *mer des Sargasses,* parce qu'il vient s'y accumuler en quantités énormes des plantes flottantes appelées *sargasses.* Ces plantes, arrachées par les vagues sur les côtes d'Amérique, sont entraînées par le Gulf Stream et viennent s'amasser dans l'espace calme qui est limité de toutes parts par le courant circulaire que nous venons de décrire.

La vitesse du grand courant de l'Atlantique est telle que le circuit entier est parcouru en trois ans environ ; elle est en moyenne de 1^{km} par heure pour le courant équatorial de l'Est dirigé de l'Afrique vers les Antilles, et atteint sa valeur maximum à la sortie du golfe du Mexique, dans le canal de la Floride, où elle est d'environ 6^{km} à 8^{km} par heure.

En obliquant vers l'Est, au large des côtes de l'Amérique du Nord, le Gulf Stream laisse sur sa gauche un espace où afflue un courant froid descendu de la mer de Baffin et connu sous le nom de *courant du Labrador.* Ce courant descend tout le long des côtes du Canada et des États-Unis jusque vers le cap Hatteras, où il paraît plonger pour passer en dessous du Gulf Stream et disparaître ensuite dans le centre de l'Atlantique. Le Gulf Stream et le courant du Labrador sont, le premier très chaud, le second très froid, et la différence est la plus grande en hiver. Dans cette saison, la température moyenne de la surface de la mer est seulement de 6° au large de New-York, tandis qu'elle atteint 18° à la même latitude, dans le lit du Gulf Stream, au milieu de l'Atlantique. L'action du Gulf Stream explique ainsi la pointe que font les isothermes de l'air, en janvier, sur l'Atlantique (*fig.* 14 et 15) et la température très élevée qui règne sur les côtes septentrionales de la Norvège.

Par contre, il ne faudrait pas s'exagérer, comme on le fait souvent, l'action du Gulf Stream sur la température des côtes de France. A cette latitude, la branche du Gulf Stream qui arrive au large de nos côtes est un courant d'ouest très peu rapide, qui a perdu depuis longtemps la plus grande partie de l'excès de température qu'il possédait. Si les côtes de France sont relativement chaudes en hiver, c'est surtout parce que les vents y soufflent de l'ouest, c'est-à-dire de la mer, et qu'indépendamment de tout courant, la température de la mer est, en hiver, beaucoup plus élevée que celle des continents. L'action calorifique du Gulf Stream se fait sentir en réalité non sur les côtes de France, mais beaucoup plus au nord, sur les côtes occidentales de l'Écosse et de la Norvège, où la branche ascendante du Gulf Stream est alors franchement un courant chaud de sud-ouest.

Un circuit analogue et de même sens existe sur le Pacifique nord. Enfin, dans l'Atlantique sud et le Pacifique sud les courants forment encore deux circuits semblables; mais dans ces circuits, comme le montre la *fig.* 20 pour l'Atlantique sud, la circulation autour du centre se fait de droite à gauche, c'est-à-dire en sens inverse de la circulation propre à l'hémisphère nord. Nous verrons (§ 44) que le sens de cette circulation est déterminé par la rotation de la Terre.

L'influence de ces courants sur la température de la surface de la mer est bien apparente sur la *fig.* 20. A latitude égale, les côtes de l'Amérique du Nord et du Sud, où règnent des courants allant de l'équateur vers les pôles, sont beaucoup plus chaudes et les isothermes y sont beaucoup plus espacées que sur les côtes d'Afrique, où il y a des courants froids qui descendent, de part et d'autre, des pôles vers l'équateur. On voit également, d'une manière très nette, les effets opposés du Gulf Stream et du courant du Labrador.

Tous ces courants sont loin d'être constants; ils suivent en général les variations des courants atmosphériques qui leur donnent naissance, et présentent, par suite, des variations annuelles analogues à celles que nous indiquerons plus tard pour les courants de l'atmosphère.

27. Formation de la glace. Limite des glaces flottantes. — La température de congélation de l'eau de mer varie un peu avec la quantité de sels qui y sont dissous; elle est en moyenne de — 2°. Au moment de la congélation, il y a séparation partielle de l'eau et des sels qu'elle contenait. Une grande partie du chlorure de sodium reste dans l'eau qui conserve l'état liquide (eau mère), tandis que la glace formée contient une beaucoup plus grande proportion relative de sulfates que l'eau de mer naturelle.

La glace commence d'ordinaire à se former dans le voisinage des côtes, où la température est généralement plus basse qu'en pleine mer; elle se prend ensuite en couche continue à la surface de la mer quand la température de cette surface descend en dessous de — 2°. Dans les régions qui avoisinent les pôles, l'épaisseur de la couche de glace formée en hiver est plus grande que celle qui peut fondre pendant l'été; la surface de la mer est donc recouverte, autour des pôles, d'une banquise ou couche de glaces perpétuelles, qui se disloque plus ou moins en été en laissant des espaces libres, mais sans jamais fondre complètement. La limite inférieure en latitude de la banquise descend en hiver, remonte en été, et varie, du reste, d'une année à l'autre, selon les caractères particuliers des saisons.

L'action du vent, des vagues et des courants détache incessamment de la banquise des blocs de glace; ils sont entraînés par les courants froids qui descendent des régions polaires et constituent les *glaces flottantes*. Ces glaces flottantes se forment particulièrement en grande abondance pendant la saison chaude, au moment de la débâcle qui se produit dans une partie de la banquise polaire; elles fondent peu à peu, en descendant vers les latitudes chaudes, mais on conçoit que la limite inférieure à laquelle elles peuvent parvenir est extrêmement variable suivant leur épaisseur, la saison, la région et la vitesse du courant qui les emporte. Elles indiquent toujours la direction des courants froids venus des pôles; c'est ainsi que, dans l'Atlantique nord, elles suivent le courant qui descend du détroit de Davis; au printemps et en été, on peut les rencontrer, au sud de Terre-Neuve, jusque au delà de 40° de latitude; au contraire, du côté de l'Europe où les courants sont chauds et viennent du Sud, elles ne dépassent pas les îles Féroë (62° N.). De même, dans l'Atlantique sud, elles montent jusqu'à 35° de latitude aux environs du cap de Bonne-Espérance, tandis que le courant chaud qui descend le long des côtes d'Amérique les refoule de ce côté jusqu'aux îles Falkland et au cap Horn (56° S.).

Il est impossible de préciser la température de la surface de la mer à partir de laquelle les glaces flottantes ont entièrement disparu, car la disparition de ces glaces dépend, non seulement de la température de la mer, mais aussi de leur quantité et de la rapidité du courant qui les entraîne vers l'équateur. On dit souvent que la limite moyenne des glaces flottantes est l'isotherme qui indique une température de + 2° à la surface de la mer; mais cela n'est qu'approché, car on peut rencontrer des glaces flottantes isolées par des températures bien plus élevées (jusqu'à + 20°, au sud de Terre-Neuve). Dans ce cas, ces glaces n'ont pas une origine purement marine : ce sont des blocs descendus des glaciers du Groenland ou formés dans le voisinage immédiat des terres; ils ont une épaisseur beaucoup plus grande que celle des glaces formées en pleine mer. On les désigne plus spécialement sous le nom d'*icebergs* ou montagnes de glace.

28. Température du fond de la mer. — L'eau n'a qu'un faible pouvoir absorbant et ne conduit pas la chaleur d'une manière appréciable; aussi la variation diurne et même la variation annuelle de la température deviennent-elles nulles dans la mer à une très petite distance au-dessous de la surface; les seules variations qui puissent alors être observées sont dues à des courants.

Nous avons vu (§ 25) que, dans les lacs profonds d'eau douce, qui possède un maximum de densité à la température de + 4°, les couches inférieures restent en hiver à cette température pendant que les couches supérieures, continuant à se refroidir, deviennent plus froides que le fond. Rien de pareil ne se produit dans l'eau de mer qui n'a pas pratiquement de maximum de densité, car la température de ce maximum varie de — 3°,7 à — 5°,3 suivant la salure et est, en tous cas, inférieure à celle de la congélation. Le maximum de densité de l'eau de mer ne peut donc être observé que si l'eau est à l'état de surfusion, c'est-à-dire dans des conditions qui ne se rencontrent pas dans la nature. Aussi, dans la mer, les couches se superposent par ordre de températures décroissantes, depuis la surface jusqu'au fond ([1]).

Nous avons indiqué d'autre part (§ **26**) qu'à la surface des océans il y a des courants chauds dirigés de l'équateur vers les pôles, tandis qu'inversement l'eau froide des régions polaires semble retourner par dessous, à une certaine profondeur, vers l'équateur. Dès l'origine, cette eau froide est descendue dans les parties les plus basses, de sorte qu'au fond de l'océan, même dans la zone équatoriale, et bien qu'aucun courant n'existe probablement au-dessous de 1500^m à 2000^m de profondeur, on doit trouver des températures extrêmement basses. C'est ce que l'observation a vérifié: tout le fond de l'océan Atlantique, excepté dans le voisinage des côtes, où la profondeur diminue beaucoup, est à une température inférieure à 3°, et même à 2° dans la moitié occidentale, du côté des deux Amériques. Presque sous l'équateur, au nord-est du cap San Roque, d'une part et de l'autre au large de l'embouchure de la Plata, il y a même deux régions, exceptionnellement profondes, où la température moyenne du fond de la mer est voisine de 0°; dans la fosse du cap San Roque, par exemple, à une profondeur de 4650^m, on a trouvé une température de 0°,1. D'une manière générale, la température des grands fonds de tous les océans se rapproche beaucoup de 0", mais en restant toutefois supérieure à cette limite. Les températures inférieures à zéro ne se trouvent que dans des bassins fermés en communication directe avec les mers arctiques; par exemple dans l'océan Glacial, au nord et à l'est de l'Islande, entre le Groënland, le Spitzberg, la Norvège et la Nouvelle-Zemble, on trouve au fond de la mer des températures de — 1° à — 2°. Mais ces températures basses, dans une mer peu profonde, s'expliquent alors tout naturellement par les courants froids qui descendent des régions polaires et qui sont arrêtés par les seuils qui ferment presque ces mers du côté du sud.

([1]) Cette loi comporte évidemment des exceptions, car la salure, et par suite la densité, peuvent changer avec la profondeur, indépendamment de la température. La décroissance régulière des températures n'est donc absolument nécessaire que si l'eau de mer conserve à toute profondeur une composition constante; une couche d'eau très salée pourrait se trouver en dessous d'une couche plus froide mais d'une salure moindre; nous en donnerons un exemple à la fin de ce paragraphe.

On remarquera l'opposition absolue qui existe entre les lois de la distribution verticale des températures dans l'eau des océans et dans les parties solides qui forment les continents. Dans les océans, la température décroît avec la profondeur, tandis qu'elle augmente dans le sol, si bien qu'à une profondeur de 4000^m la température est de 2°,4 seulement au fond de l'Atlantique, tandis qu'elle dépasse probablement 100° au même niveau dans la terre. Ces différences jouent vraisemblablement un grand rôle dans la constitution de l'écorce solide de notre globe.

Considérons maintenant la distribution des températures non plus au fond ni à la surface de la mer, mais à une certaine profondeur intermédiaire. Dans l'Atlantique nord, par exemple, à 1000^m de profondeur, la température présente un maximum tout le long d'une bande qui va de la Floride à l'Espagne, et où elle dépasse un peu 7° et atteint même par endroits 8°. De part et d'autre de cette bande, la température diminue à la fois vers le pôle et vers l'équateur; sous l'équateur, à la même profondeur de 1000^m, elle est de 4° à 5° seulement. Cette basse température pourrait s'expliquer peut-être par l'existence de courants ascendants qui ramèneraient à la surface, près de l'équateur, les eaux plus froides venues des régions septentrionales, par exemple celles du courant qui descend de la mer de Baffin, et plonge probablement sous le Gulf Stream, comme nous l'avons indiqué plus haut (p. 87). Ces courants de retour se produiraient ainsi à une profondeur voisine de 1000^m.

Dans les mers fermées ou isolées des océans par un seuil relativement élevé, la température du fond peut différer beaucoup de celle que présentent à la même profondeur les mers librement ouvertes.

Dans une mer absolument fermée, la température du fond est très voisine de la température la plus basse que l'on observe en hiver à la surface; c'est à cette température, en effet, que les eaux atteignent la plus grande densité possible et doivent, par suite, tomber au fond.

Dans une mer intérieure qui, au lieu d'être complètement fermée, communique avec l'océan par un détroit peu profond, deux cas peuvent se présenter : Si la température de l'océan au même niveau que le fond du détroit de communication est plus

élevée que la température de l'air, en hiver, au-dessus de la mer
intérieure, c'est cette dernière température qui sera aussi celle du
fond de la mer intérieure. Si, au contraire, la température de
l'océan au niveau du seuil du détroit est inférieure à la température de l'air en hiver au-dessus de la mer intérieure, cette mer
possédera, à toute profondeur, depuis la partie la plus basse du
détroit jusqu'au fond, une température constante et égale à celle
que présente l'océan au niveau du fond du détroit. Dans un cas
comme dans l'autre, la température du fond de la mer intérieure
sera la plus basse possible et cette température correspondra soit
à celle de l'air en hiver au-dessus de la mer, soit à celle de l'océan
au niveau du seuil du détroit qui les réunit, selon que l'une de ces
températures sera plus basse que l'autre.

La Méditerranée nous offre un exemple de cette loi de distribution des températures au fond des mers intérieures; elle est
séparée de l'océan par le détroit de Gibraltar, dont la profondeur
n'est que de 360^m; à cette profondeur, dans l'Atlantique, au large
du détroit de Gibraltar, la température est de 12°,8; c'est cette
même température que l'on retrouve dans la Méditerranée à
toutes les profondeurs, depuis 360^m jusqu'au fond, qui descend
par endroits jusqu'à 3000^m. La température du fond de la Méditerranée ne pourrait s'abaisser davantage que si, pendant l'hiver,
la température moyenne de la surface de la Méditerranée descendait notablement au-dessous de celle que présente l'océan au
niveau du seuil de communication; dans ce cas la température
du fond de la mer intérieure serait à peu près égale à la plus
basse température qui se produirait en hiver à la surface.

On voit combien la distribution verticale des températures peut
être différente dans une mer intérieure ou dans un grand océan;
dans la Méditerranée, la température est constante et égale à 12°,8
depuis la profondeur de 360^m jusqu'au fond; dans l'Atlantique,
au large du détroit de Gibraltar, la température, égale à celle de
la Méditerranée à 360^m, continue à décroître à mesure que l'on
descend; elle s'abaisse en dessous de 2° à 3000^m, au niveau des
grands fonds de la Méditerranée qui restent à la température
de 12°,8; à cette profondeur, la différence de température des
deux mers est voisine de 11°.

Les questions de salure jouent quelquefois un grand rôle dans la distribution verticale des températures de la mer. Ainsi dans la mer Noire, en été, la température est de 24°,4 à la surface; elle baisse régulièrement jusqu'à 6°,9 à la profondeur de 75^m, puis remonte brusquement et atteint 9°,3 au fond, à la profondeur de 2200^m. Cette anomalie de température tient à une grande différence de composition des eaux superficielles et profondes, et n'empêche pas la densité d'augmenter constamment du haut vers le bas, condition de l'équilibre. Le fond de la mer Noire est en effet occupé par des eaux très salées et par suite très denses, venues de la Méditerranée. Grâce à la quantité considérable d'eau douce apportée par les grands fleuves qui se jettent dans la mer Noire, les eaux superficielles sont beaucoup moins salées et beaucoup plus légères que celles du fond, et elles restent plus légères, même en hiver, où elles sont le plus refroidies. Les variations annuelles de température ne se produisent donc que dans une épaisseur très faible, de 80^m environ; c'est à cette profondeur que l'on trouve le minimum de température, qui correspond à la température de la surface en hiver. En dessous, il y a une masse stagnante, de température constante, beaucoup plus salée et qui reste toujours plus dense, malgré sa température plus élevée.

LIVRE II.

LA PRESSION ATMOSPHÉRIQUE ET LE VENT.

CHAPITRE I.

PRESSION ATMOSPHÉRIQUE.

29. Mesure de la pression atmosphérique; baromètre. — L'air est un corps élastique qui tend toujours à remplir complètement l'espace qui lui est offert; une masse donnée d'air, renfermée dans un vase clos, y possède une certaine force élastique qui, d'après la loi de Mariotte, varie en raison inverse du volume occupé par l'air. Cette force élastique de l'air peut ainsi être comparée à celle d'un ressort à boudin, qui augmente quand on diminue la longueur du ressort en le comprimant.

En même temps qu'il est élastique et expansible, l'air est un corps pesant; dans l'atmosphère, les couches supérieures pressent sur les couches inférieures et les compriment; pour qu'il y ait équilibre, il faut que la réaction ou *force élastique* d'une masse d'air donnée soit égale à la *pression* qu'elle supporte; aussi peut-on considérer ces deux expressions de *pression* et de *force élastique* comme équivalentes, bien que la première indique en réalité une action extérieure et la seconde une propriété du gaz. En Météorologie on emploie presque exclusivement le mot de *pression atmosphérique* pour désigner indifféremment la force élastique de l'air ou la pression qu'il supporte.

D'après la loi du mélange des gaz, la force élastique d'un mélange est égale à la somme des forces élastiques qu'aurait

chaque gaz en particulier, s'il occupait à lui seul le volume total.
Dans un espace clos contenant de l'air humide, la force élastique
(ou pression) totale est donc égale à la somme des forces élastiques propres de l'air sec et de la vapeur d'eau. Si l'on vient à
absorber ou à condenser la vapeur, la force élastique du mélange
diminue; c'est pour cette raison que les anciens météorologistes
étudiaient souvent, à côté de la pression atmosphérique totale, la
pression propre de l'air sec. Sauf dans des cas très spéciaux, cette
distinction ne présente pas d'intérêt, car l'air ne se comporte
plus dans l'atmosphère indéfinie comme dans un vase clos; si la
quantité de vapeur d'eau augmente ou diminue en un point de
l'atmosphère, il en résulte bien théoriquement une variation de
la pression, mais cette variation est toute locale et de très courte
durée; l'équilibre de pression se rétablit immédiatement entre ce
point et les régions voisines. Il n'y a donc pas lieu, dans l'air
libre, de considérer la pression propre de l'air sec, mais seulement la pression totale.

La valeur de la pression atmosphérique à un moment donné
s'obtient au moyen du *baromètre*. Le seul baromètre réellement
précis est le baromètre à mercure; il se compose, comme on sait,
d'un tube de verre d'environ 1^m de hauteur, fermé à une de ses
extrémités et entièrement rempli de mercure. On le dispose
verticalement, l'extrémité ouverte plongeant dans une cuvette
remplie aussi de mercure; le liquide descend alors dans le tube
jusqu'à une certaine hauteur; au-dessus existe le vide parfait;
on mesure la pression en évaluant en millimètres la distance verticale qui sépare les deux niveaux du mercure, dans le tube et
dans la cuvette. La pression que l'atmosphère exerce sur une surface égale à la section du tube fait équilibre en effet au poids de
la colonne de mercure soulevée dans le tube. Nous renverrons aux
traités de Physique et aux recueils d'Instructions météorologiques
pour la description des formes diverses que l'on donne aux baromètres à mercure et la manière de faire les observations.

On emploie souvent aussi des baromètres anéroïdes; ce sont
des boîtes métalliques où l'on a fait le vide et dont les bases sont
constituées par des feuilles de métal flexibles. Un ressort écarte
l'une de l'autre les deux bases de la boîte; la pression atmosphérique tend au contraire à les rapprocher en aplatissant la boîte;

il s'établit un équilibre entre ces deux forces, de sorte que la distance des deux bases de la boîte et, par suite, la tension du ressort, varient avec la pression. Les mouvements des bases de la boîte sont amplifiés et transmis par un mécanisme convenable à une aiguille qui se déplace sur un cadran. La graduation de l'instrument est faite par comparaison avec un baromètre à mercure. Les baromètres anéroïdes sont moins précis que les baromètres à mercure et sujets à se dérégler assez facilement; ils serviront donc surtout pour étudier les variations de la pression, beaucoup plutôt que pour mesurer cette pression en valeur absolue.

30. Influence de la température sur le baromètre. Réduction à zéro. — La force élastique de l'air, ou pression que l'atmosphère exerce sur l'unité de surface, devrait être évaluée avec la même unité que toutes les autres forces, c'est-à-dire en grammes ou kilogrammes; si l'on remplace cette évaluation par celle de la hauteur d'une colonne de liquide, de mercure par exemple, il faut indiquer en même temps la densité de ce liquide, pour que l'on puisse calculer le poids de la colonne de mercure dont on connaît la hauteur. La densité du mercure varie notablement avec la température; l'échelle sur laquelle on lit la hauteur de la colonne se dilate aussi et, par suite, les divisions ne conservent pas la même longueur; il est donc indispensable de mesurer chaque fois, en même temps que la hauteur de la colonne de mercure, la température du baromètre et de l'indiquer expressément. Pour éviter cette complication et permettre la comparaison immédiate de toutes les observations, on est convenu de donner seulement la *hauteur réduite à zéro*, c'est-à-dire la hauteur que la colonne de mercure aurait occupée dans le tube si, au moment de l'observation, tout l'instrument avait été à la température o".

Des Tables, que l'on trouve dans les recueils d'Instructions météorologiques, donnent sans calcul, pour toutes les valeurs de la hauteur lue sur le baromètre et de la température, le terme de correction nécessaire pour avoir la pression réduite à zéro (^{1}).

(^{1}) Si l'on désigne par h le nombre de divisions lu sur l'échelle alors que l'in-

Ce terme doit être retranché de la hauteur lue si la température est supérieure à $0°$; il doit lui être ajouté dans le cas contraire. Si, par exemple, on a lu une hauteur de $763^{mm},85$ sur un baromètre dont la température est de $10°,2$ les Tables donnent, comme correspondant à ces deux nombres, une correction de $1^{mm},27$. La hauteur barométrique réduite à $0°$ sera donc :

$$763,85 - 1,27 = 762,58.$$

La température que l'on doit connaître pour faire la réduction à $0°$ est donnée par un thermomètre attaché au baromètre; comme la masse de ces deux instruments est très différente, ils pourraient ne plus se trouver à la même température si celle-ci venait à varier très rapidement. Les baromètres ne devront donc jamais être placés à l'extérieur, mais dans des chambres où la température varie le moins possible.

La hauteur réduite à zéro, calculée comme il vient d'être dit, ne représente pas encore d'ordinaire, d'une manière tout à fait exacte, la valeur de la pression atmosphérique. Par suite des erreurs inévitables de construction, le point pris comme zéro de l'échelle du baromètre diffère le plus souvent d'une fraction de millimètre de l'origine réelle de la graduation; cette erreur, toujours très petite dans les bons instruments, est constante. Il faut tenir compte aussi de l'effet de la *capillarité;* le mercure, qui ne mouille pas le verre, se termine dans le tube par une surface ou ménisque convexe, dont le sommet se trouve toujours en dessous du niveau qu'atteindrait le mercure dans un tube extrêmement large (plusieurs centimètres de diamètre), où la partie centrale du ménisque serait alors plane. Par suite de la

---

strument est à la température t, et par h_0 la hauteur réduite à zéro, on a

$$h_0 = \frac{h(1 + kt)}{(1 + mt)} = h - \frac{h(m - k)t}{(1 + mt)},$$

m étant le coefficient moyen de dilatation absolue du mercure entre $0°$ et $t°$ et k le coefficient de dilatation linéaire de la substance qui constitue l'échelle du baromètre.

Pour avoir la hauteur réduite à zéro, il faudra donc faire subir à la hauteur observée h une correction qui dépend à la fois de h et de t; comme $(m - k)$ est positif, le terme de correction devra être retranché de h si la température t est au-dessus de zéro; il sera ajouté à h dans le cas contraire.

capillarité, le sommet du mercure dans un tube barométrique est donc trop bas, et la grandeur de la dépression dépend à la fois de la forme du ménisque et du diamètre du tube. Si le diamètre du tube ne descend pas au-dessous de 7^{mm} à 8^{mm}, condition qui doit toujours être remplie dans les bons baromètres, et si l'on a soin, avant chaque observation, de donner avec le doigt quelques petits chocs sur le tube, pour vaincre l'adhérence du liquide contre les parois, la correction de capillarité peut être considérée comme constante. On détermine une fois pour toutes la somme de la correction capillaire et de l'erreur du zéro de l'échelle par la comparaison de l'instrument avec un baromètre étalon, et l'on ajoute cette quantité, dite *constante du baromètre,* à la lecture réduite à zéro.

Avec ces deux corrections, réduction à zéro et addition de la constante instrumentale, on obtient une hauteur barométrique exacte, c'est-à-dire la hauteur vraie, en millimètres, d'une colonne de mercure à la température de $0°$, dont le poids fait équilibre à la pression atmosphérique. Ce sont les nombres ainsi obtenus qui figurent dans les publications météorologiques.

Les baromètres anéroïdes sont, le plus souvent, sensibles aussi aux variations de température, mais la correction de température change avec chaque instrument et elle est souvent beaucoup plus grande que pour les baromètres à mercure. Par un artifice de construction on peut obtenir des anéroïdes, qui sont dits *compensés,* et dont les indications sont à peu près indépendantes de la température. Ce sont ces baromètres compensés que l'on emploiera de préférence; il est indispensable de les comparer fréquemment avec un baromètre à mercure, pour déterminer leur correction, qui change avec le temps.

31. Influence de la pesanteur sur les observations barométriques. — Si l'on voulait comparer en toute rigueur les hauteurs barométriques observées dans des pays différents, il y aurait encore à tenir compte de la variation de la pesanteur à la surface du globe. On sait que l'intensité de la pesanteur augmente, de l'équateur aux pôles, d'environ $\frac{1}{193}$ de sa valeur; deux colonnes de mercure de même hauteur et à la même température, l'une au pôle, l'autre à l'équateur, n'ont pas le même poids absolu; la première est la plus lourde. Une même valeur de la pression sera donc indiquée par une colonne de mercure moins haute au pôle qu'à l'équateur.

Si, à une même latitude, on se déplace dans la verticale, l'intensité de la pesanteur décroît à mesure qu'on s'éloigne de la Terre; à une hauteur de 1000^m, elle a diminué de $\frac{1}{3185}$ de sa valeur; le mercure est devenu plus léger; si la pression était encore la même qu'au niveau de la mer, elle serait représentée à cette altitude par une colonne de mercure plus haute de $\frac{1}{3185}$ qu'en bas. On voit que l'influence de l'altitude est beaucoup plus petite que celle de la latitude.

Pour pouvoir comparer les observations barométriques faites en des points très différents, il faudrait donc tenir compte de cette double variation de l'intensité de la pesanteur, en latitude et en altitude. On ramènerait alors toutes les hauteurs barométriques à ce qu'elles auraient dû être si le poids absolu de l'unité de volume du mercure était partout le même qu'au niveau de la mer et à la latitude de $45°$ [1], ce qu'on appelle quelquefois exprimer la pression en hauteur de mercure *normal*.

Pour éviter toute confusion on est convenu, dans la publication des observations météorologiques, de donner toujours les hauteurs barométriques seulement réduites à $0°$ et corrigées de l'erreur instrumentale. On ne tient donc pas compte de la correction relative à la variation de la pesanteur. Mais, par contre, cette correction devra toujours être faite ensuite dans les travaux spéciaux où

---

[1] Si h_0 est la hauteur barométrique vraie (réduite à $0°$ et corrigée de l'erreur instrumentale) observée dans un lieu de latitude λ et d'altitude z au-dessus du niveau de la mer, la hauteur H_0 de la colonne de mercure qui correspondrait à la même pression, au niveau de la mer et à la latitude de $45°$, ou colonne de mercure normal, est donnée par la formule

$$H_0 = h_0 (1 - 0,00259 \cos 2\lambda)(1 - 0,000\,000\,196\,z)$$

ou sensiblement

$$H_0 = h_0 - 0,00259\,h_0 \cos 2\lambda - 0,000\,000\,196\,h_0\,z.$$

Dans les recueils de Tables météorologiques on trouve des tableaux qui donnent à vue, pour toutes les valeurs de h_0, de λ et de z, les valeurs des deux termes de correction qu'il faut faire subir à h_0 pour avoir H_0. L'opération est ainsi ramenée à de simples additions ou soustractions.

l'on aura à comparer les valeurs de la pression en différents points.

Les baromètres anéroïdes indiquent directement, comme les dynamomètres, la valeur absolue de la pression qui agit sur eux ; ils ne sont donc pas influencés par la variation de la pesanteur. Si un baromètre anéroïde et un baromètre à mercure marquent tous deux 760^{mm} à la latitude 45° et au niveau de la mer, à l'équateur, quand le baromètre anéroïde marque encore 760^{mm}, la hauteur de la colonne de mercure (réduite à 0°) sera de 761^{mm},97 ; au pôle, au contraire, la hauteur de la colonne de mercure serait seulement 758^{mm},03.

La densité normale du mercure étant 13,5958, une colonne de mercure de 760^{mm}, à la latitude 45° et au niveau de la mer, correspond, par centimètre carré, à un poids de

$$76 \times 13,5958 = 1033^{gr},28,$$

soit 1033^{gr} par centimètre carré et 10333^{kg} par mètre carré. Telle est, en unités de poids, la valeur de la pression atmosphérique normale.

32. Variation diurne de la pression. — Si l'on suit la marche du baromètre d'heure en heure, dans les pays tropicaux, on s'aperçoit immédiatement que la pression éprouve chaque jour une double oscillation très régulière. Le baromètre monte de 4^h à 10^h du matin, descend de 10^h du matin à 4^h du soir, remonte jusque vers 10^h du soir et baisse de nouveau de 10^h du soir à 4^h du matin. Dans les latitudes moyennes, le phénomène est d'ordinaire beaucoup moins net ; son amplitude est moindre et il est

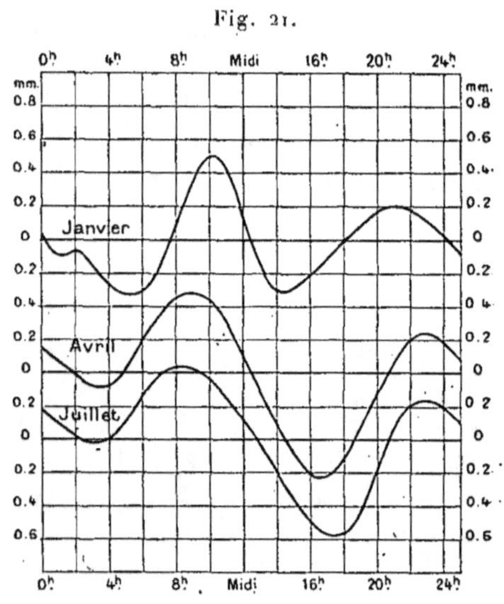

Fig. 21.

Variation diurne de la pression à Paris.

souvent masqué par des variations irrégulières ; mais on retrouve toujours la double variation dans les moyennes horaires mensuelles.

A Paris, par exemple, l'oscillation diurne moyenne du baromètre est représentée, dans le diagramme de la page précédente (*fig.* 21), pour les trois mois de janvier, avril et juillet. Le trait horizontal plus fort qui coupe les courbes indique la hauteur moyenne du baromètre pendant la journée; l'échelle des hauteurs est multipliée par 20; l'intervalle de deux traits horizontaux, qui est de 4^{mm} sur la figure, correspond ainsi à une variation de pression de deux dixièmes de millimètre.

Le Tableau ci-dessous résume les traits principaux de la variation diurne du baromètre à Paris; les deux premières colonnes donnent, pour janvier et juillet, les heures des maxima et des minima (évaluées à cinq minutes près); les deux autres colonnes indiquent, pour les époques des maxima et minima, les écarts de la pression à la moyenne, c'est-à-dire la quantité dont la pression est supérieure (+) ou inférieure (—) à la moyenne de la journée.

	Heures.		Écarts.	
	Janvier.	Juillet.	Janvier.	Juillet.
	h m	h m	mm	mm
Minimum de la nuit......	5. 5	3.10	—0,30	—0,02
Maximum du matin......	10.20	8.35	+0,50	+0,42
Minimum de la journée...	14. 5	17.25	—0,30	—0,62
Maximum du soir........	21.15	23. 0	+0,19	+0,22

En juillet, le minimum de la nuit et le maximum du matin se produisent près de deux heures plus tôt qu'en janvier; au contraire, le minimum du jour et le maximum du soir arrivent plus tard, le premier de plus de trois heures, le second d'un peu moins de deux heures. Dans les autres mois, les époques des maxima et des minima sont intermédiaires à celles de janvier et de juillet.

Quant aux écarts, on voit que les valeurs des deux maxima ne changent pas beaucoup de l'été à l'hiver. Il n'en est plus de même pour les minima : le minimum de la nuit est beaucoup plus profond en janvier qu'en juillet, et inversement pour le minimum de la journée.

La quantité dont le baromètre baisse entre le maximum du matin et le minimum de la journée constitue l'*amplitude diurne,* dont la valeur à Paris est ainsi de $0^{mm},80$ en janvier et de $1^{mm},04$

en juillet. De même, la variation du baromètre entre le maximum du soir et le minimum de la nuit constitue l'*amplitude nocturne,* qui est de 0^{mm},49 en janvier et de 0^{mm},24 en juillet. La moyenne des deux amplitudes diurne et nocturne est 0^{mm},65 en janvier, 0^{mm},64 en juillet, c'est-à-dire la même. On trouverait encore des nombres à peu près identiques pour la moyenne des deux amplitudes dans les autres mois. Ce résultat est général : la moyenne des amplitudes diurne et nocturne est très sensiblement constante pendant toute l'année dans une même station.

En dehors de cette double oscillation, on remarque, dans la courbe de janvier, une autre ondulation très faible, entre 1^h et 5^h, et qui produit un petit maximum secondaire vers 2^h. Cette troisième oscillation, qui a été signalée par M. Rykatchef, a une amplitude très petite, 0^{mm},1 à peine ; on la retrouve, en hiver, dans toutes les stations des latitudes moyennes, mais elle ne s'y présente que de novembre à février ; elle n'existe ni dans les stations tropicales, ni aux latitudes élevées.

L'amplitude de la variation diurne du baromètre, grande à l'équateur, diminue rapidement quand on s'en éloigne, au Nord comme au Sud. Nous avons réuni, dans le diagramme ci-contre (*fig.* 22), les courbes qui représentent cette variation amplifiée dix fois exactement, dans le mois d'avril, pour cinq stations de latitude croissante. A Singapore (latitude 1°), l'amplitude moyenne, c'est-à-dire la moyenne de l'amplitude diurne et de l'amplitude nocturne, dépasse un peu 2^{mm},2 ; à Bombay (latitude 19°), elle est comprise entre 2^{mm},0 et 2^{mm},1 ; à

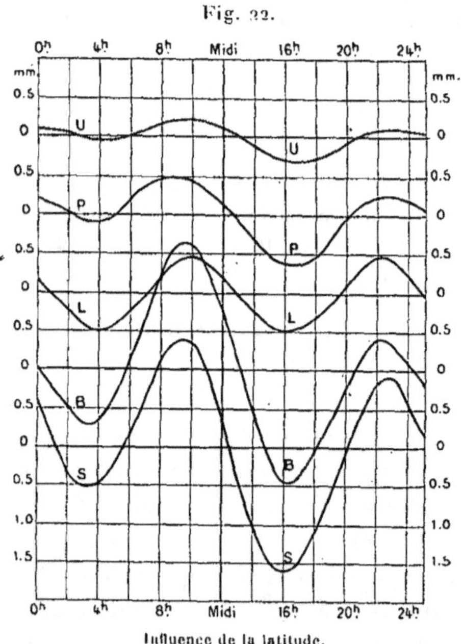

Variation diurne de la pression.

Lisbonne (latitude 39°), elle n'est plus que 0^{mm},9; à Paris (latitude 49°) 0^{mm},7 et enfin elle tombe à 0^{mm},3 à Upsal (latitude 60°).

Tout en conservant les mêmes caractères généraux, la variation diurne de la pression diffère souvent beaucoup, dans ses détails, entre stations même assez voisines. En été surtout, le maximum du matin et le minimum de la journée sont beaucoup plus prononcés dans les stations continentales que dans les stations maritimes; au contraire, le maximum du soir et le minimum de la nuit y sont beaucoup moins marqués; ils deviennent même à peine perceptibles dans certaines stations à régime exceptionnellement continental, comme celles qui sont situées dans des vallées profondes.

La variation diurne du baromètre n'est pas encore expliquée d'une manière complète. Les recherches les plus récentes semblent indiquer qu'elle résulte de la superposition de deux oscillations distinctes : l'une qui donne deux maxima et deux minima par jour, dont la période est, par conséquent, d'un demi-jour et qui s'appelle, pour cette raison, *oscillation* ou *onde semi-diurne;* l'autre, qui donne un seul maximum et un seul minimum en vingt-quatre heures et que l'on appelle *onde diurne.*

Les deux maxima quotidiens de l'onde semi-diurne seraient égaux entre eux, ainsi que les deux minima. En toute saison et pour toute la terre, les deux maxima se produiraient vers 10^h du matin et du soir; les deux minima vers 4^h du matin et du soir. La différence entre les maxima et les minima de l'onde semi-diurne, c'est-à-dire l'amplitude de cette onde, ne varie que peu, pour une même station, dans le cours de l'année; elle est la plus grande aux équinoxes et la plus petite aux solstices. Cette amplitude ne dépendrait pas des conditions topographiques, mais seulement de la latitude : voisine de 2^{mm} à l'équateur, elle décroîtrait d'abord lentement jusqu'aux tropiques, puis très rapidement ensuite, de manière à devenir très petite aux latitudes élevées. Il est probable que cette onde semi-diurne est causée par l'action de la chaleur solaire sur toute la masse de l'atmosphère; mais on n'a pas encore pu expliquer convenablement la manière dont elle est produite.

Tandis que l'onde semi-diurne est la même pour toutes les stations situées à la même latitude, l'onde diurne a une amplitude très variable, qui dépend des conditions topographiques de la région et qui peut être très différente entre des stations même voisines. D'une manière générale, elle est beaucoup plus faible en mer et dans les stations du littoral que dans les stations continentales, et son amplitude est en proportion directe de l'amplitude de la variation diurne de la température. Les heures du maximum et du minimum varient notablement suivant les pays ou les saisons; le maximum se produit plus tôt en été qu'en hiver, son époque moyenne est voisine de 9^h; le minimum au contraire, dont l'époque moyenne est voisine de 16^h, se produit plus tôt en hiver qu'en été. La période de baisse dure donc en moyenne seulement sept heures, tandis que la période de hausse s'étend sur dix-sept heures; la hausse n'est pas uniforme pendant tout ce temps : rapide immédiatement après le minimum, elle se ralentit pendant la nuit, puis redevient de nouveau plus rapide entre l'heure du lever du Soleil et celle du maximum.

Tandis que la théorie de l'onde semi-diurne est encore à faire, l'onde diurne, au contraire, s'explique complètement par l'effet local de la variation diurne de la température. Pendant la nuit, à mesure que le refroidissement se produit dans les couches inférieures de l'atmosphère, celles-ci se contractent et, pour remplir le vide que produirait cette contraction, l'air afflue de tous côtés, surtout par en haut; la masse d'air située au-dessus de la station considérée devient donc plus grande, et la pression augmente. Dès que le Soleil se lève, les couches inférieures s'échauffent rapidement et tendent à se dilater; mais l'échauffement se produit d'abord sur les couches qui sont en contact avec le sol, comme nous l'avons indiqué en traitant de la variation diurne de la température; ces couches d'air, comprises entre le sol et les couches supérieures qui ne s'échauffent pas encore, n'augmentent pas d'abord de volume d'une manière appréciable; comme cela se produit quand on chauffe de l'air en vase clos, l'élévation de température se manifeste surtout alors par une augmentation de pression; le premier effet de l'échauffement diurne est ainsi une augmentation de pression dans les couches en contact avec le sol; le baromètre commence donc à monter. Un peu plus tard, entre 7^h et 11^h du matin, selon les pays et les saisons, l'échauffement des couches inférieures devient assez grand pour déterminer enfin un mouvement ascendant général de l'air au-dessus de la station ; l'air se dilate ; mais dès que la hauteur de la colonne d'air située au-dessus de la région chaude devient plus grande que celle qui couvre les régions environnantes, il y a déversement de l'air qui, de l'endroit le plus chaud, se répand sur les méridiens plus éloignés du Soleil ; la quantité d'air qui est au-dessus de la station diminue donc et le baromètre baisse. Vers la fin du jour, lorsque la température commence à diminuer rapidement dans les couches inférieures, le courant ascendant se ralentit, cesse et finit par être remplacé la nuit par un mouvement inverse ; le baromètre remonte alors, rapidement d'abord tant que la température diminue très vite, puis plus lentement jusqu'au lever du Soleil. Dès le lever du Soleil, enfin, il se produit une nouvelle hausse plus rapide du baromètre, comme nous l'avons indiqué en commençant.

La variation diurne de la pression, telle que nous l'avons étudiée jusqu'ici, se retrouve dans toutes les stations situées soit à une faible altitude, soit sur de grands plateaux. Dans l'atmosphère libre, au contraire, ou sur le sommet des montagnes isolées la variation diurne change notablement de caractère, comme le montre le diagramme ci-contre (*fig.* 23) qui représente, à une échelle décuple, la variation diurne du baromètre observée simultanément, en juillet 1887, à Genève (408ᵐ), à Berne (573ᵐ), sur le Säntis (2467ᵐ) et au sommet du mont Blanc (4811ᵐ). A

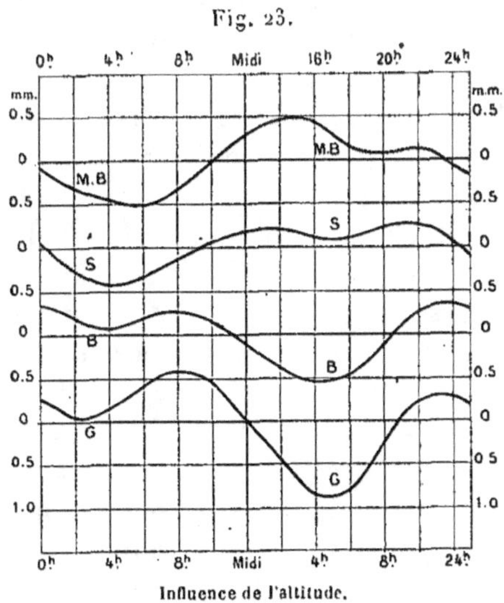

Variation diurne de la pression.

Genève et à Berne on retrouve les caractères ordinaires de la variation diurne. Au sommet du Säntis, le minimum de la nuit est beaucoup plus marqué, puis la pression remonte plus longtemps, de sorte que le maximum du matin retarde jusque vers 14^h (au lieu de 8^h à Berne) et que le minimum de l'après-midi est très peu marqué. Au mont Blanc, enfin, la modification est encore plus accusée qu'au Säntis : le premier maximum retarde jusqu'à 15^h et prend une grande importance, tandis que le minimum du jour et le maximum de la nuit s'effacent presque; la courbe ne présente donc plus, dans son allure générale, qu'un seul minimum et un seul maximum, qui coïncident sensiblement avec les phases analogues de la température.

Ces modifications s'expliquent aisément par l'effet de la chaleur sur la couche d'air comprise entre le pied et le sommet de la montagne. Pendant la nuit l'air se refroidit, mais surtout dans les couches basses; il se contracte et, par suite de cette diminution de volume, une certaine quantité d'air qui était primitivement au-dessus de la montagne passe maintenant à un niveau inférieur, de sorte que la pression diminue au sommet. Dans la journée, au contraire, l'air se dilate; une certaine quantité d'air, qui était auparavant en dessous du niveau de la montagne et ne contribuait pas à la pression qui y règne, passe en dessus, et la pression augmente au sommet. Cet effet de la température tendrait donc, s'il était seul, à produire, dans les vingt-quatre heures, un seul minimum et un seul maximum de la pression, qui coïncideraient à peu près avec le minimum et le maximum de la température. La variation de pression réellement observée résulte de la combinaison de la variation normale avec cet effet thermique, qui est d'autant plus marqué qu'il porte sur une colonne d'air plus haute; c'est ce que l'on voit sur la *fig.* 23, par la comparaison de la courbe du Säntis avec celle du mont Blanc.

Le phénomène de la variation diurne de la pression est peu important dans la pratique, puisque cette variation n'est que d'une fraction de millimètre dans les latitudes moyennes; mais il est des plus intéressants au point de vue théorique, car il soulève les problèmes les plus variés et les plus instructifs de la mécanique de l'atmosphère. C'est pour cette raison que nous y avons insisté un peu longuement.

33. Variation annuelle de la pression. — La variation annuelle de la pression présente des caractères assez variables d'une région à l'autre. La seule loi générale que l'on puisse formuler est la suivante : dans les latitudes moyennes la pression est haute en hiver et basse en été au milieu des grands continents; le régime est inverse sur les océans.

Ces variations contraires sur les continents et les mers s'expliquent aisément par l'effet de la température. En été, les grands continents présentent une température élevée par rapport aux mers qui les entourent; nous verrons plus loin (§ 45 et 47) que, dans ces conditions, une partie de l'air qui était au-dessus des continents chauds passe sur les mers voisines plus froides; en conséquence, la pression au niveau du sol diminuera sur les continents et augmentera sur les mers en été; le contraire aura lieu en hiver. D'une saison à l'autre, il se produit ainsi un échange d'air entre les continents et les mers et, par suite, les mouvements du baromètre y sont inverses. A Moscou, par exemple, la plus haute moyenne mensuelle de la pression s'observe en janvier, elle dépasse de $1^{mm},9$ la moyenne annuelle; la plus basse moyenne est celle de juin, qui est de $2^{mm},7$ au-dessous de la moyenne annuelle. Au contraire, au milieu de l'Atlantique, à Ponta-Delgada (Açores), la plus haute moyenne mensuelle est celle de juillet et la plus basse celle de novembre; les écarts à la moyenne annuelle sont respectivement, pour ces deux mois, $+ 2^{mm},8$ et $- 2^{mm},5$.

Dans les régions intermédiaires il arrive souvent, par exemple dans l'ouest de l'Europe, que le régime continental prédomine en hiver et le régime maritime en été. Il y a alors deux maxima de pression dans ces deux saisons, séparés par deux minima au printemps et en automne. Ainsi, à Paris, la pression est maximum en décembre-janvier et en juillet, avec des écarts respectifs de $+ 1^{mm},2$ et $+ 0^{mm},6$ sur la moyenne annuelle; au contraire, la pression est plus basse que la moyenne de $1^{mm},9$ en avril et de $1^{mm},0$ en octobre.

L'altitude introduit aussi de grandes différences dans la variation annuelle de la pression entre stations voisines. Considérons deux stations situées à peu près sur la même verticale, à une certaine distance : la couche d'air comprise entre les deux niveaux, et dont le poids représente précisément la différence de pression, est d'autant moins dense qu'elle est plus chaude; la différence de pression sera donc la plus grande en hiver et la plus petite en été. Par exemple, entre Genève et le Grand Saint-Bernard la différence moyenne de pression est de $162^{mm},8$; mais cette différence tombe à $159^{mm},3$ en juillet et monte à $167^{mm},2$ en janvier. L'explication est, du reste, exactement la même que celle que nous avons donnée plus haut à propos de la variation diurne de la pression sur le sommet des montagnes. Comme l'effet de la température est d'autant plus grand que la colonne d'air considérée est plus haute, il arrivera toujours qu'à partir d'une certaine altitude, quelle que soit du reste la loi de la variation de la pression en bas, on devra trouver dans la variation de préssion en haut un minimum en hiver et un maximum en été, de même que, dans la variation diurne, on avait un minimum dans la nuit et un maximum au milieu du jour. A Genève, par exemple, la variation annuelle de la pression montre, comme à Paris, deux maxima (en hiver et en été) et deux minima (avril et octobre); l'amplitude totale est de $4^{mm},9$. Au Grand Saint-Bernard, au contraire, on ne trouve plus qu'un seul maximum (juillet) et un seul minimum (janvier) avec une amplitude totale de $8^{mm},8$.

La variation annuelle de la pression au sommet des hautes montagnes présente donc les mêmes caractères que sur les océans; mais l'amplitude de cette variation devient beaucoup plus grande sur les montagnes élevées que sur les mers.

34. Variation de la pression avec la hauteur. Mesure des hauteurs par le baromètre. Réduction de la pression au niveau de la mer. — On sait que, dans un liquide pesant en équilibre, la pression augmente avec la profondeur, proportionnellement à la distance à la surface libre; dans l'eau, par exemple, la pression par centimètre carré croît régulièrement à raison de 100^{gr} par mètre. Cette proportionnalité de la pression à la profondeur tient à ce que les liquides peuvent être regardés pratiquement comme incompressibles, et que, par suite, leur densité reste la même à tous les niveaux.

La loi est très différente dans l'air. La pression sur une surface donnée est toujours égale au poids de la colonne d'air qui s'étend de cette surface à la limite supérieure de l'atmosphère; la pression diminue donc à mesure que l'on s'élève; mais, comme la densité de l'air est proportionnelle à la pression (loi de Mariotte), les couches inférieures sont plus denses que les couches supérieures ; il en résulte que la pression doit décroître suivant une loi très rapide. Quand on monte à une certaine altitude, en effet, la pression diminue pour deux raisons à la fois : d'abord parce qu'il reste au-dessus du point considéré une moindre hauteur d'air, et ensuite parce que cet air est plus léger que celui que l'on a laissé en dessous.

Laplace a démontré que, dans l'air en repos, la pression diminue suivant une progression géométrique quand la hauteur croît en progression arithmétique ([1]). Si l'on suppose toute l'atmosphère à la température de $0°$, la pression n'est plus, à la hauteur de 5540^{m}, que la moitié de ce qu'elle était au niveau du sol ; elle est réduite au quart à une hauteur double, au huitième à une hauteur triple, et ainsi de suite. Dans les mêmes conditions de température, si la pression était de 760^{mm} au niveau du sol, elle sera de 76^{mm} à la hauteur de $18^{km},4$, de $7^{mm},6$ à $36^{km},8$, de $0^{mm},76$ à $55^{km},2$, etc. Ainsi la pression n'est plus environ que de trois quarts de millimètre de mercure, c'est-à-dire comparable au vide que donnent les bonnes machines pneumatiques, à une hauteur de 55^{km} seulement. La hauteur pratique de l'atmosphère, c'est-à-dire celle dans laquelle l'air existe à une pression appréciable, est donc

---

([1]) La formule de Laplace, qui donne la loi de variation de la pression avec la hauteur, est la suivante

$$Z = 18400 \times A \times (1 + \alpha t) \times \log \frac{h_0}{h},$$

dans laquelle Z est la différence d'altitude (en mètres) des deux stations où l'on a observé simultanément des pressions h_0 (station inférieure) et h (station supérieure) ; t est la température moyenne de la couche d'air comprise entre les deux stations ; α le coefficient de dilatation de l'air ($\alpha = 0,00367$) ; enfin A un coefficient qui diffère peu de l'unité et dont la valeur dépend de la latitude λ de la région où ont été faites les observations, de la différence d'altitude Z, de la hauteur z_0 de la station inférieure au-dessus du niveau de la mer et de la moyenne $\frac{F}{H}$ des rapports de la tension de la vapeur d'eau à la pression atmosphérique dans les deux stations : on a

$$A = (1 + 0,00259 \cos 2\lambda)\left(1 + \frac{Z + 2 z_0 + 15980}{6371000}\right)\left(1 + 0,377 \frac{F}{H}\right).$$

On trouve dans les Recueils spéciaux et dans la plupart des Instructions météorologiques des Tables qui facilitent le calcul de la formule de Laplace en le ramenant simplement à des additions et à des soustractions.

extrêmement faible par rapport aux dimensions de la Terre, dont le rayon mesure 6371^{km}.

La connaissance de la loi de la diminution de la pression avec la hauteur permet de résoudre deux problèmes importants; le premier est la mesure des hauteurs. Si l'on observe simultanément le baromètre et le thermomètre en deux stations voisines, la formule de Laplace permet de calculer, au moyen de ces observations, la différence d'altitude des deux stations. Ce procédé est fréquemment employé, car il est beaucoup plus commode et plus rapide que les méthodes ordinaires de nivellement; il ne donne toutefois que des altitudes approchées. La formule de Laplace suppose, en effet, que l'air est en repos; d'autre part, on prend la moyenne des températures observées aux deux stations comme température moyenne de la couche d'air comprise entre elles, ce qui n'est pas généralement exact. La mesure des hauteurs par le baromètre comporte donc toujours de petites erreurs; on peut cependant l'employer avec grand avantage pour les reconnaissances rapides ou mieux encore pour déterminer l'altitude d'une série de points compris entre deux stations extrêmes dont les hauteurs sont connues exactement.

Une deuxième application de la formule de Laplace, de beaucoup la plus importante pour les météorologistes, est la *réduction des pressions au niveau de la mer*. Comme la pression varie très rapidement avec la hauteur (1^{mm} pour 10^m ou 11^m dans les conditions moyennes), il faut évidemment, pour comparer entre elles des observations faites en des lieux très voisins, tenir compte de l'influence de l'altitude et ramener les pressions à ce qu'elles auraient été si les baromètres s'étaient trouvés au même niveau. On est convenu de prendre d'ordinaire, comme plan de comparaison, le niveau de la mer. La réduction au niveau de la mer consiste donc, étant donnée la pression observée dans une station, à calculer celle qui devrait régner au même moment au niveau de la mer dans la même verticale.

La formule de Laplace permet de résoudre ce problème, puisqu'elle donne une relation entre les pressions observées en deux stations et la différence d'altitude; connaissant une des deux pressions et la différence d'altitude on peut en déduire l'autre pression; dans le calcul des hauteurs, au contraire, les données sont les deux pressions et l'inconnue la différence d'altitude. Des Tables convenables, que l'on trouve dans les Recueils d'Instructions météorologiques, permettent, du reste, de ramener ces deux opérations à des calculs très simples.

Il faut remarquer toutefois que le problème n'est pas entièrement déterminé. Dans la formule de Laplace figure, en outre des deux pressions, la température moyenne de la couche d'air comprise entre les stations. Or, dans le problème de la réduction au niveau de la mer, la station inférieure (niveau de la mer) n'existe pas en réalité; on n'en connaît donc pas la température, mais seulement celle de la station supérieure. Il faut alors supposer, pour que le calcul soit possible, une certaine loi de décroissance de la température entre cette station et le niveau de la mer : admettre, par exemple, que la température augmente de $1°$ quand on descend de 160^m, 180^m ou 200^m; mais ce n'est là qu'une pure hypothèse, qui entraîne nécessairement quelque incertitude dans les résultats.

Tant que l'altitude de la station reste inférieure à 500^m, l'incertitude sur la valeur de la pression réduite au niveau de la mer, résultant de la température, ne dépasse guère $0^{mm},1$; elle est donc négligeable; mais il n'en est pas de même pour des stations plus hautes. A partir de 700^m à 800^m la réduction au niveau de la mer devient très incertaine et il sera prudent de l'éviter. Si l'on veut comparer des observations de pression faites dans une série de stations très élevées, il vaudra mieux ramener ces pressions, non au niveau de la mer, mais à une altitude plus voisine de celle des stations, 1000^m, 1500^m ou 2000^m par exemple. Le calcul n'offre, du reste, pas plus de difficulté dans ce cas.

35. Distribution de la pression à la surface du globe. Isobares annuelles. — Pour étudier la distribution de la pression à la surface du globe on doit évidemment éliminer tout d'abord l'influence de l'altitude; on réduira donc au niveau de la mer toutes les observations; il faut de plus, comme nous l'avons expliqué au § 31, tenir compte de l'influence de la gravité sur les hauteurs barométriques et principalement de la variation de la gravité avec la latitude. Les pressions ainsi réduites sont portées sur des Cartes et l'on fait passer un trait continu par tous les points où la pression a la même valeur; on obtient ainsi des *lignes d'égale pression* ou *isobares*. Ces isobares peuvent être continuées sur les mers au moyen des observations faites à bord des navires; leur emploi est le même, pour étudier la distribution de la pression à la surface du globe, que celui des isothermes pour la température.

Sur la Carte qui représente la pression moyenne de l'année (*fig.* 24) on remarque tout d'abord, dans la région équatoriale, une zone tout le long de laquelle la pression est assez basse, inférieure à 760^{mm}. De part et d'autre de cette zone, un peu au delà des tropiques, sont des bandes de pression élevée, dans lesquelles se dessinent des maxima bien marqués, surtout sur les océans; dans l'hémisphère sud, le plus important de ces maxima se trouve dans le sud-est du Pacifique au large des côtes du Pérou et du Chili; la pression y dépasse 766^{mm}; deux autres maxima, où la pression dépasse 764^{mm}, se trouvent dans le sud-est de l'Atlantique et entre l'Afrique et l'Australie.

Dans l'hémisphère nord, il existe deux maxima où la pression est supérieure à 766^{mm}, l'un sur l'est du Pacifique, l'autre sur l'Atlantique, un peu à l'ouest des Açores. La bande des hautes pressions de l'hémisphère nord remonte beaucoup vers l'Asie; mais ce prolongement est dû à l'influence qu'exercent sur les moyennes annuelles les pressions extrêmement élevées qui règnent sur ces régions en hiver, comme nous le verrons bientôt.

Au delà de ces zones de hautes pressions, le baromètre baisse rapidement quand on avance vers les pôles; le phénomène est surtout très net dans l'hémisphère austral, où la pression moyenne annuelle tombe partout au-dessous de 750^{mm} au delà de la latitude 50° ou 52°. Dans l'hémisphère boréal, l'existence des continents altère la régularité du phénomène; les basses pressions se montrent cependant encore d'une manière très nette sur les mers; il existe deux minima, où la pression moyenne descend en dessous de 754^{mm}, l'un tout au nord du Pacifique, l'autre sur l'Atlantique, entre l'Islande et le Groenland.

Les irrégularités que présente la distribution de la pression sont, comme celles que nous avons signalées pour la température, dues à l'hétérogénéité de la surface terrestre. Si cette surface était tout entière recouverte soit d'eau, soit d'une même

Fig. 24.

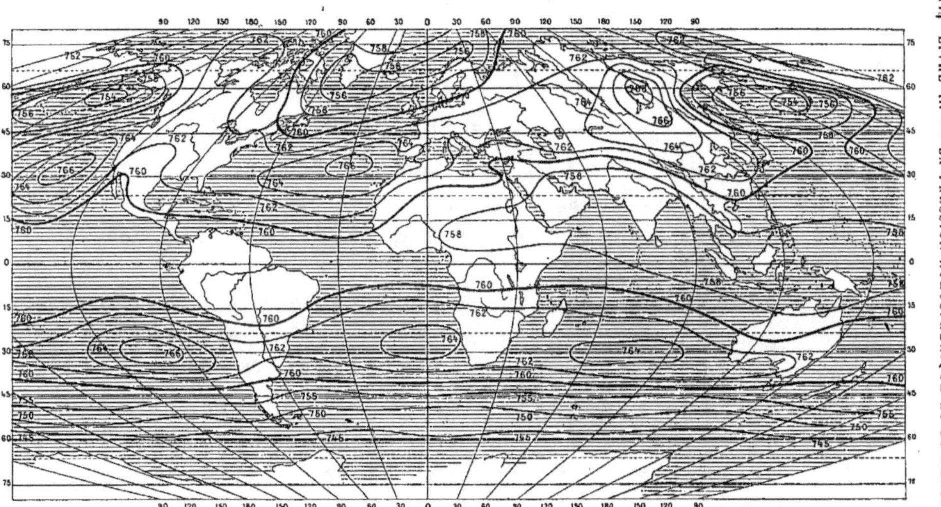

Isobares annuelles.

(À partir de 45° de latitude sud, les isobares sont tracées seulement de 5ᵐᵐ en 5ᵐᵐ.)

substance solide, la pression serait la même en tous les points qui ont la même latitude; les isobares seraient des parallèles de la sphère terrestre. On trouverait alors à l'équateur un minimum de pression, de part et d'autre duquel la pression augmenterait jusque vers une latitude de 30° ou 35°; sur ce parallèle, la pression passerait par un maximum; au delà elle diminuerait très rapidement vers les régions polaires.

Le problème de la distribution théorique de la pression à la surface du globe est lié intimement à celui de la production des mouvements généraux de l'atmosphère et sera traité ultérieurement en détail (§ 46); nous ne nous y arrêterons donc pas pour le moment.

36. Isobares de janvier et de juillet. — Il serait trop long d'étudier ici en détail la distribution moyenne de la pression sur le globe dans chaque mois; nous nous bornerons, comme nous l'avons fait pour la température, aux deux mois extrêmes, janvier et juillet.

Dans les Cartes des isobares de janvier (*fig.* 25) et de juillet (*fig.* 26), nous retrouvons, comme dans la carte annuelle, le minimum équatorial et les deux maxima au delà des tropiques; mais leur position a un peu changé. Le minimum équatorial descend au sud de l'équateur en janvier, remonte au nord en juillet; il présente donc, dans le cours de l'année, un balancement de part et d'autre de l'équateur, dans le sens du mouvement du Soleil en déclinaison; il en est de même des deux zones de maximum de pression. Ce balancement des zones de minimum et de maximum est corrélatif à celui du maximum de température : la zone de pression minimum suit les déplacements de la zone de température maximum, ou équateur thermique.

Dans les latitudes moyennes, on remarque, d'une manière générale, que toutes les régions qui présentent un maximum relatif de température par rapport aux contrées voisines, offrent en même temps un minimum de pression; de même, tout minimum relatif de température correspond à un maximum de pression. Dans l'hémisphère boréal, par exemple, en janvier (hiver), il y a des minima de température (*fig.* 14 et 15) sur les grands continents, Amérique du Nord et surtout Asie; sur la Carte des

Fig. 25.

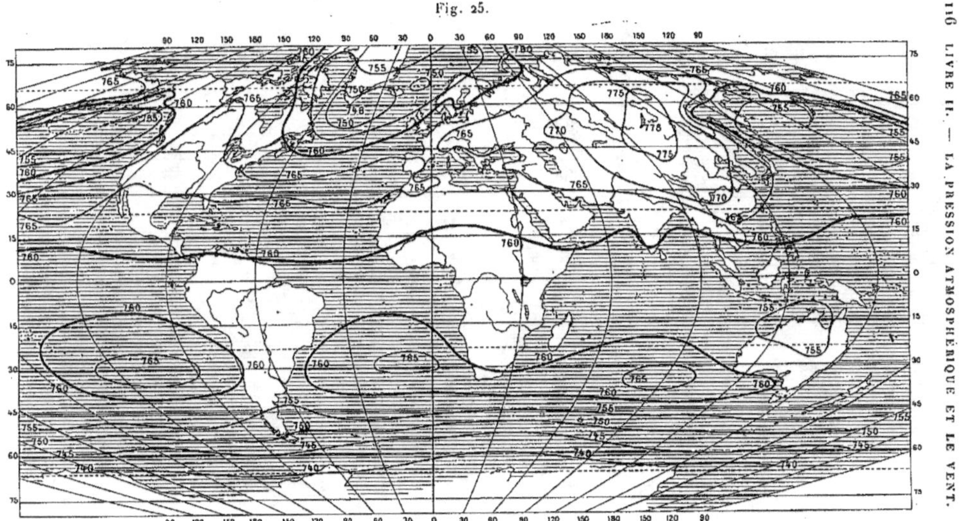

Isobares de janvier.

Fig. 26.

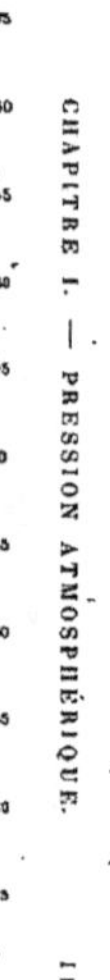

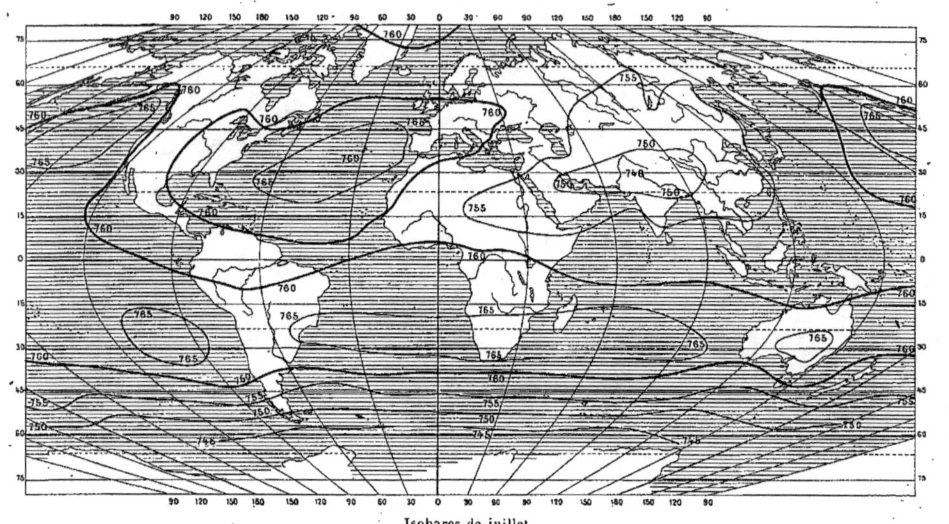

Isobares de juillet.

isobares (*fig.* 25), on voit que la pression moyenne atteint alors 768ᵐᵐ au centre des États-Unis et 778ᵐᵐ dans l'est de la Sibérie. En juillet, au contraire (été), les mêmes régions présentent des maxima de température (*fig.* 16 et 17) et des minima de pression (*fig.* 26); dans le sud de l'Asie, en particulier, la pression moyenne tombe en-dessous de 748ᵐᵐ en juillet.

De même, dans l'hémisphère austral : les grands continents, Amérique et Afrique du Sud, Australie, présentent en janvier (été), des maxima de température et des minima de pression; l'inverse se remarque en juillet (hiver). Les variations de l'hiver à l'été sont, du reste, beaucoup moindres dans cet hémisphère que dans l'hémisphère boréal, où les continents sont beaucoup plus étendus et exercent ainsi une influence plus grande.

Cette correspondance des maxima de pression avec les minima de température, et réciproquement, est due à des causes du même ordre que celles qui produisent le minimum de pression équatorial. Si l'on compare les Cartes d'isobares avec les Cartes d'isothermes et surtout avec les Cartes des isanomales de la température (*fig.* 18 et 19), on arrive à formuler la loi suivante.

Toute région qui présente un maximum de température, soit absolu (équateur), soit relatif par rapport aux régions voisines (anomalie de température positive), présente un minimum de pression. Inversement les minima absolus ou relatifs de température correspondent à des maxima de la pression.

Nous reviendrons ultérieurement sur cette loi, pour en donner l'explication (§ 45, 46, 47), en étudiant les mouvements généraux de l'atmosphère et les relations qui existent entre la température, la pression et le vent.

CHAPITRE II.

LE VENT.

37. Mesure de la direction du vent. — Le vent est de l'air en
mouvement; ce mouvement s'effectue dans une direction qui est
toujours très voisine de l'horizontale; l'inclinaison du vent ne
dépasse pas généralement quelques degrés de sorte que, dans la
pratique, le vent peut être regardé comme horizontal; dans les cas
particuliers où l'on a besoin de considérer le déplacement de l'air
dans le sens de la verticale (qui, nous le répétons, est toujours
très faible par rapport au mouvement horizontal) on doit avoir
soin de le désigner expressément.

La direction du vent s'indique toujours par le côté d'*où vient
le vent :* ainsi vent du nord signifie un vent qui vient du nord,
qui souffle du nord vers le sud. Le vent présente rarement une
direction constante pendant un certain temps; il oscille d'ordinaire autour d'une position moyenne qui, par suite, ne peut être
déterminée avec une très grande exactitude. Aussi, on se contente
le plus souvent de rapporter la direction du vent aux huit divisions
principales de la boussole et aux huits divisions intermédiaires,
en tout seize directions. Comme on ne doit pas se tromper de plus
de la moitié de l'intervalle qui sépare ces divisions, l'incertitude
maximum sur la direction du vent est de $\frac{1}{32}$ de circonférence ou
$11°15'$. Nous indiquons ci-dessous dans l'ordre, en tournant du
nord vers l'est, les seize directions auxquelles on rapporte le vent
et les abréviations que l'on emploie pour les désigner.

N............	nord	S..........	sud
NNE.........	nord-nord-est	SSW......	sud-sud-ouest
NE..........	nord-est	SW........	sud-ouest
ENE.........	est-nord-est	WSW.....	ouest-sud-ouest
E............	est	W.........	ouest
ESE.........	est-sud-est	WNW......	ouest-nord-ouest
SE..........	sud-est	NW.......	nord-ouest
SSE.........	sud-sud-est	NNW......	nord-nord-ouest

Une convention internationale a décidé que l'on devait toujours employer, dans les abréviations, la lettre W pour représenter l'ouest; la lettre O aurait en effet l'inconvénient d'être prise pour ouest en français et pour est en allemand.

Si l'on trouvait que la désignation du vent par l'une ou l'autre de ces seize directions principales n'est pas assez précise, on pourrait ajouter seize directions intercalaires, qui, avec les seize principales, constituent les trente-deux *quarts, rumbs,* ou *aires de vent,* c'est-à-dire les directions estimées en trente-deuxièmes de la circonférence, division fréquemment employée dans la marine. Nous donnons ci-dessous (*fig.* 27) cette division en

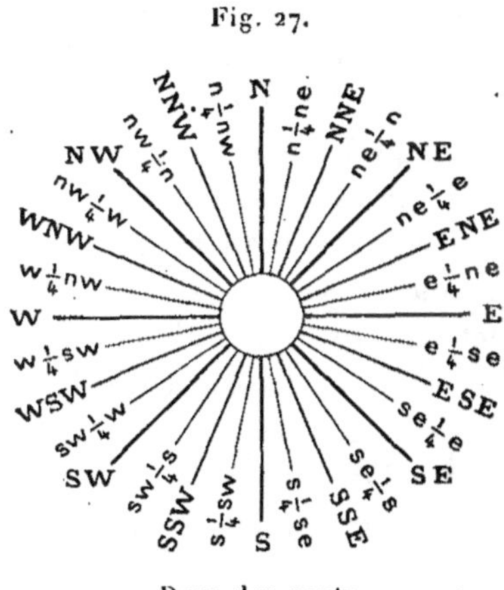

Fig. 27.

Rose des vents.

trente-deux parties de la *rose des vents,* avec l'indication des abréviations qui servent à désigner chaque quart ou rumb. Dans la pratique on se borne le plus souvent, du reste, aux seize directions principales.

Toutes ces directions doivent être rapportées au nord vrai, au nord géographique, et non pas, comme on le fait quelquefois à bord des navires, au nord magnétique, que donnent directement les boussoles; en effet, le nord magnétique s'écarte du nord vrai d'une quantité qui varie d'un pays à l'autre et, dans une même station, change avec le temps.

La direction du vent s'observe à l'aide de girouettes, qui doivent

être très mobiles pour s'orienter au moindre vent; tous les frottements auront donc lieu sur galets ou sur billes. L'appareil doit
être parfaitement équilibré et avoir son centre de gravité sur l'axe
de rotation, qui sera lui-même rigoureusement vertical, sans quoi
la girouette tendrait toujours à revenir dans une position donnée.
La masse de la partie mobile, surtout celle des pièces éloignées
de l'axe de rotation, sera aussi faible qu'il est possible sans nuire
à la solidité; s'il en était autrement, la girouette, une fois lancée,
ne s'arrêterait pas à la position voulue; c'est à ce dernier défaut
que sont dues surtout les oscillations brusques que l'on remarque
dans la plupart des girouettes au moment des grands vents.
L'instrument sera placé très haut, dans une situation absolument
dominante par rapport à tous les objets voisins qui, sans cela,
pourraient produire des remous dans l'air. Enfin, il sera commode
que la tige de la girouette descende dans l'intérieur du bâtiment
et se termine par une aiguille horizontale, mobile au-dessus d'une
rose des vents bien orientée; cette disposition permet de faire
aisément les observations pendant la nuit et leur donne en tout
temps plus d'exactitude.

Sur mer, la direction du vent est plus difficile à évaluer exactement, car on n'observe que la résultante du mouvement vrai de
l'air et du mouvement propre du
navire. Soit OM (*fig*. 28) la route
suivie par le navire, que nous
supposerons d'abord dans un air
calme, et qui, en une minute par
exemple, va de O en O'. La che-
minée du navire a laissé, en pas-
sant en O, échapper un flocon de fumée, qui resterait à cette
même place s'il n'y avait pas de vent; mais si, pendant ce temps,
le vent souffle dans la direction OV et parcourt justement le chemin OV en une minute, pendant que le navire aura passé de O
en O', le flocon de fumée aura été emporté de O en V. Pour
l'observateur placé en O', le flocon de fumée sera vu alors en V;
il en sera de même pour tous les flocons de fumée qui se seront
produits entre O et O', et l'on démontre aisément que tous ces
flocons se disposeront sur la droite O'V. La direction apparente
de la traînée de fumée ou du vent sera donc O'V, très différente

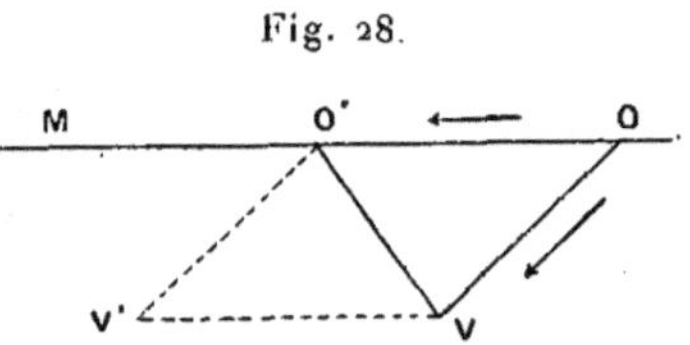

Fig. 28.

de la direction vraie du vent $O'V'$. On voit que, pour déterminer exactement la direction du vent en mer, il faut connaître, d'une part, la direction et la vitesse OO' du navire, de l'autre, la direction et la vitesse $O'V$ du vent apparent; on trace, en grandeur et en direction, les deux lignes OO' et $O'V$; la droite OV qui joint leurs extrémités représente, en grandeur et en direction, le vent réel. Quand un navire se meut exactement dans le sens du vent et avec la même vitesse, les passagers ne ressentent aucun vent; c'est ce qui arrive aussi, en particulier dans les ascensions en ballon libre. Si le navire se déplace dans un air absolument calme, les passagers croient observer un vent contraire à la direction du navire et qui a la vitesse de celui-ci.

38. Mesure de la vitesse ou de la force du vent. — Il y a deux manières différentes d'évaluer la vitesse du vent : on peut mesurer soit sa *vitesse* proprement dite, ou chemin que l'air parcourt dans l'unité de temps, soit la *pression* que le vent exerce contre un obstacle donné.

La vitesse du vent s'évalue d'ordinaire en mètres par seconde; une vitesse de 2^m, par exemple, signifie que le vent ferait parcourir 2^m par seconde à un corps léger, tel qu'un petit ballon, qu'il entraînerait librement. On exprime quelquefois encore la vitesse du vent en kilomètres à l'heure; il est facile de passer d'un mode d'évaluation à l'autre : l'heure comprenant 3600 secondes, 1^m par seconde correspond à $3^{km},6$ à l'heure; une vitesse de n mètres par seconde sera donc équivalente à $n \times 3,6$ kilomètres à l'heure; inversement une vitesse de m kilomètres à l'heure vaudra $\frac{m}{3,6}$ mètres par seconde. En Météorologie on emploie de préférence la notation en mètres par seconde.

La pression du vent s'évalue en indiquant l'effort, en kilogrammes, que le vent exerce contre une surface plane d'un mètre carré, normale à sa direction. Il y a un rapport simple entre la vitesse du vent et la pression qu'il exerce; cette pression est proportionnelle au carré de la vitesse. D'après les expériences qui paraissent les plus exactes, un vent dont la vitesse est d'un mètre par seconde exerce, sur une surface d'un mètre carré, une pression de $0^{km},125$; une vitesse de 2^m par seconde correspond donc à une pression quatre fois plus grande ou de $0^{kg},5$; 4^m par seconde correspondent à une pression de 2^{kg} par mètre carré; enfin une vitesse de 40^m par seconde, que l'on observe parfois dans les grandes tempêtes, équivaut à une pression de 200^{kg} par mètre carré.

La vitesse du vent se mesure au moyen d'instruments qu'on appelle *anémomètres*. Le plus simple des anémomètres et le plus généralement employé encore aujourd'hui, malgré ses défauts, est l'anémomètre de Robinson. Cet appareil se compose de quatre bras horizontaux en croix, portés par un axe vertical qui peut tourner. très librement sur ses pivots. Aux extrémités des bras sont fixées des coupes creuses hémisphériques, dont la concavité est tournée du même côté de façon que, lorsque l'appareil tourne, deux coupes opposées présentent en avant dans le sens du mouvement, l'une sa partie concave, l'autre sa partie convexe. La pression du vent étant plus grande sur la surface concave que sur la surface convexe, le moulinet tourne toujours dans le même sens, la partie convexe des coupes en avant, quelle que soit la direction du vent. La vitesse des coupes est plus petite que celle du vent, environ deux fois et demie ou trois fois; le rapport exact, qui varie du reste avec la vitesse du vent, doit être déterminé au préalable par des expériences pour chaque instrument. Le nombre de tours que fait le moulinet dans un temps donné est enregistré mécanique-ment sur les cadrans d'un compteur, ou transmis à distance par l'électricité; si l'on connaît le rapport entre la vitesse du vent et celle de l'anémomètre, on en déduit aisément la vitesse moyenne du vent pendant ce temps.

L'anémomètre de Robinson présente l'avantage de ne pas avoir besoin d'être orienté dans la direction du vent; mais, par contre, il offre de nombreux inconvénients. Il est généralement lourd, surtout dans les parties éloignées de l'axe de rotation, et la sur-face utile qu'il présente au vent est petite; il en résulte que, lorsque le vent augmente brusquement, il faut un certain temps à l'anémomètre pour acquérir la vitesse correspondante; inverse-ment, une fois lancé, il continue à tourner assez longtemps quand le vent cesse; il ne peut donc pas suivre exactement toutes les variations de vitesse du vent; de plus, ses indications changent notablement avec les frottements. c'est-à-dire suivant la manière dont il est entretenu et graissé. Aussi tend-on de plus en plus actuellement à le remplacer par des instruments plus compliqués mais plus exacts.

La pression du vent se mesure en exposant normalement au vent une plaque plane de surface connue, maintenue sur la face opposée contre un ressort, dont la flexion indique immédiatement la pression du vent en kilogrammes. Cet instrument est peu pratique; il doit être porté par une girouette, destinée à maintenir toujours la plaque normale au vent, condition qui n'est plus réalisée exactement dès que la girouette oscille; de plus il faut deux appareils différents, un pour mesurer les grands vents, l'autre pour les vents faibles. On conçoit, en effet, qu'un instrument capable d'indiquer des pressions de 100^{kg} à 200^{kg} par mètre carré ne marque plus rien quand la vitesse du vent est de 1^m ou 2^m par seconde, ce qui correspond à une pression de $0^{kg},1$ à $0^{kg},5$ par mètre carré.

On a proposé encore de mesurer, au lieu de la pression du vent contre une plaque, l'aspiration ou la compression que le vent exerce en agissant sur un tube ouvert par le haut et dont la partie inférieure communique avec un récipient fermé; cette aspiration ou cette compression (suivant la disposition de l'orifice du tube) sont proportionnelles au carré de la vitesse du vent. Les appareils de ce genre sont très simples comme mécanisme et leurs indications paraissent susceptibles d'une très grande exactitude; il est probable qu'ils se répandront beaucoup quand on leur aura donné des dispositions commodes.

Dans les stations qui ne possèdent pas d'anémomètre, on se borne à évaluer la force du vent à l'estime, en la notant en chiffres suivant un certain nombre de degrés. A terre, on emploie généralement une échelle qui va de o (calme) à 6 (ouragan); sur mer où le vent est plus fort, plus régulier et d'une évaluation plus facile, on emploie d'ordinaire une échelle de o à 12 (échelle de Beaufort). Nous donnons, dans le Tableau suivant, la concordance de ces deux échelles, la désignation de leurs degrés en langage ordinaire et en langage maritime, et enfin les vitesses en mètres par seconde qui leur correspondent.

Échelles		Vitesse en mètres par seconde.
terrestre.	de Beaufort.	
0 Calme................	0 Calme	0 à 1
1 Faible................	1 Presque calme	1 2
	2 Légère brise	2 4
2 Modéré..............	3 Petite brise	4 6
	4 Jolie brise	6 8
3 Assez fort...........	5 Bonne brise	8 10
	6 Bon frais	10 12
4 Fort.................	7 Grand frais	12 14
	8 Petit coup de vent	14 16
5 Violent..............	9 Coup de vent	16 20
	10 Fort coup de vent	20 25
6 Ouragan.............	11 Tempête	25 30
	12 Ouragan	plus de 30

Avec un peu d'habitude, on arrive très bien à ne pas hésiter de
plus d'une unité sur le chiffre qu'il convient d'attribuer à un vent
donné dans l'échelle de Beaufort (0 à 12); ce mode d'évaluation
ne devra donc pas être négligé et pourra être très utile en l'absence d'anémomètres.

**39. Représentation des observations du vent. Calcul du vent
moyen.** — La discussion des observations de direction du vent
présente quelques difficultés, car on ne peut pas ici prendre de
moyennes arithmétiques, comme on le fait pour les autres éléments météorologiques. On emploie alors l'un des procédés suivants :

On commence par compter, dans la période de temps que l'on
considère, le nombre de fois que le vent a soufflé dans chaque
direction. On trouve ainsi, par exemple :

N.........	7	E.........	46	S.........	26	W.........	143
NNE......	15	ESE......	34	SSW.....	54	WNW....	128
NE........	30	SE........	6	SW......	150	NW......	89
ENE......	21	SSE......	10	WSW....	207	NNW....	34

On trace alors une circonférence que l'on divise en seize parties
égales et, sur les rayons qui passent par les points de division,
on porte, à partir du centre, des longueurs proportionnelles au

nombre de fois que le vent a soufflé dans chaque direction. On
obtient de la sorte la rose de la fréquence des vents, qui est représentée par le diagramme ci-dessous (*fig.* 29). Cette rose permet

Fig. 29.

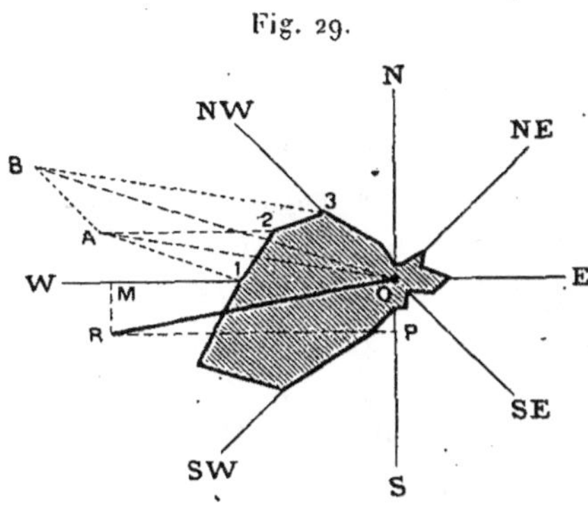

souvent déjà d'apprécier d'un coup d'œil la direction du vent
dominant; elle permet encore de déterminer exactement le vent
moyen, en appliquant la règle du parallélogramme, exactement
comme s'il s'agissait, en Mécanique, de déterminer la résultante
de forces concourantes, représentées par les seize rayons de la
rose des vents. Pour cela on mènera par le point (1) une parallèle à la direction WNW et par le point (2) une parallèle à la
direction W; la droite OA qui joint le point de rencontre A de
ces deux droites et le centre O représente, en grandeur et en
direction, la résultante des vents W et WNW et peut les remplacer; puis par A on mènera une parallèle à NW et par le
point (3) une parallèle à OA. Le point de rencontre de ces deux
droites donne un point B, et la droite OB représentera encore, en
grandeur et en direction, la résultante des vents qui ont soufflé
suivant les trois directions W, WNW et NW. En opérant ainsi
de proche en proche, on arrivera à une droite finale qui représentera le vent moyen, c'est-à-dire la résultante géométrique de
tous les vents observés réellement.

Un autre procédé, qui revient au même, mais qui est à la fois
plus expéditif et plus exact, consiste à remplacer d'abord les seize
vents observés par quatre composantes dans les directions N, E,
S et W. Pour avoir la composante nord, on fait la somme des

quatre nombres suivants : 1° le nombre de vents du N; 2° la somme des vents de NNE et NNW multipliée par 0,924; 3° la somme des vents de NE et NW multipliée par 0,707; 4° la somme des vents de ENE et WNW multipliée par 0,383. De même pour la composante E, on fera la somme des quatre nombres suivants : 1° le nombre des vents d'E; 2° la somme des vents de ENE et ESE multipliée par 0,924; 3° la somme des vents de NE et SE multipliée par 0,707; 4° la somme des vents de NNE et NNW multipliée par 0,383. Enfin, pour les deux autres directions S et W, on prendra toujours : 1° le nombre de vents de cette direction; 2° la somme des deux directions les plus voisines de part et d'autre, multipliée par 0,924; 3° la somme des deux directions suivantes, multipliée par 0,707; 4° la somme des deux directions qui sont à trois divisions d'intervalle multipliée par 0,383 (¹).

En effectuant les calculs pour l'exemple cité ci-dessus, on trouverait ainsi :

Composante N........ 193   Composante S........ 287
Composante E........ 132   Composante W....... 656

La différence des composantes N et S est 94, dans le sens du Sud; celle des composantes E et W est 524, dans le sens de l'Ouest. Sur la direction W on portera, à partir du centre O, une longueur OM égale à 524; de même sur la direction S on prendra une longueur OP égale à 94 (²); la diagonale OR du rectangle construit sur OM et OP est, en grandeur et en direction, le vent moyen cherché.

Pour que le résultat ainsi obtenu ait une réelle signification, il

---

(¹) Cette règle est une conséquence du théorème des projections : la projection de la résultante sur une direction quelconque est égale à la somme des projections des composantes sur la même direction. Pour avoir la projection des vents de NNW, par exemple sur la direction N, il faut multiplier le nombre qui indique leur fréquence par le cosinus de l'angle (22°30′) que forment entre elles les directions N et NNW; ce cosinus est précisément égal à 0,924; de même, le cosinus de l'angle (45°) des directions N et NW est égal à 0,707, et celui de l'angle (67°30′) des directions N et WNW est égal à 0,383. On retrouve ainsi la règle donnée plus haut.

(²) Sur la *fig.* 29 les lignes OP, OM et OR ont été tracées à une échelle moitié plus petite que les autres; la direction du vent moyen OR est toujours exacte; mais la longueur OR devrait être doublée pour être comparable aux rayons de la rose des vents.

faut que les composantes N et S, d'une part, E et W, de l'autre,
diffèrent notablement entre elles; si les deux composantes N et S
étaient à peu près égales, de même que les deux composantes E
et W, cela voudrait dire que le vent a soufflé à peu près également de toutes les directions, et dans ce cas il n'y aurait pas à
proprement parler de vent moyen.

Dans le calcul du vent moyen, tel qu'il vient d'être indiqué,
on n'a fait intervenir que la fréquence de chaque vent; si l'on
veut avoir une idée du véritable mouvement moyen de l'air, en
direction et en vitesse, il serait plus rigoureux de remplacer le
nombre de fois que chaque vent a soufflé par la somme des vitesses
observées dans chaque direction; les deux modes de calcul ne
reviendraient au même que si le vent avait la même vitesse
moyenne dans toutes les directions.

40. Variation diurne de la direction du vent. — La variation
diurne de la direction du vent est très difficile à observer d'une
manière normale; si les environs de la station ne présentent pas
une disposition topographique identique de tous les côtés, on
observe une variation diurne exceptionnelle, causée précisément par ces différences de disposition. C'est ce qui arrive notamment près de la mer, des montagnes, etc., et nous reviendrons
ultérieurement sur ces vents locaux. Pour étudier la variation
diurne normale de la direction du vent, il faudrait donc que la
station fût située au milieu d'un vaste plateau, ou en pleine mer,
ou encore qu'elle fût absolument isolée dans l'atmosphère, à une
assez grande hauteur au-dessus d'un sol peu accidenté.

Cette dernière condition, en particulier, est remplie par la
station météorologique installée au sommet de la tour Eiffel, où
la girouette se trouve à 305^m au-dessus du sol; aussi la variation
diurne de la vitesse du vent y est-elle très nette, surtout pendant
les mois d'été. Le diagramme ci-contre (*fig.* 3o) représente la
variation diurne de la direction du vent au sommet de la tour
Eiffel, pour la moyenne des trois mois de juin, juillet et août.
O étant le centre de la rose des vents, le vent moyen (moyenne
des vingt-quatre heures) est représenté par MO; il est donc compris entre W et WNW, et plus près de cette dernière direction.
Pour une heure quelconque de la journée, le vent moyen s'obtien-

drait en joignant au centre O un des points de la courbe tracée
sur le diagramme, où la position particulière de ces points est
marquée de trois en trois heures. Ainsi la direction du vent à 3^h
s'obtiendrait en joignant le point marqué 3^h au centre O. On
voit, par exemple, que le vent est exactement W vers $7^h 30^m$ et
vers 14^h, et qu'il est sensiblement NW vers 23^h.

A un moment quelconque, représenté sur la courbe par le
point A, la direction du vent AO peut être considérée comme la
résultante de deux vents : l'un constant, le vent moyen MO:
l'autre variable et dont la direction par rapport à M serait AM;

Fig. 30.

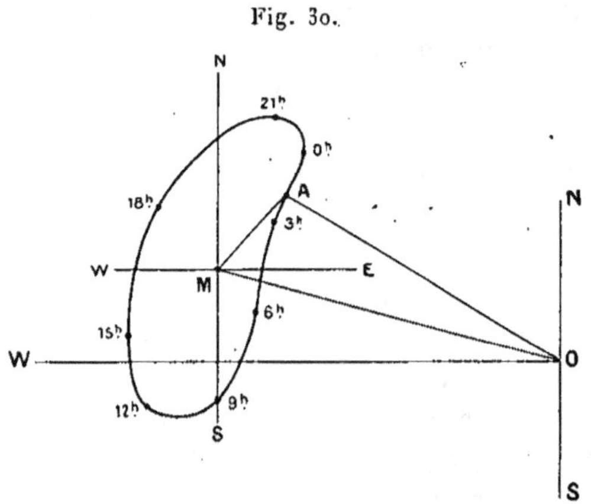

Variation diurne de la direction du vent à la tour Eiffel.

la droite AO est, en effet, la diagonale du parallélogramme construit sur MO et AM. On voit que la composante variable AM
fait, dans les vingt-quatre heures, une rotation complète autour
du point M, dans le sens des aiguilles d'une montre. Cette composante est exactement N vers 20^h, E à $4^h 30^m$ (lever du Soleil),
S à 9^h et W entre 16^h et 17^h; on peut dire encore qu'elle effectue
sa révolution dans le même sens que le Soleil, de l'Est à l'Ouest
en passant par le Sud.

Cette variation diurne de la direction du vent n'est pas encore
connue dans un nombre suffisant de bonnes stations pour qu'on
puisse la considérer comme générale et en essayer la théorie.

41. Variation diurne de la vitesse du vent. — La vitesse du

vent présente, dans toutes les stations basses, une variation diurne
très nette et qui a partout la même allure. Le diagramme ci-
dessous (*fig*. 31) représente (traits pleins) cette variation pour

Fig. 31.

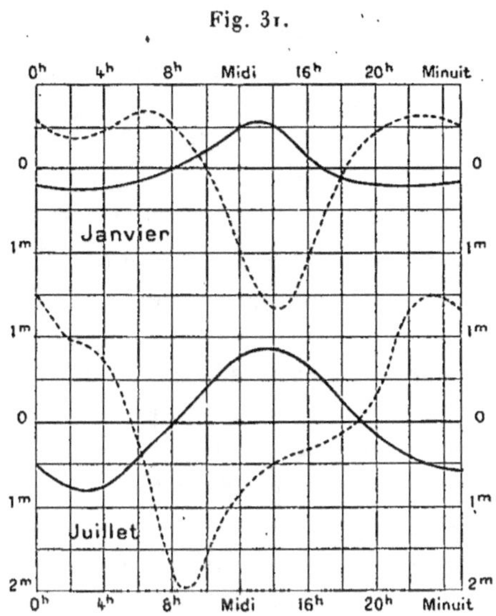

Variation diurne de la vitesse du vent à Paris et à la Tour Eiffel.

les mois de janvier et de juillet à Paris, à 20ᵐ environ au-dessus
du sol. La vitesse, faible pendant la nuit, augmente à partir du
lever du Soleil, passe par un maximum à peu près au moment du
maximum de température, puis décroît de nouveau. L'amplitude
de la variation est beaucoup plus grande en été qu'en hiver; elle
atteint 1ᵐ,8 par seconde en juillet à Paris, et n'est que de 0ᵐ,8
en janvier. Enfin, toutes les autres conditions restant les mêmes,
l'amplitude est plus grande dans les jours clairs que dans les jours
couverts.

L'explication de ce phénomène est très simple : pendant la
nuit, il y a le plus souvent inversion de température dans les
couches basses de l'atmosphère; les plus voisines du sol sont les
plus froides, ce qui est une condition éminemment favorable à la
stabilité et au calme de l'atmosphère. Dans le jour, au contraire,
les couches basses devenant très chaudes au contact du sol,

l'équilibre n'est plus stable, l'air est agité de remous perpétuels; par suite de ces remous, il arrive en bas de l'air provenant de couches plus élevées et dont la vitesse est beaucoup plus grande, comme nous le verrons plus loin; de plus, c'est alors que les différences de température entre régions voisines sont les plus notables, ce qui est encore une cause de production du vent.

Cette variation diurne, qui se présente avec les mêmes caractères dans toutes les stations ordinaires, est, du reste, un phénomène absolument local, confiné aux couches les plus basses de l'atmosphère. Déjà au sommet de la tour Eiffel, à 305^m au-dessus du sol, on trouve une variation diurne toute différente, et qui est tout à fait analogue à celle que l'on observe au sommet des hautes montagnes.

La variation diurne de la vitesse du vent au sommet de la tour Eiffel est représentée (traits interrompus) sur la *fig.* 31, pour les mois de janvier et de juillet. En janvier, la vitesse du vent est grande et presque constante pendant toute la nuit, de 21^h à 7^h; après 8^h elle diminue rapidement et passe par un minimum vers 14^h, au moment du maximum de la température, pour croître ensuite jusqu'au soir; la différence entre les vitesses maximum et minimum à 300^m de hauteur est de $2^m,0$ et la courbe qui y représente la variation diurne est presque exactement l'inverse de celle qu'on obtient près du sol. En juillet, la différence entre les vitesses extrêmes au sommet de la tour atteint $3^m,2$; les caractères de la variation diurne sont à peu près les mêmes qu'en hiver, sauf que le minimum se présente beaucoup plus tôt, vers 9^h.

La cause principale de cette variation se trouve dans les remous verticaux qui se produisent au milieu de la journée dans les couches basses, comme nous l'avons indiqué précédemment. Ces remous amènent à une certaine hauteur, où la vitesse moyenne du vent est grande, de l'air venant du voisinage du sol, où la vitesse est bien plus faible; ils ont donc pour effet à la fois de ralentir la vitesse dans les couches hautes et de l'augmenter dans les couches basses, de produire un minimum de vitesse dans les premières, un maximum dans les secondes. Comme l'amplitude de la variation diurne près du sol est beaucoup plus grande en été qu'en hiver, le ralentissement produit à une certaine hauteur par l'afflux de l'air des couches basses sera moins sensible en été,

au milieu même de la journée, au moment où la vitesse du vent
est la plus grande en bas. C'est pour cette raison que le minimum
de la vitesse du vent dans les couches élevées se produit en été
non pas à 14^h comme en hiver, mais beaucoup plus tôt, vers 9^h
ou 10^h.

**42. Variation annuelle du vent. Augmentation de vitesse avec
la hauteur.** — Nous ne parlerons pas ici de la variation annuelle
de la direction du vent; c'est un point qui sera traité ultérieurement à propos des mouvements généraux de l'atmosphère et de
l'influence des saisons sur ces mouvements.

La vitesse du vent, dans les latitudes moyennes, est généralement plus grande en hiver qu'en été, au moins à une certaine
distance du sol. C'est en hiver, en effet, que les différences de température, cause première de la production du vent, sont les plus
grandes d'une latitude à l'autre; c'est surtout aussi dans cette
saison qu'on observe les tempêtes. Au sommet de la tour Eiffel,
par exemple, la vitesse moyenne du vent est de $9^m,9$ par seconde
en hiver et de $7^m,8$ seulement en été. La différence est beaucoup
moins marquée près du sol : à Paris, au Bureau central météorologique, la vitesse moyenne est de $2^m,4$ en hiver et de $2^m,1$ en
été. Ce faible écart tient à ce qu'en été la vitesse du vent
augmente beaucoup au milieu de la journée, par suite des remous
locaux produits par l'élévation de la température, et qui relèvent
ainsi la moyenne; mais pendant la nuit, où ces remous n'existent
pas, on retrouve la différence caractéristique entre l'hiver et l'été.
Au Bureau météorologique, en effet, la vitesse moyenne du vent
à minuit est de $2^m,2$ en hiver et de $1^m,5$ seulement en été.

Les observations faites dans tous les pays montrent que la
vitesse du vent augmente très rapidement quand on s'éloigne du
sol. A Paris, par exemple, la vitesse moyenne annuelle est
de $2^m,15$ au niveau du toit des maisons (20^m au-dessus du sol),
tandis qu'au sommet de la tour Eiffel elle est de $8^m,70$, soit exactement quatre fois plus forte. Ce ralentissement de la vitesse près
du sol tient au frottement de l'air contre toutes les aspérités,
maisons, arbres, etc. La même cause explique pourquoi, dans
les stations situées sur le littoral, le vent de mer a toujours une
vitesse plus grande que le vent de terre.

Les observations faites sur la vitesse des nuages et des aérostats semblent indiquer que la vitesse du vent continue encore à augmenter jusqu'à de grandes hauteurs dans l'atmosphère; mais l'augmentation est loin d'être proportionnelle à la hauteur; elle est d'abord très brusque entre le niveau du sol et 200^m ou 300^m, altitude à laquelle l'influence du frottement contre le sol devient négligeable; au delà, la vitesse n'augmente plus que très lentement. Cet accroissement progressif de vitesse, qui se retrouve toujours dans les moyennes, est loin, du reste, d'être un phénomène constant pour une époque et une région déterminées. Il arrive souvent, dans les ascensions en ballon, que l'on traverse successivement plusieurs couches d'air superposées dont les mouvements sont très différents, tant comme direction que comme vitesse. Quoi qu'il en soit, les observations des nuages indiquent que la vitesse moyenne du vent paraît augmenter jusqu'aux plus grandes altitudes; quelques déterminations, faites aux États-Unis, donnent, aux altitudes de 8000^m à 10000^m, une vitesse moyenne qui ne paraît pas s'écarter beaucoup de 30^m par seconde.

43. Causes de production du vent. Relations du vent avec la température et la pression. Gradient barométrique. — Si la température de la terre et de l'atmosphère était partout la même, il n'y aurait aucune raison pour qu'il se produisît des mouvements de l'air d'une région à l'autre; le vent n'existerait pas; la cause première des vents doit être cherchée dans les différences de température que l'on observe à la surface du globe et dans l'atmosphère.

Pour mieux faire comprendre le mécanisme de la production du vent, nous prendrons d'abord un exemple dans les liquides ([1]).

Deux tubes verticaux AB, CD (*fig.* 32) communiquent à la partie inférieure par un tube horizontal BC et vers le haut par un autre tube GH, de même diamètre que BC, mais qui porte en son milieu un robinet R, permettant d'établir ou de supprimer à volonté la communication entre les parties supérieures des deux tubes verticaux. La distance verticale de BC et de GH est exactement de 1^m; de plus, les deux tubes verticaux sont enveloppés par

---

([1]) Nous avons emprunté l'idée de cette expérience à M. Sprung (*Lehrbuch der Meteorologie,* p. 108; Hambourg, 1885).

des manchons M et M′ dans lesquels on peut faire circuler soit de l'eau, soit de la vapeur, de manière à y maintenir une température constante. Tout l'appareil étant à la température de 10°, par exemple, et R étant ouvert, on remplit les tubes jusqu'au niveau GH d'eau pure et privée d'air; puis on ferme le robinet R;

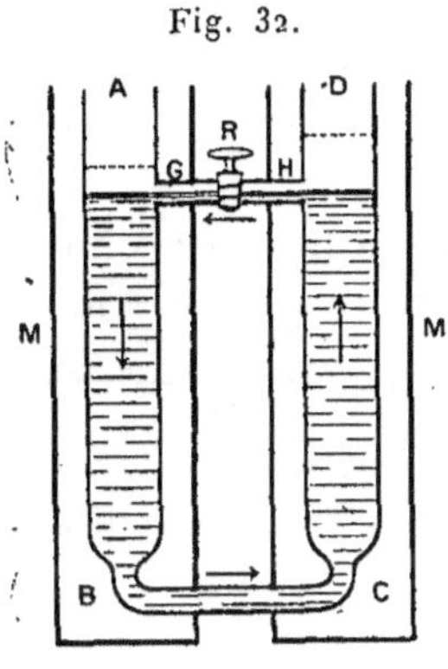

Fig. 32.

on maintient le tube AB à une température invariable de 10°, en faisant circuler de l'eau froide dans le manchon M, et l'on porte le tube CD à la température de 100°, en faisant circuler de la vapeur dans le manchon M′.

Dans ces conditions, l'eau du tube CD se dilate; à 10°, elle occupait dans le tube une hauteur CH égale à 1^m; à 100°, elle y occupera une longueur de 1043^{mm}, tandis qu'en AB la hauteur de l'eau n'aura pas changé. Les pressions en B et en C, au bas des deux tubes verticaux, sont toujours égales; en même temps que la hauteur du liquide contenu dans CD a augmenté, la densité de ce liquide a diminué dans le rapport inverse; mais, si la pression n'a pas varié de part et d'autre, dans le plan horizontal BC, il n'en est plus de même dans tout autre plan horizontal situé en dessus de BC. On verrait aisément qu'à une hauteur quelconque, la pression est devenue plus grande dans le tube chaud; la différence de pression de part et d'autre est proportionnelle à la distance au plan BC; en GH, en particulier, elle est mesurée par une colonne de liquide à 100° dont la hauteur est de 43^{mm}.

Supposons maintenant que l'on ouvre le robinet R; la pression étant plus grande en H qu'en G, le liquide va se mettre en mouvement de H vers G; la pression diminue en C puisqu'une partie du liquide du tube CD s'écoule; de même, la pression augmente en B, puisqu'une certaine quantité de liquide venant de CD passe dans AB; dans le plan horizontal BC, la pression devenant plus grande en B qu'en C, l'équilibre n'est plus possible et le liquide se met en mouvement de B vers C. Si l'on maintient les deux tubes à une température constante, tout le liquide prend ainsi un mouvement circulatoire dans le sens CHGBC, indiqué sur la *fig*. 32 par des flèches ; ce mouvement va s'accélérer d'abord dans les premiers instants, puis deviendra bientôt uniforme à cause des frottements.

Quand le mouvement est devenu bien constant, on trouve que le niveau de l'eau n'est pas le même des deux côtés ; dans le tube chaud D l'eau monte à 29^{mm} et dans le tube froid A à 14^{mm} au-dessus du plan GH ; la pression est donc plus élevée en H qu'en G d'une quantité qui est mesurée par une colonne d'eau de 15^{mm} seulement, tandis que la différence était de 43^{mm} avant que le mouvement commençât, quand le robinet R était fermé. Considérons maintenant ce qui se passe dans le plan BC : en B la pression est mesurée par une colonne de 1014^{mm} d'eau à 10°, en C par une colonne de 1029^{mm} d'eau à 100°, qui équivaut à $1029 \times \frac{1000}{1043} = 987^{mm}$ d'eau à 10°. La pression en B est donc plus forte qu'en C d'une quantité qui est exprimée, en eau à 10°, par une colonne haute de $1014 - 987 = 27^{mm}$.

En résumé, par suite de la différence permanente de température établie entre les deux colonnes, on voit que : 1° au fond BC la pression est devenue beaucoup plus petite du côté chaud que du côté froid ; 2° au sommet GH la pression est au contraire un peu plus grande du côté chaud que du côté froid ; 3° à une certaine hauteur au-dessus de BC, hauteur que l'on trouve, dans le cas présent, être de 655^{mm}, la pression est la même dans les deux tubes. Nous appellerons *plan neutre* ce plan horizontal où la pression est la même du côté froid et du côté chaud ; la différence des pressions observées dans une section des deux tubes faite par un plan horizontal est nulle dans le plan neutre, et elle va en augmentant de part et d'autre à partir de ce plan ; au-dessous du plan neutre la pression est partout plus faible à un même niveau dans le tube chaud que dans le tube froid ; elle est plus grande, au contraire, au-dessus du plan neutre.

Appliquons maintenant ces résultats au cas de l'air : considérons deux colonnes d'air AB, CD (*fig*. 33), dont la pression et la température sont primitivement les mêmes et qui sont séparées l'une de l'autre par une cloison. Chauffons la colonne CD : la pression ne change pas en BD et les surfaces d'égale pression sont de part et d'autre des plans horizontaux ; mais, dans la colonne chaude CD, la distance de ces plans successifs est devenue plus grande que dans AB et à une certaine hauteur au-dessus du fond BD la pression est plus grande dans la colonne chaude que dans la colonne froide. Enlevons maintenant la cloison de séparation : la pression étant plus grande, à un même niveau, dans les parties supérieures du côté C que du côté A, de l'air s'écoulera de C vers A ; la pression diminuera donc dans toute la colonne CD ; elle augmentera dans AB par suite de l'afflux de l'air qui se produit en haut, de sorte qu'en bas la pression devient plus grande en B qu'en D, ce qui détermine un mouvement de l'air dans la direction BD. Si l'on maintient une différence de température constante entre AB et CD, le mouvement devient bientôt uniforme. Comme dans le cas de l'expérience faite avec les liquides, on verrait alors qu'à une certaine hauteur dans la masse gazeuse, il y aura un plan neutre MN (*fig.* 34), plan horizontal dans lequel la pression est la même partout ; au-dessus du plan neutre les surfaces d'égale pression sont inclinées de la droite vers la gauche ; dans un plan horizontal quelconque, la pression diminue de la droite vers la gauche et le mouvement de l'air s'effectue dans le même sens ; au-dessous du plan neutre, au contraire, les surfaces d'égale pression sont inclinées de gauche à droite ; dans un plan horizontal quelconque, la pression décroît et le mouvement de l'air s'effectue de B vers D. Les lignes pointillées placées à gauche de AB et à droite de CD indiquent les positions qu'occupaient les surfaces d'égale pression avant que le mouvement ait commencé ; ces positions sont les mêmes que dans la *fig.* 33.

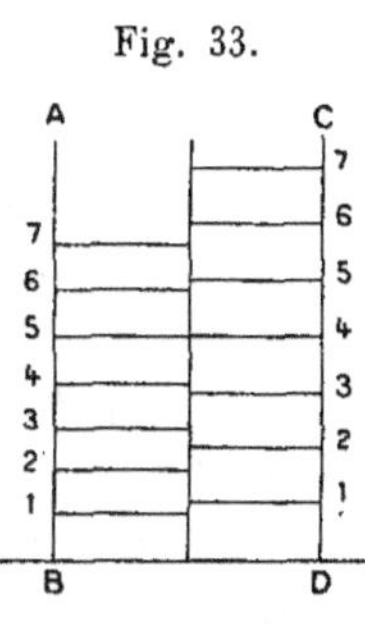

Fig. 33.

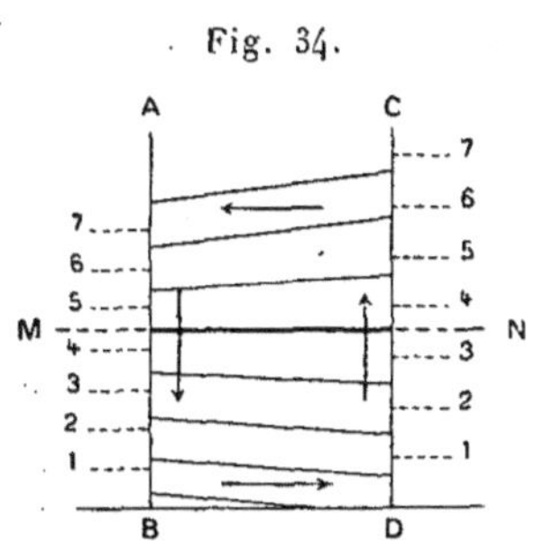

Fig. 34.

Remarquons que, pour compléter le circuit, l'air doit nécessairement avoir un mouvement ascendant suivant DC et un mouvement descendant suivant AB. Dans la nature, contrairement à ce qui a été représenté sur la *fig.* 34, pour ne pas lui donner de

trop grandes dimensions transversales, les branches ascendantes
et descendantes sont toujours très petites par rapport à celles
où le mouvement s'effectue suivant l'horizontale; la hauteur de
l'atmosphère qui est affectée par ces mouvements ne dépasse certainement pas une quinzaine de kilomètres, et est même probablement beaucoup plus petite, tandis que l'étendue de la circulation dans le sens horizontal, c'est-à-dire, sur la figure, la distance
de B à D, est le plus souvent de plusieurs centaines de kilomètres.

De ce qui précède, il résulte que toute différence de température entre deux points a pour premier effet de déformer les
surfaces d'égale pression : d'horizontales qu'elles étaient d'abord
quand la température était uniforme, elles deviennent toutes
inclinées, sauf une, située à une certaine hauteur, et qui constitue
le plan neutre. Au-dessus de ce plan neutre les surfaces d'égale
pression penchent du côté chaud vers le côté froid; au-dessous
elles s'inclinent en sens inverse, du côté froid vers le côté chaud.
En dehors du plan neutre, la pression n'est donc pas la même en
tous les points d'un plan horizontal quelconque; la condition
d'équilibre n'étant plus satisfaite, l'air se met en mouvement,
dans chaque plan horizontal, des hautes vers les basses pressions.
Telle est la cause la plus générale de la production des vents.

Considérons, à la surface de la terre, un point A (*fig*. 35) où
la pression à un moment donné sera, par exemple, de 760^{mm}; à
partir du point A, dans la direction XY où la pression varie le

Fig. 35.

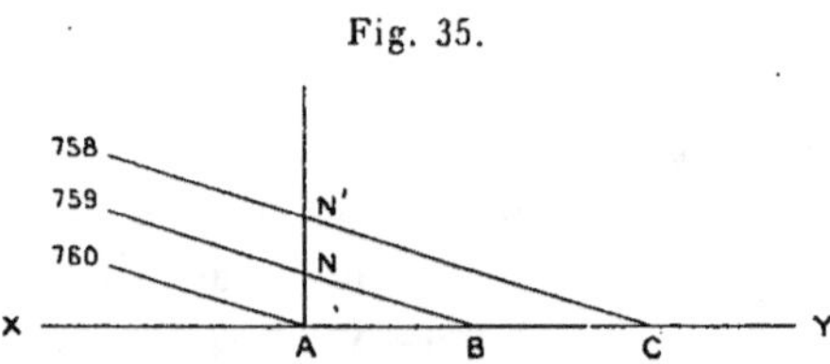

plus rapidement, nous trouverons des points B, C, ..., où la
pression au même moment est respectivement 759^{mm}, 758^{mm}, etc.
Comme la pression diminue avec la hauteur, il y a au-dessus du
point A un point N où la pression est 759^{mm}, comme en B, un
point N' où elle est de 758^{mm}, comme en C et ainsi de suite. Les
surfaces isobares, ou surfaces d'égale pression, auront ainsi une

position inclinée, comme l'indique la figure. Ce que nous avons appelé précédemment les *lignes isobares* (§ 35), n'est donc en réalité que l'intersection des surfaces isobares par la surface du niveau de la mer. Le vent sera d'autant plus fort dans le plan horizontal considéré que la variation de pression y sera plus rapide, ou que les points B, C, ... seront plus rapprochés du point A. Or, la hauteur AN, distance de deux surfaces isobares consécutives, varie peu; en partant de la pression 760^{mm} au point A, la formule de Laplace donne, pour la hauteur du point N, respectivement 10^m,52 ou 11^m,29 selon que la température est de 0° ou de 20°. Plus le point B sera voisin du point A, plus l'inclinaison des surfaces d'égale pression sera grande; il y aura donc une relation entre la pente des surfaces d'égale pression au-dessus de A et la vitesse du vent en ce point.

Considérons les lignes isobares, dessinées par la rencontre des surfaces d'égale pression avec la surface qui forme le niveau de la mer. Si par un point A (*fig*. 36) on mène une ligne AB nor-

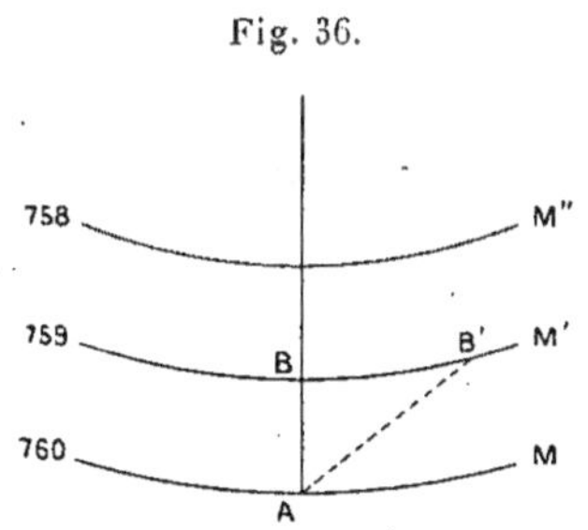

male aux deux isobares consécutives M, M', la variation de pression que l'on observe en partant du point A sera plus rapide si l'on se déplace suivant AB que suivant toute autre direction telle que AB', puisque AB est la plus courte distance des deux isobares M, M'. On nomme alors *gradient barométrique* la diminution de pression (exprimée en millimètres)

que l'on observe entre deux points tels que A et B, situés à l'unité de distance, et, pour avoir dans la pratique des nombres convenables, ni trop grands ni trop petits, on prend comme unité de distance la longueur d'un arc de 1° de la sphère terrestre, soit 111^{km},111. On obtiendra donc le gradient barométrique entre deux points en divisant la différence des pressions observées en ces deux points par leur distance, cette dernière étant exprimée en degrés de la sphère terrestre; il est bien entendu du reste que les deux points considérés doivent être situés sur une ligne qui coupe les isobares à angle droit. Un gradient de 1, 2, 3, ..., dirigé de A vers B, indiquera donc que la pression diminue de 1^{mm}, 2^{mm}, 3^{mm}, ... quand on se déplace de $111^{km},111$ dans la direction AB, normale aux isobares.

La vitesse du vent en un point dépend de la variation de pression autour de ce point, c'est-à-dire de la valeur du gradient. L'observation montre que les vents faibles correspondent à un gradient plus petit que 1; pour un gradient plus grand que 4 ou 5, le vent souffle en tempête.

Il est facile de se rendre compte de la petitesse des forces qui suffisent à mettre l'air en mouvement, comparativement aux forces que l'on est habitué à considérer, la pesanteur, par exemple. Reprenons le cas de la *fig.* 35 et supposons que la distance entre A et B soit précisément de $111^{km},111$. Le gradient dirigé de A vers B sera alors égal à 1, ce qui correspond déjà à un vent modéré. Nous avons vu que la hauteur AN est généralement inférieure à 11^{m}; la pente de la surface isobare NB sera donc plus petite que $\frac{11}{111111}$ ou que $\frac{1}{10000}$. La force qui met l'air en mouvement de A vers B et qui donne naissance à un vent modéré est ainsi comparable à celle qui ferait tomber un corps pesant le long d'un plan incliné dont la pente serait plus petite que $\frac{1}{10000}$. Même dans les plus fortes tempêtes la force qui produit le vent n'équivaut toujours qu'à une fraction extrêmement petite de la pesanteur, quelques dix-millièmes seulement.

44. Influence de la rotation de la Terre. Déviation du vent sur le gradient. — Si la Terre était plane et immobile, la direction du vent serait en chaque point celle du gradient, c'est-à-dire celle suivant laquelle on constate la plus grande variation de pression d'un point à un autre. Mais la Terre est une sphère qui tourne, avec une très grande vitesse, de l'ouest à l'est, autour de la ligne des pôles. Elle effectue sa rotation entière en un jour sidéral, soit en $23^{h}56^{m}3^{s},5$ ou $86163^{s},5$ de temps moyen; de sorte qu'un point de l'équateur est animé en réalité à chaque instant d'une vitesse dirigée de l'ouest vers l'est et égale à 465^{m} par seconde; cette vitesse absolue diminue quand la latitude augmente : elle est encore de près de 329^{m} par seconde à la latitude $45°$, de 159^{m} à la latitude $70°$ et ne devient nulle qu'aux pôles. Un corps lancé dans une certaine direction à la surface de la Terre se meut dans le sens de l'impulsion qu'on lui a communiquée; mais, en même temps, la Terre elle-même se déplace au-dessous de lui par suite de la rotation diurne; le mouvement relatif du corps par rapport à la surface de la Terre, c'est-à-dire le mouvement que nous observons réellement, se complique donc du fait de la rotation de celle-ci.

L'astronome Hadley (1735) semble être le premier qui ait indiqué l'influence de la rotation de la Terre sur les mouvements de l'air; son raisonnement était à peu près le suivant : supposons, dans l'hémisphère boréal, un filet d'air lancé vers le nord, suivant un méridien, de la latitude 30° par exemple, où la vitesse de rotation de la Terre est de 403^m par seconde; ce filet d'air a en réalité deux vitesses; l'une, celle de l'impulsion, dirigée suivant un méridien, l'autre, dirigée de l'ouest à l'est suivant un parallèle et qui est celle du mouvement de rotation de la Terre au point d'où le filet d'air est parti. En arrivant à la latitude 31°, où la vitesse de rotation de la Terre n'est plus que de 394^m, le filet d'air, qui a conservé sa vitesse initiale, aurait donc, par rapport à la latitude à laquelle il est parvenu, un excès de vitesse vers l'est de 403 — 394 ou de 9^m; par suite le vent, au lieu de souffler plein sud comme au point de départ, semblera dévié vers l'est, ou vers la droite du mouvement primitif. On verrait de même que la déviation serait encore vers la droite si le mouvement primitif était dirigé du nord au sud. Dans l'hémisphère austral, la déviation se produirait sur la gauche du mouvement initial, tout étant symétrique par rapport à l'Équateur.

Bien que le raisonnement de Hadley soit absolument inexact au fond, il permet de retrouver le sens général du phénomène. On pourrait croire, d'après ce raisonnement, que la déviation du vent dépend de sa direction initiale; maximum pour un vent dirigé suivant le méridien, elle serait moindre pour un vent oblique et deviendrait nulle pour un vent dirigé suivant un parallèle; il n'en est rien en réalité.

On démontre en Mécanique que la déviation apparente produite par la rotation de la Terre sur tous les mouvements qui ont lieu à sa surface est exactement la même, quelle que soit la direction du mouvement initial; cette action déviante s'exerce toujours perpendiculairement à la direction du mouvement; elle est dirigée vers la droite dans l'hémisphère nord, vers la gauche dans l'hémisphère sud; toutes choses égales d'ailleurs, elle est proportionnelle à la vitesse du mouvement; enfin, elle dépend de la latitude : nulle à l'équateur, elle croît régulièrement jusqu'aux pôles ([1]).

L'influence déviante du mouvement de la Terre ne peut pas plus être assimilée à une force que ce qu'on appelle improprement la force centrifuge dans le mouvement de rotation autour d'un point. C'est un simple effet de l'inertie, qui s'exerce toujours perpendiculairement à la direction du mouvement du corps et qui modifie incessamment cette direction, mais non la vitesse du mouvement. Un mobile lancé à la surface de la Terre, par exemple avec une vitesse de 10^m par seconde, ne gardera pas sa direction initiale, mais conservera indéfiniment sa vitesse de 10^m, si l'on suppose que le mouvement s'effectue sans frottement. Parti d'un point O sur un certain parallèle OP dans l'hémisphère nord (*fig.* 37), il obliquera de plus en plus sur sa droite et finira par arriver en A sur un parallèle plus rapproché du pôle, où son mouvement sera dirigé de l'ouest à l'est, précisément suivant ce parallèle; puis il redescendra, coupera le parallèle de départ et atteindra en B un deuxième parallèle limite BN, où sa

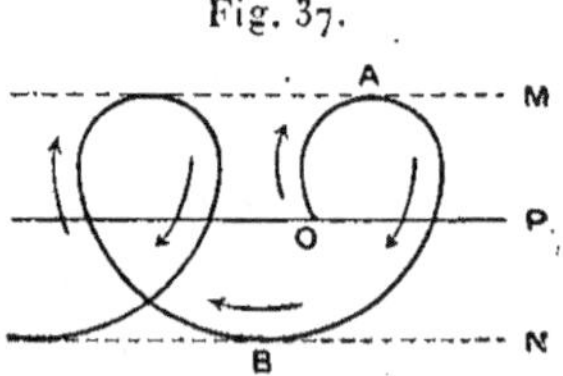

Fig. 37.

vitesse sera encore dirigée suivant le parallèle, mais de l'est à l'ouest; à partir de ce point il remontera de nouveau, et décrira ainsi indéfiniment, comme on le voit sur la figure, avec une vitesse constante de 10^m par seconde, une série de boucles comprises entre deux parallèles extrêmes AM et BN, dont la position dépend de la latitude du point de départ O, ainsi que de la grandeur et de la direction de la vitesse initiale. Cette courbe a reçu le nom de *courbe d'inertie*.

Appliquons ces notions au mouvement de l'air à la surface du globe, et supposons d'abord que la distribution de la pression corresponde à des isobares rectilignes et parallèles A, B, C, D (*fig.* 38). En un point M le gradient sera MG, perpendiculaire à la direction des isobares et dirigé du côté des basses pressions. Si la Terre

---

([1]) On démontre que l'action déviante de la Terre est proportionnelle au sinus de la latitude.

était plane et immobile, l'air se mouvrait dans la direction MG ;
par suite de la rotation de la Terre il est dévié vers la droite (dans
l'hémisphère nord) et prend, par exemple, la direction MS. L'action déviante de la Terre s'effectue, comme nous l'avons dit plus
haut, suivant MT, perpendiculairement à la direction du mouvement et
vers la droite ; cette action est proportionnelle à la vitesse du mouvement
et dépend aussi de la latitude. Enfin il
faut tenir compte de l'influence du
frottement, qui agit pour retarder le
mouvement et que l'on peut considérer comme une accélération MF,
dirigée en sens inverse du mouvement et dépendant, elle aussi,
de la vitesse de l'air.

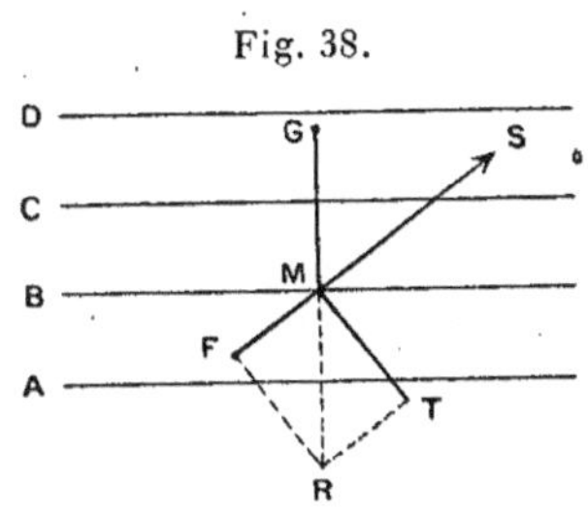

Fig. 38.

Au moment où l'air commence à se mettre en mouvement sous
l'effet du gradient MG, sa vitesse étant d'abord faible, l'influence
de la rotation de la Terre et du frottement sont négligeables. Le
gradient MG étant à peu près constant, la vitesse s'accélère ; mais
l'influence de la rotation de la Terre et du frottement augmente
de plus en plus avec la vitesse. Il arrivera donc un moment où ces
deux effets combinés feront équilibre à l'accélération due au gradient ; à partir de ce moment, la vitesse de l'air devient uniforme, le mouvement acquiert un régime permanent. Il se produit quelque chose de tout à fait analogue à ce qu'on observe
pendant la chute d'un corps pesant dans l'air : le mouvement de
chute s'accélère d'abord ; à mesure que la vitesse augmente la
résistance de l'air augmente aussi, et l'accélération du mouvement diminue peu à peu, jusqu'au moment où la résistance de
l'air devient égale à l'accélération de la pesanteur ; à partir de ce
moment la chute se fait avec une vitesse constante.

Lorsque le mouvement permanent de l'air est établi, il y a
équilibre entre toutes les influences qui sollicitent l'air ; par
suite, la résultante MR de MT et de MF est égale et directement
opposée au gradient MG. L'angle GMS ou MRT, que fait la
direction du vent avec le gradient, dépend donc du rapport des
deux lignes MT et MF. Pour des vitesses relativement faibles,
comme celles que présente le vent, le frottement MF est sensi-

blement, comme MT, proportionnel à la vitesse du vent; le rapport de ces deux longueurs est donc indépendant de la vitesse; il variera seulement avec le *coefficient de frottement* de l'air (dont dépend MF), ou valeur du frottement qui correspond à une vitesse de 1^{m} par seconde, et avec la latitude (dont dépend MT). Si le frottement est petit (au-dessus de la mer, par exemple), l'angle GMS sera grand, le vent sera très oblique par rapport au gradient; ce sera le contraire si le frottement devient grand (au-dessus d'un sol inégal, recouvert de constructions, d'arbres, etc.). L'angle du vent avec le gradient augmentera de même avec la latitude. En tous cas, cet angle ne dépend ni de la vitesse du vent, ni de la grandeur même du gradient. La vitesse du vent, au contraire, dépend à la fois du gradient, du coefficient de frottement de l'air et de la latitude; on démontre qu'elle est directement proportionnelle au gradient.

En résumé, quand la distribution de la pression est caractérisée par des isobares rectilignes et parallèles, le mouvement de l'air qui en résulte est soumis aux lois suivantes :

1° La direction du vent est inclinée sur le gradient, à droite dans l'hémisphère nord, à gauche dans l'hémisphère sud.

2° L'angle du vent avec le gradient ne dépend ni de la valeur du gradient, ni de la vitesse du vent; il est nul à l'équateur et augmente avec la latitude; à une même latitude, il est d'autant plus grand que le frottement est plus faible.

3° La vitesse du vent est proportionnelle au gradient; pour un même gradient, elle diminue quand la latitude ou le frottement augmentent.

Comme les frottements subis par l'air dans ses mouvements sont toujours faibles, la déviation du vent par rapport au gradient est en général assez grande. Aux latitudes moyennes, l'angle du vent avec le gradient est d'ordinaire très supérieur à 45° et peut même atteindre 80°; la direction du vent est donc généralement plus voisine de celle des isobares que de celle du gradient. En se reportant à la *fig.* 38, on voit que, si l'on se place dans la direction du vent, de manière à le recevoir dans le visage, c'est-à-dire en regardant de M vers F, on aura, dans l'hémisphère nord, les basses pressions à droite et un peu en arrière, les hautes pressions à gauche et un peu en avant. Le contraire aurait lieu dans l'hémisphère sud. Cette loi, qui est employée fréquemment pour se rendre compte de la direction des hautes et des basses pressions par rapport au lieu où l'on se trouve, connaissant seulement la direction du vent, est connue sous le nom de *loi de Buys-Ballot.*

D'après la seconde loi énoncée plus haut, l'angle du vent avec le gradient est d'autant plus grand que le frottement que l'air éprouve est plus faible. C'est pour cette raison que, sur mer, l'angle du vent avec le gradient est toujours beaucoup plus grand que sur terre ; de même, il sera plus grand dans les couches élevées de l'atmosphère que près du sol. D'après la troisième loi, pour un même gradient, la vitesse du vent est d'autant plus grande que le frottement est plus faible ; cela explique pourquoi, dans les stations littorales, le vent qui vient de la mer est généralement beaucoup plus fort que le vent qui souffle de terre.

45. Mouvements tourbillonnaires. Régimes cycloniques et anticycloniques. — Nous avons supposé, dans l'exemple précédent, que la répartition de la pression était caractérisée par des isobares rectilignes et parallèles ; nous envisagerons maintenant le cas où la pression va en augmentant ou en diminuant régulièrement dans toutes les directions autour d'un point central. Dans ce cas, les isobares sont des circonférences concentriques, et les gradients sont dirigés suivant les rayons de ces circonférences ; vers l'intérieur, si la pression diminue de la périphérie au centre : vers l'extérieur, si la pression est au contraire la plus grande au centre. Dans le premier cas, on a un *centre de basses pressions ;* dans le second, un *centre de hautes pressions.*

Considérons d'abord un centre de basses pressions : en un point M quelconque, le gradient est dirigé vers le centre, suivant MC (*fig.* 39) ; d'après ce que nous avons dit au paragraphe précédent, le vent soufflera en M dans une direction telle que MV, qui fait avec le gradient un certain angle vers la droite (dans l'hémisphère nord). Si les conditions sont absolument les mêmes tout autour du centre et si la différence en latitude des deux bords extrêmes est faible, l'angle du vent avec le gradient sera le même partout ; la direction du vent devant couper tous les rayons sous un même angle, le mouvement de l'air s'effectuera, comme

le montre la figure, suivant des spirales. Le vent, au lieu de converger directement de toutes parts vers le centre, formera autour
de ce point un tourbillon, dont le sens de rotation sera de droite
à gauche, ou en sens inverse des aiguilles d'une montre, dans
l'hémisphère nord (*fig.* 39) et de gauche à droite, ou dans le sens
des aiguilles d'une montre, dans l'hémisphère sud (*fig.* 40). Le
tourbillon, qui se forme ainsi autour d'un centre de basses pressions, constitue un mouvement *cyclonique*.

Dans les mouvements cycloniques de l'hémisphère nord, on
voit (*fig.* 39) que le vent souffle du Sud dans tous les points qui

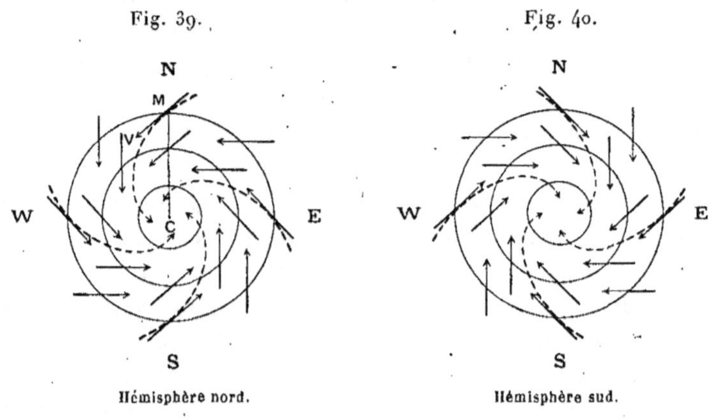

Hémisphère nord. Hémisphère sud.

Mouvement cyclonique. Mouvement cyclonique.

sont à peu près dans la direction SE par rapport au centre; il
souffle de l'Ouest au SW du centre, du Nord au NW et enfin
de l'Est, dans la direction NE. La *fig.* 40 montre quelle serait de
même la direction du vent en chaque point dans l'hémisphère sud.

L'angle du vent avec le gradient dépend, dans les mouvements
cycloniques comme dans le cas des isobares rectilignes, du frottement que l'air subit dans son mouvement et de l'action déviante
de la Terre, c'est-à-dire de la latitude. A l'équateur même, l'action déviante de la Terre est nulle; il ne saurait donc y avoir
de mouvements tourbillonnaires. Toutes choses égales d'ailleurs,
l'angle du vent avec le gradient augmente avec la latitude; à une
même latitude, cet angle augmente encore quand le frottement

diminue; le mouvement tourbillonnaire sera donc plus marqué sur mer que sur terre, à une certaine hauteur dans l'atmosphère que près du sol.

Dans tout mouvement cyclonique il y a au voisinage du sol, comme nous venons de le voir, afflux d'air de tous les côtés vers le centre; cet afflux est plus ou moins rapide, suivant la vitesse du vent et son inclinaison sur le gradient, mais il existe toujours. Pour qu'une dépression barométrique puisse subsister, l'air qui arrive incessamment dans la région centrale doit s'en échapper à mesure; il ne peut le faire ni par en bas, où il y a le sol, ni par les côtés, puisque c'est par les côtés qu'il arrive; la seule issue possible est donc vers le haut. On est ainsi conduit à admettre que, dans les parties inférieures de l'atmosphère, tout mouvement cyclonique est, au voisinage du centre, accompagné d'un mouvement ascendant. L'air s'élève, en même temps qu'il tourne autour du centre; le mouvement réel s'effectue donc suivant des sortes d'hélices, qui sont, du reste, peu inclinées sur l'horizon. Il ne faut pas, en effet, se figurer le mouvement ascendant de l'air comme vertical; c'est un mouvement oblique et même sous une inclinaison très faible, car la hauteur de la couche d'air affectée par ce mouvement ascendant ne dépasse pas quelques kilomètres, quantité très petite par rapport aux dimensions horizontales des mouvements tourbillonnaires, dont le diamètre peut avoir des centaines ou même des milliers de kilomètres. Avec une composante verticale du mouvement même très faible, l'air parviendra donc rapidement à la partie supérieure du tourbillon.

Considérons maintenant un centre de hautes pressions (*fig.* 41). En un point M le gradient est dirigé suivant CM; le vent qui, dans l'hémisphère nord, est toujours dévié vers la droite du gradient, a une direction telle que MV. En répétant les mêmes raisonnements que dans le cas précédent, on verrait que, tout autour du centre de hautes pressions, l'air diverge suivant des spirales qui forment encore un mouvement tourbillonnaire; mais, dans ce cas, la rotation du vent s'effectue de gauche à droite, ou dans le sens des aiguilles d'une montre, dans l'hémisphère nord (*fig.* 41), et de droite à gauche, ou dans le sens inverse des aiguilles d'une montre, dans l'hémisphère sud (*fig.* 42). Le sens de la circulation autour d'un centre de hautes pressions est donc inverse de

celui que l'on observe dans les mouvements cycloniques, autour
des centres de basses pressions; aussi donne-t-on à ces tourbillons formés autour des centres de hautes pressions le nom de
mouvements anticycloniques.

Le vent étant divergent autour d'un centre de hautes pressions
on verrait encore que, pour que ce centre puisse persister, il est
nécessaire qu'il y ait afflux incessant d'air par le haut dans les

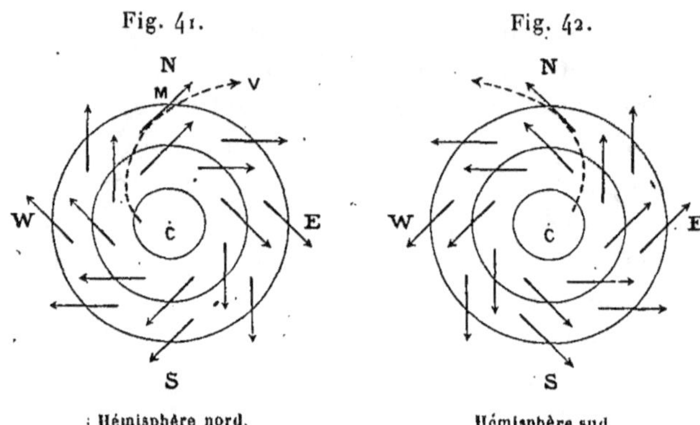

<table>
<tr><td>Hémisphère nord.</td><td>Hémisphère sud.</td></tr>
<tr><td>Mouvement anticyclonique.</td><td>Mouvement anticyclonique.</td></tr>
</table>

régions centrales. L'air descend donc au centre d'un mouvement
anticyclonique, tandis qu'il monte au centre d'un mouvement
cyclonique.

Les mouvements cycloniques et anticycloniques peuvent être
produits par des différences de température. Supposons, par
exemple, qu'il existe à la surface de la Terre un *centre chaud,*
c'est-à-dire un point où la température soit plus élevée que dans
toute la région environnante, et qu'autour de ce point la température aille en décroissant régulièrement dans toutes les directions.
D'après ce que nous avons vu précédemment (§ 43, p. 136), les
surfaces d'égale pression, au lieu de rester horizontales au-dessus
de cette région, se creuseront dans le voisinage du sol et s'incli-
neront de part et d'autre vers le point C le plus chaud (*fig.* 43).
A une certaine hauteur, il y aura une surface isobare MN qui sera
un plan horizontal : c'est le plan neutre. Au-dessus de ce plan,
au contraire, les surfaces isobares seront bombées au centre; le

phénomène sera évidemment symétrique par rapport à la verticale CC′, qui passe par le point le plus chaud.

Dans tout plan horizontal situé en dessous de MN et, en particulier, à la surface du sol, la pression diminuera des bords vers le centre; les isobares seront des circonférences concentriques et il y aura en C un centre de basses pressions; il se produira donc nécessairement, dans tout l'espace situé en dessous du plan neutre, un mouvement cyclonique, comme on le voit dans la partie inférieure de la figure. Mais, en revanche, au-dessus du

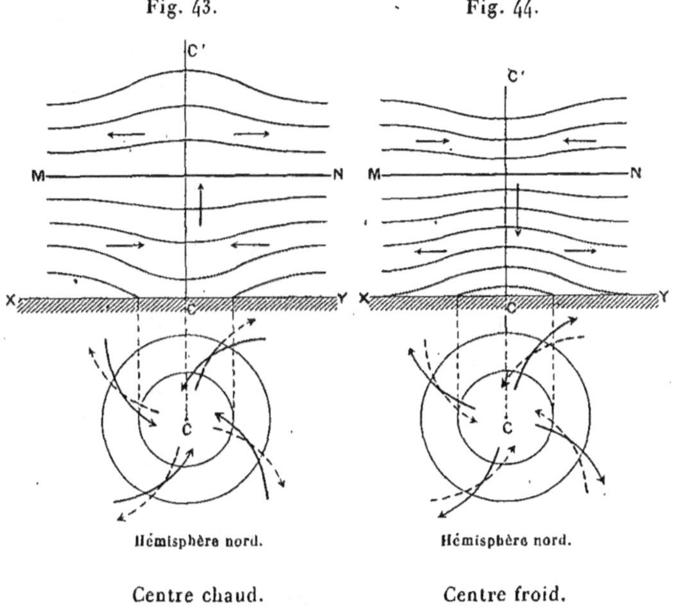

Fig. 43.   Fig. 44.

plan neutre, la pression décroît du centre à la périphérie; le mouvement de l'air y sera donc divergent. La *fig.* 43 représente ainsi, en projection horizontale et en projection verticale, l'ensemble des caractères de la circulation de l'air au-dessus d'un centre chaud; les vents inférieurs (en dessous du plan neutre) sont indiqués sur la projection horizontale en traits pleins, les vents supérieurs (en dessus du plan neutre) en traits pointillés. On voit qu'en deux points situés sur la même verticale, de part et d'autre du plan neutre, il souffle des vents dont les directions font

entre elles un très grand angle, variable du reste suivant les conditions, latitude, frottement de l'air contre le sol, etc.

Des considérations analogues montrent que les caractères généraux de la circulation de l'air sont absolument opposés au-dessus
d'un *centre de froid,* c'est-à-dire d'une région où la température
va en augmentant régulièrement dans toutes les directions autour
d'un point central C (*fig.* 44). Au-dessous d'un certain plan
neutre MN les surfaces isobares sont toutes convexes vers le haut ;
elles sont concaves, au contraire, au-dessus du plan neutre. Dans
le voisinage du sol, la pression augmente de la périphérie vers le
centre C ; il se produit donc un mouvement anticyclonique, divergent, qui est indiqué en traits pleins sur la partie inférieure de
la *fig.* 44 ; au-dessus du plan neutre, le mouvement de l'air,
indiqué en traits pointillés, est convergent.

En résumé, à tout centre chaud correspond un mouvement
tourbillonnaire de l'air, convergent dans les couches inférieures,
divergent dans les couches supérieures et, par suite, un mouvement ascendant au-dessus du centre chaud. A tout centre froid
correspond, au contraire, un mouvement tourbillonnaire, convergent dans les couches supérieures, divergent dans les couches
inférieures et, par suite, descendant au-dessus du centre froid.

Comme nous l'avons fait observer précédemment (p. 137) la
circulation verticale, ascendante ou descendante, a une importance
beaucoup moindre, comme extension et comme vitesse, que la circulation horizontale ; la hauteur jusqu'à laquelle ces phénomènes
se font sentir dans l'atmosphère est, en effet, extrêmement petite
par rapport à leurs dimensions horizontales.

Il est utile d'ajouter dès maintenant que, si les centres chauds
ou froids sont toujours accompagnés respectivement de mouvements cycloniques ou anticycloniques dans les couches inférieures de l'atmosphère, la réciproque n'est pas exacte ; il peut
exister des mouvements cycloniques ou anticycloniques qui ne
soient pas produits par des différences de température. Nous en
verrons plus tard des exemples.

**46. Circulation générale de l'atmosphère. Vents constants.
Alizés.** — A l'aide des notions précédentes, il devient possible
d'expliquer les lois de la circulation générale de l'atmosphère.

Nous supposerons d'abord que le Soleil se trouve dans le plan de l'équateur et que la Terre soit une sphère régulière sans relief et dont la surface ait partout la même nature, c'est-à-dire qu'elle soit recouverte en entier soit de sable, soit d'eau ; la température sera alors la même tout le long d'un parallèle et décroîtra régulièrement de l'équateur aux pôles.

La température étant maximum à l'équateur, tous les points de ce grand cercle se comportent comme des centres chauds. Sur un méridien quelconque, la coupe des surfaces isobares par le plan vertical se présentera donc comme sur la partie supérieure de la *fig.* 43 (p. 148) où C serait l'équateur et X et Y deux points situés à une certaine distance, respectivement dans l'hémisphère nord et dans l'hémisphère sud. A l'équateur, il y aura par suite un minimum de pression dans les couches basses (nous avons déjà signalé ce fait page 113) et un maximum de pression dans les couches élevées ; de plus, l'air y aura un mouvement ascendant. Enfin, l'air présentera, de part et d'autre de l'équateur, un mouvement général convergent vers l'équateur dans les couches basses et divergent dans les couches élevées.

Par suite de la rotation de la Terre, ces mouvements sont déviés, sur leur droite dans l'hémisphère boréal et sur leur gauche dans l'hémisphère austral. Dans les couches basses, les vents convergents vers l'équateur seront donc, en réalité, NE au lieu de N dans l'hémisphère nord et SE au lieu de S dans l'hémisphère sud. Dans les couches élevées, les courants divergents seront, au contraire, des vents de SW au nord de l'équateur et de NW au sud.

Le premier caractère général de la circulation atmosphérique sera alors le suivant : à l'équateur même, peu ou pas de vent horizontal ; région de calmes, où se produisent seulement des mouvements ascendants. De part et d'autre de l'équateur, dans les couches basses, vents de direction constante : NE dans l'hémisphère nord, SE dans l'hémisphère sud ; ces vents ont reçu le nom de *vents alizés* (¹). Dans les couches supérieures, vents également constants, mais de direction à peu près opposée à celle des vents

---

(¹) D'un ancien mot français, *alis,* qui voulait dire uni, régulier.

inférieurs, SW du côté nord, NW du côté sud; ce sont les *contre-alizés*.

L'existence des alizés est un fait connu de tous les naviga-teurs; leur existence se révèle du reste de la manière la plus nette, sur les Cartes de vents que nous donnons plus loin, au centre des océans, où leur régularité n'est pas altérée par le voisinage des terres. Sur les *fig*. 49 et 50, qui représentent la direction du vent sur l'Atlantique en hiver et en été, les alizés sont très apparents de part et d'autre de l'équateur; ils existent aussi sur le Pacifique et sur l'océan Indien; on les voit apparaître très nettement (*fig*. 51 et 52) sur ce dernier océan, au sud de l'équateur.

L'existence constante des contre-alizés est démontrée égale-ment par un grand nombre d'observations : au sommet du pic de Ténériffe et du Mouna-Roa (volcan des îles Sandwich), le vent souffle constamment d'entre W et SW; entre l'équateur et les tropiques, les nuages les plus élevés (cirrus) vont du SW au NE. Lors d'une éruption volcanique à Saint-Vincent (Antilles), en 1812, les cendres, lancées très haut, allèrent retomber dans l'Est, sur la Barbade; de même, lors de l'éruption de Coseguina (Nicaragua), en 1835, les cendres couvrirent la Jamaïque, située au Nord-Est. Enfin, dans les latitudes moyennes, la direction générale des cou-rants atmosphériques est encore de l'Ouest à l'Est, comme le montrent les observations faites sur les nuages les plus élevés (cirrus) et le sens dans lequel sont emportés tous les ballons-sondes qui parviennent à des altitudes supérieures à 8000^m ou 10000^m.

Si la seule action en jeu était celle de la température, dont nous venons d'indiquer les effets, il y aurait ainsi un minimum de pression à l'équateur, et un maximum à chacun des pôles; l'air irait obliquement des pôles à l'équateur (alizés) dans les régions inférieures de l'atmosphère, de l'équateur aux pôles (contre-alizés) dans les régions supérieures; enfin il y aurait une zone de calmes avec mouvement ascendant à l'équateur, et deux calottes de calmes avec mouvement descendant aux pôles. Mais la rotation de la Terre complique le phénomène dans les latitudes élevées.

L'air des hautes régions, qui se dirige de l'équateur vers les pôles, incline de plus en plus vers l'Est, à mesure qu'il arrive dans les hautes latitudes, où l'action déviante de la rotation de la

Terre augmente. Comme le frottement que des couches d'air très raréfié exercent les unes sur les autres est négligeable, le vent des régions supérieures arrive bientôt à être presque perpendiculaire au gradient et souffle à peu près exactement de l'Ouest. A mesure qu'il se rapproche du pôle, il descend en même temps vers le sol, tout en conservant un mouvement relatif rapide vers l'Est, c'est-à-dire dans le même sens que le mouvement de rotation de la Terre ; il tourne donc en réalité autour de l'axe de la Terre avec une vitesse plus grande que la Terre·elle-même. Cet excès de vitesse développe sur l'air une plus grande force centrifuge (^{1}), surtout dans les hautes latitudes, où la distance à l'axe de rotation diminue rapidement, et sur les couches inférieures, qui sont plus denses que les couches supérieures et plus rapprochées de l'axe. L'effet de cet excès de force centrifuge est de chasser l'air, surtout en bas, des pôles vers l'équateur. On démontre même que, si le frottement était rigoureusement nul, l'air, animé d'une vitesse relative vers l'Est, ne pourrait plus, sous l'effet de l'augmentation de la force centrifuge qui résulte de cette vitesse relative, exister aux environs des pôles ; il en serait totalement chassé et rejeté·vers les latitudes moyennes.

On se trouve donc, dans les latitudes moyennes, en présence de deux effets opposés : d'une part, la pression doit augmenter de l'équateur vers ces latitudes, sous l'action de la température, comme nous l'avons exposé plus haut ; d'autre part, l'effet de la force centrifuge, de plus en plus grand à mesure qu'on se rapproche des pôles, refoule l'air du côté de l'équateur et tend ainsi à produire une augmentation de pression des pôles vers les latitudes moyennes. La pression, après avoir augmenté d'abord à partir de l'équateur, doit donc diminuer dans les régions polaires et, par suite, passer par un maximum à une certaine latitude moyenne. Nous arrivons ainsi à l'explication de la distribution de la pression à la surface du globe, que nous avons indiquée précédemment (§ 35 et 36) comme un résultat de l'observation : à l'équateur même, la pression présente un minimum relatif ; de

---

(^{1}) On sait que la force centrifuge est proportionnelle·à la masse des corps et au carré de leur vitesse ; elle est inversement proportionnelle à la distance du corps à l'axe de rotation.

part et d'autre sont deux zones de hautes pressions, dont le maximum se trouve vers la latitude 30°; enfin, au-dessus de ces maxima, la pression diminue rapidement dans les deux hémisphères vers les pôles. Le minimum équatorial de pression est un effet de la température; les deux minima polaires sont produits par l'action de la force centrifuge sur des masses d'air qui tournent autour de l'axe plus vite que la Terre elle-même.

Revenons maintenant au mouvement de l'air dans les latitudes comprises entre le maximum de pression et le pôle. D'après ce que nous venons de dire, les surfaces isobares y sont inclinées vers le pôle; le mouvement de l'air devrait donc s'y effectuer dans cette direction; mais, pour que ce mouvement soit permanent et que le circuit de l'air soit complété, il faut qu'il y ait quelque part un mouvement contraire, qu'il existe un courant de retour dirigé du pôle vers l'équateur. Ce courant semblerait ainsi se produire en sens inverse du gradient, ce qui demande une explication.

La Terre est aplatie aux pôles; sa surface est donc, en réalité, inclinée de l'équateur vers les pôles et, si la Terre ne tournait pas, tout en conservant la même forme, tous les corps tendraient à glisser le long de sa surface dans la direction des pôles, suivant la pente. Ce mouvement ne se produit pas, uniquement parce que la Terre tourne et que la force centrifuge développée par la rotation fait précisément équilibre à la composante de la pesanteur qui tend à faire glisser les corps vers le pôle. Si la rotation était plus rapide, la surface sur laquelle un corps pesant serait en équilibre, ou *surface de niveau,* présenterait vers le pôle une inclinaison plus grande que celle de la surface actuelle de la Terre; or, tel est précisément le cas pour les vents d'Ouest des hautes latitudes, qui ont un mouvement de rotation plus rapide que celui de la Terre. Représentons par PE (*fig.* 45) la surface de la Terre, inclinée de l'équateur E vers le pôle P et qui est une surface de niveau ou d'équilibre pour un corps tournant avec la même vitesse que la Terre. Les surfaces isobares sont indiquées sur la figure avec leur inclinaison vers le pôle, caractéristique des hautes latitudes, et le gradient, par rapport à la surface PE, est dirigé vers le pôle. Mais pour un point M, qui aurait une vitesse de rotation plus grande que celle de la Terre, la surface de niveau serait non pas ME, mais une surface telle que MN, plus inclinée

du côté du pôle que PE; si l'inclinaison de cette surface MN est
suffisante, comme le représente la figure, la pression y diminue
de M en N. Bien que les surfaces isobares penchent vers le pôle,
ce qui semble devoir produire des vents soufflant dans cette direction, on voit que, dans certains cas, le gradient réel pourra être
dirigé en sens inverse, si les surfaces de niveau sont plus inclinées
que les surfaces isobares. La direction du vent est donc déterminée, non par l'inclinaison apparente des surfaces isobares par
rapport au sol, mais par leur inclinaison relative par rapport aux
surfaces de niveau, lesquelles dépendent de la vitesse relative du

Fig. 45.

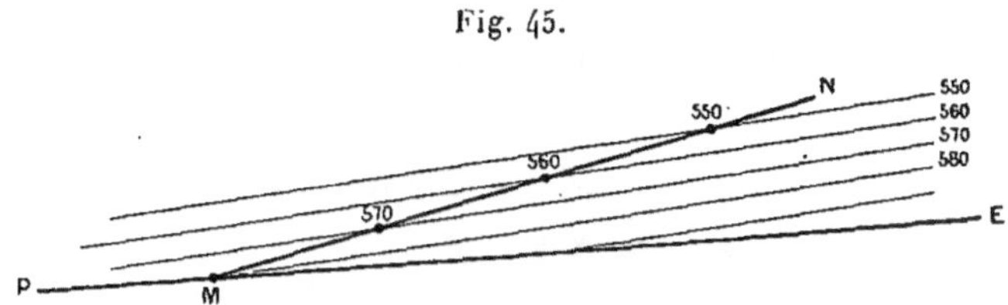

vent par rapport à la surface de la Terre. Il y a alors trois cas à
considérer.

Dans les plus hautes régions de l'atmosphère, les surfaces isobares sont très inclinées de l'équateur vers les pôles; il y a donc
toujours un gradient dirigé vers les pôles et, par suite, les courants atmosphériques ont une direction générale vers l'Ouest avec
une faible composante vers le Nord.

Dans les couches intermédiaires, la pente des surfaces isobares
est moins grande; la vitesse de l'air vers l'Ouest est encore considérable; on conçoit donc qu'on puisse se trouver dans le cas de
la *fig*. 45, où les surfaces isobares sont moins inclinées que les
surfaces de niveau; dans ces couches, le mouvement général sera
encore vers l'Ouest, mais avec une composante vers le Sud; c'est
la région des courants de retour.

Enfin, tout près du sol, la vitesse du vent est réduite considérablement par le frottement; les surfaces de niveau sont donc de
moins en moins inclinées et tendent à devenir parallèles à la
surface du sol PE. A une certaine distance du sol, la surface de
niveau MN, d'abord plus inclinée vers le pôle que les surfaces
isobares, se confondra avec l'une d'elles; il n'y aura pas de gra-

dient dans cette surface particulière, qui est à la fois surface
isobare et surface de niveau et qui constituera un plan neutre.
Plus près du sol encore, la surface de niveau qui est de moins en
moins inclinée, puisque la vitesse du vent diminue, deviendra à
peu près parallèle à PE; le gradient y sera donc dirigé de E
vers P et le courant général aura une direction vers l'Ouest avec
composante vers le Nord.

En résumé, la circulation générale de l'atmosphère, sur un
globe dont la surface serait partout la même, est soumise aux lois
suivantes :

1° *Dans les couches les plus voisines du sol* (*fig.* 46) : à

Fig. 46.

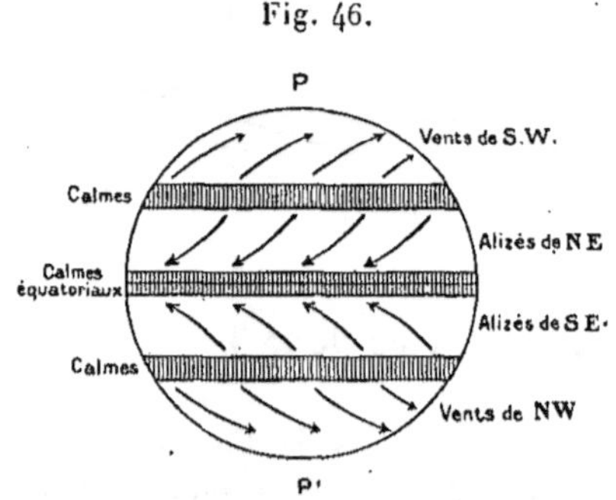

Circulation atmosphérique au niveau du sol.

l'équateur même, zone de calmes, de pression minimum et de
vent ascendant. De part et d'autre, jusque vers la latitude 30°,
région des alizés de NE au nord de l'équateur, de SE au Sud;
vers la latitude 30°, nouvelle zone de calmes, avec maximum de
pression et vents descendants; au delà, jusqu'aux pôles, vents
de SW (hémisphère nord) et de NW (hémisphère sud) inclinant
de plus en plus vers l'Ouest à mesure qu'on se rapproche des
pôles.

Tous ces résultats sont confirmés par l'observation; nous les
retrouverons en particulier, dans les Cartes (*fig.* 49 et 50) qui
représentent la circulation effective de l'air au-dessus de l'océan
Atlantique.

2° *Dans les couches moyennes* (*fig.* 47) : zone de calmes à
l'équateur; de part et d'autre, alizés comme dans les couches

basses, mais la limite supérieure des alizés en latitude se rapproche de plus en plus de l'équateur à mesure que l'on s'éloigne du sol. Au delà des alizés, jusque vers les pôles, vents de retour de l'W près des pôles et inclinant légèrement au NW (hémisphère nord) ou au SW (hémisphère sud).

La présence des courants de retour, qui doivent souffler du NW aux latitudes moyennes de l'hémisphère nord, a été constatée dans quelques observatoires de montagnes. C'est ainsi qu'en Écosse, au sommet du Ben-Nevis, la direction moyenne du vent est N 60° W, dans une région où les vents de la surface du sol

Fig. 47.

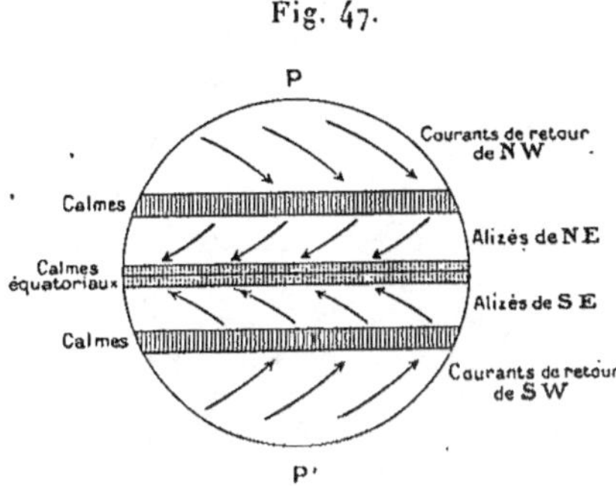

Circulation atmosphérique dans les couches moyennes.

sont franchement SW; de même au sommet du Pic-du-Midi la direction moyenne du vent est N 87° W. Mais ce courant de retour commence peut-être encore beaucoup plus près du sol. En effet, à Paris la direction du vent à 20^m de hauteur est presque exactement W avec une légère composante sud; au contraire, à 300^m du sol, au sommet de la tour Eiffel, la direction moyenne du vent est exactement WNW, ce qui semblerait indiquer déjà le courant de retour.

3° *Dans les couches supérieures* (*fig.* 48) : dans tout l'hémisphère nord, contre-alizés de SW passant à l'Ouest aux latitudes élevées; dans tout l'hémisphère sud, contre-alizés de NW passant de même à l'Ouest. Nous avons indiqué précédemment les observations qui prouvent l'existence des contre-alizés, aussi bien dans les régions tropicales qu'aux latitudes moyennes. Il faut remarquer qu'à l'équateur même, dans les couches supérieures, le vent,

par suite de son mouvement ascendant, qui le fait pénétrer
dans des couches plus éloignées de l'axe de rotation et dont la
vitesse est plus grande, doit souffler d'abord de l'Est; mais il
tourne rapidement au Sud, puis au Sud-Ouest dans l'hémisphère
nord, au Nord, puis au Nord-Ouest dans l'hémisphère sud.

Le diagramme placé sur le côté de la *fig*. 48 représente en
coupe, aux différentes hauteurs dans l'atmosphère, la composante
de la circulation atmosphérique dirigée suivant le méridien. Mais
il ne faut pas oublier que cette composante est toujours très petite,

Fig. 48.

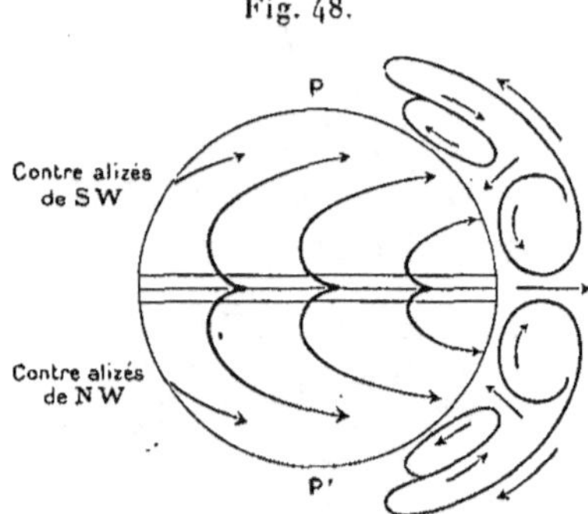

Circulation atmosphérique dans les couches supérieures.

surtout aux latitudes élevées, par rapport à la composante Est ou
Ouest. On ne doit jamais perdre de vue que la circulation ne se
fait pas suivant les méridiens, mais dans une direction très oblique
et que, pour aller d'une latitude à une autre, l'air suit toujours
un chemin beaucoup plus long que l'arc de méridien qui sépare
ces deux latitudes.

Rappelons enfin que, dans la circulation théorique, il doit y avoir
cinq zones ou calottes de calmes à la surface du globe : 1° à l'équateur, zone de calmes avec mouvement ascendant de l'air jusqu'aux
plus hautes régions de l'atmosphère; 2° vers les latitudes 30° N
et S, deux zones de calmes avec mouvement descendant de l'air,
mais seulement dans la moitié inférieure de l'atmosphère; 3° aux
environs des pôles, calottes de calmes, autour desquelles le vent
tourne de l'Ouest à l'Est, et où le mouvement de l'air est descendant en haut, ascendant en bas.

Telles seraient les conditions théoriques des mouvements généraux de l'atmosphère sur un globe homogène et si le Soleil restait constamment dans le plan de l'équateur. La circulation de l'air s'y ferait en zones ; le vent aurait même vitesse et même direction sur tous les points d'un même parallèle, à une même hauteur. En réalité les choses sont plus compliquées à la surface de la Terre, par suite des perturbations qu'introduit l'inégale répartition des terres et des mers.

Nous avons vu (§ 18) que, jusqu'à la latitude de 45°, les continents sont, en moyenne, plus chauds que les mers ; comme tout centre chaud (§ 45), les continents des basses latitudes doivent donc amener à leur surface une diminution de la pression, tandis qu'une augmentation correspondante se produira sur les mers voisines, plus froides. La zone de hautes pressions, qui devrait exister tout autour de la Terre vers la latitude de 30° ou 35°, se trouve donc interrompue, dans l'hémisphère nord, par exemple, par les grands continents de l'Amérique et surtout de l'Afrique, où il y a des minima relatifs, tandis que dans les régions intermédiaires, sur l'océan Atlantique, la pression est renforcée, ce qui y produit un maximum barométrique fermé.

Autour de tout maximum de pression la circulation de l'air est nécessairement celle qui correspond aux mouvements anticycloniques, de sorte que, au lieu de la circulation par zones, on trouve sur l'Atlantique, notamment, une circulation autour d'un centre. C'est ce que mettent nettement en évidence les *fig.* 49 et 50 ([1]) qui représentent respectivement la circulation de l'air à la surface de l'Atlantique pendant la saison froide de l'hémisphère nord (janvier, février) et pendant la saison chaude (juillet, août). Les flèches qui indiquent la direction du vent sont de trois épaisseurs différentes : les plus minces correspondent à un vent modéré ; les plus épaisses à un vent fort ; les flèches doubles à un vent violent ; de plus les flèches longues indiquent les régions où le vent est bien régulier et a toujours sensiblement la même direction ; les

---

([1]) Ces figures, ainsi que les *fig.* 51 et 52, ont été dessinées d'après les cartes contenues dans les atlas des *Manuels de navigation,* publiés par l'observatoire maritime de Hambourg. On a toutefois changé le mode de projection ; celui que nous avons adopté ici conserve rigoureusement la proportion relative des surfaces à toute latitude.

flèches courtes, au contraire, correspondent aux régions où les vents, tout en ayant une direction nettement prédominante, sont cependant plus variables.

Sur ces Cartes on voit très nettement indiqués les alizés de part et d'autre de l'équateur, puis, au delà des parallèles de 35°, les vents de SW dans l'hémisphère nord et de NW dans l'hémisphère sud, qui caractérisent les latitudes élevées, comme nous l'avons indiqué plus haut. Les grandes brises de NW de l'hémisphère sud sont beaucoup plus accusées et plus régulières que les vents correspondants de SW dans l'hémisphère nord; l'hémisphère sud, en dessous de la latitude 45°, est, en effet, couvert presque entièrement par la mer; les conditions réelles s'y rapprochent donc beaucoup plus que dans l'hémisphère nord des conditions théoriques.

Les alizés et les vents d'Ouest des latitudes moyennes, au lieu d'être complètement séparés par une zone continue de calmes, ainsi que cela existerait sur une sphère homogène, sont réunis, aux approches des continents, par deux branches, dont l'une à l'Ouest (côtes d'Amérique) est dirigée de l'équateur vers les pôles, tandis que l'autre à l'Est (côtes d'Afrique) est dirigée dès pôles vers l'équateur. Les calmes subtropicaux forment donc, non une zone, mais une région isolée, autour de laquelle, sur chaque moitié de l'Atlantique, le vent affecte une circulation anticyclonique. C'est là une première perturbation au régime théorique, qui est causée par la présence des grands continents.

Une autre perturbation à la régularité théorique des mouvements généraux provient de ce que l'équateur géographique n'est pas en réalité le lieu des points où la température est le plus élevée. L'équateur thermique est en moyenne (§ 18) reporté dans l'hémisphère nord, au-dessus de l'équateur géographique; il doit donc en être de même de la zone des calmes équatoriaux; les Cartes 49 et 50 montrent en effet que, sur l'Atlantique notamment, les calmes qui séparent les alizés des deux hémisphères sont, même en hiver, au nord de l'équateur géographique. De plus, l'équateur thermique n'est pas fixe; dans le cours de l'année il oscille autour de sa position moyenne, en suivant les mouvements du Soleil en déclinaison. Tout le système des calmes équatoriaux et des vents alizés éprouvera donc la même oscillation en latitude.

Fig. 49.

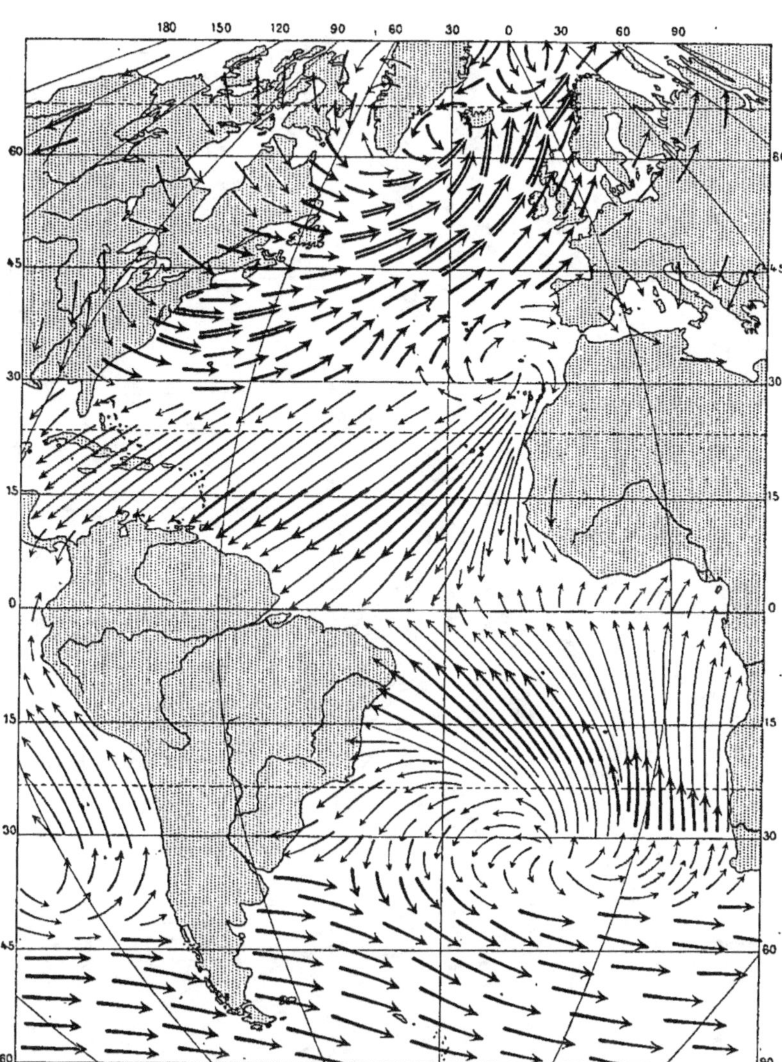

Régime du vent en janvier-février sur l'Atlantique.

En particulier, on voit sur la Carte 5o qu'en été les calmes équatoriaux sont compris, sur l'Atlantique, entre les latitudes de 5°

Fig. 5o.

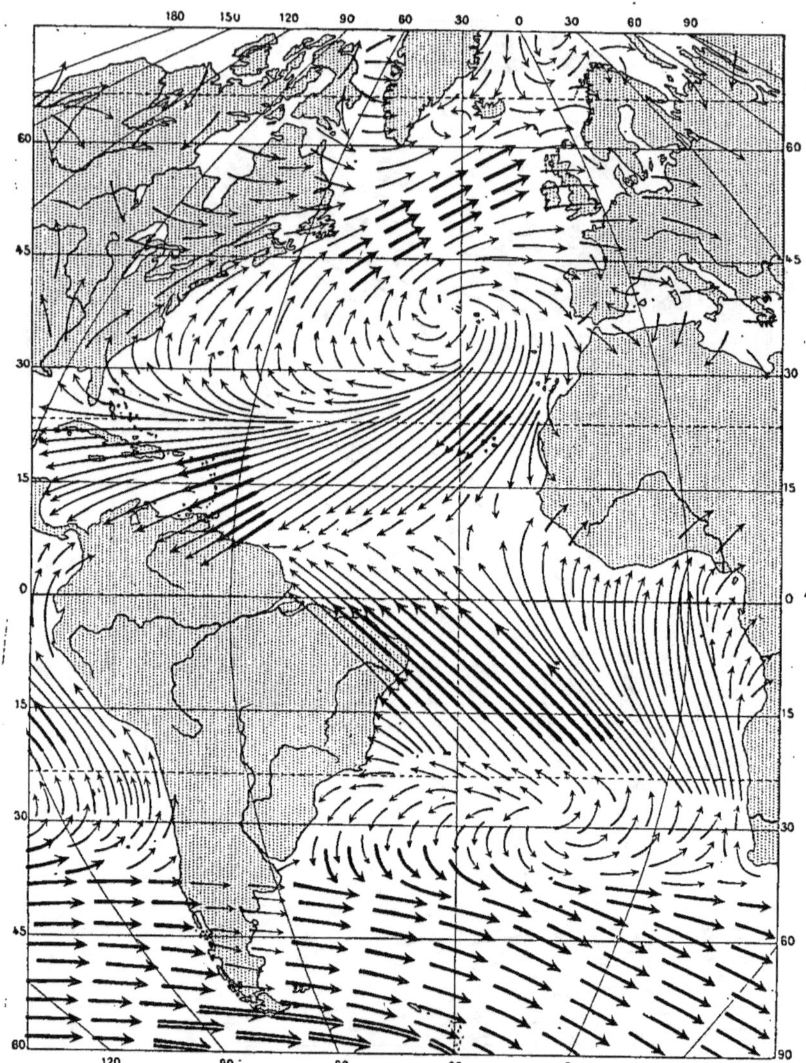

Régime du vent en juillet-août sur l'Atlantique.

et 10° N et que les alizés de SE, caractéristiques de l'hémisphère
sud, remontent au nord de l'équateur.

Le même phénomène se retrouve sur le Pacifique, comme on le voit par les nombres ci-dessous qui donnent, pour les mois correspondant aux deux positions extrêmes (mars et septembre), les limites moyennes supérieures et inférieures, en latitude, des régions des alizés et des calmes équatoriaux sur l'océan Atlantique et le Pacifique.

	Limite.	Mars.		Septembre.	
		Atlantique.	Pacifique.	Atlantique.	Pacifique.
Alizés de NE	supérieure......	26° N	25° N	35° N	30° N
	inférieure.	3° N	5° N	11° N	10° N
Calmes équatoriaux	supérieure.				
	inférieure.	0°	3° N	3° N	7° N
Alizés de SE	supérieure.				
	inférieure	25° S	28° S	25° S	20° S

Ajoutons, pour compléter les notions résultant de l'observation, que dans la région des alizés, au centre de l'Atlantique nord, en été, la vitesse moyenne du vent est de 6^m à 7^m et que le gradient correspondant est de $2,5$, c'est-à-dire que la pression diminue, vers l'équateur, de $2^{mm},5$ par degré (111^{km}).

47. Vents saisonniers. Moussons. — L'étude des vents alizés nous a donné, dans l'article précédent, un premier exemple des variations que le cours des saisons peut introduire dans les vents réguliers : la limite des alizés monte et descend en latitude avec le Soleil. Mais l'influence de la saison peut, dans certains cas, acquérir une importance beaucoup plus grande et amener un renversement complet de la circulation atmosphérique entre l'hiver et l'été.

Nous avons vu (§§ 19 et 20) qu'en hiver les continents sont, à latitude égale, plus froids que les océans, et que la différence de température augmente même avec la latitude ; l'inverse a lieu en été. Les grands continents se comporteront ainsi comme des centres de froid en hiver, des centres de chaleur en été ; les océans qui les séparent seront, au contraire, des centres de chaleur en hiver, des centres de froid en été. Si la circulation générale de l'atmosphère n'existait pas, il y aurait donc (§ 45) un régime cyclonique en été et anticyclonique en hiver au-dessus des grands continents, et des régimes inverses sur les océans ; par suite, la circulation atmosphérique y changerait de sens de l'été à l'hiver ; la direction du vent se renverserait avec les saisons ; il y aurait production de vents *saisonniers* ou de *moussons* ([1]).

D'ordinaire, les différences de température entre l'été et l'hiver ne sont pas assez grandes pour que cette cause locale d'inversion des vents l'emporte sur la circulation générale de l'atmosphère. Les courants généraux seront seulement un peu déviés de leur direction moyenne et renforcés ou affaiblis selon que cette direction moyenne se trouvera de même sens que le vent saisonnier ou mousson, ou de sens contraire. Mais si les variations de température sont très grandes, les vents de moussons peuvent devenir plus intenses que les vents permanents de la circulation générale, et l'on observe alors, dans cette région, l'inversion complète du régime des vents entre l'hiver et l'été.

C'est ce qui arrive, en particulier, autour du grand continent asiatique. En hiver, l'Asie présente des températures extrêmement basses pour la latitude (§ 19, 20) ; en même temps la pression y est très forte ; dans tout le Nord-Est on remarque (*fig.* 25, p. 116) une région où la pression moyenne, réduite au niveau de la mer, dépasse 776^{mm}. L'Asie doit donc être, en hiver, le siège d'un grand mouvement anticyclonique, avec courant descendant au centre et vents divergents tout autour, de la terre vers la mer. C'est ce qu'on remarque, en effet, sur la *fig.* 51, qui donne la répartition moyenne du vent, en janvier-février, sur la mer des Indes et une partie de l'océan Pacifique. On a adopté, pour cette Carte et la suivante, le même mode de représentation que pour les *fig.* 49 et 50. On voit sur cette Carte que le vent, tout autour de l'Asie, souffle de la terre vers la mer, dans la direction qui convient à un mouvement anticyclonique ; il est, en particulier, du NE sur la côte méridionale de la Chine, sur celle de Cochinchine, dans le golfe du Bengale et la mer des Indes, au nord de l'Équateur : c'est la *mousson de Nord-Est.* On remarquera que cette mousson est de même sens que les alizés ; sous son influence, les alizés de NE dépassent l'équateur et pénètrent dans l'hémisphère sud, où ils se dévient vers la gauche, suivant la règle,

---

([1]) Du mot arabe *mausim,* saison.

avant d'atteindre la région des calmes qui, de l'équateur, se trouve rejetée entre 10° et 15° de latitude sud dans la mer des Indes.

En été, au contraire, l'Asie présente une température très élevée et la pression y est faible; la *fig.* 26 (p. 117) montre en effet que, dans le nord-ouest de l'Inde, en juillet, la pression tombe

Fig. 51.

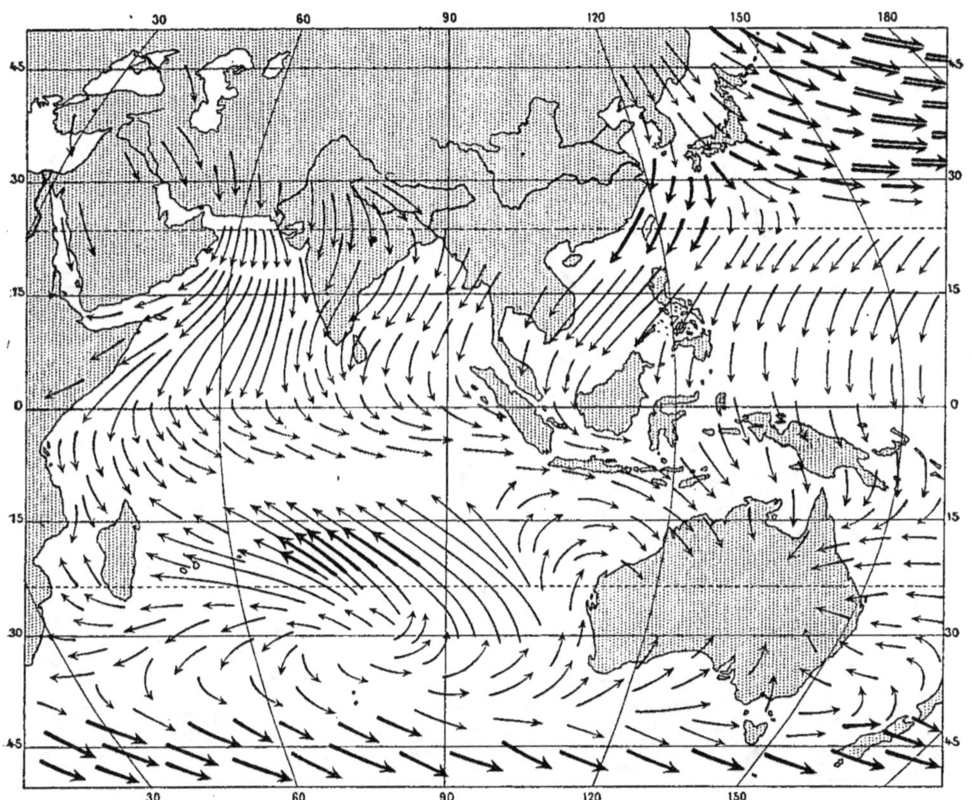

Régime du vent en janvier-février sur la mer des Indes et l'océan Pacifique.

en dessous de 748^{mm}. Par suite l'Asie doit présenter en été le régime de circulation cyclonique et le vent y convergera de toutes parts vers le continent. C'est ce que montre bien la *fig.* 52; dans la mer des Indes, en particulier, le vent souffle du SW : c'est la *mousson de Sud-Ouest,* qui est alors assez puissante pour sup-

primer complètement les alizés dans cette région. Il n'y a plus
de zone de calmes équatoriaux dans la mer des Indes en été : les
alizés de Sud-Est de l'hémisphère austral passent au Sud en traversant l'équateur et, se déviant alors sur leur droite, suivant la
règle, forment un courant continu avec la mousson de Sud-Ouest.

Fig. 52.

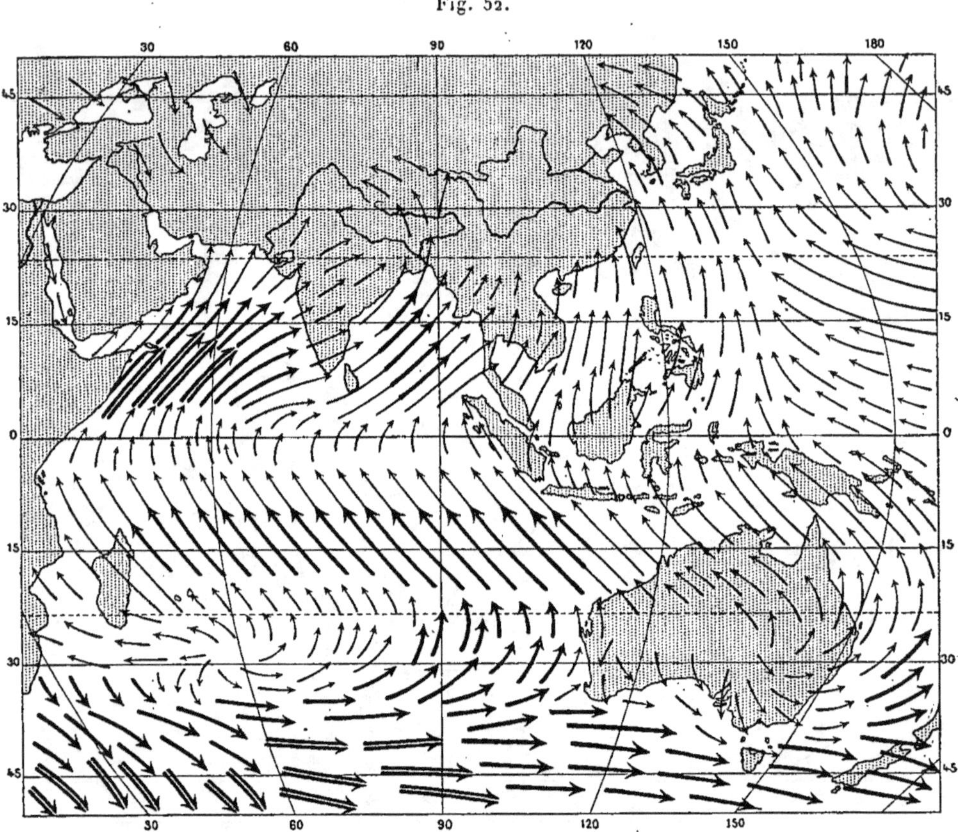

Régime du vent en juillet-août sur la mer des Indes et l'océan Pacifique.

La mousson d'été donne naissance à des vents plus intenses que
la mousson d'hiver. L'intensité du vent dépend en effet de la différence de température qui existe entre la terre et la mer; or,
nous avons vu (p. 44) que cette différence est beaucoup plus
grande dans la saison chaude que dans la saison froide.

C'est au sud du continent asiatiqué, sur la mer des Indes, que sont réunies les conditions géographiques les plus favorables à la production des moussons; aussi est-ce dans ces régions que ce phénomène atteint sa plus grande intensité et qu'il a été observé tout d'abord. Mais, quoique moins marquées, les moussons se produisent encore dans beaucoup d'autres endroits. Les *fig.* 51 et 52 montrent nettement l'alternance des moussons sur les côtes de l'Australie; en janvier (été) le vent souffle de la mer vers la terre; en juillet (hiver) il souffle au contraire de la terre vers la mer; dans la première saison, l'Australie présente un minimum de pression et dans la seconde un maximum par rapport aux mers environnantes. Le phénomène des moussons a été également constaté sur les côtes de l'Espagne, du Texas, etc.

L'échauffement des grands continents en été tend à y raréfier l'air et par suite à interrompre la zone de hautes pressions dont la position moyenne est vers la latitude 30°. C'est ainsi que sur la *fig.* 26 (p. 117), on voit que cette zone de hautes pressions a entièrement disparu, en juillet, sur l'Asie et sur l'Afrique. Mais l'air qui a quitté les continents se déverse, à côté, sur les mers, qui sont plus froides, et y détermine une augmentation correspondante de pression; il en résulte, sur l'Atlantique, un renforcement considérable du maximum dont le centre est au voisinage des Açores et où la pression dépasse 768^{mm}. .

On voit, par ces exemples, jusqu'à quel point la distribution géographique des continents et des mers peut modifier la circulation générale théorique, telle que nous l'avons établie pour un globe dont la surface serait partout la même. On expliquerait par des considérations analogues toutes les anomalies apparentes que l'étude des *fig.* 49, 50, 51 et 52 montre dans la direction réelle des vents, comparée à ce qu'elle devrait être d'après les lois générales que nous avons établies dans l'article précédent.

48. Vents diurnes. Brises de terre et de mer, de montagnes, etc. — Nous venons d'étudier une classe de vents, les moussons, qui changent avec les saisons, et qui sont produits par les différences variables de température que présentent, dans le cours de l'année, les continents et les mers. Des différences analogues, mais moins grandes, se produisent périodiquement chaque jour et donnent naissance aux *brises de terre* et *de mer*.

La nuit, dans le voisinage immédiat des côtes, la terre est plus froide que l'eau ; les surfaces isobares seront donc, comme dans la *fig.* 34 (§ 43) inclinées en bas de la terre vers la mer ; à une certaine hauteur il y aura un plan neutre et au-dessus la pente des surfaces isobares sera inverse. On aura donc : mouvement ascendant sur la mer au large de la côte ; mouvement descendant sur la terre ; vent soufflant de la mer vers la terre à une certaine hauteur ; vent inverse, soufflant de la terre vers la mer, dans le voisinage du sol ; c'est la *brise de terre*. Dans la journée, au contraire, les conditions seront opposées : le vent soufflera, dans les couches basses, de la mer vers la terre, et, à une certaine hauteur, dans une direction inverse ; c'est la *brise de mer*. Entre les époques où soufflent ces deux brises opposées il y aura nécessairement une période de calme.

La direction des brises de terre et de mer est perpendiculaire à la direction moyenne de la côte. Comme ces vents ont une durée très courte, quelques heures seulement, ils ne peuvent se propager bien loin. Aussi ces brises ne se font-elles guère sentir à plus de 40^{km} ou 50^{km} dans l'intérieur des terres ; sur mer leur extension est probablement moindre encore.

La hauteur de la couche d'air qui est affectée par les brises de terre et de mer paraît assez faible : des observations en ballon captif faites auprès de New-York ont montré que la brise de mer cessait à 130^m du sol ; à 160^m on se trouvait déjà dans le courant inverse de retour. Bien entendu ces nombres sont très variables d'un jour à l'autre et suivant les pays ; dans certains cas, la brise de mer peut s'étendre à des hauteurs beaucoup plus grandes, 600^m ou 800^m.

On remarque que le matin, au moment où la brise de mer prend naissance, elle se fait sentir d'abord sur mer et avance progressivement vers la terre. L'explication de ce phénomène est la suivante : quand le sol commence à s'échauffer notablement, l'air qui est en dessus de lui se dilate ; mais cette expansion se fait aussi bien latéralement que vers le haut ; l'expansion latérale empêche le vent d'affluer de la mer ; l'expansion dans la verticale a pour résultat de déformer les surfaces isobares et de forcer l'air à s'écouler par le haut, de la terre vers la mer ; de là augmentation de pression sur la mer et production de vent dirigé vers la terre, mais qui débute sur la mer ; ce vent avance peu à peu et finit par triompher de l'expansion latérale de l'air dilaté sur la terre, de sorte que la circulation régulière s'établit bientôt ; mais on voit qu'elle a commencé en haut, de la terre vers la mer, avant de se produire en bas, de la mer vers la terre.

L'air relativement frais apporté par la brise de mer sur la terre imprime souvent aux courbes de variation diurne de la température et de l'humidité une allure toute spéciale. Nous reproduisons à titre d'exemple (*fig.* 53) quelques courbes de température te

Fig. 53.

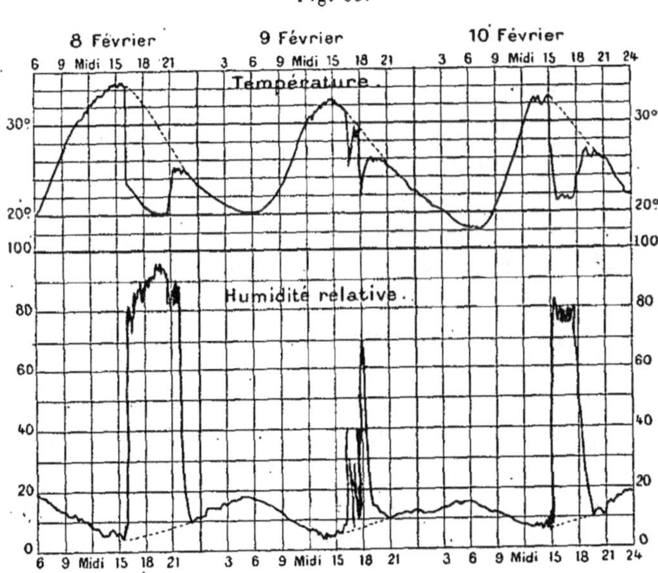

Brises de terre et de mer.

d'humidité recueillies à Joal, sur la côte occidentale d'Afrique, au sud du Sénégal, en février 1893. Dans la courbe du 8 février on voit que la température baisse brusquement de 34° à 24° au moment où s'établit la brise de mer, puis continue à baisser plus lentement jusqu'à 20° pendant la durée de cette brise, ce qui fait une chute totale de température de 14° ; un peu avant 9ʰ du soir la brise de terre recommence et la température remonte rapide-

ment à 25°; le reste de la nuit la baisse est régulière et la courbe
de température semble se raccorder exactement à la portion antérieure à l'établissement de la brise de la mer; si cette brise n'avait
pas soufflé, la marche de la température, entre 4^h et 10^h du soir,
aurait été représentée par la portion de courbe marquée en poin-
tillé sur la figure. L'humidité relative éprouve des changements
analogues; voisine de 5 à 4^h du soir elle monte brusquement à 80,
puis plus lentement jusqu'à 95 sous l'influence de la brise de mer
et retombe à 10 quand la brise de terre se rétablit. Les mêmes
variations se retrouvent plus ou moins marquées sur les courbes
des autres jours, suivant l'intensité et la durée de la brise de mer.

Ces phénomènes existent sous toutes les latitudes, mais ils sont
surtout remarquables dans les pays tropicaux, où ils ne sont pas
troublés par les nombreuses perturbations que l'on observe aux
latitudes élevées. Ils acquièrent leur plus grande intensité dans
les endroits, comme la côte occidentale d'Afrique, où il y a une
différence énorme entre les conditions climatologiques de la terre
et de la mer.

Les brises de terre et de mer sont souvent masquées par les
vents généraux; mais, quand les deux courants ont la même direction, leurs effets s'ajoutent pour produire des vents très violents.
A Valparaiso, par exemple, sur la côte du Chili, les vents généraux soufflent du Sud-Ouest; la nuit, la brise de terre, qui vient
du Nord-Est, est exactement opposée au vent général; les deux
effets se neutralisent en partie et l'air est calme; pendant le jour,
au contraire, la brise de mer, qui souffle du Sud-Ouest, s'ajoute
aux vents généraux, et la vitesse du vent résultant devient parfois
si grande que la circulation est interrompue dans la ville et que
toute communication devient impossible entre les navires et la
terre.

Des phénomènes tout à fait analogues aux brises de terre et de
mer peuvent être observés au bord des très grands lacs; ils sont
très nets, par exemple, à Chicago au bord du lac Michigan.

La variation diurne de là température produit également des
alternances de vents très remarquables dans les régions montagneuses; ce sont les *brises de montagne* ou *de vallée*. Surtout en
été et pendant les belles journées, le vent commence, vers 9^h ou
10^h du matin, à souffler de bas en haut, remontant les vallées et la

pente des montagnes ; cette brise de vallée augmente d'intensité jusque vers le moment du maximum de la température, puis elle diminue peu à peu ; au coucher du soleil, après un intervalle de calme, le vent change de sens : il souffle de haut en bas, descendant les vallées et la pente des montagnes ; cette brise de montagne dure toute la nuit.

La brise de vallée apporte en haut l'air humide des régions inférieures : de là production de nuages, qui enveloppent fréquemment pendant le jour les sommets des montagnes, et, lorsqu'ils deviennent très abondants, sont parfois accompagnés d'orages locaux. La nuit, au contraire, la brise froide qui descend de la montagne condense l'humidité dans les régions inférieures ; les plaines sont alors souvent recouvertes d'une *mer de nuages,* au-dessus de laquelle tous les sommets émergent dans un ciel absolument pur.

La cause de ces mouvements est double. Sous l'influence de l'échauffement diurne, l'air se dilate et les surfaces d'égale pression, d'abord horizontales MN (*fig.* 54), se soulèvent et d'autant

Fig. 54.

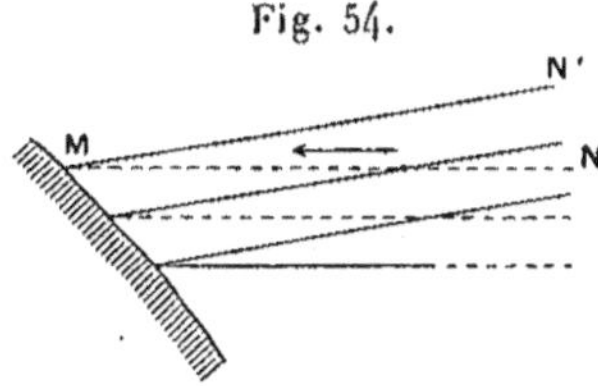

plus que la colonne d'air qui est en dessous d'elles est plus haute ; le relèvement des surfaces isobares est donc le plus grand au-dessus des points les plus bas et va en diminuant à mesure qu'on se rapproche du flanc de la montagne, la colonne d'air située en dessous étant de plus en plus courte. Les surfaces isobares prennent ainsi une position inclinée telle que MN' ; il en résulte, dans un plan horizontal quelconque MN, un gradient qui tend à déplacer l'air de N vers M. En plus de cet effet, l'air qui est tout près du sol en M s'échauffe beaucoup plus que celui qui est en N dans l'espace libre ; il devient plus léger et par suite doit monter. L'air est donc animé de deux mouvements : un mouvement horizontal qui le pousse des points les plus bas vers la montagne, et un mouvement ascensionnel au contact du sol en pente. C'est ce double mouvement qui, le jour, produit la brise de vallée. La nuit, des causes exactement inverses donnent naissance à la brise de montagne.

Ces brises de montagne deviennent surtout remarquables dans les vallées étroites qui présentent une grande longueur en ligne droite, comme en Engadine, dans le val Bregaglia, entre Chiavenna et le seuil de la Maloïa.

Il nous resterait, pour terminer l'étude des vents, à parler de certains vents locaux, fœhn, mistral, siroco, bora, etc.; mais ces vents ne sont pas des phénomènes réguliers; ils sont dus, au contraire, à des perturbations; nous en retarderons donc l'étude, pour la joindre à celle des perturbations de l'atmosphère, des tempêtes.

LIVRE III.

L'EAU DANS L'ATMOSPHÈRE.

CHAPITRE I.

ÉVAPORATION. — HUMIDITÉ ATMOSPHÉRIQUE.

49. Évaporation. — L'expérience de chaque jour nous apprend que l'air, même pendant les temps les plus beaux, contient toujours une certaine quantité de vapeur d'eau; comme tous les gaz non colorés, cette vapeur est invisible; c'est elle qui se condense, en formant une couche de buée ou de rosée, sur les corps dont la température est très inférieure à celle de l'air, par exemple sur les carafes d'eau frappée ou, en hiver, sur les vitres des appartements.

La vapeur d'eau contenue dans l'air provient de l'évaporation qui se produit à la surface des mers, des lacs et des rivières; le sol, qui est toujours plus ou moins humide, et les végétaux donnent également, par évaporation, une grande quantité de vapeur, à laquelle il faut ajouter celle qui est fournie par la respiration de l'homme et des animaux.

L'évaporation se mesure au moyen d'appareils connus sous le nom d'*évaporomètres* ou d'*atmismomètres*. Ce sont généralement des bassins ou des vases contenant de l'eau et exposés à l'air libre; tous les jours ou plusieurs fois par jour, on mesure la hauteur de l'eau dans ces appareils, et la diminution constatée entre deux observations donne la hauteur de la couche d'eau évaporée dans cet intervalle; cette quantité s'exprime en millimètres et dixièmes de millimètre. On pourrait aussi évaluer le poids d'eau qui a disparu; en divisant ce poids par la surface de l'évaporomètre, on aurait encore la hauteur de l'eau évaporée.

Le plus souvent, ces observations sont faites avec des appareils dont la surface est de quelques décimètres carrés, ou même moins encore; on n'obtient alors généralement que des résultats illusoires. La température de ces petits appareils varie beaucoup plus vite que celle des masses d'eau naturelles et les nombres qu'ils donnent pour l'évaporation sont bien trop élevés. Le mieux est d'opérer sur un grand bassin étanche de plusieurs mètres carrés de surface, dont les bords dépassent de quelques centimètres seulement le niveau du sol dans lequel ce bassin est creusé.

Les lois exactes de l'évaporation ne sont pas encore déterminées d'une manière très certaine. On sait toutefois que la vitesse de l'évaporation sur une surface d'eau exposée à l'air libre croît avec la température de l'eau et avec la vitesse du vent; elle diminue, au contraire, quand l'humidité et la pression de l'air vont en augmentant.

La variation diurne et la variation annuelle de l'évaporation présentent une grande analogie avec celles de la température. Dans le cours de la journée, la vitesse de l'évaporation est, en moyenne, minimum au moment du lever du Soleil et maximum au milieu du jour, entre midi et 3^h. Dans le cours de l'année, l'évaporation est normalement la plus faible en janvier et la plus grande en juin, juillet ou août suivant les stations. A Paris, par exemple, la hauteur d'eau totale évaporée en un mois est minimum en janvier, où elle n'atteint pas toujours 5^{mm} à 6^{mm}; elle est maximum en juillet, où elle dépasse parfois 100^{mm}.

La quantité normale d'eau évaporée en un an n'est encore connue que pour un très petit nombre de stations et ne représente, du reste, rien de bien défini; en effet, la vitesse d'évaporation dépend de la température de l'eau, toutes les autres conditions restant les mêmes; la quantité évaporée pendant un même temps sera donc très différente si on la mesure sur un cours d'eau en mouvement, sur un lac profond, sur une mare de moindre profondeur ou sur un bassin de dimensions relativement petites. Chaque masse d'eau a, pour ainsi dire, son évaporation propre, ce qui enlève toute généralité aux résultats. La plupart des nombres qui ont été publiés jusqu'à ce jour sont très exagérés,

par suite, comme nous l'avons dit plus haut, de la mauvaise disposition des instruments d'observation et de leurs dimensions
trop réduites. Aussi, avant d'accepter un nombre pour une station, on ne saurait examiner de trop près la manière dont les
observations y ont été faites. La hauteur moyenne de la couche
d'eau qui s'évapore en un an est d'environ 3oo^{mm} à Saint-Pétersbourg; elle est voisine de 6oo^{mm} à Paris et peut dépasser 2^m dans
les déserts des latitudes moyennes, dans le Turkestan, par exemple.

50. Humidité atmosphérique, différents moyens de l'évaluer.
— La vapeur d'eau produite surtout, ainsi que nous venons de
le dire, par l'évaporation, se répand dans l'atmosphère soit par
diffusion, soit par l'effet des vents. On appelle *hygrométrie*
l'ensemble des procédés employés pour évaluer la quantité variable de vapeur d'eau contenue dans l'air, et *hygromètres* les
instruments qui servent à cette mesure.

La quantité de vapeur d'eau qui existe à un moment donné dans
l'air peut être exprimée numériquement de plusieurs manières
différentes.

On peut indiquer d'abord le *poids* de vapeur d'eau contenu
dans un mètre cube d'air; c'est la manière en apparence la plus
simple, mais la moins usitée en Météorologie, car il n'y a pas de
procédé rapide pour effectuer directement cette mesure.

La vapeur d'eau, en tant que substance gazeuse et comme
l'air (p. 95), possède une certaine *force élastique* ou *tension*,
et produit en même temps une *pression* qui figure pour une part
dans la pression totale qu'exerce l'atmosphère sur les corps qui
y sont plongés ou sur le sol. Si, par exemple, dans un espace
fermé contenant de l'air humide et un baromètre, on introduit
de l'acide sulfurique qui absorbe la vapeur d'eau, on constate
que la colonne du baromètre s'abaisse; la pression dans le vase
clos diminue d'une certaine quantité correspondant à la force
élastique de la vapeur d'eau, à la pression qu'elle exerçait sur les
parois du vase. La quantité de vapeur d'eau contenue dans un
certain volume d'air peut donc être aussi représentée par sa *force
élastique,* sa *tension* ou sa *pression;* ces trois expressions ont la
même signification et peuvent être prises comme synonymes, bien
que les deux premières indiquent plus spécialement une pro-

priété de la vapeur même, qui lui permet de se dilater quand le volume qui lui est offert augmente, tandis que la dernière désigne un effet de cette vapeur élastique sur les parois de son enveloppe. La force élastique de la vapeur d'eau contenue dans l'atmosphère, ou la pression qu'elle exerce, sera exprimée, comme pour tous les gaz, par la hauteur en millimètres de la colonne de mercure qui lui fait équilibre. Cette force élastique est encore désignée quelquefois par les météorologistes sous le nom d'*humidité absolue*.

Il existe une relation simple entre la force élastique f, exprimée en millimètres de mercure, de la vapeur d'eau atmosphérique à un moment donné et le poids p de cette vapeur, exprimé en grammes, que contient un mètre cube d'air. Si à ce moment la température est t, on a

$$(1) \qquad p = 1293 \times 0,623 \times \frac{f}{760} \times \frac{1}{1 + 0,00367\,t} = \frac{1,0599 \times f}{1 + 0,00367\,t}$$

formule qui permettra de calculer l'une des deux quantités f ou p, connaissant l'autre.

On sait qu'à une certaine température t l'air ne peut pas contenir une quantité indéfinie de vapeur d'eau; il est *saturé* et la quantité de vapeur d'eau ne peut plus augmenter quand la force élastique de la vapeur a atteint une certaine valeur F, dite *force élastique maximum*, qui ne dépend que de la température, et que les physiciens ont mesurée pour toutes les températures [1]. A cette force élastique F correspond, d'après la formule (1), un

---

[1] Nous donnons, à titre d'exemple, les valeurs de la force élastique maximum de la vapeur d'eau de dix en dix degrés, et le poids maximum de vapeur d'eau qui peut être contenu dans un mètre cube d'air.

Température.	Force élastique.	Poids.	Température.	Force élastique.	Poids.
o	mm	gr	o	mm	gr
—30	0,38	0,46	+10	9,14	9,33
—20	0,94	1,08	+20	17,36	17,12
—10	2,15	2,36	+30	31,51	30,04
0	4,57	4,84	+40	54,87	50,63

Des Tableaux plus étendus se trouvent dans tous les recueils de Tables météorologiques.

poids maximum P de vapeur d'eau

$$(2) \qquad P = 1293 \times 0{,}623 \times \frac{F}{760} \times \frac{1}{1 + 0{,}00367\,t}.$$

On appelle alors *fraction de saturation* ou, plus générale-ment en Météorologie, *humidité relative,* le rapport du poids de vapeur d'eau contenu dans un certain volume d'air au poids maximum que cet air pourrait en contenir à la même tempéra-ture. En calculant le rapport E de p à P, d'après les équations (1) et (2), on trouve

$$E = \frac{p}{P} = \frac{f}{F}.$$

La fraction de saturation est donc encore le rapport de la force élastique de la vapeur existant dans l'air à la force élastique maximum qui correspond à la même température.

En Météorologie, on prend comme mesure de l'humidité rela-tive non pas la valeur E du rapport que nous venons de définir, mais cette valeur multipliée par 100, de sorte que l'humidité rela-tive e est donnée par l'expression

$$e = 100\,E = 100\,\frac{f}{F}.$$

Elle est toujours exprimée par un nombre entier compris entre 0 et 100, qui représente, en centièmes, la fraction de satu-ration ; ainsi une humidité relative de 50 indique que l'air con-tient 50 pour 100, ou la moitié, de la quantité de vapeur qui serait nécessaire pour le saturer.

A côté de ces trois manières de représenter l'humidité atmo-sphérique par le poids de vapeur d'eau contenu dans l'air, par la force élastique de la vapeur et par l'humidité relative, il en existe une quatrième, moins directe, qui consiste à indiquer la *tempé-rature de rosée* ou *point de rosée*. Si l'on isole un certain volume d'air plus ou moins humide et qu'on le refroidisse progressive-ment, il faudra pour le saturer une quantité de vapeur de moins en moins grande, puisque la force élastique maximum de la vapeur d'eau décroît rapidement avec la température. Il arrivera donc un moment où la température deviendra telle que l'air sera exactement saturé par la vapeur d'eau qu'il contient; si l'on refroidit davantage, l'air ne peut plus contenir toute la vapeur; une partie se dépose, sous forme de rosée, sur la paroi refroidie; en réchauffant un peu, la rosée disparaît pour se reformer encore au moindre refroidissement. On peut ainsi déterminer exactement le *point de rosée*, θ, ou température à laquelle l'air est exactement saturé par la vapeur qu'il renferme. En cherchant dans la Table des tensions maxima de la vapeur d'eau aux différentes températures celle qui correspond à la température θ, on aura donc la force élastique de la vapeur qui existe dans l'air, puisqu'en refroidissant l'air, tant que la condensation n'a pas lieu, on n'a évidemment pas fait varier la quantité de vapeur d'eau qu'il contenait. L'indication du point de rosée est ainsi, en somme, identique à celle de la force élastique de la vapeur.

Enfin il est souvent utile, pour certaines études, de connaître la *richesse* de l'air en vapeur d'eau, c'est-à-dire le rapport du poids de vapeur d'eau contenu par exemple dans 1^{mc} d'air, au poids total de cet air.

Le poids P' de 1^{mc} d'air dont la température est t, la pression totale h et qui contient une certaine quantité de vapeur d'eau dont la force élastique est f, est

$$P' = 1293 \times \frac{h - 0.377 f}{760} \times \frac{1}{1 + 0,00367\,t}.$$

D'autre part, le poids de vapeur d'eau contenu dans ce même volume est

$$p = 1293 \times 0,623 \times \frac{f}{760} \times \frac{1}{1 + 0,00367\,t}.$$

La richesse de l'air en vapeur d'eau est donc

$$r = \frac{p}{P'} = \frac{0,623 f}{h - 0,377 f}.$$

Ce nombre est toujours très petit. Supposons en effet que l'air soit à la pression 760, à la température de 30°, et qu'il soit entièrement saturé; dans ce cas $f = 31,51$; la richesse r est alors 0,026. Supposons encore qu'à l'altitude de 5000^{m}, où la pression est voisine de 420^{mm}, l'air soit à la température de 0° et saturé, on aurait $f = 4^{mm},57$ et $r = 0,068$; dans ce dernier exemple nous avons supposé exprès une température trop élevée et une humidité trop grande, de façon à avoir une évaluation maximum de la richesse de l'air en vapeur d'eau ; on voit donc que cette richesse est toujours faible ; dans les conditions extrêmes elle ne dépassera pas 5 à 6 pour 100, et elle sera d'ordinaire de 2 à 3 pour 100 seulement, souvent même moins.

51. Mesure de la force élastique de la vapeur d'eau. Hygromètres à condensation. Psychromètre. — On peut mesurer directement le poids de vapeur d'eau contenu dans l'air en faisant passer un volume d'air connu dans des tubes contenant de la pierre ponce imprégnée d'acide sulfurique ou de l'acide phosphorique anhydrique, qui absorbent l'eau ; l'augmentation de poids des tubes donne le poids de la vapeur. Mais cette méthode est longue parce que, pour recueillir un poids de vapeur appréciable, il faut que le volume d'air qui passe par les tubes soit très grand ; elle ne donne donc que la quantité moyenne de vapeur d'eau contenue dans l'air pendant la durée de l'expérience et non la quantité réelle qui existe à chaque instant et peut varier rapidement. Aussi n'est-elle pas employée couramment en Météorologie ; on lui préfère la détermination directe de la force élastique de la vapeur.

Le moyen le plus exact de mesurer cette force élastique consiste, comme nous l'avons expliqué plus haut, à déterminer le point de rosée, ce qui se fait au moyen des *hygromètres à condensation*.

La partie essentielle de tous ces instruments est un vase en métal mince, doré ou nickelé, contenant de l'éther et un thermomètre très sensible. En faisant passer dans l'éther un courant d'air plus ou moins rapide, on détermine l'évaporation et, par suite, le refroidissement du liquide et du vase métallique, dont le thermomètre indique à chaque instant la température. Au bout d'un certain temps, on voit la face extérieure du vase se recouvrir d'un dépôt de rosée ; le moment où commence ce dépôt est très facile à apprécier, car la surface parfaitement polie du métal se ternit alors immédiatement. Si l'on arrête le courant d'air, l'appareil se réchauffe et la rosée disparaît. On recommence plusieurs fois de suite, ce qui peut se faire très vite en réglant convenablement l'insufflation d'air, et l'on note les températures t et t' auxquelles la rosée se forme et disparaît. Un observateur un peu exercé arrive aisément à n'avoir entre ces deux températures qu'une différence de $0°,1$ à $0°,2$; la moyenne $\theta = \dfrac{t + t'}{2}$ donne alors le point de rosée. Au moyen d'un thermomètre-fronde, on mesure immédiatement après la température t'' de l'air. La Table des tensions maxima de la vapeur d'eau donne la tension f qui correspond à la température θ et la tension F qui correspond à la température t''; f est alors la force élastique de la vapeur d'eau contenue dans l'air au moment de l'expérience et le rapport $\dfrac{100 f}{F}$ donne l'humidité relative.

Les hygromètres à condensation fournissent des résultats excellents; mais ils obligent à une expérience qui dure toujours un certain temps; pour les observations courantes, on préfère généralement se servir du *psychromètre*.

Le psychromètre se compose de deux thermomètres suspendus à côté l'un de l'autre; l'un est un thermomètre ordinaire et donne la température de l'air; l'autre, identique au premier comme dimensions, a son réservoir entouré d'une enveloppe de mousseline qu'on maintient constamment mouillée. L'évaporation de l'eau refroidit ce thermomètre mouillé qui marque alors toujours, sauf quand l'air est saturé, une température t', inférieure à la température t de l'air indiquée par le thermomètre sec, et d'autant plus basse que l'air est moins humide et, par suite, que l'évaporation est plus active. Si f est la tension de la vapeur d'eau contenue dans l'air, qu'il s'agit de mesurer, h la pression atmosphérique et f' la tension maximum qui correspond à la température t' du thermomètre mouillé, la théorie donne, entre ces quantités, la relation

$$f = f' - A\,h(t - t').$$

A est un coefficient qui varie avec l'agitation de l'air et le mode d'exposition des thermomètres; sa valeur moyenne est $0,00079$; elle s'abaisse à $0,00069$ si l'on fait tourner en fronde le thermomètre mouillé. On trouve du reste, dans les Recueils d'Instructions météorologiques, des Tables qui donnent directement, sans calcul, la valeur de la tension de vapeur f et de l'humidité relative correspondante, pour toutes les températures t et t' lues sur les deux thermomètres.

Pour que le psychromètre donne de bonnes indications, il faut que le mouillage du thermomètre soit parfaitement réglé. S'il arrive, dans un temps donné, plus d'eau qu'il ne peut s'en évaporer, comme cette eau est à une température voisine de celle de l'air, elle réchauffera le thermomètre mouillé; la température t' observée sera trop élevée et l'humidité indiquée trop forte; l'erreur sera encore de même sens si la quantité d'eau qui arrive n'est pas suffisante, car une partie de la mousseline se desséchera et le thermomètre mouillé ne sera pas assez refroidi. Dans un cas comme dans l'autre, l'humidité indiquée par l'instrument sera plus grande que l'humidité réelle.

Par les temps de gelée, on peut encore se servir du psychromètre, à condition que le réservoir du thermomètre mouillé soit recouvert d'une couche de glace continue.

52. Hygromètres à absorption; hygromètre à cheveu. — Certaines substances comme la corne, les cheveux, sont hygrométriques, c'est-à-dire qu'elles absorbent l'humidité et varient de longueur suivant que l'atmosphère où elles sont placées est plus ou moins humide. De Saussure a le premier utilisé cette propriété pour construire des hygromètres qui donnent directement l'humidité relative. Ces hygromètres sont formés par un cheveu, dégraissé d'une manière convenable, que l'on attache dans une pince à sa partie supérieure et qui, après s'être enroulé sur une poulie de petit diamètre, porte à son extrémité inférieure un poids suffisant pour le tendre sans l'allonger ($0^{gr},2$ environ). Sur l'axe de la poulie est fixée une longue aiguille très légère, bien équilibrée et mobile devant un cadran. Quand l'appareil est plongé dans de l'air sec, le cheveu se raccourcit et fait tourner la poulie et l'aiguille dans un certain sens; il s'allonge au contraire dans l'air humide et l'aiguille se déplace en sens inverse.

On marque 100 sur le cadran au point où l'aiguille s'arrête dans de l'air saturé, et 0 au point obtenu dans de l'air absolument sec. Comme l'allongement du cheveu n'est pas proportionnel à l'état hygrométrique, les divisions intermédiaires ne sont pas équidistantes; ainsi, par exemple, le milieu de l'intervalle compris entre o et 100 correspond à une humidité relative de 33 environ et les trois quarts à une humidité relative de 60.

Cet instrument, convenablement gradué, donne ainsi immédiatement l'humidité relative par une simple lecture; il est donc très commode à employer. Quand il est bien construit, il fournit des résultats à peu près de même valeur que ceux du psychromètre; il lui est même préférable par les temps de gelée. On pourra donc employer l'hygromètre à cheveu, à condition que sa graduation ait été bien établie et que l'on vérifie de temps en temps l'exactitude du point 100, ce qui se fait aisément en mettant l'hygromètre dans une cloche fermée contenant un peu d'eau.

Cet instrument se prête aisément à l'enregistrement continu et donne des indications analogues à celles des thermomètres enregistreurs (*fig.* 9, p. 28).

53. Variation diurne de la tension de la vapeur d'eau et de l'humidité relative. — La variation diurne de la tension de la vapeur d'eau présente différents caractères suivant les stations et souvent, dans une même station, suivant les saisons. Nous prendrons d'abord comme exemple la variation diurne à Paris, qui est représentée, dans les mois extrêmes de janvier et de juillet, par les deux courbes de la *fig.* 55.

Fig. 55.

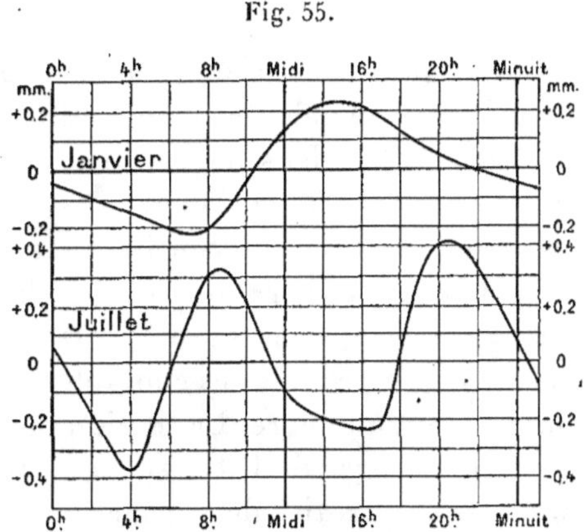

Variation diurne de la tension de la vapeur
d'eau à Paris.

En hiver, et en particulier en janvier (*fig.* 55, courbe supérieure), la tension de la vapeur ne présente dans le cours de la journée qu'un seul minimum vers le lever du Soleil (8ʰ du matin) et un seul maximum qui suit de peu de temps le maximum de la température (2ʰ du soir); l'amplitude totale de la variation ne dépasse guère 0ᵐᵐ,4.

En été, et en particulier en juillet (*fig.* 55, courbe inférieure), on observe deux maxima et deux minima; le premier minimum, le plus important des deux, se présente, comme celui d'hiver, au moment du lever du Soleil (4^h du matin); le second minimum a lieu vers 5^h du soir; enfin les deux maxima se produisent vers $8^h 3o^m$ du matin et $8^h 3o^m$ du soir; l'amplitude totale de la variation atteint presque $o^{mm},8$. Si l'on suivait la variation de la tension de mois en mois, on verrait que c'est le maximum unique de l'hiver qui, à mesure que l'on s'avance vers la saison chaude, se divise en deux maxima de plus en plus distincts et éloignés, séparés par un minimum relatif de plus en plus marqué. Ces deux maxima se rapprochent de nouveau en automne et finissent par se réunir en un seul au commencement de l'hiver.

Cette double oscillation diurne ne se présente que dans les stations relativement basses, où la variation diurne de la température est assez grande; sur mer ou dans le voisinage immédiat des côtes et au sommet des montagnes on ne trouve en toute saison qu'une oscillation unique avec un seul maximum et un seul minimum, comme à Paris en hiver.

Les causes de ce phénomène sont les suivantes :

Nous avons vu (§ 49) que l'évaporation présente un minimum vers le lever du Soleil et un maximum dans la journée, au moment où la température de l'air est la plus élevée. La quantité de vapeur d'eau introduite par l'évaporation dans les couches inférieures de l'atmosphère, et par conséquent la tension de la vapeur d'eau augmenteront donc à partir du lever du Soleil. Mais la vapeur ne reste pas confinée près du sol; en vertu de sa force élastique, elle se diffuse dans les couches supérieures, même si l'air est calme, et, à plus forte raison, s'il se produit des courants verticaux, cas que nous examinerons tout à l'heure. La tension de la vapeur d'eau dans les couches inférieures de l'atmosphère augmentera donc seulement tant que la quantité de vapeur fournie par l'évaporation sera supérieure à celle qui est enlevée pendant le même temps par la diffusion ou les courants d'air. Après le milieu de la journée, dès que la température et l'évaporation décroissent, la diffusion qui continue enlève aux couches inférieures, dans un temps donné, plus de vapeur qu'il ne s'en produit, et la tension de la vapeur diminue; cette diminution se prolonge toute la nuit et devient encore plus rapide si une partie de la vapeur se condense sous forme de rosée. On comprend donc aisément la production d'une oscillation unique dans la tension de la vapeur, avec un minimum au lever du Soleil et un maximum au milieu du jour.

Quand l'échauffement diurne est considérable, ce qui se présente en été à Paris et dans les latitudes moyennes, et en toute saison dans les pays tropicaux, un autre phénomène intervient. Quelques heures après le lever du Soleil, dès que l'échauffement du sol devient suffisant, l'air des couches inférieures, surchauffé par le contact du sol, se dilate, devient plus léger, et il se produit des courants ascendants, comme nous l'avons indiqué, notamment à propos de la variation diurne de la pression (§ 32, p. 105-106) et du vent (§ 41, p. 131). L'air en s'élevant ainsi entraîne la vapeur et l'évaporation devient insuffisante pour combler cette perte; la tension de la vapeur, après avoir augmenté dans les quelques heures qui suivent le lever du Soleil, diminue donc dès que les courants ascendants commencent, d'où production du premier maximum du matin. Après le moment du maximum de la température, les courants ascendants se ralentissent; mais la diffusion de la vapeur continue et la tension de la vapeur diminue encore, quoique moins rapidement; la courbe 2 (*fig.* 55) montre très nettement ces deux phases successives de la diminution, la première très rapide, la seconde plus lente. Quand le courant ascendant a cessé complètement, comme la température est encore élevée et l'évaporation abondante, la tension de la vapeur recommence à augmenter dans les couches inférieures; elle a donc, à ce moment, passé par un deuxième minimum. Cette augmentation continue jusqu'à ce que, par suite du refroidissement progressif, l'évaporation diminue assez pour ne plus pouvoir compenser les pertes de vapeur par diffusion; il se produit alors un deuxième maximum, après lequel la tension de la vapeur décroît de nouveau pendant toute la nuit, jusqu'au coucher du Soleil. Le second minimum, celui du milieu du jour, est donc produit par les courants ascendants; il ne se présente pas dans les climats marins, ou dans les latitudes moyennes pendant la saison froide, parce que, dans ces conditions, l'échauffement diurne est trop faible pour donner naissance à un courant ascendant notable.

Dans les couches élevées de l'atmosphère, où la production

directe de vapeur fait défaut, cette vapeur arrive seulement des couches inférieures par diffusion ou est apportée par les vents et par les courants ascendants; le maximum de la tension se présentera donc à des heures assez variables suivant les circonstances, et qu'il est assez difficile de prévoir. C'est ainsi qu'au sommet de la tour Eiffel, en été, le maximum se produit vers 8^h30^m du matin, à peu près à la même heure que le premier maximum des couches voisines du sol; la tension de la vapeur diminue ensuite jusque vers 4^h du soir, de façon que la variation diurne ne présente qu'un seul maximum et un seul minimum bien nets.

Enfin dans quelques régions très sèches, comme les déserts, où l'évaporation est nulle ou insignifiante, la variation diurne de la tension de la vapeur peut devenir très faible et presque inappréciable; c'est ce que l'on a constaté notamment, pendant d'assez longues périodes, dans le Sahara, à Biskra et à Laghouat.

La variation diurne de l'humidité relative offre presque toujours une grande simplicité : elle est à peu près inverse de la variation diurne de la température; on le constatera en comparant les *fig.* 10 et 56 qui représentent la variation de ces deux éléments à Paris, pour les mois extrêmes de janvier et de juillet.

En janvier (*fig.* 56, courbe supérieure), l'humidité relative est maximum le matin, un peu avant le lever du soleil; elle dépasse alors de 4,3 la moyenne diurne; puis elle diminue rapidement jusque vers 2^h du soir, où elle est inférieure de 8,9 à la moyenne diurne; elle augmente ensuite, assez vite d'abord, puis plus lentement pendant la nuit. L'amplitude totale est de 13,2 tandis que celle de la température est de $3°,6$.

En juillet (*fig.* 56, courbe inférieure), le maximum se produit

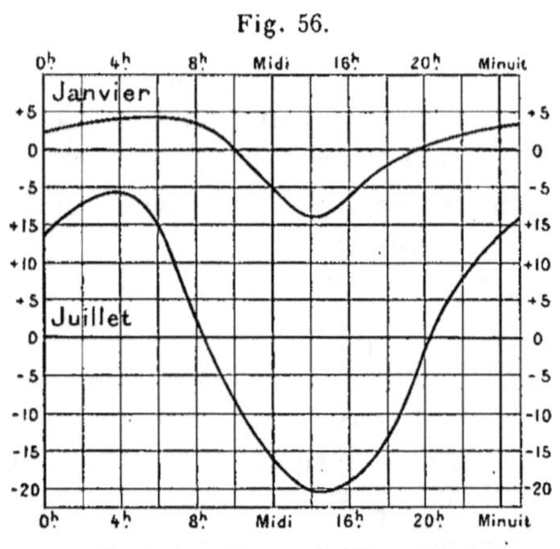

Variation diurne de l'humidité
relative à Paris.

à 4^h du matin et le minimum à 3^h du soir ; les écarts à la moyenne diurne sont alors respectivement $+ 19,1$ et $- 18,9$; l'amplitude totale est donc $38,0$, tandis que celle de la température est $9°,3$. On voit que les amplitudes de la variation diurne de l'humidité relative varient, dans le cours de l'année, exactement dans le même sens que celles de la température.

Cette relation entre les deux phénomènes est facile à expliquer. L'humidité relative est donnée à chaque instant par le rapport $\frac{100f}{F}$, f étant la tension de la vapeur d'eau et F la tension maximum qui correspond à la température de l'air. Or, la tension f a toujours une variation diurne très faible : en juillet, à Paris, la valeur moyenne de f est $11^{mm},0$ et l'amplitude totale de la variation diurne ne dépasse pas $0^{mm},8$. Dans la fraction $\frac{100f}{F}$, le numérateur est donc à peu près constant, tandis que le dénominateur F varie beaucoup, dans le même sens que la température et même plus rapidement ; par suite, l'humidité relative varie sensiblement en raison inverse de la température. Cette relation fait que l'étude détaillée de la variation diurne de l'humidité relative ne présente pas d'ordinaire un grand intérêt.

54. Variation annuelle de la tension de la vapeur d'eau et de l'humidité relative. — La tension de la vapeur d'eau présente une variation annuelle analogue à celle de la température, au moins dans ses traits généraux.

Dans les pays tropicaux à climat marin, où la variation annuelle de la température est très faible, il en est de même pour la tension de la vapeur. Ainsi à Batavia, où la moyenne annuelle de la tension de la vapeur est de $20^{mm},6$, le maximum ($21^{mm},5$) se produit en avril et le minimum ($19^{mm},5$) en août ; la différence entre les deux mois extrêmes atteint seulement 2^{mm}.

A Paris, la moyenne annuelle de la tension de la vapeur est de $7^{mm},5$; le minimum ($4^{mm},8$) se présente en décembre et le maximum ($11^{mm},0$) en juillet et août ; l'amplitude est donc de $6^{mm},2$, trois fois plus grande qu'à Batavia. La variation annuelle de la tension de la vapeur d'eau à Paris est représentée par la courbe (1) de la *fig.* 57. Comme on le voit en comparant cette courbe à celle de la marche annuelle de la température (courbe P, *fig.* 12), il n'y a pas similitude complète entre les deux phéno-mènes; tandis que la température augmente notablement de décembre à mars, la tension de la vapeur ne varie que très peu pendant ces quatre mois.

Dans les latitudes moyennes, la variation annuelle de la tension de la vapeur est analogue à celle de Paris; le minimum se produit toujours en hiver et le maximum en été.

La variation annuelle de l'humidité relative présente des carac-tères assez différents suivant les stations; à Paris (courbe 2, *fig.* 57) où la moyenne géné-rale est 79,3, le mini-mum se produit en avril (69,4) et le maximum en décembre (89,2); mais la courbe est assez irrégulière et présente un maximum secon-daire en juin et un mi-nimum secondaire en juillet. La variation est analogue dans toute l'Europe centrale. Au contraire dans certaines régions où il fait très

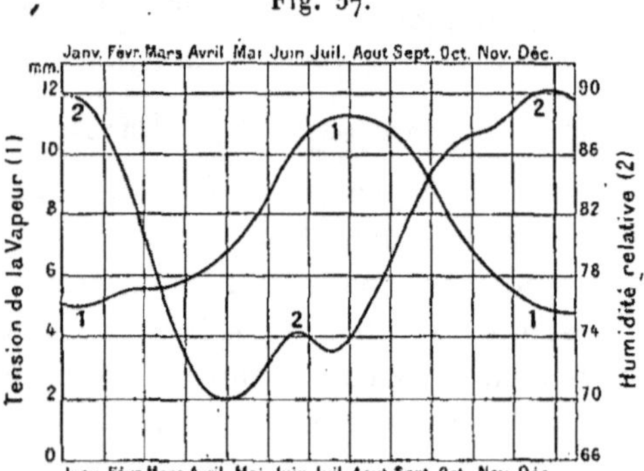

Fig. 57.

Variation annuelle de la tension de vapeur et de l'humidité relative à Paris.

froid et très beau en hiver et où la saison des pluies est l'été, comme dans l'est de l'Asie, notamment à Pékin, l'humidité rela-tive est maximum en été et minimum en hiver; elle suit alors une marche analogue à celle de la tension de la vapeur.

55. Variation de l'humidité avec la hauteur. — La variation de la tension de la vapeur d'eau avec la hauteur à un moment donné est extrêmement irrégulière. Il existe souvent dans l'atmosphère des couches d'air superposées qui se meuvent dans des directions et avec des vitesses différentes; leur température et leur humidité ne sont pas les mêmes, de sorte que la tension de la vapeur et l'humidité relative varient brusquement quand on passe, en s'éle-vant, d'une couche à l'autre.

Toutefois, malgré ces irrégularités, si l'on compare les tensions moyennes de la vapeur obtenues, pendant de longues périodes, dans des stations d'altitudes très différentes, on constate que la tension diminue rapidement avec la hauteur. M. Hann a trouvé que cette décroissance suivait en moyenne une loi analogue à celle de la pression (p. 110) : la tension de la vapeur d'eau diminue en progression géométrique quand la hauteur croît en progression arithmétique. A la hauteur de 1960^m, la tension de la vapeur est réduite, en moyenne, à la moitié de ce qu'elle est au niveau de la mer; à 3920^m elle est le quart, à 5880^m le huitième, et ainsi de suite; elle est réduite au dixième à une altitude de 6520^m. C'est donc la même loi que pour la pression atmosphérique, mais avec une décroissance plus rapide, car la pression n'est réduite au dixième de sa valeur qu'à une altitude de 18400^m.

La variation de l'humidité relative avec la hauteur est beaucoup moins nette encore que celle de la tension de la vapeur, et il n'est pas possible d'indiquer à cet égard rien de précis. Dans les nuages et aux environs, l'humidité relative est égale à 100 ou très voisine de cette valeur; elle peut être beaucoup plus faible à une petite distance en dessus comme en dessous, s'il existe des couches d'air de direction et de température différentes.

56. Distribution de l'humidité à la surface du globe. — D'une manière générale, la tension de la vapeur d'eau est la plus grande dans les régions équatoriales et diminue de part et d'autre, à mesure qu'on s'élève en latitude. La zone du maximum se déplace avec le Soleil; elle est le plus au nord en juillet et août, et le plus au sud en janvier; l'amplitude des mouvements de cette zone est de 5° à 6° de chaque côté de l'équateur.

Les lignes qui passent par les points où la tension de la vapeur est la même ont une forme analogue à celle des isothermes, mais plus régulière; elles s'écartent moins des parallèles de la sphère terrestre.

Dans la zone du maximum, la tension de la vapeur d'eau est un peu supérieure à 20^{mm}; elle peut même dépasser 25^{mm} en quelques points; par exemple en juillet, dans l'Inde, sur le versant méridional de l'Himalaya. Les minima absolus se présentent, en hiver, sur les grands continents très froids de l'hémisphère nord; ainsi la tension de la vapeur d'eau tombe en dessous de 1^{mm} en janvier dans presque toute la Sibérie et l'extrême nord de l'Amérique. Des minima relatifs existent au centre des continents, notamment sur les déserts : dans le Sahara, la tension moyenne de la vapeur est inférieure à 5^{mm} en janvier et à 10^{mm} en juillet, alors qu'elle dépasse respectivement 10^{mm} et 20^{mm}, pendant ces deux mois, aux mêmes latitudes, sur les côtes de l'Atlantique et dans tout le sud-est de l'Asie.

La répartition géographique de l'humidité relative n'a pas encore fait l'objet de travaux d'ensemble ; l'étude détaillée de cet élément ne paraît offrir, du reste, qu'un intérêt secondaire et présente de grandes difficultés, car il n'y a pas de loi de variation de l'humidité relative avec la hauteur ; on ne peut donc corriger ces observations de l'influence de l'altitude. Les minima de l'humidité relative se trouvent, bien entendu, au milieu des grands continents, sur les déserts ; dans le Sahara algérien, l'humidité relative moyenne est d'environ 60 en hiver et 25 en été ; la moyenne annuelle est de 47 à Ouargla, et de 35 à Ghardaïa. Les maxima se présentent sur les océans, où l'humidité relative atteint et dépasse souvent 80 ; elle est plus grande encore dans les endroits où se rencontrent deux courants, l'un froid et l'autre chaud et humide, comme au sud de Terre-Neuve ; dans cette région, où les brouillards sont extrêmement fréquents, l'humidité relative doit être très voisine de 100 pendant de longues périodes.

CHAPITRE II.

57. Condensation de la vapeur d'eau. Rôle des poussières. — La vapeur d'eau contenue dans l'atmosphère se condense et prend l'état liquide à la suite d'un refroidissement suffisant; ce refroidissement peut se produire de trois manières différentes : 1° directement, soit par rayonnement, soit par le passage de l'air d'une région chaude à une région plus froide; 2° par détente; 3° par mélange avec une masse d'air plus froide.

Nous étudierons successivement ces trois modes de condensation; mais il importe auparavant d'indiquer que, dans certaines circonstances, l'air peut contenir une quantité de vapeur plus grande que celle qui correspond normalement à la saturation; la tension de la vapeur y dépasse alors la tension maximum relative à la température de l'air, et celui-ci est dit *sursaturé*. La sursaturation n'est possible que si l'air est entièrement privé de toute poussière solide ou liquide. Pour mettre ce phénomène en évidence, on prend un flacon de verre bouché et contenant une petite quantité d'eau; on le remplit d'air pur, filtré par le passage à travers un tampon d'ouate; le flacon communique avec une poire de caoutchouc que l'on comprime. Quand l'air est bien saturé de vapeur, on abandonne la poire de caoutchouc à elle-même : elle se détend; l'air augmente ainsi brusquement de volume, ce qui le refroidit, et cependant aucune trace de condensation, aucun brouillard ne se manifeste dans le flacon. L'air, qui était saturé à la température primitive, est donc plus que saturé à la température plus basse produite par la détente. Si l'on répète l'expérience avec de l'air ordinaire, non filtré, et qui contient toujours des poussières, la moindre détente donne naissance dans le flacon à un brouillard très appréciable; ce brouillard est beaucoup plus intense si l'air est très chargé de poussières, par exemple de poussières de charbon, que l'on obtient aisément en aspirant dans le flacon l'air qui entoure la flamme d'une bougie.

Il paraîtrait que la présence de l'ozone suffit également pour empêcher la sursaturation.

La sursaturation de l'air a, bien entendu, des limites. Si la température baisse de plus en plus, il arrivera un moment où la sursaturation ne sera plus possible et où toute la quantité de vapeur en excès se condensera brusquement.

Ce phénomène de la sursaturation ne peut évidemment pas exister dans les couches basses de l'atmosphère, où l'air est toujours plus ou moins souillé de poussières; mais il devient possible à une très grande hauteur. Il joue probablement un rôle important dans la production de certaines averses extrêmement violentes : quand une masse d'air est sursaturée de vapeur et que la sursaturation prend fin, soit parce que le refroidissement continue jusqu'à la limite où elle cesse d'être possible, soit parce que l'air arrive en contact avec des nuages (eau liquide ou aiguilles de glace), toute la quantité de vapeur d'eau contenue dans l'air, en excès de celle qui est suffisante pour le saturer, se condense immédiatement et il se précipite ainsi en quelques instants une quantité d'eau beaucoup plus grande que celle que pourraient donner pendant le même temps les modes ordinaires de condensation.

58. Condensation par refroidissement direct. — La condensation par refroidissement direct s'observe dans deux circonstances principales : lorsque l'air, en se déplaçant, passe d'une région chaude dans une région plus froide, ou lorsqu'il se refroidit directement sur place par rayonnement. De tous les modes de condensation, c'est celui qui peut fournir théoriquement la plus grande quantité d'eau liquide. Supposons, en effet, l'air primitivement saturé de vapeur et à la température de $20°$; il contient dans cet état (p. 176) $17^{gr},1$ de vapeur d'eau par mètre cube; s'il se refroidit à $10°$, il ne peut plus contenir alors, pour rester saturé, que $9^{gr},3$ de vapeur; il se sera donc condensé la différence, soit $7^{gr},8$, ce qui est une quantité considérable. Mais ce mode de condensation est nécessairement lent et progressif, par suite de son origine même; il ne donnera donc pas une très grande quantité d'eau dans un temps assez court.

Le premier mode de condensation par refroidissement se manifeste dans tous les courants atmosphériques qui sont dirigés de l'équateur vers les pôles; il a pour effet, comme nous le verrons plus loin (§ 70), d'augmenter la quantité de pluie qui tombe sur les régions parcourues par ces courants, par exemple les côtes orientales des États-Unis, le sud du Chili, etc.

· Le refroidissement par rayonnement ne se produit guère que dans les couches inférieures de l'atmosphère, car l'air est doué d'un très faible pouvoir émissif et se refroidit surtout au contact du sol. La condensation par refroidissement dû au rayonnement n'aura donc lieu que pendant les nuits très claires et dans une couche d'air de quelques mètres seulement d'épaisseur au-dessus du sol; elle donnera naissance non à de la pluie, mais à des brouillards bas qui pourront être très épais et déposer sur le sol une assez grande quantité d'eau. C'est à cette cause que sont dus, en particulier, les brouillards que l'on observe, par les belles nuits claires, au-dessus des rivières, des lacs, des herbages, et, en général, de toutes les surfaces très humides.

59. Condensation par détente. — L'expérience bien connue du *briquet à air* montre, en Physique, que l'air s'échauffe quand on le comprime brusquement; inversement une augmentation rapide de volume, une détente, est, pour un gaz, une cause de refroidissement. Ainsi une masse d'air, primitivement à la température de $+ 20°$, et dont on diminue brusquement la pression de moitié, se refroidit jusqu'à près de $— 34°$, soit un abaissement de température de $54°$; dans les mêmes conditions initiales, une diminution de pression d'un dixième seulement amènerait un refroidissement de $9°$.

Ce phénomène se produit constamment dans l'atmosphère; quand une masse donnée d'air se trouve, pour une cause quelconque, entraînée dans un mouvement ascendant, sa pression diminue à mesure qu'elle monte; elle se refroidit donc. Si pendant ce temps, elle ne reçoit pas de chaleur de l'extérieur, et n'en perd pas non plus (¹), sa température baisse; on démontre que la baisse

---

(¹) Ce mode de détente, dans lequel le gaz ne reçoit ni ne perd de chaleur, est connu sous le nom de détente *adiabatique*.

de température est proportionnelle à la hauteur et voisine, quand l'air est sec, de 1° pour 101^m (0°,99 pour 100^m). Lorsque l'air contient de la vapeur d'eau, sa chaleur spécifique est un peu modifiée, et le refroidissement de 1° correspond à une variation de hauteur comprise entre 102^m et 104^m, suivant la teneur de l'air en vapeur, tant que l'air n'est pas saturé.

Quand de l'air humide est entraîné dans un courant ascendant, sa température diminue d'abord d'environ 1° par 103^m; à une certaine hauteur, l'air, qui se refroidit de plus en plus, devient exactement saturé par la vapeur qu'il contient; au-dessus la condensation commence; à partir de ce moment, la loi de la variation de la température avec la hauteur change : la vapeur d'eau, en se condensant, dégage en effet une certaine quantité de chaleur, qui ralentit beaucoup la décroissance de la température; cette décroissance, dans la couche où la condensation se produit, n'est plus constante, comme dans le cas précédent; elle dépend à chaque instant de la température et de la pression, et est comprise, suivant ces conditions, entre 0°,4 et 0°,8 pour 100^m; on peut dire, d'une manière approximative, qu'elle est environ deux fois plus lente que dans le cas de l'air sec.

Si l'ascension de l'air continue suffisamment haut pour que la température tombe au-dessous de 0°, l'eau condensée se congèle, et il y a encore à ce niveau un nouveau changement dans la loi de variation de la température avec la hauteur.

On voit ainsi que, dans tout mouvement ascendant, la condensation commence à un niveau qui dépend des conditions initiales de l'air; au-dessus de ce niveau, la température baisse encore, mais plus lentement; la condensation continue et des quantités d'eau liquide de plus en plus grandes sont formées. On calcule par exemple que 1^{mc} d'air, saturé de vapeur d'eau à la température de 15° et soumis à la pression initiale de 750^{mm}, se refroidirait jusqu'à la température de 0°, en s'élevant à peu près à une hauteur de 3000^m; il abandonnerait pendant ce temps environ 5^{gr} d'eau liquide.

Ce mode de condensation peut donner naissance à une précipitation d'eau considérable. Supposons, en effet, que dans l'exemple précédent, où chaque mètre cube d'air abandonne 5^{gr} de vapeur, le mouvement ascendant persiste un certain temps avec une vitesse verticale de 1^m par seconde. Dans la colonne ascendante de 3000^m de hauteur et de 1^{mq} de section, il se précipitera pendant chaque seconde 5^{gr} d'eau, ce qui fera 300^{gr} par minute et 18^{kg} par heure; cette quantité d'eau correspond, sur le sol, à une hauteur de pluie de 18^{mm} par heure, ou de 432^{mm} par jour, ce qui est une pluie énorme. Cette quantité serait beaucoup plus grande encore si la température initiale était supérieure à $15°$.

Si l'air, après avoir monté un certain temps, et avoir donné pendant ce temps naissance à une précipitation abondante d'eau, est forcé de redescendre, sa pression croît et il en résulte une augmentation de température; mais s'il est alors simplement saturé de vapeur, sans contenir d'eau liquide qui puisse s'évaporer, il cesse immédiatement d'être saturé dès que sa température a commencé d'augmenter; il se comporte alors comme un gaz parfait qui se comprime et sa température croît de $1°$ chaque fois qu'il descend de 103^m environ. Il est facile de voir que, pendant la

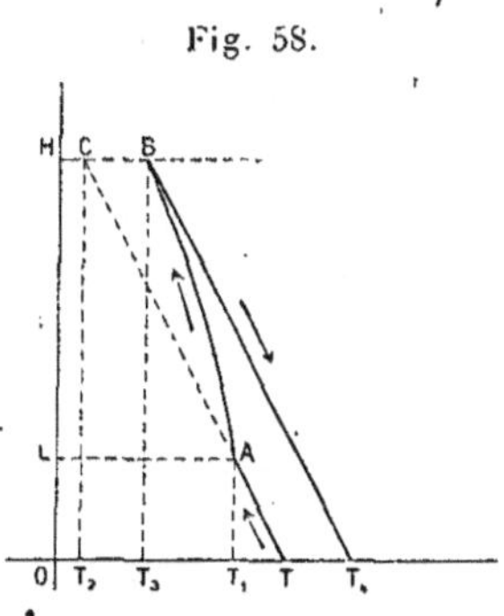

Fig. 58.

descente, la température de l'air est alors constamment supérieure à celle qu'il possédait au même niveau pendant la montée. Représentons par un diagramme (*fig.* 58) la loi de variation de la température de l'air avec la hauteur, en comptant les températures suivant l'horizontale et les hauteurs suivant la verticale; un point A de ce diagramme indiquera, par exemple, que la température est égale à AL ou OT_1 à la hauteur OL. Soit OT la température initiale de l'air ascendant; dans les premiers instants, quand l'air n'est pas encore saturé, sa température baisse régulièrement de $1°$ par 103^m environ et la variation de température est représentée par la droite TA; il arrive bientôt ainsi à une certaine hauteur OL où la saturation se produit; sa température est alors OT_1. A partir de ce moment, où la condensation commence, la loi de variation de température avec la hauteur est beaucoup moins rapide; elle est représentée, non plus par la ligne droite AC, prolongement de TA, mais par l'arc de courbe AB. Arrivé au point culminant, à la hauteur H, l'air, dans lequel la con-

densation s'est produite, a donc une température OT_3, beaucoup
plus élevée que la température OT_2 qu'il aurait acquise s'il n'y
avait pas eu de condensation et s'il avait continué à se refroidir
de $1°$ pour 103^m. A partir du point culminant, l'air que l'on suppose avoir abandonné en route toute l'eau condensée et ne contenir que de la vapeur, descend et se réchauffe de $1°$ par 103^m
environ; la variation de température est donc représentée par la
droite BT_4, sensiblement parallèle à AT. On voit qu'en chaque
point de la descente, l'air a une température plus élevée qu'au
même niveau pendant l'ascension. Cette différence n'existerait
évidemment pas si l'eau, condensée pendant la montée, était
restée en suspension dans l'air, au lieu de tomber en pluie sur
le sol; dans ce cas, en effet, l'eau tenue en suspension se vapori-
serait à mesure que l'air descendrait et la chaleur nécessaire à
cette vaporisation serait empruntée à l'air lui-même; le réchauffement pendant la descente serait donc beaucoup moins rapide
que $1°$ pour 103^m; on démontre que, dans ce cas, si toute l'eau
condensée pendant l'ascension était restée en suspension dans
l'air, la température serait, à une même hauteur, égale dans la
montée et dans la descente, tout comme dans le cas de l'air sec.

Nous verrons plus tard (§ 87, fœhn) une application de cette
théorie de la variation de la température de l'air humide animé de
mouvements verticaux.

60. Condensation par mélange. — Un dernier mode de condensation de la vapeur d'eau atmosphérique résulte du mélange de
deux masses d'air, saturées ou non, à des températures différentes.
Si les deux masses d'air qui se mélangent sont toutes deux saturées, il se produit toujours une condensation. Cette condensation
provient de ce que la tension maximum de la vapeur d'eau
augmente beaucoup plus rapidement que la température; la
moyenne $\dfrac{f+f'}{2}$ des tensions maxima qui correspondent aux températures t et t' est ainsi toujours plus grande que la tension
maximum F correspondant à la température moyenne $\dfrac{t+t'}{2}$.

Supposons, par exemple, que l'on mélange deux masses égales
d'air saturé, aux températures de $10°$ et de $20°$; les tensions
maxima correspondantes sont respectivement $9^{mm},14$ et $17^{mm},36$;

dont la moyenne est $13^{mm},25$. S'il n'y avait pas condensation, la température du mélange serait $15°$ et la tension de vapeur $13^{mm},25$; mais la tension maximum qui correspond à $15°$ est seulement $12^{mm},67$, plus petite de $0^{mm},58$ que la moyenne des deux tensions de vapeur initiales; le mélange ne peut donc contenir toute la vapeur d'eau, dont une partie se condense. Comme cette condensation dégage de la chaleur, la température moyenne du mélange est légèrement supérieure à $15°$, de sorte que la quantité d'eau précipitée à l'état liquide est, en réalité, plus petite que celle qui correspond à la différence de deux tensions de vapeur $13^{mm},25$ et $12^{mm},67$.

Si les deux masses d'air qui se mélangent ne sont pas saturées il peut encore, dans certains cas, se produire une condensation, mais cela dépend des proportions du mélange. Quand deux couches d'air, à des températures différentes et voisines toutes deux de la saturation, sans cependant être saturées, se mélangent, il pourra donc y avoir condensation en certains points et absence de condensation ou même évaporation en d'autres, suivant les proportions relatives des deux masses d'air qui entrent en mélange. Cette circonstance explique la formation et la disparition brusques de certains nuages légers, que l'on voit souvent, dans un ciel bleu, naître tantôt en un point, tantôt en un autre, puis disparaître en quelque sorte sur place.

Le mélange de deux masses d'air est, des trois modes de condensation, celui qui donne naissance à la plus faible quantité d'eau liquide. On a calculé que, pour donner une quantité de pluie formant une couche de 1^{mm}, il faudrait supposer que, dans toute une hauteur de 6850^{m}, on mélangeât complètement deux masses d'air égales et saturées, l'une à la température de $0°$, l'autre à $20°$. Ces conditions ne peuvent évidemment se rencontrer dans la nature; le mélange de couches d'air à températures inégales est donc une cause de condensation insuffisante pour expliquer la production de pluies notables; il ne peut donner que très peu d'eau; par contre, ce phénomène joue certainement un rôle important dans la formation des nuages et des brouillards.

61. Constitution des nuages et des brouillards. — L'eau, résultant de la condensation de la vapeur par l'un des trois modes que nous venons d'étudier, peut rester en suspension apparente dans l'atmosphère sous forme de gouttelettes très petites, dont la réunion constitue les nuages et les brouillards.

Le diamètre de ces gouttelettes a été mesuré directement au microscope : on peut aussi le déduire de la grandeur des anneaux colorés, ou *couronnes,* que l'on observe souvent autour du Soleil ou de la Lune, quand ces astres se trouvent derrière certains nuages peu épais. Kæmtz a trouvé, par ce dernier procédé, pour le diamètre des gouttelettes, des nombres compris entre $0^{mm},014$ et $0^{mm},035$; dans les mesures directes au microscope les limites extrêmes ont été, pour M. Assmann, $0^{mm},006$ et $0^{mm},017$ et, pour M. Dines, $0^{mm},016$ et $0^{mm},127$; cette dernière valeur, beaucoup plus grande que toutes les autres, ne correspond déjà plus aux gouttelettes des nuages et des brouillards; elle a été observée dans un nuage qui se résolvait en gouttes de pluie. En résumé, on peut admettre le nombre $0^{mm},02$, ou un cinquantième de millimètre, comme valeur moyenne du diamètre des gouttelettes qui constituent les nuages et les brouillards.

On s'est demandé si ces gouttelettes étaient pleines, ou bien si c'étaient des *vésicules* formées, comme les bulles de savon, par une mince enveloppe liquide remplie d'air ou de vapeur d'eau. Cette dernière hypothèse a été longtemps en faveur, surtout parce qu'elle paraissait mieux expliquer la suspension des gouttelettes dans l'air, en les assimilant à de petits ballons. Il importe, tout d'abord, de remarquer que cette suspension n'est pas un phénomène réel : les gouttelettes ne flottent pas dans l'air; elles y tombent d'une manière continue, mais avec une vitesse si faible qu'il suffit du moindre courant d'air pour les entraîner horizontalement ou même les faire monter.

Lorsqu'un corps tombe, sa vitesse s'accélère d'abord; la résistance de l'air, qui dépend de la vitesse, augmente donc sans cesse, tandis que l'accélération de la pesanteur est constante; l'accélération du mouvement réel, qui est à chaque instant la différence entre l'accélération constante de la pesanteur et la résistance croissante de l'air, diminue à mesure que la vitesse du mouvement augmente, et il arrivera nécessairement un moment où l'accélération du mouvement sera nulle. A partir de ce moment la vitesse de chute, accélérée dans les premiers instants, deviendra uniforme. Ce moment est atteint d'autant plus tôt, et par suite la vitesse uniforme de chute est d'autant plus faible, que la résistance de l'air est à l'origine plus grande par rapport au poids. Or le poids d'une sphère (ou son volume) est proportionnel au cube du rayon; la résistance de l'air, pour une vitesse donnée, est proportionnelle à la surface, ou au carré du rayon; le rapport de la résistance de l'air au poids varie donc en raison inverse du rayon; pour une sphère de rayon dix fois plus petit, la résistance de l'air est une fraction dix fois plus grande de la force motrice. On conçoit ainsi que sur une sphère très petite, comme les gouttes d'eau des nuages, la résistance que l'air oppose à la chute devienne relativement très importante par rapport au poids de la gouttelette et que, par suite, la vitesse de la chute soit très faible. Pour une sphère d'un cinquantième de millimètre de diamètre, dimension moyenne des gouttelettes qui constituent les nuages, on calcule que la vitesse uniforme de chute n'est que de quelques centimètres par seconde.

Si l'on considère de petits cristaux de glace aplatis, dont la surface, pour un même poids, est beaucoup plus grande que celle d'une sphère, la résistance que l'air opposerait à leur chute serait encore supérieure à celle qu'elle exerce sur les gouttes d'eau. La suspension apparente dans l'atmosphère des particules solides ou liquides qui composent les nuages n'est donc nullement incompatible avec l'hypothèse de gouttes pleines.

La théorie des actions capillaires montre du reste que l'existence de vésicules creuses aussi petites que celles qui constitueraient les nuages ne paraît pas possible. Considérons en effet (*fig.* 59) une enceinte contenant de l'air humide et de l'eau, dont le niveau est en MN.

Dans l'eau plonge un tube capillaire AB, ouvert aux deux bouts, de rayon r et formé d'une substance qui n'est pas mouillée par l'eau; dans ces conditions, l'eau est déprimée dans le tube et la colonne s'y termine par un ménisque convexe qui est à une distance z au-dessous du niveau extérieur MN du liquide.

Soit p la pression, exprimée en colonne du liquide, qui règne dans l'atmosphère et s'exerce sur la surface MN; la pression sera $p + z$ dans l'intérieur du liquide, à une distance z au-dessous du niveau. En vertu des lois de la capillarité, la dépression z varie en raison inverse du rayon r du tube; si l'on exprime toutes les longueurs en centimètres et si l'on prend $0,0755$ pour la valeur de la constante capillaire de l'eau, la dépression z est donnée par la formule

$$z = \frac{0,151}{r},$$

En dessus du ménisque capillaire convexe la pression dans l'air est p; au-dessous, dans l'eau, la pression est $p + z$; ainsi, quand on traverse un ménisque convexe en passant de l'air dans l'eau, la pression augmente brusquement de $\frac{0,151}{r}$. On verrait d'une manière analogue que la pression diminue de la même quantité si l'on traverse un ménisque concave de même rayon, en passant encore de l'air dans l'eau.

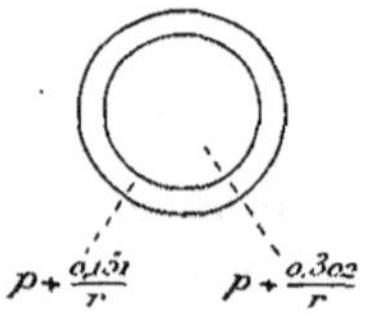

Supposons maintenant (*fig.* 60) une vésicule constituée par une couche sphérique d'eau liquide très mince, de rayon r, entourant un espace rempli d'air ou de vapeur d'eau; la pression extérieure étant p, la pression dans la

Fig. 60.

pellicule liquide est $p + \frac{0,151}{r}$, puisqu'on a traversé un ménisque convexe; d'autre part, en passant de l'espace central dans l'enveloppe liquide, on traverse un ménisque concave; la pression est donc plus petite de $\frac{0,151}{r}$ dans la pellicule liquide que dans l'espace central. Ainsi la pression, étant p à l'extérieur, sera $p + \frac{0,302}{r}$ dans l'espace central. Pour une vésicule dont le rayon serait de $0^{cm},001$, dimension moyenne des particules qui composent les nuages, l'excès de la pression interne sur la pression extérieure serait mesuré par une colonne d'eau de $\frac{0,302}{0,001} = 302^{cm}$ soit un tiers d'atmosphère environ. Dans des vésicules dont le rayon serait trois fois plus petit, comme cela s'est présenté pour des gouttelettes mesurées par M. Assmann, la pression intérieure

serait plus grande d'une atmosphère que la pression extérieure.
Sous l'influence de différences de pression aussi grandes, l'atmosphère interne de la vésicule se diffuserait rapidement à l'extérieur; on ne saurait donc concevoir, dans ces conditions, l'existence de vésicules creuses aussi petites.

Ajoutons enfin que M. Assmann a observé directement, sous le
microscope, la congélation des gouttelettes liquides des brouillards; ces gouttelettes se sont transformées en perles de glace,
parfaitement compactes, sans variation appréciable de grandeur
et sans aucune apparence, au centre, d'un espace contenant
des gaz.

Les brouillards et les nuages sont donc formés de gouttelettes
liquides pleines et non de vésicules creuses. Certains nuages peuvent être constitués, en outre, par des cristaux de glace microsco-
piques. La chute très lente de toutes ces particules, et même
leur suspension complète dans l'atmosphère sous l'influence du
moindre vent s'expliquent aisément par la petitesse de leurs
dimensions.

Un nuage qui subsiste longtemps dans un air relativement
calme n'est pas constitué toujours, en réalité, par les mêmes
gouttelettes liquides. Celles-ci tombent sans cesse, quoique très
lentement, et elles arrivent peu à peu dans des couches d'air
moins humides et plus chaudes, où elles s'évaporent. Le nuage
ne peut persister que si de nouvelles quantités de vapeur se con-
densent constamment pour remplacer les gouttelettes qui tombent
et s'évaporent. Un nuage qui dure quelque temps n'est donc pas
un ensemble invariable, mais le lieu de mouvements continuels
et de modifications incessantes. Un examen attentif montre du
reste que, si la forme générale des nuages peut rester la même
pendant un temps assez long, les détails en varient constamment
et souvent avec une grande rapidité.

62. Classification des nuages. — Pour faciliter la désignation
des formes si diverses que présentent les nuages, on les a divisées
en un certain nombre de familles, dont chacune a reçu un nom
spécial. Le principe d'une classification des nuages est légitimé
par ce fait bien constaté que les formes des nuages sont les mêmes
dans tous les pays du monde; comme ces formes sont en rapport

étroit avec les conditions générales de l'atmosphère, il y a un grand intérêt à ce qu'on puisse les désigner rapidement, d'une façon suffisamment explicite et intelligible pour tous.

La classification que nous suivrons dérive de la classification primitive proposée par Luke Howard, avec quelques modifications introduites surtout par MM. Abercromby et Hildebrandsson : c'est celle qui a été adoptée par les Conférences météorologiques internationales. Les nuages y sont désignés, suivant leur forme, par des mots composés avec les quatre noms suivants, qui caractérisent les groupes principaux : *cirrus,* nuages en filaments ou fibreux; *cumulus,* nuages arrondis ou en boules; *stratus,* nuages étalés en couche uniforme; *nimbus,* nuages noirs, confus, d'où tombe la pluie. En employant ces noms seuls ou combinés deux à deux, on arrive à désigner toutes les formes de nuages, qui se rangent dans une des dix familles suivantes :

1° *Cirrus.* — Nuages d'un blanc uniforme et sans ombres, en forme de filaments (*fig.* 1, *Pl. I*) (¹) ou présentant une structure nettement fibreuse (*fig.* 2, *Pl. I*). Les filaments sont parfois isolés (*fig.* 1), parfois groupés de façon à former un banc plus ou moins compact (*fig.* 3, *Pl. I*), ou de longues bandes qui traversent une partie du ciel (*fig.* 4, *Pl. I*). Quand il existe simultanément plusieurs de ces bandes parallèles, elles semblent, par un effet de perspective, converger vers un même point ou vers deux points opposés de l'horizon; ces points indiquent alors l'orientation exacte des bandes.

Parfois enfin les fibres des cirrus s'associent de façon à figurer des plumes, des pinceaux, des panaches (*Pl. II, fig.* 1); cette forme de cirrus est souvent un signe précurseur des orages.

2° *Cirro-stratus.* — Voile blanchâtre, donnant au ciel un aspect laiteux. Tantôt ce voile est tout à fait diffus, tantôt on y

---

(¹) Les figures des *Pl. I* à *IV* sont la reproduction en phototypographie, sans aucune retouche, de photographies que j'ai faites moi-même à Paris. Une partie des finesses des originaux est nécessairement perdue dans la reproduction. Toutes les figures ont été uniformément réduites d'un cinquième; les photographies elles-mêmes ont été prises avec des objectifs dont la longueur focale a varié de 14^{cm} à 20^{cm}; une longueur de 1^{cm} mesurée sur les reproductions représente donc une valeur angulaire comprise entre 3°30′ et 5°.

distingue plus ou moins nettement une structure fibreuse qui
rappelle celle des cirrus. Un grand voile de cirro-stratus se voit
dans la *fig.* 2 (*Pl. IV*), au-dessus des nuages orageux. Des fragments de cirro-stratus couvrent également le fond du ciel dans la
fig. 4 (*Pl. III*).

Les cirrus et les cirro-stratus sont formés, non pas de gouttelettes d'eau liquide, comme les autres classes de nuages, mais de
petits cristaux de glace. Le passage de la lumière du Soleil ou de
la Lune dans ces cristaux produit souvent les phénomènes lumineux connus sous le nom de *halos, périhélies,* etc. (§ 83). Les
nuages constitués par des gouttelettes liquides ne peuvent au contraire donner que de simples couronnes colorées (§ 82), qui
entourent de très près le disque du Soleil ou de la Lune.

3° *Cirro-cumulus* (*fig.* 2, *Pl. II*). — Petites balles ou petits
flocons entièrement blancs et sans ombres, qui sont disposés en
groupes et souvent en files ; on les désigne vulgairement sous le
nom de *moutons,* et l'on dit que le ciel est *moutonné* quand il
est recouvert de cirro-cumulus sur une assez grande étendue.

4° *Alto-cumulus.* — Balles ou flocons plus gros que les cirro-
cumulus, blancs ou grisâtres et présentant des ombres, ce qui
les distingue bien des cirro-cumulus. Ces nuages sont réunis en
groupes et souvent si serrés que leurs bords semblent se rejoindre,
surtout à l'horizon, par un effet de perspective ; ils produisent
alors l'apparence bien connue sous le nom de *ciel pommelé*
(*fig.* 1, *Pl. III*). Des alto-cumulus se voient encore dans la partie
moyenne de la *fig.* 2 (*Pl. III*) en dessous d'un gros cumulus.

5° *Alto-stratus.* — Voile épais de couleur grise ou bleuâtre,
qui montre, dans la direction du Soleil et de la Lune, une partie
plus brillante, sans toutefois donner d'anneaux colorés, halos ou
couronnes. Les alto-stratus présentent toutes les formes de transition avec les cirro-stratus et il est souvent assez difficile de
les distinguer les uns des autres ; toutefois les alto-stratus ne
possèdent jamais la structure fibreuse que l'on remarque dans
beaucoup de cirro-stratus ; ils sont beaucoup moins élevés, comme
nous le verrons plus loin ; souvent, comme les cirro-stratus, ils

précèdent les dépressions barométriques et le mauvais temps et l'on voit alors flotter en dessous d'eux des lambeaux de nimbus.

6° *Strato-cumulus.* — Grosses balles ou rouleaux de nuages sombres qui couvrent fréquemment tout le ciel, surtout en hiver, et lui donnent une apparence ondulée; ils sont quelquefois assez peu épais pour qu'on aperçoive le bleu du ciel dans leurs intervalles. Ces nuages présentent toutes les formes de transition avec les alto-cumulus, dont ils sont quelquefois très difficiles à distinguer; au contraire, leur apparence assez régulière de balles ou de rouleaux empêche toujours de les confondre avec les nimbus.

7° *Nimbus.* — Couche épaisse de nuages sombres sans formes nettes, à bords déchirés; ce sont les nuages qui amènent les pluies ou les neiges persistantes. Souvent la couche de nimbus se déchire en petits lambeaux qui courent très bas avec une grande vitesse; ces lambeaux peuvent être désignés séparément sous le nom de *fracto-nimbus.*

8° *Cumulus.* — Nuages épais, arrondis, dont le sommet forme un dôme garni de protubérances et dont la base est horizontale. Ces nuages peuvent présenter les apparences et les dimensions les plus variées; ils sont toujours très nettement limités et donnent naissance à de beaux effets de lumière. Quand ils sont éclairés par devant, les protubérances sont plus brillantes au milieu que sur les bords; ils présentent des ombres puissantes quand ils reçoivent la lumière de côté; enfin, quand ils passent devant le Soleil, ils paraissent sombres, avec une bordure brillante et souvent éclatante. Ces nuages sont animés de mouvements incessants et changent souvent d'aspect avec une grande rapidité.

Les cumulus en balles arrondies (*fig.* 3, *Pl. III*) se forment surtout en été: ils augmentent depuis le matin jusqu'aux heures les plus chaudes de la journée pour diminuer ensuite. Ils sont produits par les courants ascendants qui prennent naissance dans ces conditions; le refroidissement par détente, qui accompagne toujours les mouvements ascensionnels, amène la condensation de la vapeur d'eau à la hauteur pour laquelle la température devient égale au point de rosée, ce qui explique pourquoi la base des cumulus est sensiblement horizontale.

Par mauvais temps les cumulus présentent des formes beaucoup plus compliquées (*fig. 4, Pl. III*); ils perdent souvent en grande partie leur apparence arrondie et semblent des fragments de nuages déchirés par le vent; on peut alors leur donner le nom de *fracto-cumulus*. Quelquefois ils forment de grosses masses grises à contours assez peu nets et qui présentent toutes les formes de transition avec les nimbus; mais on devra continuer à désigner de tels nuages par le nom de *cumulus*, tant qu'ils ne donneront pas de pluie.

9° *Cumulo-nimbus.* — Masses puissantes de nuages qui s'élèvent en forme de montagnes ou de tours et qui peuvent exister seuls (*fig. 1, Pl. IV*) ou être accompagnés d'un voile de cirro-stratus (*fig. 2, Pl. IV*). Souvent les protubérances élevées des cumulo-nimbus s'entourent d'un voile ou d'un écran de texture fibreuse, que l'on appelle quelquefois *faux cirrus*, bien que rien ne paraisse les distinguer des cirrus véritables; la base des cumulo-nimbus est souvent constituée par des nuages gris analogues aux nimbus. Ce sont, comme les nimbus, des nuages de pluie, mais ils sont caractéristiques des orages, des giboulées, des ondées, et en général des pluies de courte durée, tandis que les nimbus amènent les pluies persistantes.

10° *Stratus,* ou brouillards élevés. Nuages gris à formes confuses, qui ne donnent pas de pluie (ce seraient alors des nimbus) et qui ne reposent pas non plus directement sur le sol (ce seraient alors simplement des brouillards). Ce sont des lambeaux de stratus que l'on voit souvent flotter sur le flanc des montagnes. Ces nuages offrent toutes les transitions avec le brouillard proprement dit et souvent on voit un brouillard qui, après avoir séjourné quelques heures sur le sol, s'élève peu à peu et devient un stratus; le stratus est donc simplement un brouillard élevé, qui ne descend pas jusqu'au sol. Le temps gris d'hiver est produit par des stratus qui, lorsque l'air est calme et le baromètre élevé, peuvent persister sans interruption pendant de longues périodes.

Telles sont les formes principales des nuages; il est important d'apprendre à les bien distinguer, car la présence de tel ou tel nuage peut souvent donner sur le temps probable d'utiles indi-

Fig. 1. — Cirrus simple.

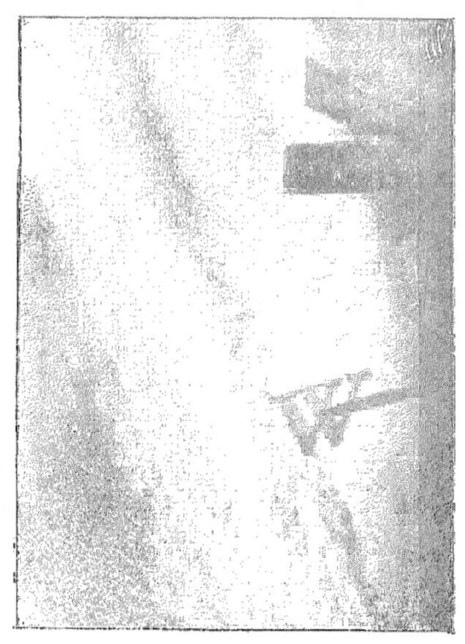

Fig. 2. — Cirrus fibreux.

Fig. 3. — Cirrus réunis en couches.

Fig. 4. — Cirrus en bandes.

(p. 214)

Fig. 1. — Cirrus précédant un orage.

Fig. 2. — Cirro-cumulus.

Fig. 1. — Alto-cumulus.

Fig. 2. — Alto-cumulus et cumulus.

Fig. 3. — Cumulus (beau temps).

Fig. 4. — Cumulus (mauvais temps).

Fig. 1. — Cumulo-nimbus.

Fig. 2. — Cumulo-nimbus et voile de cirro-stratus.

cations, comme nous en indiquerons quelques exemples en parlant de la prévision du temps.

En résumé, si l'on met à part les stratus, les nuages peuvent se diviser en neuf espèces, qui se rangent elles-mêmes en deux grands groupes : les nuages à formes divisées ou en boules, qui se présentent souvent par les beaux temps, et les nuages étalés ou en voile, qui accompagnent ou annoncent les temps pluvieux. Dans la première classe sont les cirrus, cirro-cumulus, alto-cumulus, strato-cumulus et cumulus; dans la seconde sont les cirro-stratus, alto-stratus, nimbus et cumulo-nimbus.

Pour terminer l'étude de la forme des nuages, il est bon d'indiquer qu'autant que possible on doit observer ces formes à une certaine hauteur au-dessus de l'horizon, ni trop haut, ni trop bas. Trop près de l'horizon, la forme réelle des nuages est très altérée par la perspective; des nuages séparés peuvent se projeter les uns sur les autres et paraître n'en former qu'un seul; de plus toutes les couches de nuages peu épaisses prennent l'apparence de longues bandes horizontales. Enfin, quand un nuage passe au zénith, on ne le voit plus que par sa face inférieure; sa forme véritable échappe donc complètement.

La classification que nous venons d'indiquer est basée uniquement sur la forme des nuages, c'est une classification empirique, commode pour les observateurs, mais qui ne tient aucun compte de la façon dont le nuage s'est formé, ni de sa hauteur. Il ne faudrait donc pas croire que tous les nuages, compris dans une même classe et désignés par un même nom, aient nécessairement même origine ni même signification; nous reviendrons sur cette question (§ 109) à propos des applications que l'on peut faire de l'étude des nuages à la prévision locale du temps.

63. **Hauteur et mouvements des nuages.** — La hauteur des nuages se mesure par une opération de triangulation, comme la distance de tout point inaccessible. De deux stations, distantes d'au moins 500^m, deux observateurs visent en même temps le même point du nuage avec des théodolites, et déterminent sa hauteur au-dessus de l'horizon et l'angle du plan vertical de visée avec celui qui passe par les deux stations; on a ainsi tous les éléments nécessaires pour le calcul de la position du nuage. Si

l'on répète la même opération à quelques secondes ou quelques minutes d'intervalle, la comparaison des deux positions donne le chemin parcouru par le nuage, c'est-à-dire la direction et la vitesse de son mouvement.

La mesure exacte de la hauteur et du mouvement des nuages n'est possible que dans des stations organisées d'une manière spéciale pour cet objet. Dans la plupart des postes météorologiques on se borne à mesurer la direction du mouvement des nuages; c'est un élément très important en Météorologie, puisqu'il peut seul nous donner des indications sur les courants qui règnent à une grande hauteur dans l'atmosphère. Comme l'effet de la perspective peut introduire de grandes erreurs dans l'estimation des directions faites à la simple vue, il faut, pour déterminer exactement la direction des nuages, employer des instruments dont le plus simple est le miroir à nuages ou néphoscope. C'est une plaque de verre noir dans laquelle se réfléchit l'image du nuage, sans que l'œil soit ébloui par la lumière du ciel. Cette plaque, placée bien horizontalement, est circulaire, divisée en degrés et la ligne $0° - 180°$ est orientée Nord-Sud. Sur le bord de ce miroir, est une tige verticale à coulisse, surmontée d'un œilleton; on règle la hauteur de cette tige et son orientation de manière que l'œil, placé derrière l'œilleton, aperçoive au centre du miroir l'image d'un certain point du nuage. On suit alors, sans déplacer la tige ni l'œilleton, la marche de cette image et on note la division du cercle par laquelle elle sort du miroir; cette division indique la direction du mouvement; le temps que l'image a mis à parcourir le rayon du miroir permet en outre d'évaluer la vitesse apparente de ce mouvement.

Nous indiquerons ultérieurement les relations qui existent entre la direction du mouvement des nuages et la circulation de l'air dans les tempêtes. Quant à la hauteur des nuages, elle varie beaucoup, pour une même espèce de nuages, suivant les circonstances. Toutefois on a reconnu que, pour chaque espèce de nuages, les hauteurs oscillent autour d'une certaine valeur moyenne, qui est propre à chaque espèce et qui diffère notablement de la hauteur moyenne des autres espèces. Les mesures les plus nombreuses, qui ont été faites jusqu'à ce jour en Suède et aux États-Unis, ont fourni les résultats suivants pour la hauteur moyenne des différentes espèces de nuages en été :

		Suède.	États-Unis.
		m	m
Cirrus		8500	9920
Cirro-stratus	supérieurs	9250	8750
	inférieurs	5200	6480
Cirro-cumulus		6400	7610
Alto-cumulus	supérieurs	5700	6410
	inférieurs	2750	3170
Strato-cumulus		2060	2000
Cumulo-nimbus	sommet	2670	»
	base	1400	1200
Cumulus	sommet	2020	2180
	base	1390	1470
Nimbus		1600	710
Stratus		810	580

On remarquera que, dans ce Tableau, il y a deux indications très différentes pour la hauteur moyenne de deux classes de nuages, les cirro-stratus et les alto-cumulus; c'est qu'en effet la hauteur de ces deux classes de nuages semble osciller autour de deux valeurs moyennes et non pas d'une seule, comme pour les autres classes. Il y aurait donc pour les cirro-stratus (et de même pour les alto-cumulus) deux sous-genres, caractérisés par des hauteurs différentes où les conditions seraient particulièrement favorables à la formation de cette classe de nuages.

Bien entendu, les nombres que nous venons de donner ne doivent être considérés que comme des valeurs moyennes, dont la hauteur réelle d'un nuage peut s'écarter beaucoup à un moment donné. Par exemple, la hauteur moyenne donnée pour les cirrus aux États-Unis en été est 9900^m; mais on a observé en réalité une série de valeurs comprises entre les limites extrêmes de 5390^m et 14930^m; pour la base des cumulus, la plus petite et la plus grande altitude ont été respectivement 600^m et 3580^m, avec une valeur moyenne de 1470^m, et ainsi de suite.

La hauteur des nuages éprouve, dans le cours de l'année, une variation très nette : une même couche de nuages est, en moyenne, à une altitude plus grande en été qu'en hiver. Cela se comprend aisément, car l'air, en même temps qu'il est plus chaud, est généralement plus sec en été qu'en hiver; il faut donc s'élever davantage pour rencontrer une couche d'air assez froide où commence la condensation. Les mesures faites à Blue Hill (États-Unis) montrent nettement cette variation diurne : la base des cumulus y est en moyenne à 1380^m en hiver, à 1470^m en été ; les cirro-cumulus sont à 6990^m en hiver, à 7610^m en été ; pour les cirrus, les hauteurs moyennes correspondantes sont respectivement 8050^m et 9920^m, et ainsi de suite.

La température et l'humidité, qui sont la cause de la variation annuelle de la hauteur des nuages, produisent de même une variation diurne bien nette : la hauteur des nuages augmente depuis le matin jusqu'au soir et diminue ensuite pendant la nuit. Ainsi, on a obtenu les hauteurs suivantes pour différentes espèces de nuages à 8^h du matin, 1^h et 7^h du soir.

Heures.	Cirrus.	Cirro-cumulus.	Alto-cumulus.	Nimbus.
	m	m	m	m
8^h matin	8700	6020	3780	1180
1^h soir	8760	6570	4260	1550
7^h soir	9500	6230	4000	2160

Les cumulus se forment, comme nous l'avons dit, par des courants ascendants qui amènent la condensation de la vapeur d'eau ; ils sont donc le plus fréquents au milieu de la journée, alors que, le sol étant fortement échauffé, les courants ascendants se développent plus aisément. En été, par exemple, tandis que le ciel est parfaitement pur le matin, on voit fréquemment les cumulus se former vers 9^h ou 10^h ; leur nombre et leur grandeur augmentent ensuite pendant toute la journée en même temps que leur altitude et leur épaisseur, ce qui ressort nettement des mesures suivantes de l'altitude de la base et du sommet des cumulus à diverses heures.

Heures.	Altitude.		Épaisseur.
	de la base.	du sommet.	
	m	m	m
8^h matin	1090	1300	210
Midi	1270	1840	570
2^h soir	1550	2090	540
5^h soir	1700	1760	60

Enfin les différentes espèces de nuages ne sont pas également fréquentes à tous les moments de la journée. Les espèces basses dominent le matin et les espèces élevées dans la journée; ainsi la proportion des cirro-cumulus aux cirrus est plus grande le matin et diminue dans la journée, tandis qu'inversement la proportion relative des cirro-stratus par rapport aux cirrus augmente du matin au soir.

64. Nébulosité; mesure de la nébulosité. — La fréquence relative des nuages, indépendamment de leurs formes, est un élément important à considérer en Météorologie, car les conditions climatologiques seront toutes différentes dans des pays où le ciel est généralement beau ou couvert. On désigne sous le nom de *degré de nébulosité* ou simplement de *nébulosité* la fraction du ciel qui est à un moment donné couverte par les nuages, quelle que soit leur nature. Cette nébulosité est appréciée à l'estime et notée en chiffres de o à 10, o désignant un ciel où il n'y a aucun nuage et 10 un ciel complètement couvert; le chiffre 5 indiquerait, par exemple, un ciel dont les cinq dixièmes, ou la moitié, sont occupés par les nuages. Malgré ce que cette évaluation à l'estime peut paraître comporter d'arbitraire, les appréciations de deux observateurs exercés ne diffèrent généralement pas d'une unité; on peut donc recueillir ainsi des nombres comparables d'un pays à l'autre.

Dans un certain nombre d'observatoires on note un autre élément qui a certains rapports avec la nébulosité : c'est le nombre d'heures pendant lesquelles le Soleil a brillé chaque jour. On a imaginé différents instruments qui enregistrent ainsi la durée de l'insolation; un des plus simples et des plus employés est l'héliographe de Campbell.

Cet instrument se compose d'une sphère de verre que l'on place, sur un support vertical, dans un endroit bien découvert de tous côtés, de façon que l'on puisse y voir le Soleil, depuis son lever jusqu'à son coucher. Une bande de carton est disposée derrière cette boule, sur une monture sphérique concentrique, à une distance convenable pour que le foyer de la boule se trouve sur la bande. Le carton est alors carbonisé à l'endroit où se forme l'image du Soleil et, comme cette image se déplace par suite du mouvement diurne, il se produit sur le carton une trace noire dont les positions successives dessinent un arc de cercle. Si le Soleil luit sans interruption, la trace noire est continue; sinon elle se compose de taches séparées, dont la position et la longueur indiquent les moments où le Soleil a brillé et la durée de chaque éclaircie.

On peut encore, au lieu d'employer une bande de carton qui se carbonise, enregistrer la trace des rayons solaires sur une bande de papier sensible à la lumière; cette disposition est réalisée dans l'héliographe de Jordan.

En divisant le nombre d'heures de présence effective du Soleil dans un mois donné, relevé sur les feuilles de l'héliographe, par la somme des durées des jours du mois, on obtient une fraction, dite *fraction d'insolation,* qui représente la proportion du temps pendant lequel le Soleil a brillé réellement à celui pendant lequel il aurait brillé s'il n'y avait eu aucun nuage pendant le mois. La fraction d'insolation a une certaine relation avec la nébulosité; en la retranchant de l'unité et multipliant le reste par 10 on obtient un nombre qui est assez voisin de la nébulosité moyenne du mois. Par exemple, si la fraction d'insolation pour un mois donné est $0,48$, le nombre $(1 - 0,48) \times 10 = 5,2$ ne diffère pas beaucoup de la nébulosité moyenne du mois, estimée comme nous l'avons indiqué plus haut.

En recevant pendant toute la nuit l'image des étoiles voisines du pôle sur une plaque photographique fixe on obtient comme image des arcs de cercle continus s'il n'y a pas eu de nuages; ces arcs de cercle, au contraire, sont interrompus toutes les fois que l'étoile a été cachée; on peut donc avoir ainsi pour la nuit des données qui complètent celles que l'héliographe fournit pour le jour.

65. Variation diurne et variation annuelle de la nébulosité. — La variation diurne de la nébulosité est un phénomène assez complexe, parce que certaines espèces de nuages présentent des variations diurnes inverses, comme nous l'avons indiqué précédemment; aussi ne peut-on guère formuler de lois simples un peu générales.

Le plus souvent, dans les pays continentaux, la variation diurne de la nébulosité est caractérisée par une oscillation unique, qui présente son maximum vers le milieu du jour et son minimum le soir. Nous prendrons comme exemple Paris, où la variation diurne de la nébulosité est représentée dans la *fig.* 61 pour les deux mois de janvier et de juillet. En janvier (courbe 1) le maximum se produit entre 10^h et midi, tandis qu'il retarde jusqu'à 2^h du soir en juillet; dans les deux mois le minimum a lieu vers 11^h du soir; enfin l'amplitude est beaucoup plus grande en été qu'en hiver : en janvier, la nébulosité reste comprise entre les valeurs extrêmes 6,5 et 7,2; l'amplitude est donc seulement 0,7, tandis qu'elle atteint 2,0 en juillet, où les valeurs extrêmes sont 4,2 et 6,2.

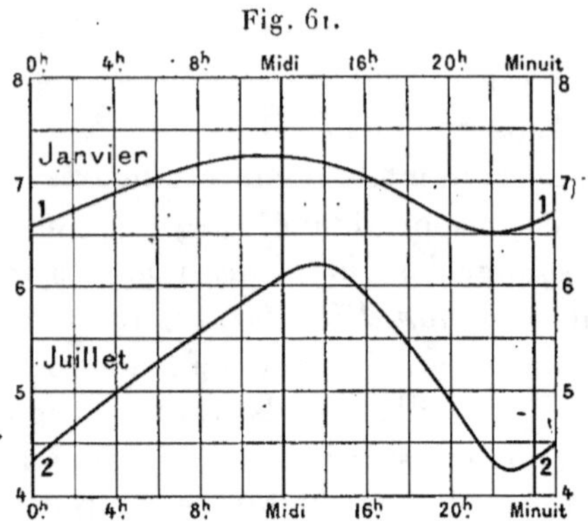

Dans la plupart des stations la variation diurne de la nébulosité présente des caractères analogues à ceux que nous venons d'indiquer pour Paris; seulement les heures du minimum et du maximum changent un peu. Quelquefois on observe une variation diurne plus compliquée, caractérisée par une double oscillation, mais les deux maxima et les deux minima sont loin d'avoir la même importance : le maximum principal se présente tantôt le matin (comme à Vienne), tantôt à midi (comme à Tiflis); quant au minimum principal il se produit invariablement dans la soirée.

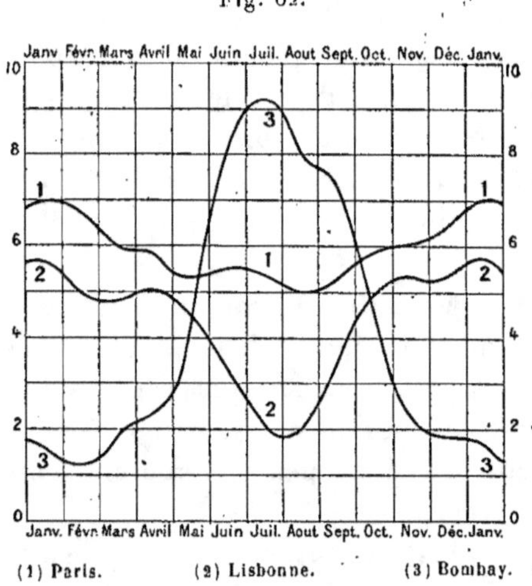

La variation annuelle de la nébulosité peut être très différente d'un pays à l'autre. La *fig.* 62 représente cette variation pour Paris, Lisbonne et Bombay. A Paris (courbe 1) la variation est assez irrégulière; on remarque toutefois

un maximum principal (7,0) en janvier et février et un minimum
principal (5,1) en août. A Lisbonne (courbe 2) les caractères
généraux sont les mêmes qu'à Paris, mais la courbe est plus régulière et il y a un bien plus grand écart entre les valeurs absolues
du maximum (5,7) en janvier et du minimum (1,9) en août.
Enfin à Bombay (courbe 3) les caractères sont presque entièrement opposés : le minimum (1,3) se présente en février et le maximum (9,1) en juillet. Nous n'insisterons pas ici sur les causes de
la variation annuelle de la nébulosité, car cette variation offre la
plus grande analogie avec celle de la pluie, que nous étudierons
ultérieurement en détail.

La variation annuelle de la nébulosité peut présenter des caractères presque opposés dans des pays même voisins, si les conditions topographiques diffèrent notablement. C'est ainsi qu'à
Genève comme, du reste, dans toute l'Europe centrale, la nébulosité est la plus grande en hiver et la plus faible en été ; au Grand
Saint-Bernard, au contraire, le minimum se produit en hiver et le
maximum en avril et mai. En hiver, en effet, les nuages sont relativement bas ; sur les montagnes suffisamment élevées, on se trouve
donc le plus souvent au-dessus des nuages ; la nébulosité y est alors
très faible, tandis qu'elle est grande dans les régions basses, qui
sont en dessous des nuages. En été, au contraire, les nuages sont
beaucoup plus élevés, la nébulosité tend donc à s'égaliser entre
les plaines et les montagnes ; il arrive même souvent que les
nuages se forment de préférence autour des montagnes, qui présentent alors une nébulosité moyenne plus grande que les plaines
voisines.

A Paris, les valeurs extrêmes des moyennes mensuelles de la
nébulosité observées jusqu'ici sont d'une part 8,6 (février 1879
et décembre 1880) et de l'autre 2,0 (septembre 1895). La
moyenne générale est 6,0.

66. Distribution de la nébulosité à la surface du globe. — Si
la surface du globe avait partout la même nature, les lignes
d'égale nébulosité, ou *isonèphes,* seraient, comme les isothermes
et les isobares, des parallèles de la sphère terrestre ; la nébulosité
varierait de la même manière sur tous les méridiens. La distribution de la nébulosité serait alors la suivante : il existerait un

premier maximum de nébulosité à l'équateur, de part et d'autre duquel la nébulosité irait en diminuant; entre 15° et 30° de latitude (nord ou sud) serait une zone de nébulosité minimum; entre 35° et 50° il y aurait une nouvelle zone très nuageuse, au delà de laquelle la nébulosité devrait diminuer peu à peu jusqu'au pôle; enfin toutes ces zones se déplaceraient un peu en latitude dans le courant de l'année, en suivant le mouvement annuel du Soleil.

Cette distribution théorique de la nébulosité se déduit facilement de celles de la température et de la pression. La zone nuageuse de l'équateur est due au mouvement ascendant de l'air qui se produit dans cette région; cet air, chaud et contenant une grande quantité de vapeur d'eau, se refroidit par détente en montant et la vapeur d'eau dont il est chargé se condense en nuages. De part et d'autre de l'équateur, comme nous l'avons vu précédemment (§ 46), il existe deux zones où l'air tend à descendre vers le sol; l'air froid des hautes régions de l'atmosphère, contenant déjà très peu de vapeur d'eau, se réchauffe en descendant et s'éloigne ainsi de plus en plus du point de saturation, ce qui explique la rareté des nuages et l'existence d'une zone de nébulosité minimum au-dessus de tout maximum de pression. Entre 35° et 50° les vents généraux ont une composante dirigée de l'équateur vers les pôles; l'air s'élève donc en latitude et, par suite, se refroidit, se rapproche de plus en plus de la saturation et se charge de nuages, ce qui amène une zone de nébulosité maximum. Au delà enfin, dans les régions polaires, où la température est très basse, il n'y a plus dans l'air qu'une quantité de vapeur d'eau trop petite pour former beaucoup de nuages; on observera donc surtout des brouillards bas et la nébulosité proprement dite redeviendra très faible.

En réalité les phénomènes sont beaucoup plus complexes à cause de l'irrégularité de la distribution des terres et des mers. A latitude égale, la nébulosité doit évidemment être moindre au milieu des grands continents que sur les océans. Toute côte élevée opposée à un vent marin donne naissance à un maximum relatif de nébulosité, en forçant l'air humide de la mer à prendre un mouvement ascendant; inversement, toute partie de mer sur laquelle souffle un vent continental offre, par rapport aux mers voisines, un minimum de nébulosité. Toutes ces conclusions, que l'on peut du reste formuler *a priori,* ressortent nettement de l'examen des Cartes de la distribution de la nébulosité sur toute la Terre que M. Teisserenc de Bort a tracées pour chacun des mois et l'année moyenne.

La région où la nébulosité moyenne est la plus faible comprend tout le nord de l'Afrique, le Sahara, l'Égypte et l'Arabie ; la nébulosité moyenne y est inférieure à 2 ; d'autres minima analogues, mais bien moins étendus, se remarquent dans le sud de l'Afrique et en Australie.

La région de nébulosité maximum, où la moyenne dépasse 7, s'étend sur le nord de l'Atlantique et l'océan Arctique ; elle est limitée au sud par Terre-Neuve, l'Irlande, l'Écosse, la Norvège et la Nouvelle-Zemble ; au nord par le Spitzberg, l'Islande et la pointe méridionale du Groenland. Une autre région analogue, où la nébulosité moyenne dépasse 7, se retrouve dans le nord-est de l'océan Pacifique, sur les îles Aléoutiennes et les côtes méridionales de l'Alaska. Dans l'hémisphère sud la nébulosité moyenne dépasse encore 7, tout autour de la Terre, sur les mers australes vers 45° ou 50° de latitude.

Enfin la moyenne générale de la nébulosité pour toute la Terre ne paraît pas s'écarter beaucoup de 5, ce qui veut dire que les nuages cacheraient en moyenne la moitié de la surface de notre globe à un observateur situé loin de la Terre dans l'espace.

67. Brouillard. Brume. — Nous avons indiqué (§ 61) les différents modes de formation et la constitution des brouillards. Ils sont formés, comme nous l'avons dit, de petites gouttes d'eau pleines, dont le diamètre moyen est d'environ un cinquantième de millimètre. Ces particules, selon qu'elles sont plus ou moins nombreuses dans une masse d'air donnée, enlèvent à cet air sa transparence. Comme il est très difficile de mesurer la grandeur et le nombre des gouttelettes d'eau qui constituent les brouillards, on se borne à évaluer l'opacité d'un brouillard par la distance à laquelle il masque les objets. Ainsi on appellera brouillard de 5o^m, de 1oo^m, etc., celui qui empêchera complètement de discerner des objets placés à 5o^m ou 1oo^m.

On a fait quelques déterminations de la quantité totale d'eau liquide qui est contenue dans un volume donné d'air pendant les brouillards. Il suffit pour cela d'employer la méthode de l'hygro-mètre chimique (§ 51) : on fait passer un volume d'air déterminé dans des tubes contenant des substances avides d'eau, pierre ponce imprégnée d'acide sulfurique, ou acide phosphorique an-hydre ; l'augmentation de poids des tubes donne la quantité totale d'eau qui existait dans l'air à l'état de liquide ou de vapeur ; en retranchant de cette quantité totale le poids de la vapeur, on a le poids de l'eau liquide. Le poids de la vapeur est du reste connu sans qu'on ait besoin de le mesurer, car l'air est le plus souvent saturé au moment des brouillards persistants.

On trouve ainsi que le poids de l'eau liquide contenue dans un mètre cube d'air pendant les brouillards est presque toujours notablement plus petit que le poids de la vapeur d'eau qui existe au même moment dans l'air. Par exemple, les déterminations de Schlagintweit dans le massif du mont Rose ont donné des quan-tités d'eau liquide de $1^{gr},35$ à $3^{gr},83$ par mètre cube d'air, le poids de vapeur d'eau variant de $3^{gr},90$ à $4^{gr},33$; de même les expériences de Fugger à Salzburg ont donné, par mètre cube d'air, un poids d'eau liquide variant de $1^{gr},25$ à $3^{gr},55$, toujours inférieur aussi au poids de la vapeur. Si l'on suppose que chaque gouttelette d'eau a un diamètre de $0^{mm},02$ on trouve que 1^{gr} d'eau correspond à 23800000 gouttelettes. Un mètre cube d'air, qui contiendrait 4^{gr} d'eau liquide, ne renfermerait pas tout à fait 100000000 de gouttelettes, soit moins d'une pour un volume de 10^{mmc} ; or 4^{gr} d'eau liquide est une quantité supérieure à celles que l'on trouve en réalité ; on voit ainsi, que même dans un brouillard très épais, la distance moyenne des gouttelettes (plus de 2^{mm}) est plus de cent fois plus grande que leur diamètre. On ne possède encore que très peu de mesures de ce genre ; il serait intéressant de les multiplier et de rechercher s'il existe des rela-tions entre l'opacité d'un brouillard et le nombre et la grosseur des gouttelettes liquides qui le constituent.

Il ne faut pas confondre avec le brouillard un phénomène très différent, qui est fréquent surtout par le beau temps, et que l'on appelle la *brume*. Tandis que le ciel est clair au zénith, les objets à l'horizon sont plus ou moins masqués par une sorte de voile jaunâtre ou grisâtre qui, dans certains pays, peut acquérir assez d'opacité pour rendre invisibles des objets relativement assez rapprochés; c'est ainsi qu'en Afrique des collines et même des montagnes ont été entièrement dissimulées aux voyageurs par ce phénomène de la *brume,* que l'on appelle aussi quelquefois *brouillard sec.* On n'est pas encore entièrement fixé sur la nature de la brume, dont les origines peuvent être, du reste, très différentes. Il paraît probable qu'elle est causée le plus souvent par de grandes différences dans la température des filets d'air voisins. Si le sol est fortement échauffé, il s'élève au-dessus de lui des filets d'air dont les températures sont différentes d'un point à un autre; ces filets d'air dévient irrégulièrement les rayons lumineux de tous côtés et leur ensemble, même en l'absence de toute poussière solide, constitue un milieu trouble. Ce serait ainsi un phénomène tout à fait analogue à celui qu'on observe quand on regarde à travers un vase contenant de l'eau et du sucre et que l'on agite modérément; il est impossible de rien distinguer tant que le sucre n'est pas entièrement fondu et que la composition du liquide n'est pas devenue homogène. Bien entendu si l'air contient en suspension de la poussière, le phénomène pourra être bien plus marqué; c'est à cette poussière qu'il faut attribuer surtout la brume que l'on remarque souvent au-dessus des grandes villes.

Dans certaines régions de l'Afrique et de l'Amérique, les indigènes incendient périodiquement, pour les défricher, d'immenses étendues de prairies ou de brousses; il en résulte des fumées extrêmement épaisses que le vent dissémine au loin et qui produisent des brumes persistantes d'une nature toute particulière.

CHAPITRE III.

68. Formation et mesure de la pluie. — Nous avons vu précédemment (§ 57, 58, 59, 60) dans quelles conditions la vapeur d'eau contenue dans l'atmosphère se condense en gouttelettes. La condensation peut s'effectuer par refroidissement direct, par détente ou par mélange. Aux modes de refroidissement direct déjà indiqués, il convient d'ajouter la chute, à travers une couche d'air humide, de pluie très froide, ou des aiguilles de glace qui constituent les cirrus. Nous avons expliqué aussi que les gouttelettes, produites directement par la condensation, sont pleines et tombent d'autant plus lentement qu'elles sont plus petites. Comme elles rencontrent généralement en tombant des couches d'air plus chaudes et non saturées, les gouttelettes s'y dissolvent si leurs dimensions sont suffisamment petites pour que leur vitesse de chute soit très faible. Mais si plusieurs gouttelettes se réunissent en une goutte unique dont la dimension dépasse une certaine limite, la vitesse de chute s'accroît beaucoup; la goutte peut alors tomber jusqu'au sol; c'est le phénomène de la pluie.

Les gouttes de pluie ont des dimensions très variables; elles sont généralement plus grosses en été qu'en hiver, dans les pays chauds que dans les pays froids; on conçoit, en effet, qu'elles soient d'autant plus grosses qu'elles se sont produites dans un air plus chaud, contenant une plus grande quantité de vapeur d'eau.

Dans une même averse, les gouttes ont toutes à peu près la même dimension; les plus petites, tombant plus lentement, sont rattrapées et absorbées par les plus grosses, de sorte qu'au bout d'un temps assez court la pluie n'est plus composée que de gouttes peu différentes, possédant sensiblement la même vitesse de chute. On comprend de même pourquoi, dans les averses d'orage, les

premières gouttes qui parviennent au sol sont plus grosses que
les autres.

On attribue fréquemment à l'électricité un certain rôle dans la
formation des gouttes de pluie. Les gouttelettes qui composent un
nuage, électrisées toutes de la même façon, se repousseraient et
ne pourraient de la sorte se fusionner en gouttes plus grosses,
capables de tomber jusqu'au sol. Si l'électrisation vient à disparaître par suite d'une décharge brusque ou par l'action d'un nuage
électrisé de signe contraire, les gouttelettes peuvent alors se réunir
et la pluie commence. Cette hypothèse rend bien compte, par
exemple, des averses soudaines que, pendant les orages, on voit
commencer immédiatement après un éclair. Il est à remarquer
que, dès que la pluie a commencé, elle a pour effet d'enlever au
nuage une partie de son électricité, et, par suite, de rendre plus
facile encore la réunion des gouttelettes en gouttes. Bien que le
rôle de l'électricité dans la formation de la pluie soit encore mal
connu, il ne saurait être nié, au moins dans certains cas particuliers ; c'est une question qui mérite d'être étudiée d'une manière
complète.

La quantité de pluie est toujours exprimée en Météorologie par
la hauteur que l'eau tombée occuperait sur le sol si elle y séjour-
nait sans s'infiltrer ni s'évaporer. On évalue cette hauteur en prenant le millimètre comme unité ; si l'on veut ensuite exprimer la
quantité de pluie en volumes ou en poids, on se souviendra
qu'une couche d'eau d'un millimètre représente, pour une surface
d'un mètre carré, un volume d'un litre ou un poids d'un kilo-
gramme.

Les pluviomètres se composent d'un récipient, de formes variables, surmonté d'un entonnoir que termine une bague circulaire travaillée avec soin et à bord presque tranchant, de façon
que le cercle qu'elle limite ait une surface déterminée d'une
manière précise. Dans le modèle le plus répandu en France la
bague a $0^m,226$ de diamètre, de sorte que la surface qui recueille
l'eau de pluie est exactement de 4^{dmq} ; il suffit de verser dans une
éprouvette graduée l'eau recueillie ; en divisant par 40 le volume
de cette eau exprimé en centimètres cubes, on a la hauteur de la
couche d'eau en millimètres.

Dans d'autres pluviomètres on évalue directement, au moyen

d'une division métrique, la hauteur d'eau recueillie dans le récipient; pour rendre la mesure plus précise, le récipient a, par exemple, une section dix fois plus petite que la bague de l'entonnoir; la hauteur de pluie se trouve donc multipliée par 10; on la mesure au moyen d'un tube de niveau muni d'une échelle. On pourrait encore peser l'eau recueillie.

Le pluviomètre doit être placé dans un lieu découvert, mais pas trop exposé au vent, loin d'arbres, de murs ou de bâtiments élevés, de façon qu'il ne soit dominé d'aucun côté à petite distance. La bague de l'entonnoir, parfaitement horizontale, est à une hauteur d'environ 1^m ou $1^m,5o$ au-dessus du sol. Dans aucun cas on ne doit installer le pluviomètre sur un toit ou une terrasse; on a reconnu, en effet, que, par suite des remous que le vent éprouve toujours dans le voisinage d'un toit, un pluviomètre placé dans ces conditions reçoit beaucoup moins d'eau qu'un instrument bien exposé à une petite hauteur au-dessus du sol. Enfin, il faut relever les indications d'un pluviomètre peu de temps après la fin de la pluie, pour éviter une perte d'eau par évaporation.

La neige et la grêle se mesurent, comme la pluie, par la hauteur de la couche d'eau liquide provenant de leur fusion. Il est intéressant d'y joindre, pour la neige, l'indication de l'épaisseur que la couche de neige atteint sur le sol; mais cette indication ne suffirait pas à elle seule, car la neige peut être plus ou moins tassée; il n'y a que la mesure de l'eau de fusion qui fournisse une donnée bien définie. Nous reviendrons du reste sur ce point à propos de l'étude particulière de la neige.

Généralement, dans les Tableaux météorologiques, on additionne, sans les distinguer, les hauteurs d'eau fournies par la pluie proprement dite, les brouillards humides, la neige et la grêle, de sorte que les nombres donnés pour hauteur de pluie comprennent toute l'eau qui est tombée, sous quelque forme que ce soit. Ce total est, dans quelques pays étrangers, désigné sous le nom général de *précipitation*.

69. Variation diurne de la pluie. — Dans l'étude de la variation diurne de la pluie il y a deux éléments différents à considérer : la fréquence de la pluie et son intensité; on conçoit, en effet, que ces deux éléments puissent ne pas varier de la même façon et qu'à certaines heures la pluie soit plus fréquente, mais moins abondante.

On possède encore peu de renseignements généraux sur la variation diurne de la fréquence de la pluie dans les différentes parties du globe. A Paris, elle présente en moyenne deux maxima et deux minima, du reste assez peu tranchés. La pluie est la plus fréquente vers 6^h du matin et entre 4^h et 6^h du soir; à ces deux époques la probabilité de la pluie est un peu plus grande que 0,10, c'est-à-dire qu'on a un peu plus de dix chances sur cent qu'il tombe de la pluie. Les deux minima de fréquence sont l'un entre 11^h du soir et 1^h du matin, l'autre vers midi; à ces moments les chances de pluie sont seulement de sept à huit sur cent. Il est difficile de donner les raisons de cette répartition horaire de la fréquence de la pluie, qui paraît cependant assez générale, au moins en Europe, car on la retrouve, à peu près avec les mêmes caractères, à Greenwich, à Coïmbre et à Vienne.

La variation diurne de l'intensité de la pluie a été également assez peu étudiée en général. A Paris, elle présente deux types très distincts : celui d'hiver et celui d'été.

En hiver, la plus grande quantité de pluie tombe le matin, de 3^h à 9^h, et la moindre dans l'après-midi, de midi à 6^h du soir; le rapport des quantités de pluie reçues respectivement dans ces deux périodes, de durée égale, est sensiblement celui de 3 à 2. Dans l'hiver, la pluie tombe donc surtout à l'heure où la température est la plus basse et l'humidité relative la plus grande, ce qui paraît très naturel.

Il en est tout autrement dans la saison chaude : la pluie tombe alors en beaucoup plus grande quantité au milieu du jour, au moment où l'humidité relative est la moindre et la température la plus élevée. La quantité de pluie recueillie entre 3^h et 6^h du soir est plus que triple de celle qui tombe entre 6^h et 9^h du matin. La cause de cette distribution de la pluie est évidente : en été, les pluies, surtout les plus intenses, sont amenées par des orages, qui éclatent précisément de préférence aux heures les plus chaudes de la journée.

La position, maritime ou continentale, de la station paraît jouer un grand rôle dans la variation diurne de la pluie. Sur les côtes du golfe de Gascogne on ne retrouve plus, en été, le maximum de l'après-midi, si net à Paris; dans cette région le maximum se présente toute l'année le matin, comme à Paris pendant l'hiver. Il serait très intéressant que cette étude de la répartition horaire de la pluie fût entreprise dans un grand nombre de stations appartenant à des climats très différents.

70. Classification générale des pluies. — Nous nous occuperons seulement d'abord de la quantité totale de pluie reçue dans chaque station pendant une année moyenne; nous étudierons postérieurement de quelle manière cette eau se répartit entre les différentes saisons, c'est-à-dire la variation annuelle de la pluie.

D'après ce que nous avons vu précédemment, la pluie prend naissance à peu près exclusivement sous l'action du froid produit par la détente qui accompagne les mouvements ascendants de l'air. Le refroidissement direct et le mélange de deux masses d'air ne donnent qu'une faible quantité d'eau liquide et ne jouent ainsi qu'un rôle secondaire dans la formation de la pluie. Suivant leur origine, les mouvements ascendants et avec eux les pluies qui en résultent peuvent être rangés en trois classes différentes :

1° *Pluies de convection,* produites par les courants ascendants réguliers, qui sont la conséquence des mouvements généraux de l'atmosphère. A ces pluies de convection produites par les mouvements ascendants s'ajoutent les pluies dues au refroidissement direct de l'air qui passe d'une région chaude dans une région plus froide.

2° *Pluies cycloniques,* produites par les mouvements ascendants qui accompagnent les perturbations de l'état normal de l'atmosphère, dépressions barométriques, tempêtes, orages, etc. Une petite partie de ces pluies cycloniques peut être également produite, non plus par les mouvements ascendants, mais par le mélange de masses d'air dans des conditions différentes de température et d'humidité.

3° *Pluies de relief,* produites par les mouvements ascendants, d'origine purement locale, qui naissent lorsqu'un courant d'air vient heurter les reliefs du sol, les chaînes de montagnes.

Nous examinerons successivement ces trois classes de pluies.

Nous avons vu (§ 46 et 47) qu'en certaines régions du globe il se produit régulièrement des courants verticaux, ascendants ou descendants. Tantôt ces courants sont permanents et durent toute l'année en se déplaçant seulement un peu (courants ascendants de la zone équatoriale; courants descendants des zones subtropicales); tantôt ils changent de sens d'une saison à l'autre (moussons). Ces courants exercent nécessairement une grande influence sur le régime des pluies.

La zone équatoriale, siège de courants ascendants permanents, est, par cela même, une zone de grandes pluies. Ces pluies seront non seulement à peu près constantes toute l'année, mais très abondantes, car l'air très chaud des régions équatoriales contient une grande quantité de vapeur d'eau et par suite en abandonne beaucoup sous forme de pluie par le refroidissement. La zone équatoriale de pluie ne reste pas absolument fixe toute l'année; elle éprouve, comme la zone des calmes avec laquelle elle coïncide, une oscillation autour de sa position moyenne, remonte vers le nord et descend vers le sud en même temps que le Soleil.

De part et d'autre de l'équateur, vers les latitudes de 30° N et S, existent deux autres zones de calmes, mais où l'air a un mouvement descendant. A mesure que l'air descend, sa température s'élève, il s'éloigne de plus en plus de la saturation et, par suite, ne peut donner de pluie; les deux zones de calmes subtropicaux seront donc très sèches. Enfin au delà de ces zones jusque vers les pôles le vent a, dans les deux hémisphères, au voisinage de la terre, une composante dirigée de l'équateur vers les pôles (vents de SW de l'hémisphère nord, de NW de l'hémisphère sud). En soufflant à la surface de la mer, ces vents, d'abord secs, se chargent d'humidité et redeviennent ainsi capables de donner de la pluie à mesure qu'ils s'éloignent des zones sèches subtropicales. Mais en même temps l'air se refroidit à mesure qu'il gagne des latitudes de plus en plus hautes; il ne peut plus contenir, même à l'état de saturation, que des quantités d'eau de plus en plus petites. La pluie, après avoir été d'abord en augmentant, doit donc diminuer ensuite à mesure que l'on continue à s'élever en latitude, et devenir très faible dans les régions polaires. On peut ainsi conclure, des lois de la circulation générale de l'atmosphère, que, sur un globe qui serait entièrement recouvert d'eau, la quantité annuelle de pluie serait très faible vers les pôles;

elle augmenterait progressivement jusqu'à une certaine latitude (de 50° à 40°) où il y aurait, dans chaque hémisphère, une zone de maximum de pluie; au delà, la pluie diminuerait rapidement jusque vers 30°, où il y aurait une zone sèche, correspondant aux calmes subtropicaux à vent descendant. Enfin, la pluie augmenterait très vite jusqu'à l'équateur, où l'on observerait une zone de pluies constantes et très abondantes; le maximum équatorial serait, à cause de la température, beaucoup plus élevé que le second maximum des latitudes moyennes.

Les vents saisonniers (moussons) ont aussi une grande influence sur la pluie. En été le vent souffle, tout autour des continents, de la mer vers la terre; il arrive donc très humide sur les continents, où se produit un mouvement ascendant (§ 47), ce qui amène des pluies abondantes. En hiver, au contraire, l'air descend au-dessus des continents et souffle de la terre vers la mer, conditions contraires à la production de la pluie. Les grands continents auront donc une saison pluvieuse en été et une saison sèche en hiver.

Une autre cause de la production de la pluie par convection se rencontre dans la diminution de vitesse des courants atmosphériques. Si un courant de section donnée passe par exemple de la mer, où sa vitesse est grande, sur un continent, où elle diminue par suite du frottement, il faut, pour que le débit de l'air soit partout le même, que la hauteur du courant augmente d'autant plus que sa vitesse devient plus petite; il y a donc là une cause d'ascension progressive de l'air et, par suite, production de pluie. C'est probablement par ce mécanisme que les courants des alizés, en passant de l'Atlantique sur le Brésil, continuent à verser des quantités de pluie considérables dans tout le bassin de l'Amazone, où la pluie ne diminue guère depuis les côtes jusqu'au haut du bassin.

Enfin, la direction générale du vent exerce également une influence notable sur l'intensité des pluies; les pluies seront faibles sur toutes les côtes où le vent a une composante notable dirigée des pôles vers l'équateur, parce que l'air se réchauffe à mesure qu'il se rapproche de l'équateur et, par suite, s'éloigne de la saturation (côtes du Maroc et du Sahara, côte occidentale de l'Afrique du Sud, nord du Chili et Pérou). Au contraire, les pluies seront renforcées sur les côtes où le vent a une composante notable dirigée de l'équateur vers les pôles, parce que l'air chaud et humide, venant des régions équatoriales ou tropicales, pourra abandonner de grandes quantités d'eau en s'élevant en latitude et, par suite, en se refroidissant (côtes orientales des États-Unis, sud du Chili, etc.).

On voit, par ces exemples, le grand rôle que jouent les mouvements généraux de l'atmosphère dans la production des pluies. Les pluies de convection sont les plus importantes, celles qui expliquent surtout les grands traits de la répartition générale de la pluie à la surface du globe.

Les *pluies cycloniques* sont amenées par le passage des cyclones et des tempêtes. Elles jouent, en moyenne, un rôle très restreint dans les régions intertropicales, où ces phénomènes sont rares; elles deviennent au contraire très importantes dans les latitudes supérieures à 30°. Nous verrons plus tard que les tempêtes ou dépressions barométriques ont une tendance à suivre certaines routes déterminées; elles apportent, sur leur parcours moyen, une grande quantité de pluie, qui peut parfois renverser la distribution normale due aux pluies de convection. C'est ainsi que, dans l'ouest de l'Europe, les pluies de convection devraient diminuer du sud au nord, en même temps que la température, comme nous l'avons indiqué plus haut. Mais la trajectoire principale des dépressions passe au nord des Iles Britanniques; les pluies cycloniques sont donc beaucoup plus intenses dans cette région que plus au sud; cette augmentation, vers le nord, des pluies cycloniques compense, et au delà, la diminution des pluies de convection, et l'on s'explique ainsi pourquoi la hauteur moyenne de la pluie est beaucoup plus grande sur les côtes occidentales de l'Écosse et de l'Irlande que sur celles de la France.

Les pluies dites *de relief* sont, comme leur nom l'indique, causées par l'influence des reliefs du sol. Quand un courant d'air humide vient heurter une chaîne de montagnes, il est forcé de s'élever; de là production d'un mouvement ascendant local, d'une détente de l'air et par suite de la pluie. Le plus souvent, quand la chaîne de montagnes n'est pas extrêmement haute, cette ascension locale n'est pas suffisante à elle seule pour provoquer la chute de la pluie, mais elle agit comme un facteur important pour augmenter la quantité de pluie qui tombe sur le flanc de la mon-

tagne exposé au vent. Ces pluies de relief ont pour résultat de
créer des maxima relatifs de pluie sur toutes les régions montagneuses, de sorte qu'une carte pluviométrique présente, dans
ses traits généraux, une certaine ressemblance avec une carte
hypsométrique. C'est ainsi que, dans la carte pluviométrique de
la France (*fig.* 63), on distingue des maxima de pluie très nets

Fig. 63.

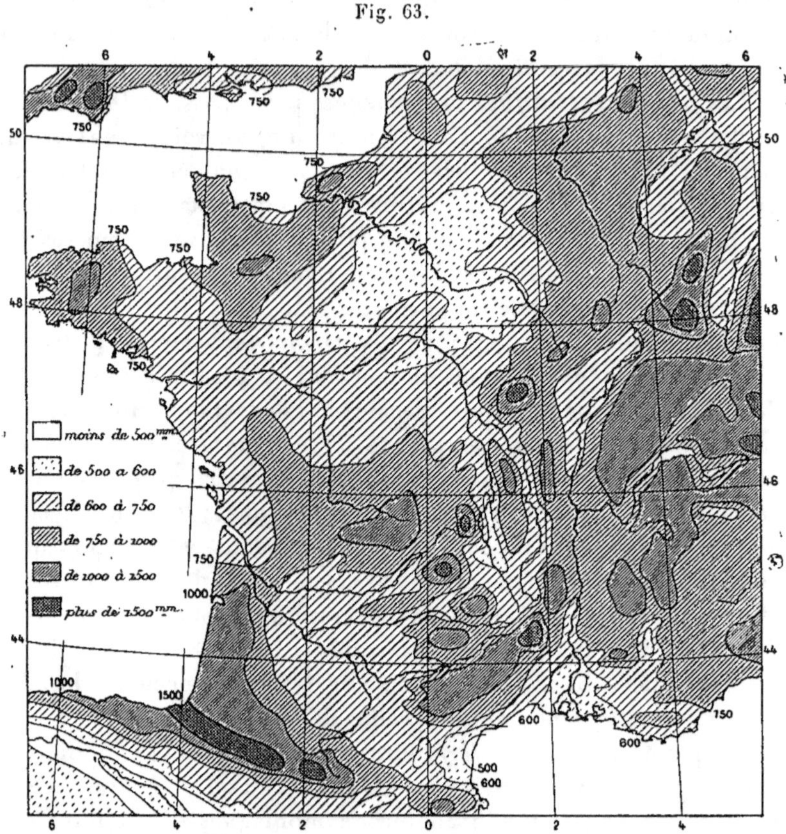

Hauteur moyenne de la pluie en France.

sur toutes les montagnes : Vosges, Jura, Alpes, Morvan, montagnes d'Auvergne, Cévennes, Pyrénées, etc. D'autres maxima se
retrouvent de même en des points beaucoup moins élevés, comme
à l'extrémité des monts d'Arrée (Bretagne), dans le Bocage nor-

mand (entre la Vire et la Mayenne) et dans le pays de Caux (au nord-est du Havre).

Il est important de remarquer que ces pluies de relief ont pour résultat de débarrasser rapidement l'air, au profit du versant de la montagne exposé au vent, d'une certaine quantité d'eau qui ne se serait pas condensée si la montagne ne s'était trouvée là. Après avoir traversé la chaîne de montagnes, l'air se trouve donc plus sec qu'il ne devrait être et, par suite, derrière le maximum de pluie doit se trouver un minimum. C'est ce que l'on voit en effet sur la carte des pluies moyennes en France : derrière le maximum des Vosges se trouve le minimum de la vallée du Rhin; derrière celui des montagnes d'Auvergne, le minimum de la vallée de l'Allier, etc. Les pluies de relief produisent donc, non pas tant une augmentation de la quantité totale de pluie qui tombe sur l'ensemble de la région, qu'une irrégularité dans la distribution de cette pluie; ce qui tombe en trop d'un côté est compensé, au moins en partie, par ce que l'on recueille en moins du côté opposé.

Si la montagne n'est pas très élevée, la quantité de pluie qui tombe sur le versant exposé au vent augmente de la base au sommet. Dans les montagnes très hautes, au contraire, la pluie n'augmente que jusqu'à une certaine altitude; à mesure que l'air monte et se refroidit, il ne contient plus que des quantités de vapeur d'eau de moins en moins grandes et, par suite, l'intensité de la pluie diminue; il y a donc un maximum de pluie à un certain niveau. Dans l'Inde, par exemple, sur les Ghattes occidentales, si l'on représente par 1 la quantité de pluie qui tombe au pied de la chaîne, on trouve un maximum égal à 2,5 à l'altitude de 1400^m, et au sommet, vers 1900^m, la quantité de pluie n'est plus que 2. De même, sur le versant méridional de l'Himalaya, la quantité de pluie qui tombe à la base étant 1, on trouve un maximum égal à 3,7 vers 1270^m; à 3000^m de hauteur, la hauteur de pluie n'est plus que de 0,2, soit cinq fois moins qu'à la base et dix-huit fois moins que dans la zone du maximum.

Il se présente toutefois des cas où l'ascension de l'air le long d'une chaîne de montagnes ne produit pas de pluie, quand la chaîne de montagnes se trouve à une température beaucoup plus élevée que l'air; le refroidissement par détente se trouve alors compensé par le réchauffement au contact du sol, de sorte que, finalement,

la température du courant ascendant ne baisse pas assez pour que
la condensation se produise. Ce fait se produit, en été, notamment en Espagne et en Algérie, où le vent qui vient directement de la mer a une température beaucoup plus basse que la terre; il se réchauffe donc au lieu de se refroidir, en montant de la mer sur les plateaux élevés. En hiver, au contraire, la pluie est très abondante dans les mêmes régions, la terre étant devenue beaucoup plus froide que la mer.

Nous avons vu plus haut que la grande quantité de pluie amenée par l'effet du relief sur les versants exposés au vent a pour contrepartie nécessaire un minimum de pluie par derrière. Cette opposition des deux côtés se retrouve dans les îles où le côté *du vent,* surtout si le rivage est un peu escarpé, reçoit beaucoup plus d'eau que le côté *sous le vent.* Par exemple, à Sainte-Hélène, Longwood, à 540^m d'altitude sur un plateau exposé au vent, reçoit 1055^{mm} et Jamestown, au bord de la mer et sous le vent, 135^{mm}. En Nouvelle-Zélande, dans la région des grands vents d'ouest, Hokitika, sur la côte occidentale, a une hauteur de pluie de 3115^{mm}, tandis que les stations de Christchurch et Cape Campbell, placées à la même latitude sur la côte orientale, n'ont qu'une moyenne de 545^{mm}.

71. Distribution des pluies à la surface du globe. — Nous ne pouvons entrer ici dans l'examen détaillé de la répartition des pluies à la surface du globe; nous nous bornerons donc à indiquer les traits principaux de cette distribution, et à signaler les régions remarquables, soit par leur extrême sécheresse, soit par la grande quantité de pluie qui y tombe. Les quatre Cartes ci-jointes (*fig.* 64, 65, 66, 67) donnent, du reste, les grandes lignes de la répartition de la pluie dans les cinq parties du monde. Ces Cartes sont toutes dessinées sur un canevas qui conserve rigoureusement la grandeur relative des surfaces aux différentes latitudes; les Cartes d'Asie, d'Afrique et d'Amérique sont à la même échelle; celle d'Europe à une échelle linéaire double. Enfin, on a placé l'Australie dans un coin de la Carte d'Amérique, en conservant la position respective en latitude des deux continents, ce qui rend plus facile la comparaison de la situation des zones sèches de l'Australie et de l'Amérique du Sud.

Dans toutes ces Cartes, on a représenté par six teintes graduées les hauteurs de pluie observées en moyenne annuelle dans chaque région; les parties blanches correspondent aux régions qui re-

Fig. 64.

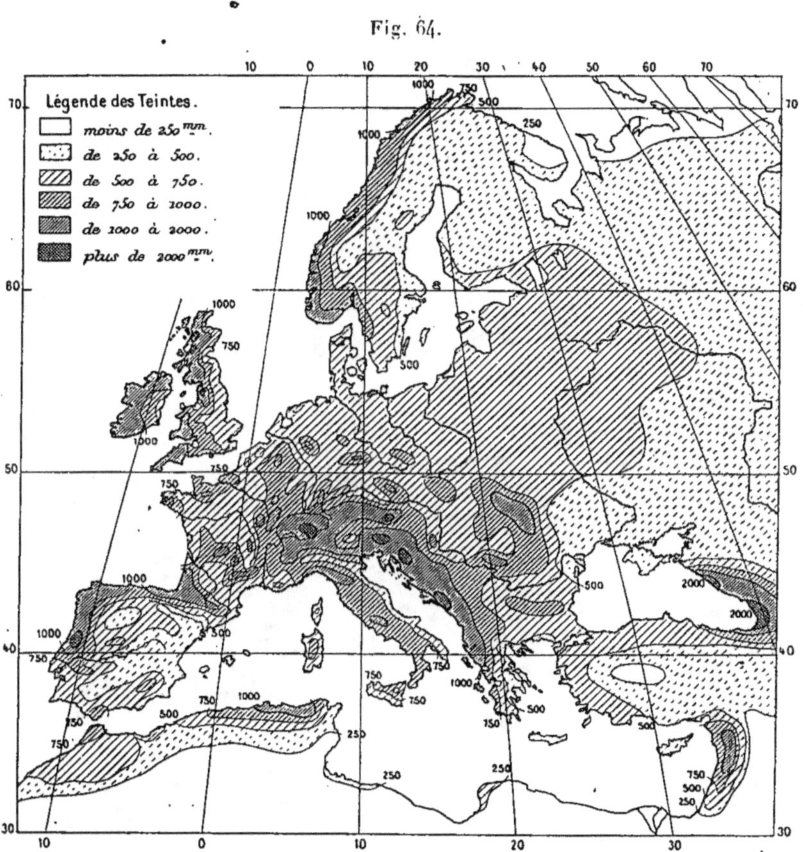

Hauteur moyenne de la pluie en Europe.

çoivent moins de 250^{mm}; la teinte la plus foncée à celles où il tombe plus de 2^m; les teintes intermédiaires sont limitées par des lignes passant par les points où les hauteurs de pluie sont respectivement 250^{mm}, 500^{mm}, 750^{mm}, 1^m et 2^m. A l'échelle réduite où elles sont tracées, ces Cartes ne peuvent pas évidemment représenter les particularités de détail de la répartition des pluies; on ne doit y chercher que des indications très générales sur la posi-

tion respective des zones plus ou moins pluvieuses et sur la
hauteur moyenne d'eau qu'elles reçoivent.

La zone équatoriale, comme nous l'avons exposé précédem-

Fig. 65.

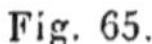

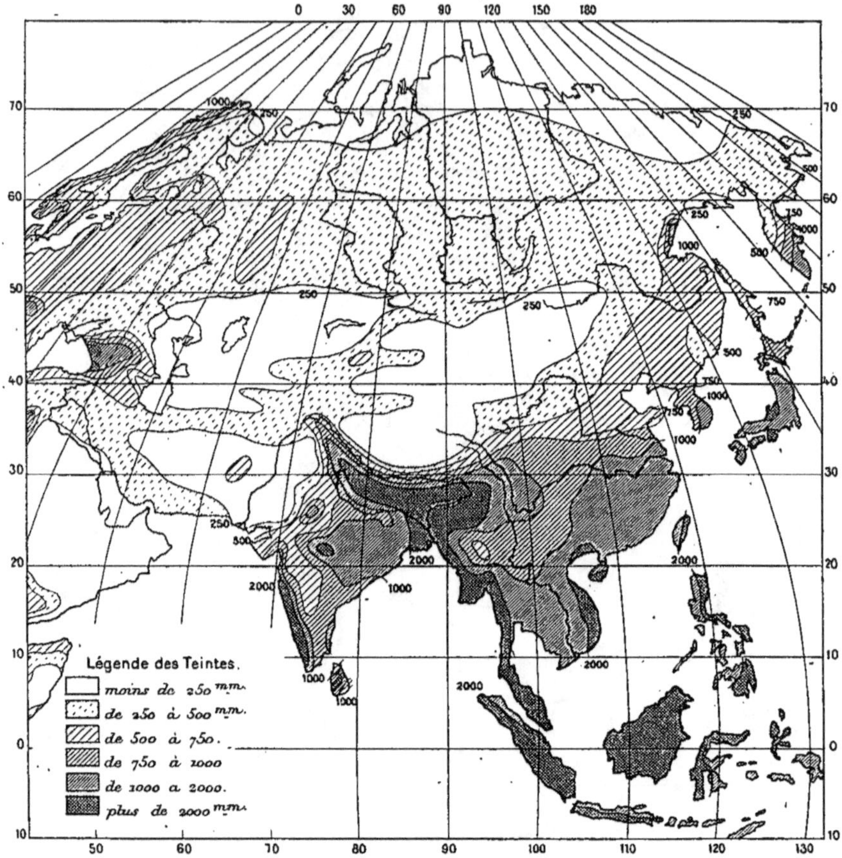

Hauteur moyenne de la pluie en Asie.

ment, reçoit, dans toute son étendue, des quantités de pluie très
fortes. On y trouve de nombreuses régions où la hauteur annuelle
dépasse 3^m; telles sont, en Amérique, l'intérieur des Guyanes;
en Afrique, la côte de Sierra-Leone et le fond du golfe de Guinée,
de l'équateur aux bouches du Niger; en Océanie et en Asie, une

partie de Bornéo, la côte méridionale de Java, la côte occidentale de Sumatra et la presqu'île de Malacca. Cette zone pluvieuse s'étend même parfois assez loin de l'équateur, jusque vers les tropiques; par exemple, en Amérique, dans les montagnes qui

Fig. 66.

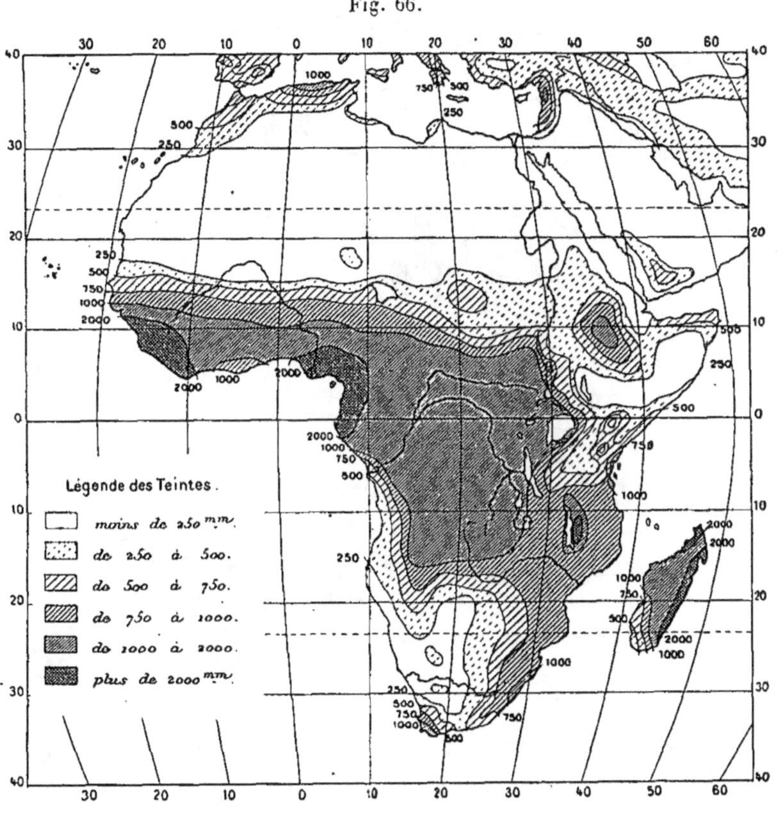

Hauteur moyenne de la pluie en Afrique.

séparent le Guatemala du Mexique, et sur les côtes du Brésil; en Afrique, sur la côte orientale de Madagascar; en Australie, sur quelques points de la côte de Queensland; enfin, en Asie, en Birmanie et dans l'Inde, sur les Ghattes occidentales et dans le fond du golfe du Bengale.

Les points où la hauteur annuelle de pluie dépassent 4^m sont déjà beaucoup plus rares. Dans les deux Amériques, on n'en a

Fig. 67.

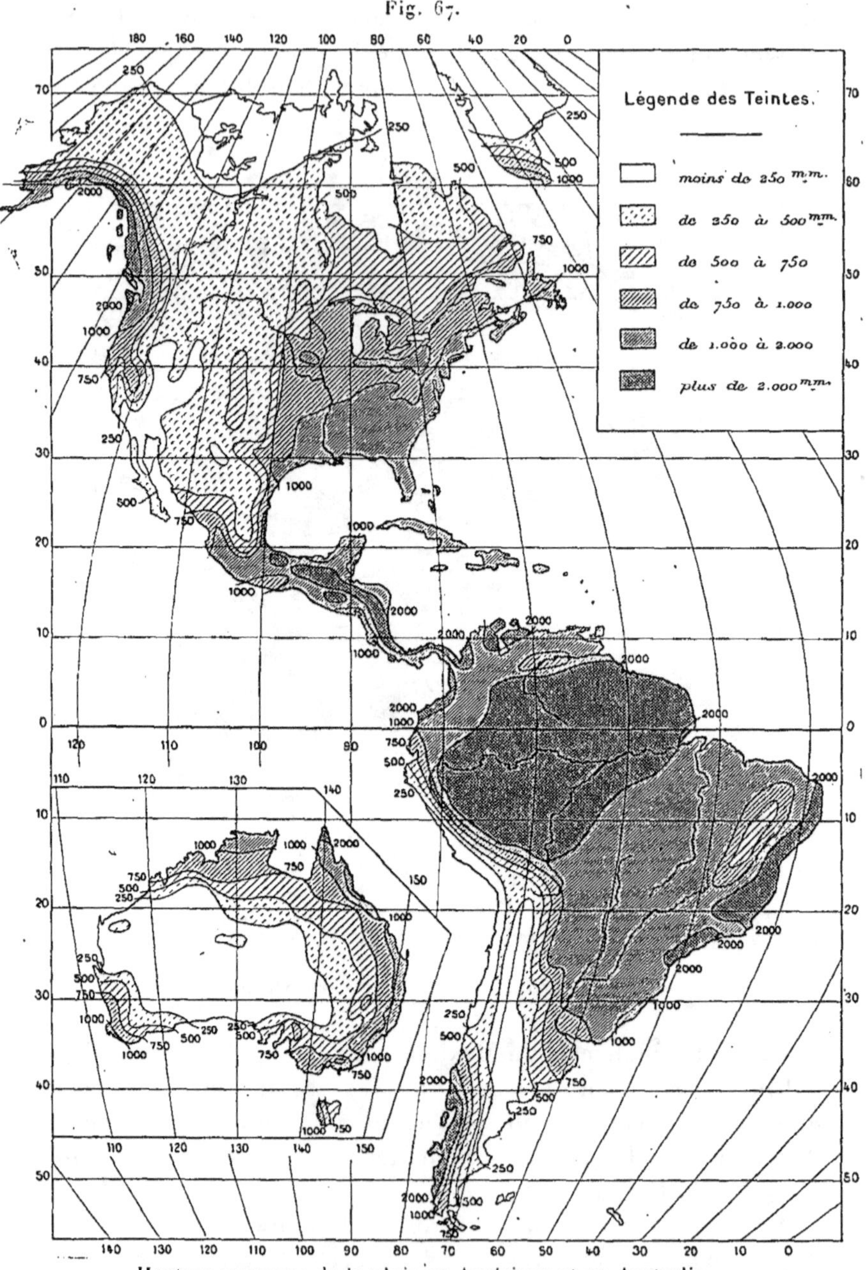

Hauteur moyenne de la pluie en Amérique et en Australie.

encore signalé qu'un seul, la région montagneuse de la partie méridionale du Mexique qui confine au Guatemala (Ixtacomita, 4718^{mm}). En Afrique, le total de pluie atteint 4538^{mm} à Sierra-Leone, 4172^{mm} à Cameroun ; des observations récentes, mais de très courte durée, donneraient même, pour un point de la colonie allemande de Cameroun, un total voisin de 6^m. Enfin, il est possible que la hauteur de pluie dépasse 4^m dans les montagnes de la côte orientale de Madagascar, car au bord de la mer, à Tamatave, le total annuel de pluie est déjà de 3250^{mm}. Quelques points de l'Océanie donnent encore des totaux annuels supérieurs à 4^m, notamment aux îles Fidji (Quara Valu, 6280^{mm}), à Sumatra (Singkel, 4480^{mm} ; Padang, 4690^{mm}), etc. C'est enfin en Asie que se rencontrent les totaux les plus élevés : sur les côtes de la Birmanie, à Tavoy, on observe déjà 4966^{mm} d'eau au niveau de la mer ; dans la chaîne des Ghattes occidentales, la station élevée de Mahabulechvar offre un total de 6626^{mm} ; enfin, dans le fond du golfe du Bengale, la station de Tcherrapoundji, à l'altitude de 1200^m, dans les monts Khassia, donne le chiffre le plus élevé que l'on ait enregistré jusqu'ici : 12087^{mm} (moyenne de 25 années). Cette hauteur de plus de 12^m de pluie est d'autant plus extraordinaire que, dans cette station, comme dans tous les pays de moussons, la pluie tombe exclusivement en été.

De part et d'autre de la région équatoriale des pluies, au delà des tropiques, sont deux zones sèches, correspondant aux zones des calmes subtropicaux et des vents descendants. Ces zones sèches, qui feraient tout le tour de la Terre si la surface de notre globe était partout la même, sont, en réalité, interrompues en plusieurs points parce que, sous l'influence de la répartition géographique des mers et des continents, la circulation atmosphérique se fait non pas en zones, mais en circuits fermés (§ 47) autour des maxima de pression qui règnent sur les mers à ces latitudes. Dans les branches de ces circuits qui remontent de l'équateur vers les pôles, l'air se refroidit progressivement, condition favorable à la production de la pluie. Aussi les côtes exposées à ces parties remontantes des circuits aériens (côtes orientales des États-Unis, du Japon, du Brésil et de l'Uruguay, de l'Afrique australe) reçoivent-elles relativement une assez grande quantité d'eau, bien qu'à des latitudes correspondant à celles des zones sèches. En dehors de ces exceptions, les zones comprises entre 20° et 30° présentent des minima de pluie extrêmement marqués, qui sont bien apparents sur les *fig*. 65, 66 et 67; en rapprochant les deux *fig*. 66 et 67, notamment, on remarquera la parfaite concordance en latitude des régions sèches situées sur les côtes occidentales de l'Afrique, de l'Amérique du Sud et de l'Australie. Dans ces régions, sur des surfaces considérables, la hauteur annuelle de pluie est plus petite que 200^{mm} et même beaucoup moins encore par endroits; c'est la zone des déserts. Dans l'Amérique du Sud, entre le Pérou et le Chili, la quantité annuelle de pluie est presque nulle sur de grands espaces (Serena, 39^{mm}; Copiapo, 8^{mm}). Dans l'ouest de l'Afrique australe, près de l'embouchure du fleuve Orange, Port-Nolloth ne reçoit que 58^{mm} de pluie; il en est de même dans l'Australie occidentale (mont Hubert, 70^{mm}; Cooralya, 38^{mm}). Les mêmes phénomènes s'observent dans l'hémisphère nord; dans le sud de la Californie sont de véritables déserts (Indio, 59^{mm}; Mammoth Tank, 56^{mm}). Mais c'est surtout en Afrique et en Asie que les régions sans pluie présentent le plus d'extension. Toute l'Afrique, de l'Atlantique à l'Arabie, est traversée par le désert du Sahara, où la quantité de pluie est insignifiante; en Égypte, à proximité de la Méditerranée et de la mer Rouge, il tombe seulement 34^{mm} de pluie au Caire, 25^{mm} à Suez; et en Arabie, à l'entrée de la mer des Indes, à Aden, la hauteur annuelle est encore seulement de 76^{mm}. Le centre du continent asiatique, à une latitude beaucoup plus élevée, offre encore un exemple d'une immense région extrêmement sèche, qui s'étend de la Caspienne à la Mandchourie et du sud de la Sibérie au Thibet (Kachgar, 37^{mm}).

Au delà des zones sèches des courants descendants, on entre dans les régions des vents de Sud-Ouest (hémisphère nord) ou de Nord-Ouest (hémisphère sud). Nous avons vu que, dans ces régions, la hauteur moyenne de pluie devrait aller d'abord en augmentant avec la latitude, puis finalement diminuer beaucoup vers les pôles; mais la régularité de cette distribution se trouve le plus souvent masquée par les pluies cycloniques, dont on retrouvera facilement l'influence sur la Carte des pluies en Europe (*fig*. 64).

D'une manière générale, la quantité de pluie diminue quand on s'éloigne de la mer pour s'enfoncer dans les continents, dans la direction de l'Ouest à l'Est; ainsi la hauteur moyenne de pluie est de 800^{mm} environ en France, sur les côtes de l'Atlantique; de 600^{mm} en Allemagne, de 400^{mm} en Russie et tombe en dessous de 200^{mm} dans l'Asie centrale.

Enfin, comme nous l'avons indiqué à plusieurs reprises, l'intensité de la pluie diminue rapidement, même au bord de la mer, quand on s'élève beaucoup en latitude. Toutes les régions polaires reçoivent très peu d'eau; par exemple en Sibérie, sur les rivages mêmes de l'océan Arctique, la hauteur moyenne de pluie est inférieure à 200^{mm}; les régions arctiques de l'Amérique du Nord offrent de même (*fig.* 67) un minimum bien net. Mais l'exemple le plus remarquable, peutêtre, de la diminution de la pluie du Sud au Nord, est fourni par le Groenland : à la pointe méridionale, à Iviktut (latitude 61°), la hauteur moyenne de pluie est de 1220^{mm}; elle n'est plus que de 650^{mm} à Godthaab (latitude 64°) et tombe à 227^{mm} à Upernivik (latitude 73°).

72. Variation annuelle de la pluie; régimes pluviométriques. — La connaissance de la moyenne annuelle de la pluie est d'un grand intérêt, mais, pour compléter l'étude de la distribution de la pluie, il faut y ajouter celle du régime pluviométrique, c'est-à-dire de la manière dont cette quantité totale de pluie se répartit entre les différentes saisons. Il est clair, en effet, que deux pays où le total annuel de pluie est le même doivent présenter des conditions très différentes, selon que la pluie y tombe à peu près également pendant toute l'année ou qu'il y a, au contraire, une saison·sèche et une saison humide très tranchées.

Pour étudier comparativement les régimes pluviométriques, il n'est pas commode de considérer directement les hauteurs absolues de pluie, car ces hauteurs peuvent différer énormément entre stations même très voisines. Il vaut mieux calculer le quotient de la quantité moyenne de pluie de chaque mois par le total annuel de la station; ce quotient, exprimé en millièmes, s'appelle la *fraction pluviométrique* du mois. A l'Observatoire de Paris, par exemple, il tombe en moyenne 537^{mm} de pluie par an et 58^{mm} en juin; on a $\frac{58}{537} = \frac{108}{1000}$; la fraction pluviométrique de juin sera donc 108. Le total des douze fractions pluviométriques mensuelles doit être évidemment égal à 1000, et ces nombres représentent ainsi la hauteur d'eau, en millimètres, qui tomberait dans chaque mois, si, pour toutes les stations, le total annuel était le même et égal à 1000^{mm}.

Nous ne pouvons entrer ici dans l'étude détaillée des régimes pluviométriques; les types en sont très nombreux et nous nous bornerons aux principaux, en indiquant leurs relations avec les conditions météorologiques générales. On trouvera, dans le Tableau ci-dessous, quelques-uns de ces types : les douze colonnes mensuelles donnent les fractions pluviométriques de chaque mois (exprimées, comme il a été dit, en millièmes de la pluie totale); dans la dernière colonne, nous avons indiqué, comme terme de comparaison, le total annuel vrai en millimètres.

PRINCIPAUX·RÉGIMES PLUVIOMÉTRIQUES.

Stations.	Janv.	Févr.	Mars.	Avr.	Mai.	Juin.	Juill.	Août.	Sept.	Oct.	Nov.	Déc.	Total annuel en millimètres.
Régime équatorial.													
Singapore	76	66	71	73	68	82	65	104	79	84	118	114	2330
Bogota	58	55	71	150	108	50	41	52	45	132	150	88	1624
Régime tropical.													
Bangkok	2	10	18	56	160	133	129	112	207	127	45	1	1487
Bathurst	0	0	0	1	12	49	210	394	253	79	1	1	1283
Port Darwin	239	185	205	76	13	0	0	0	3	40	56	183	1583
Régime continental et des moussons.													
Bombay	2	1	0	0	5	263	342	201	146	33	6	1	1856
Pékin	3	4	8	27	45	96	394	274	104	29	14	2	664
Moscou	51	40	55	69	91	100	131	146	98	67	77	75	549
Zurich	40	46	65	82	95	127	112	118	99	89	64	63	1162
Cordoba	173	134	144	50	24	7	3	13	37	84	170	161	666
Régime marin et méditerranéen.													
Angra (Açores)	111	107	95	79	61	46	27	45	79	100	120	130	1081
Lisbonne	128	116	132	97	74	18	6	11	44	106	129	139	726
Jérusalem	203	230	176	63	7	0	0	0	4	23	84	210	558
Valdivia	28	32	64	85	147	163	150	119	67	52	46	47	2694
Auckland	54	70	64	72	98	115	113	98	84	84	75	73	1086
Régimes divers et de transition.													
Milan	54	50	83	100	95	88	57	77	97	115	112	72	997
Paris	61	51	67	75	91	108	102	91	97	100	87	70	537
Brest	102	91	69	66	59	62	64	66	95	110	116	100	824

A l'équateur, on se trouve presque constamment dans une zone de courants ascendants (§ 46) qui donnent naissance à des pluies de convection. Dans les îles et près des côtes, où l'humidité est grande et la variation annuelle de température insignifiante, ces pluies sont abondantes pendant toute l'année et ne présentent pas de différences systématiques bien nettes d'une saison à l'autre; c'est ce que l'on remarque, en effet, sur les nombres de Singapore (latitude 1° N). Dans l'intérieur des continents, la quantité de pluie est moindre; mais, de plus, la zone des vents ascendants qui accompagne l'équateur thermique éprouve une oscillation en latitude beaucoup plus grande et suit les mouvements du Soleil en déclinaison. Il devra donc y avoir deux saisons de pluies, qui se produiront un peu après le passage du Soleil au zénith, c'est-à-dire un peu après les équinoxes; il y aura de même deux saisons relativement sèches aux environs des solstices. Ce régime est bien marqué à Bogota (latitude 5° N).

A mesure qu'on se déplace de l'équateur vers les tropiques, les époques des maxima de température se rapprochent toutes deux du solstice; il doit en être de même des saisons pluvieuses, intimement liées à la position de la zone des courants ascendants. A Bangkok (Siam, latitude 14° N), les deux maxima pluviométriques se montrent en avril et septembre, et sont séparés, au solstice d'été, par un minimum relatif peu marqué, tandis qu'au contraire il y a une saison sèche très nette aux environs du solstice d'hiver. Peu à peu, les deux saisons pluvieuses finissent par se réunir et l'on arrive au type tropical simple, caractérisé par une seule saison sèche en hiver et une seule saison pluvieuse en été; exemple : Bathurst (Sénégambie, latitude 13° N). Dans l'hémisphère sud les mêmes phénomènes présentent nécessairement une inversion de six mois, de sorte que le régime de Port-Darwin (Australie, latitude 12° S) est identique, sauf cette inversion, à celui de Bathurst.

Des considérations analogues, déduites de la distribution de la pression et du régime des vents, montreraient facilement que, dans les pays à moussons et sur les grands continents, il doit y avoir, comme dans les régions subtropicales, seulement une saison sèche en hiver et une saison pluvieuse en été; tel est, en particulier, le régime pluviométrique de presque toute l'Asie et d'une grande partie de l'Europe continentale, comme on le voit par les nombres de Bombay, Pékin, Moscou et Zurich. Le même régime se retrouve, avec inversion de six mois, au centre de l'Amérique du Sud en dehors des tropiques ; exemple, Cordoba (République Argentine).

Les calmes subtropicaux déterminent, comme nous l'avons dit, des zones où la pluie est faible ; la limite supérieure en latitude de ces calmes se déplace avec les saisons ; elle remonte en été, s'abaisse en hiver ; par suite, les pays qui sont aux latitudes voisines de la position supérieure de la limite des calmes subtropicaux auront un été sec. En hiver la zone des calmes s'est éloignée vers l'équateur et les dépressions peuvent aborder ces régions ; on a donc une saison pluvieuse. Tandis qu'au-dessous des calmes subtropicaux il y a une saison sèche en hiver et une saison pluvieuse en été, au nord, au contraire, on observera une saison pluvieuse en hiver et une saison sèche en été. Tel est, en particulier, le régime du centre de l'Atlantique et de presque toute la région méditerranéenne ; exemples : Angra (Açores), Lisbonne, Jérusalem. C'est encore le régime d'une grande partie des latitudes analogues de l'hémisphère sud ; exemples : Valdivia (Chili), Auckland (Nouvelle-Zélande).

Dans les latitudes plus élevées où, comme nous le verrons plus tard, il passe fréquemment des dépressions barométriques, surtout en automne et en hiver, les pluies cycloniques qui en sont la conséquence viennent troubler la régularité des régimes que nous avons signalés. C'est ainsi qu'à Paris, où il y a encore un maximum de pluie en juin (régime continental), on remarque que les pluies d'automne et d'hiver (pluies cycloniques) sont déjà importantes et produisent même un second maximum en octobre ; c'est déjà un commencement de transition entre le régime purement continental et le régime marin. De même à Brest (régime marin) le maximum principal, au lieu de tomber au milieu de l'hiver, se présente en octobre et novembre. Il faut remarquer en effet que, bien que les dépressions soient plus nombreuses en décembre, janvier et février, qu'en octobre et novembre, elles apportent moins de pluie pendant les mois d'hiver, parce que la température de l'air et la quantité de vapeur d'eau qu'il contient sont moins grandes qu'en automne.

La transition entre les deux régimes opposés, continental et maritime, peut se faire de deux manières différentes. Parfois elle a lieu par l'intermédiaire de régions sans pluie; c'est ce qui se produit par exemple en Afrique et en Asie, où le régime continental, qui couvre l'Afrique subtropicale et presque toute l'Asie, est séparé du régime marin de la région méditerranéenne par les déserts du Sahara, de l'Arabie et de l'Asie occidentale.

Quand la transition s'effectue par l'intermédiaire de régions pluvieuses, elle peut donner naissance à des types mixtes. La Haute Italie, par exemple (*voir* Milan dans le Tableau ci-dessus), participe à la fois des hivers secs de l'Europe centrale et des étés secs de la région méditerranéenne; elle présente ainsi, dans le cours de l'année, deux saisons sèches bien marquées, séparées par des maxima relatifs de pluie au printemps et en automne.

L'explication des régimes pluviométriques de régions spéciales pourra toujours être donnée, dans chaque cas, en tenant compte des conditions locales et en étudiant l'influence combinée des pluies de convection et des pluies cycloniques.

73. Intensité des grandes averses. — Il est très intéressant, aussi bien pour la théorie que pour certaines applications, d'avoir une idée des plus grandes quantités de pluie qui peuvent tomber, non plus en moyenne, mais dans un temps donné assez court. Bien entendu, les indications de ce genre n'ont toujours qu'un caractère provisoire, car la durée des averses n'est pas souvent mesurée avec une grande exactitude; de plus ces grandes chutes de pluie sont des phénomènes absolument locaux; l'emploi de nombreux enregistreurs à marche rapide rendrait, dans ce cas, de grands services. Quoi qu'il en soit, nous donnerons ici les nombres les plus remarquables que nous avons pu relever.

Nous indiquerons d'abord les quantités de pluie les plus grandes tombées dans une journée entière, puis celles qui correspondent à de véritables averses de courte durée.

A Tcherrapoundji (Inde), dans la journée du 14 juin 1876, on a recueilli 1036^{mm} de pluie, soit à peu près le double de ce qu'il tombe en moyenne dans toute l'année à Paris.

A Crohamhurst (Queensland, Australie), on a observé 907^{mm}

dans la seule journée du 2 février 1893 et 1963^{mm} en quatre jours consécutifs, du 31 janvier au 3 février.

A Gênes, le 25 octobre 1822, il est tombé 812^{mm}.

A Joyeuse (Ardèche), le 9 octobre 1827, il est tombé 792^{mm} en vingt-deux heures seulement, ce qui correspondrait à 864^{mm} en vingt-quatre heures.

A Nedunkeni, dans le nord de l'île de Ceylan, on a recueilli 807^{mm} en vingt-quatre heures, du 15 au 16 décembre 1897.

Enfin à Hong-Kong, le 30 mai 1889 a fourni 521^{mm} de pluie et, du 29 au 30 mai, il est tombé 886^{mm} en trente-six heures.

Tous les autres nombres que nous avons pu relever correspondent à moins de 500^{mm} pour vingt-quatre heures.

Les cinq plus fortes averses, connues jusqu'à ce jour et ayant duré moins de deux heures, sont les suivantes, par ordre d'importance :

A Molitg-les-Bains (Pyrénées-Orientales), le 20 mars 1868, il est tombé 313^{mm} de pluie en une heure et demie, ce qui correspond à 209^{mm} par heure.

A Batavia, on a relevé 97^{mm} en une heure, le 10 janvier 1867.

A Odessa, le 8 juin 1869, il est tombé 69^{mm},8 en cinquante minutes, ce qui correspondrait à 84^{mm} en une heure.

A Marseille, le 1er octobre 1892, on a relevé 150^{mm} en deux heures, soit au moins 75^{mm} en une heure.

Enfin à Neufchâteau (Vosges), le 18 août 1892, il est tombé 49^{mm} en treize minutes seulement, soit 3^{mm},77 par minute en moyenne, ce qui ferait 226^{mm} en une heure, si une pluie semblable pouvait durer aussi longtemps.

D'une manière générale, il est très rare qu'une averse qui dure au moins une heure donne plus de 60^{mm} de pluie par heure; on ne peut guère en citer que cinq ou six exemples. Les averses de quelques minutes seulement présentent parfois une intensité beaucoup plus grande, 3^{mm} ou 4^{mm} par minute; cependant, dans nos climats, les chutes de plus de 2^{mm} en une minute sont tout à fait exceptionnelles et nos grandes averses d'orages ne dépassent que rarement 1^{mm} par minute. Nous reviendrons, dans l'étude des orages, sur les causes qui peuvent amener ces véritables *trombes d'eau*.

74. Fréquence de la pluie. Nombre de jours de pluie. — La fréquence de la pluie peut être évaluée soit par le rapport de la durée réelle de la pluie à la longueur totale de la période de temps considérée, soit plus simplement et plus généralement par le nombre de jours de pluie. On est convenu de compter, comme *jour de pluie,* toute journée où il est tombé de l'eau sous quelque forme que ce soit : pluie, neige, grêle ou grésil; mais l'accord cesse sur la quantité minimum qui doit définir une chute de pluie. Quelquefois on ne compte comme jours de pluie que ceux où il est tombé au moins 1^{mm}; le plus souvent on prend $0^{mm},1$ comme limite inférieure; d'autres fois enfin on note, comme jours de pluie, tous ceux où il est tombé une quantité de pluie, si petite qu'elle soit, même non mesurable au pluviomètre, pourvu qu'elle soit suffisante pour marquer sur le pavé. Il vaudrait mieux s'entendre pour ne compter uniformément comme jours de pluie que ceux où l'on a recueilli une quantité d'eau mesurable, c'est-à-dire de $0^{mm},1$; on évaluerait à part les jours où l'on n'observe que des gouttes formant une quantité inappréciable. Ces divergences dans le mode d'appréciation et la difficulté qu'on éprouve souvent à ne pas laisser échapper les chutes de pluie très faibles, compliquent beaucoup l'étude générale de la distribution de la pluviosité. Dans la plupart des cas, le nombre de jours pluvieux indiqué est trop faible, sans qu'on puisse évaluer de combien, et ne doit être considéré que comme un minimum. Sous ces restrictions, nous indiquerons quelques-uns des résultats que fournit l'étude du nombre des jours de pluie.

Il n'y a pas de rapport immédiat entre la hauteur de pluie et le nombre de jours pluvieux. D'une manière générale, la pluie est en effet plus intense en été ou dans les pays chauds qu'en hiver ou dans les pays froids; une même quantité de pluie se répartit donc sur un nombre de jours moindre dans le premier cas que dans le second.

Ainsi, à Paris, la quantité de pluie offre un maximum principal en juin et un second maximum presque égal en octobre; le nombre moyen de jours de pluie est, au contraire, constant et égal à 13,5 environ dans les cinq mois de mars à juillet, et présente son maximum, 17,6, en novembre. Décembre et janvier, qui fournissent beaucoup moins d'eau que juin, comptent tous deux, au contraire, un jour pluvieux de plus (14,5 au lieu de 13,5 en juin).

L'influence de la latitude n'est pas moins nette. Il y a en moyenne 170 jours pluvieux par an à Paris et 98 seulement à Marseille, où la quantité de pluie est à peu près la même; à Saint-Martin-de-Hinx (Landes), on compte 193 jours pluvieux, soit 23 seulement de plus qu'à Paris, bien que la hauteur de pluie y soit plus que double.

En France, le minimum de jours de pluie se trouve le long de la côte de la Méditerranée (98 à Perpignan et Marseille), le maximum à la pointe de Bretagne (Brest, 200).

Pour l'Europe, le maximum s'observe à l'extrémité sud-ouest de l'Irlande, où la station de Valentia ne compte pas moins de 246 jours de pluie par an, soit deux jours de pluie sur trois. La moindre pluviosité paraît se rencontrer au sud-est de la Russie, dans la région sèche qui est le prolongement du minimum pluviométrique de l'Asie; à Astrakhan on n'observe déjà plus que 60 jours de pluie par an.

75. Neige. Mesure et propriétés physiques de la neige. — Lorsque la vapeur d'eau atmosphérique se condense à une température inférieure à $0°$, elle prend directement l'état solide; si la condensation est lente et progressive, la glace affecte des formes cristallines plus ou moins régulières, simples ou complexes, qui constituent la *neige;* si la condensation est très rapide ou se produit dans un milieu contenant des gouttelettes en surfusion, encore liquides à une température inférieure à $0°$, la glace forme des masses amorphes ou ne présentant que des traces de cristallisation; c'est alors de la *grêle* ou du *grésil*.

La quantité de neige peut être mesurée en hauteur d'eau liquide; il suffit de la recevoir dans un pluviomètre, de la faire fondre et d'évaluer ensuite la hauteur comme s'il s'agissait de pluie.

On peut également indiquer l'épaisseur de la couche de neige; mais la mesure de cette épaisseur présente de grandes difficultés. Elle n'est possible que sur de vastes plaines où ne se dresse aucun obstacle, même très petit; car la neige, déplacée par le vent, peut être balayée entièrement sur un côté de l'obstacle et amoncelée en couches épaisses du côté opposé. Sur un terrain légèrement accidenté et à plus forte raison dans les montagnes, la hauteur de la couche de neige est tellement variable que sa mesure ne présente guère de signification.

Enfin, l'épaisseur de la couche de neige ne donne aucune indication sur son poids ou sur la quantité d'eau qui lui correspondrait. La densité brute de la neige, c'est-à-dire le poids de l'unité de volume de neige, telle qu'elle se présente à la surface du sol, varie beaucoup, en effet, suivant la dimension des flocons, la température, l'âge et enfin l'épaisseur même de la couche. Les couches profondes sont toujours plus denses que les couches superficielles dont elles supportent le poids; même la densité des couches superficielles et fraîches peut varier du simple au triple, comme l'ont montré les mesures faites par M. Abels à Katharinenbourg (Sibérie). En moyenne, la densité de la neige fraîche est voisine de 0,1, c'est-à-dire qu'une couche de neige d'une certaine épaisseur fournit une hauteur d'eau dix fois moindre; mais elle peut s'abaisser à 0,03 et s'élever jusqu'à 0,14; la densité de la *vieille* neige dépasse même souvent cette dernière valeur; à la suite de tassements, de dégels et de regels successifs, elle monte parfois jusqu'à 0,3. On ne peut donc pas déduire exactement la quantité d'eau apportée par la neige de l'épaisseur de la couche.

Dans les latitudes moyennes, quand la température est voisine de 0° et un peu supérieure, la neige tombe mélangée d'eau liquide, et il est alors impossible de l'évaluer séparément. Enfin, la mesure de la neige est encore compliquée par le vent. On remarque souvent, surtout dans les contrées froides où la neige est très sèche et très mobile, comme en Sibérie, que les tempêtes amènent une quantité de neige considérable, qui ne tombe pas du ciel; elle est simplement soulevée par le vent et apportée des régions voisines.

La mesure de la neige, au point de vue quantitatif, est donc assez difficile; on devra déterminer avant tout la hauteur d'eau qui correspond à la chute de neige; puis on évaluera, s'il est possible, la hauteur de la couche; il est intéressant aussi de noter le nombre des jours de chute de neige et de ceux où la neige a séjourné sur le sol, en le recouvrant.

Les particules de neige qui constituent certains nuages et celles qui tombent jusqu'au sol lorsque la température est basse sont des paillettes de quelques millimètres de diamètre, dont la surface est grande par rapport à l'épaisseur et qui présentent des formes

cristallines bien nettes. Ces formes, très variées, appartiennent
toutes au système hexagonal et celles qui dominent surtout sont
des étoiles à six branches; les branches sont simples ou ornées de
ramifications plus ou moins compliquées, qui se raccordent les
unes aux autres sous l'angle de 60°. La *fig*. 68 donne quelques
exemples de ces formes de la
neige d'après des photographies
directes de M. Neuhauss. Ces
étoiles de neige s'observent
d'une manière constante dans
les régions septentrionales; elles
sont fréquentes aussi dans nos
pays quand la neige tombe par
temps calme et froid. Très
souvent enfin, quand la température est très basse, la neige
est constituée simplement par
de petites aiguilles très longues
et très minces.

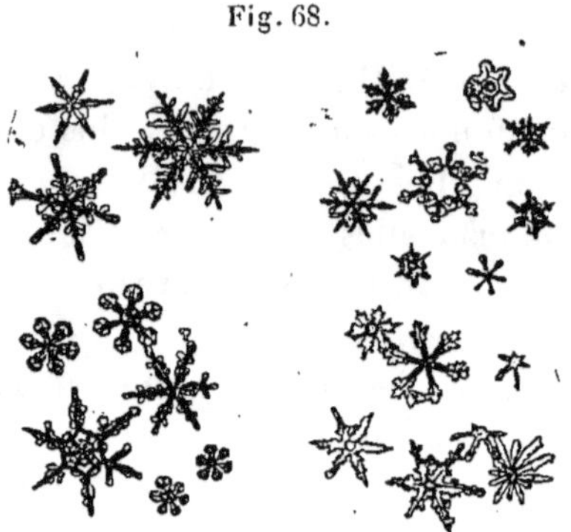

Fig. 68.

Étoiles de la neige.

Quand la neige traverse des couches d'air à une température
voisine de 0° ou même un peu supérieure, elle condense à sa surface de l'eau liquide; les cristaux de neige deviennent humides,
fondent en partie, perdent leur régularité et s'agglomèrent les uns
aux autres de manière à former des *flocons* blancs, plus ou moins
volumineux. Ces flocons ne paraissent, au premier abord, présenter aucune forme régulière; en les examinant avec attention
on y retrouve pourtant toujours des fragments d'étoiles de neige,
plus ou moins déformées par un commencement de fusion. Cette
forme de chute de neige en flocons est la plus commune dans nos
climats; mais elle ne peut se produire quand la température est
très basse et la neige très sèche. On n'a jamais encore observé de
flocons de neige à une température inférieure à — 23°. Au-dessous
de cette température la neige tombe toujours en petits cristaux
isolés.

76. Répartition de la neige. Neiges perpétuelles. — La neige
fond et se transforme en pluie quand elle traverse des couches
atmosphériques dont la température est notablement supérieure

à 0°; elle ne pourra donc pas se montrer dans les pays où la température reste toujours élevée, et son degré de fréquence est en relation immédiate avec la rigueur de l'hiver. En France, par exemple, il neige moins souvent sur les côtes de la Manche et de l'Océan qu'à Paris, bien que la quantité et le nombre de jours de pluie y soient plus grands; mais les hivers y sont plus doux. De même, le nombre moyen de jours de neige augmente encore de Paris au centre de la France, et diminue rapidement dans la région méditerranéenne. Le nombre moyen de jours de neige par an est de 14,5 à Paris, 23,9 à Lyon, 5,7 à Perpignan et 3,3 à Marseille.

En Europe, il peut neiger partout sans exception; la neige est très rare, il est vrai, dans les parties les plus méridionales de l'Espagne, de l'Italie et de la Grèce; mais on l'a observée, par exemple, à Athènes et à Palerme; il neige même sur les côtes d'Afrique, à Tunis et à Alger; dans cette dernière ville la fréquence moyenne de la neige est d'une chute de neige en deux ans. Nous ne parlons pas ici, bien entendu, des régions montagneuses, car la neige est très fréquente et très abondante en Kabylie et sur les hauts plateaux de l'Algérie; d'après Duveyrier, elle séjourne même longtemps sur certaines montagnes du pays des Touareg, juste sous le tropique.

En Asie, la neige n'est pas rare à Jérusalem, et elle tombe souvent en abondance dans la région située à l'est du Jourdain; des chutes de neige de plusieurs centimètres ont été observées même à Bagdad.

Dans l'Amérique du Nord la neige descend, au bord du golfe du Mexique, jusqu'à Tampico, et même jusqu'à Vera-Cruz, bien en dessous du tropique; c'est toutefois, dans cette dernière localité, un phénomène absolument exceptionnel.

Dans l'Amérique du Sud, la neige ne paraît guère commencer sur la côte chilienne, qu'au delà de la latitude de Valdivia (40° S). On l'observe, bien plus près de l'équateur, au Brésil, mais dans l'intérieur et à une altitude suffisante. A Curitiba (latitude 25° S), dont l'altitude est seulement de 900^m, la neige tombe assez fréquemment et en couches assez épaisses pour recouvrir entièrement le sol; il est bon d'ajouter que, dans cette localité, la température peut descendre à — 4°,4 (juillet 1871 et juillet 1872).

Enfin la neige n'est nullement un phénomène exceptionnel à Ouro Preto (latitude 20° S, altitude 1100^m).

Ajoutons que la neige n'est pas inconnue même dans les îles les plus réputées pour la douceur de leur climat; à Madère par exemple, elle fait son apparition au-dessus de 800^m et, à une altitude de 1100^m, elle peut former pendant quelque temps une couche continue sur le sol.

L'abondance de la neige suit en général à peu près les mêmes lois que celles de la pluie; elle est plus grande dans le voisinage des mers que dans l'intérieur des continents. A Terre-Neuve, dans la Nouvelle-Écosse et dans la province de Québec, la hauteur moyenne de la couche de neige qui tombe en une année est d'environ 2^m,8; cette hauteur se réduit à 2^m,3 dans la province d'Ontario, qui est un peu plus éloignée de la mer, et tombe à 1^m,0 dans le Manitoba, au centre du continent américain. La quantité de neige diminue aussi régulièrement, en Russie et en Sibérie, de l'ouest à l'est; contrairement à l'opinion commune, elle est même peu abondante relativement dans certaines parties de la Sibérie orientale ou centrale; aux environs de Krasnoïarsk, par exemple, il y en a souvent à peine assez pour permettre de faire circuler des traîneaux.

Une dernière donnée très intéressante dans l'étude de la répartition de la neige à la surface du globe est la limite en hauteur au-dessus de laquelle la neige qui tombe en un an n'a pas le temps de disparaître dans le même intervalle, et séjourne alors en permanence sur le sol; c'est ce que l'on appèlle la *limite des neiges perpétuelles*.

On a cherché souvent une relation directe entre cette limite et la température moyenne annuelle; l'observation montre qu'il n'y a aucun rapport immédiat entre ces deux phénomènes : dans certains pays tropicaux, la neige persiste toute l'année à une altitude où la température moyenne annuelle est de $+1°$, tandis qu'en Sibérie, dans des régions où cette moyenne annuelle est de $-16°$, on ne trouve plus aucune trace de neige en été. Il est évident, du reste, qu'une relation directe de cette nature ne saurait exister. La persistance d'une couche de neige est, en effet, un phénomène très complexe et dépend de causes très différentes.

La plus importante de ces causes est évidemment la quantité

absolue de neige qui tombe en chaque point : dans deux régions, situées à la même altitude et ayant la même température moyenne, la couche persistante de neige s'étendra plus bas dans celle des deux où les chutes sont le plus abondantes. Dans une chaîne de montagnes dont un versant est directement exposé aux vents humides et pluvieux, la limite des neiges perpétuelles descendra beaucoup plus sur ce versant que sur l'autre. Dans l'Himalaya, par exemple, la limite des neiges est, en moyenne, plus basse de 730^m sur le versant méridional pluvieux (Inde), que sur le versant septentrional sec (Thibet). Il en est de même dans le Caucase, où la limite des neiges descend à 300^m ou 400^m plus bas sur le versant méridional que sur l'autre.

L'exposition a aussi une grande influence : dans l'hémisphère nord, si les deux versants d'une chaîne de montagnes dirigée de l'Est à l'Ouest recevaient la même quantité de neige, la limite inférieure des neiges persistantes serait plus haute sur le versant méridional, exposé au soleil, que sur le versant opposé.

La neige ne disparaît pas seulement par fusion, mais encore par évaporation, et cette dernière action est souvent considérable; il faut donc tenir compte également, parmi les causes qui fixent la limite des neiges perpétuelles, de la sécheresse de l'air et aussi de l'action locale de certains vents chauds et secs, comme le fœhn (§ 87) qui, dans les Alpes, fait souvent disparaître en une nuit, par évaporation, des quantités de neige considérables.

Dans le cours de l'année, la limite inférieure des neiges varie d'une saison à l'autre et d'une manière très inégale suivant la latitude et le régime pluviométrique.

A l'équateur, où la température ne varie que peu dans le cours d'une année, la limite des neiges est à peu près la même en toutes saisons. La variation devient de plus en plus grande quand on s'élève en latitude, et doit avoir son maximum dans les régions polaires. Une série d'observations de trente ans a montré qu'au Sæntis (Suisse) la limite inférieure des neiges se déplace en hauteur de près de 2000^m dans l'année; son altitude au-dessus du niveau de la mer descend à 650^m environ en hiver et remonte au-dessus de 2600^m au milieu d'août. Il est évident que des observations faites seulement dans une des saisons extrêmes conduiraient à des résultats tout à fait erronés et qu'il serait difficile de corriger.

Enfin la limite inférieure des neiges, comme celle des glaciers, subit des variations importantes à longue période. Pour fixer avec quelque précision cette limite dans un pays donné, il faudrait donc disposer d'observations faites à de grands intervalles, ce qui n'est encore réalisé que dans un petit nombre de cas.

Toutes ces restrictions étant faites sur la valeur des nombres que l'on donne relativement à la limite inférieure des neiges per-. pétuelles, nous indiquerons ici quelques-uns des résultats qui paraissent le mieux établis.

Europe.

Alpes centrales et occidentales (lat. 46°)	2700
Alpes du Tyrol (lat. 47°)	2820
Norvège (lat. 61°)	1600
Spitzberg (lat. 77°)	460

Asie.

Himalaya, versant sud (lat. de 27° à 34°)	4940
Himalaya, versant nord (lat. de 27° à 34°)	5670
Karakoroum (lat. de 28° à 36°)	5800
Nouvelle-Zemble (lat. de 73° à 74°)	600

Afrique.

Kilima-Ndjaro (lat. 3° S), environ	4800

Amérique du Sud.

Andes de Quito (lat. 0°)	4800
Andes du Chili (lat. 30° S)	4900
Andes du Chili (lat. 34° S)	3400
Andes du Chili (lat. 38° S)	2100
Andes du Chili (lat. 42° S)	1600
Andes du Chili (lat. 46° S)	1200
Andes du Chili (lat. 50° S)	800

Ces nombres donnent lieu à quelques comparaisons intéressantes : en Norvège, à la latitude de 61° N, la limite inférieure des neiges est exactement à la même altitude que dans les Andes du Chili, à la latitude de 42° S, soit à environ 20° plus près de l'équateur. Cette différence s'explique par celle des quantités d'eau qui tombent respectivement dans ces deux pays; la côte méridionale du Chili est, en effet, un des points des latitudes moyennes où le total annuel de pluie est le plus élevé. De même, presque sous l'équateur, dans les Andes de Quito et sur le Kilima-Ndjaro, régions relativement humides, la limite inférieure des neiges est plus basse de 1000^m environ que sur le Karakoroum, à une latitude plus élevée de 30° en moyenne, mais dans une région extrêmement sèche.

C'est pour la même raison que, dans l'Amérique du Sud, la limite inférieure des neiges perpétuelles est plus basse sous l'équateur (région humide) qu'à 30° S (région sèche) où cette limite remonte le plus haut; l'effet de la sécheresse est d'abord prédominant et l'emporte sur l'influence inverse de la température jusqu'à 30° S.; au delà, la limite inférieure s'abaisse rapidement, sous l'influence combinée de la diminution de la température et de l'augmentation de la quantité de neige.

77. Grêle. Grésil. — La *grêle* est constituée par des masses compactes et dures de glace opaque ou transparente. Les éléments de la grêle ou *grêlons* présentent des formes et des dimensions très variées, comme nous le verrons plus loin; leur diamètre est compris d'ordinaire entre 0^m,005 et 0^m,01 ou 0^m,02, mais peut devenir beaucoup plus grand.

Le *grésil* est formé de petits globules sphériques de glace spongieuse, friable, blanche et opaque. Les grains de grésil paraissent être de simples gouttes de pluie congelées, qui doivent leur opacité à d'innombrables petites bulles d'air disséminées dans leur masse. Ils n'ont pas la dureté de la grêle, s'écrasent facilement sous l'ongle, et leur diamètre, qui est en moyenne de 1^{mm} à 3^{mm}, atteint rarement 5^{mm}.

Les grêlons sont, le plus souvent, à peu près sphériques; mais ils peuvent affecter des formes très variées : sphères soudées ensemble (A *fig.* 69); lentilles plus ou moins aplaties; poires simplement allongées (B), ou munies d'un appendice pointu (C); pyramides (D); ou cônes (E), terminés par une base sphérique, etc.; ces deux dernières formes paraissent provenir de l'éclatement de grêlons primitivement sphériques. Enfin, mais

beaucoup plus rarement, ils offrent des formes géométriques très
régulières, comme on le voit en F et G ; ces deux derniers dessins
représentent des grêlons recueillis, le 2 juillet 1897, à Brückl
(Carinthie, Autriche) ; les dimensions de ces grêlons en cristaux
étaient extraordinaires ; ceux du type F avaient des longueurs

Fig. 69.

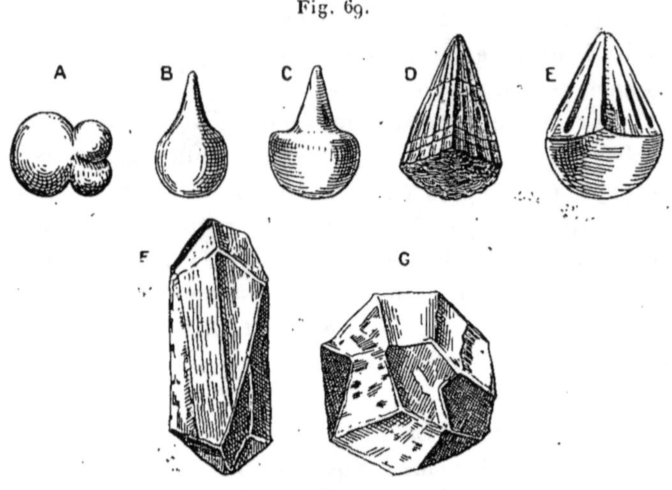

Formes de grêlons.

variant de 0^m,09 à 0^m,13, ceux du type G avaient de 0^m,05 à
0^m,08 de diamètre.

La dimension des grêlons est comprise d'ordinaire entre 0^m,005
et 0^m,02 ; mais, comme nous venons de le voir, on peut en rencontrer de beaucoup plus gros. On a observé d'une manière certaine
des grêlons qui avaient la dimension d'un œuf de pigeon, d'un
œuf de poule, et même d'une pomme. Le 2 octobre 1898, à
Bizerte (Tunisie), à bord du navire *la Tempête,* il est tombé
des grêlons qui pesaient 620^{gr} et dont quelques-uns même, de la
grosseur d'une carafe, dépassaient 1^{kg} ; à terre on prétend avoir
ramassé des grêlons de 1200^{gr}. Le 3 juillet 1897, en Styrie (Autriche), on en a recueilli qui, bien qu'ayant déjà commencé à
fondre, pesaient encore 1100^{gr}. On conçoit aisément les dégâts
que peuvent produire en tombant des masses semblables, animées d'une grande vitesse. Les récits qui rapportent la chute
de blocs de glace beaucoup plus gros encore ne paraissent pas

suffisamment authentiques pour qu'on doive leur accorder créance ; telles seraient la grêle du 10 avril 1822 à Bangalore (Bengale), où les grêlons auraient atteint la dimension d'un melon, et surtout celle du 8 mai 1802 à Putzemischel (Hongrie), où l'on aurait observé un bloc de glace de 1^m de long, 1^m de large et 0^m,6 de haut, et que huit hommes n'auraient pu soulever.

Si l'on examine une section des gros grêlons, on y trouve le plus souvent un noyau central, constitué par un grain de grésil ; ce grain est entouré soit d'une enveloppe épaisse de glace compacte et blanche, soit de plusieurs couches concentriques, composées alternativement de glace transparente et de glace opaque. Les plus gros grêlons peuvent même être recouverts extérieurement par une couche de cristaux de glace, transparents et de formes très régulières. Cette disposition est très nette, en particulier, sur les grêlons observés, le 4 juillet 1819, à la Braconnière (Mayenne) et qui avaient en moyenne 0^m,08 de diamètre ; dans la coupe de ces grêlons (A, *fig.* 70), on retrouve le noyau central

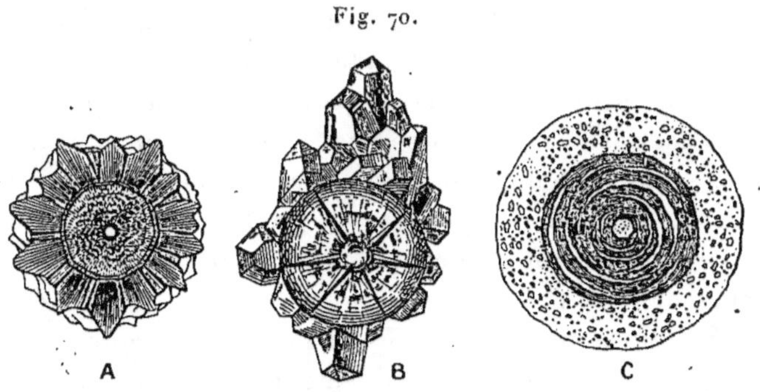

Fig. 70.

Formes de grêlons.

de grésil, une première enveloppe de glace blanche opaque, puis une couche extérieure de cristaux transparents. La forme cristalline de l'enveloppe est encore plus remarquable sur les grêlons ramassés près de Tiflis (Géorgie), le 27 mai et le 9 juin 1869 (*fig.* 70, B) et qui avaient de 0^m,065 à 0^m,07 de longueur. Enfin, dans d'énormes grêlons observés à Utrecht (Hollande), le 9 septembre 1846 (*fig.* 70, C) et dont le diamètre aurait atteint jusqu'à 0^m,22, on a trouvé, autour du noyau central de grésil, une série de couches de glace transparente, incomplètes, mais imbriquées les unes sur les autres; à l'extérieur enfin une épaisse enveloppe de glace blanche opaque.

Cette alternance de couches transparentes et opaques montre que les grêlons, avant d'arriver jusqu'au sol, ont traversé des couches atmosphériques dont les conditions étaient très différentes. Dans certaines de ces couches il devait y avoir des gouttelettes d'eau liquide restant en surfusion à une température inférieure à 0°; ces gouttelettes, en se solidifiant brusquement sur le grêlon y forment une couche de glace blanche et opaque. Les cristaux de glace transparente ne peuvent guère être produits que par suite d'un séjour assez long des grêlons dans une couche d'air très froide, dont l'humidité s'est condensée peu à peu sur le noyau de glace, assez lentement pour prendre la forme cristalline.

La grêle se produit toujours pendant les orages; nous reviendrons ultérieurement sur cette question (§ 100) et nous verrons qu'on retrouve dans les nuages orageux les conditions nécessaires à la formation des grêlons; il existe, en effet, dans les orages, des courants ascendants assez rapides pour entraîner les grêlons et les maintenir plus ou moins longtemps dans la région des nuages où ils s'accroissent jusqu'à ce que, devenus trop lourds, ils finissent par tomber définitivement. Cependant, il est toujours difficile de concevoir comment peuvent se produire ces grêlons énormes, dont le poids atteint ou dépasse 1^{kg}; il reste donc encore des points obscurs dans la théorie de la grêle. Les attractions électriques, invoquées souvent pour expliquer la suspension des grêlons dans l'atmosphère, ne jouent probablement aucun rôle dans ce phénomène.

Le maximum de fréquence de la grêle se présente dans les latitudes moyennes, où on l'observe surtout aux époques des giboulées et des orages, c'est-à-dire au printemps et en été; nous reviendrons du reste sur ce point à propos de l'étude des orages. La grêle devient de plus en plus rare, de même que les orages, à mesure qu'on s'avance vers les régions polaires; sa fréquence diminue également vers l'équateur, mais elle n'y est nullement un phénomène inconnu, ni même très rare, comme on l'avance quelquefois. Si la grêle n'est pas très fréquente dans les régions équatoriales, c'est qu'elle doit traverser des couches d'air très chaudes; elle a donc généralement le temps de fondre avant d'arriver jusqu'au sol, où l'on n'observe alors que de la pluie; mais à une plus grande altitude, par une température moyenne moins élevée, la grêle redevient fréquente; très près de l'équateur, à Antisana (Pérou, altitude 4000^m), on a observé onze chutes de grêle en neuf mois.

Au contraire de la grêle, le grésil est plus fréquent en hiver qu'en été et dans les latitudes élevées que dans les latitudes moyennes ou basses; il paraît être surtout la forme que revêt la grêle dans les orages qui se produisent à basse température.

78. Rosée. Gelée blanche. — Le matin, vers le lever du soleil, après une nuit calme et claire, on voit souvent l'herbe et les feuilles basses des arbustes couvertes de très fines gouttelettes d'eau : c'est le phénomène de la *rosée*. La rosée se produit toutes les fois que la température des corps exposés au rayonnement nocturne s'abaisse en dessous du point de saturation de l'air ambiant, sans que cet air lui-même descende dans sa masse à cette température. La mince couche d'air qui baigne le corps rayonnant se refroidit à son contact, arrive à la saturation et dépose sur le corps, en gouttes liquides, une partie de la vapeur d'eau qu'elle contenait.

En étudiant les conditions du refroidissement par rayonnement, on trouve aisément les lois suivantes :

La rosée se produit surtout dans les nuits claires, car les nuages diminuent le rayonnement nocturne et l'abaissement de température qui en résulte.

De deux corps exposés dans les mêmes conditions au rayonnement nocturne, celui qui possède le plus grand pouvoir émissif se recouvrira du dépôt de rosée le plus abondant. La quantité de rosée qui se dépose dans un temps donné est donc très variable d'un corps à l'autre; pour la mesurer, il est indispensable d'opérer toujours sur le même corps.

Le moindre abri diminue ou supprime la rosée, en faisant obstacle au rayonnement.

Une brise légère favorise la rosée en renouvelant lentement les couches d'air au contact du corps rayonnant et en remplaçant celles qui ont abandonné déjà une partie de leur vapeur d'eau par de nouvelles couches plus humides. Au contraire, un vent fort empêche la rosée; il emporte les couches d'air trop rapidement pour que au contact du corps rayonnant, leur température ait le temps d'atteindre le point de saturation.

La rosée se dépose au fond des vallées plutôt que sur le flanc des coteaux, et de même sur les herbes qui tapissent le sol plutôt que sur les feuilles situées au haut des arbres. En effet, l'air qui se refroidit au contact d'un corps rayonnant placé à une certaine hauteur (coteau ou arbre), devient plus lourd, tombe et est remplacé par de l'air plus chaud, ce qui l'empêche d'atteindre le point de saturation. Au contraire l'air qui est dans les parties les plus basses ne peut plus tomber; il se refroidit donc de plus en plus sur place et produit une rosée abondante.

La rosée est rare en hiver, où la variation diurne de la température est faible, ainsi que la quantité de vapeur d'eau contenue dans l'air; elle est plus fréquente en été, où l'air contient beaucoup de vapeur d'eau, bien que la courte durée des nuits empêche souvent le refroidissement par rayonnement d'être assez intense; elle est plus abondante enfin au printemps, et atteint généralement son maximum en automne, saison où les nuits sont déjà longues, alors que l'air contient encore beaucoup de vapeur.

Dans tout ce qui précède, nous n'avons tenu compte, pour la production de la rosée, que de la vapeur d'eau contenue dans l'air. Une partie du phénomène est due certainement aussi à la vapeur qui se dégage du sol par évaporation. Dans certaines conditions, cette quantité de vapeur émanée du sol peut être très grande.

La rosée est très importante pour la végétation. Dans certaines contrées très sèches et où il ne pleut presque pas, une partie de l'eau nécessaire à la vie des plantes est fournie par la rosée. On n'a jusqu'ici que peu de mesures exactes de la quantité d'eau qui correspond à la rosée; cette mesure est, du reste, soumise à une grande incertitude, puisque l'abondance de la rosée dépend de la nature du corps sur lequel elle se dépose. Dans nos contrées, les rosées ne correspondent guère qu'à des pluies de quelques centièmes de millimètre; c'est tout à fait par exception qu'elles peuvent atteindre un dixième de millimètre. Elles sont beaucoup plus intenses dans les régions tropicales, surtout dans le voisinage de la mer.

Il peut arriver, surtout dans les nuits claires du printemps et de l'automne, et lorsque la température de l'air est déjà assez basse dans la journée, que le point de rosée soit au-dessous de 0°. La vapeur d'eau atmosphérique, en se condensant, passe alors directement de l'état gazeux à l'état solide, et les plantes sont recouvertes de petites particules de glace qui constituent la *gelée blanche*. Il n'y a rien de particulier à ajouter sur ce phénomène, dont la production est identique à celle de la rosée.

Il faut remarquer que la gelée blanche indique seulement que la température des corps soumis au rayonnement nocturne est descendue au-dessous de zéro, mais la température de l'air lui-même a pu rester notablement au-dessus de cette limite; un jour de gelée blanche n'est donc pas nécessairement, ni même généralement, un jour de gelée. Les causes qui favorisent la production de la rosée favorisent aussi celle de la gelée blanche. Dans une même localité le nombre annuel des gelées blanches peut varier beaucoup d'un point à un autre, suivant l'exposition; elles sont surtout fréquentes dans les bas fonds.

On attribue généralement à la gelée blanche une influence néfaste sur la végétation. Il faut remarquer que les dégâts sont causés, non pas directement par la gelée blanche, mais par le grand abaissement de température qui se produit dans les plantes soumises au rayonnement nocturne, et qui peut amener ces plantes à une température très basse. C'est ce refroidissement, suivi d'un réchauffement brusque au moment du lever du soleil, qui détruit les bourgeons et les jeunes pousses. La gelée blanche n'est nullement par elle-même la cause des dégâts, mais seulement une conséquence et un témoin du refroidissement par rayonnement. Pour prévenir ces dégâts il faut diminuer l'intensité du rayonnement nocturne, en couvrant d'un écran les plantes menacées. On sait que l'on a proposé à cet effet de brûler dans les champs des substances qui produisent beaucoup de fumée. Ces nuages de fumée ne pourront être efficaces que s'ils ne sont pas rapidement dissipés par le vent; mais ce sera généralement le cas, car le refroidissement par rayonnement nocturne est surtout à craindre par les temps clairs et calmes.

79. Givre. Verglas. — Lorsque les gouttelettes extrêmement

petites qui constituent les nuages et les brouillards sont en surfusion à une température inférieure à 0° et qu'elles rencontrent un
corps solide, elles se solidifient immédiatement, en recouvrant peu
à peu le corps d'une couche de très petits cristaux de glace,
blanche et brillant au soleil d'un vif éclat; c'est ce qui constitue le *givre*.

Le givre qui, dans nos climats, se dépose assez souvent sur
les arbres en hiver, par les temps de brouillard, ne forme d'ordinaire qu'une couche d'une petite épaisseur, parce que la quantité d'eau contenue dans l'air est faible. Mais le phénomène peut
acquérir un grand développement sur les montagnes, lorsque le
vent amène à leur contact des nuages en surfusion. Dans ce cas,
toutes les surfaces exposées au vent se recouvrent d'une couche
cristalline de givre dont l'épaisseur peut devenir très grande,
$0^m,10$, $0^m,20$ et même davantage. Cette couche est constituée par
une série de lames minces ou feuillets verticaux et orientés dans
le sens du vent; ces feuillets, séparés les uns des autres par une
couche d'air, forment un ensemble d'un blanc éblouissant. Dans
chacun d'eux, les petits cristaux de givre sont assemblés en ramifications qui ressemblent à des feuilles de fougère, et sont tout à
fait analogues aux cristallisations de glace qui se forment en hiver
sur les vitres.

Si, au lieu des particules liquides très petites qui constituent
les nuages ou les brouillards, il tombe une véritable pluie en surfusion, composée de gouttes beaucoup plus grosses, ces gouttes,
rencontrant un corps solide dont la température est aussi inférieure à 0°, se congèlent brusquement et le recouvrent d'une
couche continue de glace transparente, qui constitue le *verglas*.
Pour que le verglas ait quelque persistance, il faut la réunion des
trois conditions suivantes : pluie en surfusion, tombant dans une
atmosphère et sur des corps dont la température est au-dessous
de 0°. Ce phénomène peut atteindre parfois une grande intensité
et s'étendre très loin; tel est le cas du célèbre verglas des 22-23 janvier 1879, qui a couvert un quart environ de la surface de la
France, d'Epernay à Nantes et de Mézidon à Parthenay et Romo-
rantin. A Vendôme, la chute de pluie en surfusion, qui a duré
environ 30 heures et fourni 32^{mm}, d'eau, a formé, sur les surfaces planes ou convexes exposées à l'air libre, une couche de

verglas de 25^{mm} d'épaisseur au moins. Des cordes tendues étaient
entourées, excentriquement, d'une couche de glace de plus de 20^{mm}
de diamètre. Naturellement les fils télégraphiques, les branches
d'arbres et même des arbres entiers, incapables de supporter le
poids de cette couche de glace, étaient rompus. A Fontainebleau,
les fils télégraphiques étaient entourés d'une gaîne de glace
de 38^{mm} de diamètre; des arbres dont la circonférence n'avait pas
moins de 2^{m},20 ont été rompus; d'autres étaient courbés jusqu'à
voir leur cîme toucher la terre.

Le même nom de verglas est appliqué encore à des phénomènes un peu différents.

Lorsqu'une pluie ordinaire, à une température légèrement
supérieure ou égale à 0°, arrive après une période de froid et
tombe sur un sol dont la température est encore bien au-dessous
de 0°, elle y forme une couche de glace continue, que l'on
désigne aussi sous le nom de *verglas*. Mais cette couche ne peut
être ni bien épaisse, ni persistante, car la pluie elle-même, en se
congelant, ramène bien vite la température du sol à 0° et le
verglas prend fin.

Il arrive encore que, si la température se radoucit après une
abondante chute de neige, il se forme un mélange pâteux de neige
et d'eau; si alors la température s'abaisse de nouveau au-dessous
de 0°, ce mélange se prend en une couche de glace compacte et
presque transparente, très glissante, et que l'on appelle encore
communément *verglas*, bien que son origine soit nettement différente de celle du verglas proprement dit.

CHAPITRE IV.

80. Couleur du ciel. — Si l'atmosphère était exclusivement gazeuse et ne contenait en suspension aucune particule solide ou liquide, on ne recevrait de lumière que dans la direction des astres, Soleil ou Lune, et le ciel paraîtrait entièrement noir. La présence de particules solides ou liquides de très petite dimension produit une diffusion de la lumière, qui est renvoyée d'une particule à l'autre ; il en résulte un éclairement général du ciel.

Si les particules sont extrêmement petites, la diffusion porte d'abord sur les radiations dont la longueur d'onde est la plus courte, c'est-à-dire sur le violet et le bleu ; le ciel sera donc coloré en bleu dans les parties éloignées de l'astre lumineux ; dans le voisinage de l'astre, au contraire, et surtout dans sa direction même, il y aura une légère teinte jaune ou rouge ; mais cette coloration ne sera pas généralement appréciable, car l'intensité de la teinte accessoire est extrêmement faible par rapport à celle de la lumière directe. L'effet de diffusion ou de diffraction est, du reste, d'autant plus grand que les rayons lumineux ont été renvoyés plus de fois d'une molécule à l'autre ; il sera donc le plus faible dans la direction même du Soleil.

Lorsque le Soleil ou la Lune se couchent, les rayons traversent sous une beaucoup plus grande épaisseur les couches inférieures de l'atmosphère, qui sont les plus riches en poussières ; la diffusion est beaucoup plus intense et, comme elle tend à rejeter au loin les rayons bleus, l'astre prend une couleur orangée ou rouge,

---

(¹) Nous n'étudierons ici que ceux des phénomènes optiques de l'atmosphère qui sont en relation immédiate avec la Météorologie ; c'est ainsi que nous laisserons de côté la réfraction atmosphérique, le mirage, les teintes crépusculaires, la polarisation atmosphérique, etc.

d'autant plus nette que son éclat est plus atténué par l'absorption qu'ont subie ses rayons.

La coloration rouge du Soleil à l'horizon est due ainsi à un effet de diffusion et non pas, comme on le croit communément, à une absorption de la lumière par l'air ou même par la vapeur d'eau qui, sous une grande épaisseur, aurait une couleur rougeâtre. Il n'y a aucune raison pour admettre cette coloration de la vapeur. Du reste la coloration rouge du Soleil à son coucher est surtout intense non pas tant quand la quantité de vapeur contenue dans l'air est grande, que lorsque cette vapeur est à peu près saturée et chargée de très petites gouttelettes liquides qui produisent la diffusion.

Lorsque la dimension des particules flottant dans l'atmosphère augmente et surtout qu'il existe un grand nombre de gouttelettes d'eau, la diffusion porte, non plus seulement sur les rayons bleus, mais sur ceux de plus grande longueur d'onde; la teinte bleue du ciel se lave alors de plus en plus de blanc, et finit par devenir tout à fait blanche quand les particules sont suffisamment grosses et nombreuses.

La couleur du ciel présente donc un intérêt spécial au point de vue météorologique, puisqu'elle est en relation avec la dimension et le nombre des particules de toutes sortes et notamment des gouttelettes d'eau qui flottent dans l'atmosphère.

81. Arc-en-ciel. — L'arc-en-ciel est produit par la réfraction et la réflexion de la lumière du Soleil dans des gouttes de pluie. Quand le soleil brille et qu'il pleut en même temps dans une direction opposée à celle du Soleil, on voit dans cette direction une bande lumineuse circulaire dont le centre est sur la ligne qui passe par le Soleil et l'œil de l'observateur; cette bande ou arc offre les couleurs du spectre, le violet à l'intérieur et le rouge à l'extérieur. On peut apercevoir encore un deuxième arc concentrique au premier, mais plus grand, plus large et moins lumineux, dans lequel la disposition des couleurs est inverse, rouge à l'intérieur et violet à l'extérieur; dans la région comprise entre les deux arcs le ciel est alors plus sombre que partout ailleurs. Quelquefois, mais rarement, il existe à l'intérieur du premier arc et en dessous, c'est-à-dire du côté du violet, des bandes lumineuses serrées, qui sont colorées alternativement en violet et en vert; on les désigne sous le nom d'*arcs surnuméraires*. D'autres arcs surnuméraires peuvent se montrer, mais plus rarement encore, en dehors du deuxième arc-en-ciel, c'est-à-dire encore du côté du violet.

Soit CS_1 (*fig.* 71) la direction des rayons solaires qui tombent sur une goutte d'eau dont le centre est en C; nous appellerons *sommet* de la goutte le point O, suivant lequel la sphère est rencontrée, du côté du Soleil, par le rayon $S_1 C$. Un rayon tel que SI,

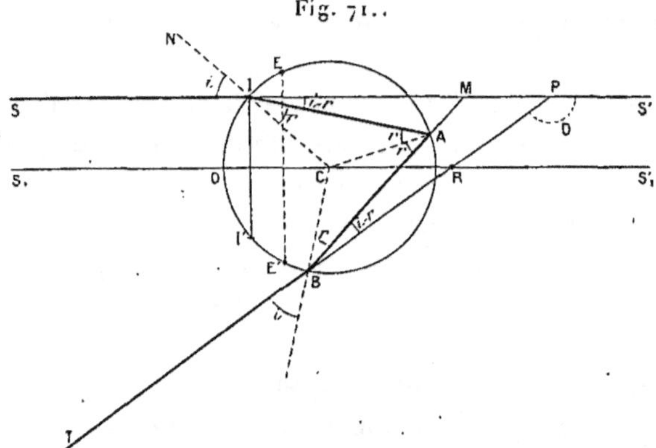

Fig. 71.

qui rencontre la surface de la goutte en un point situé à une distance OI du sommet, se réfracte dans la goutte suivant IA. Arrivé en A, le rayon se divise généralement en deux parties : l'une sort de la goutte; l'autre, réfléchie dans la direction AB, sort finalement de la goutte suivant BT. La direction du rayon incident SI fait avec la direction du rayon réfléchi BT un angle BPS′ qui est la *déviation* D du rayon (¹). Si l'on considère une série de

(¹) Il est facile d'évaluer la déviation D. On voit en effet, sur la figure, que la première déviation, de IA par rapport à SI, est $i - r$, i étant l'angle d'incidence, et r l'angle de réfraction. La deuxième déviation, celle du rayon AB par rapport à IA, est le supplément de l'angle IAB, ou $\pi - 2r$; enfin la troisième déviation, celle de IB par rapport à AB, est encore $i - r$. La déviation totale D, somme des trois déviations successives, aura donc pour valeur

$$(1) \qquad D = (i - r) + (\pi - 2r) + (i - r) = \pi - 2r + 2(i - r).$$

Les angles i et r sont liés de plus par la relation générale

$$(2) \qquad \sin i = n \sin r,$$

rayons parallèles à SI qui rencontrent la goutte en tous les points d'un petit cercle II' perpendiculaire à S_1C, comme tout est symétrique par rapport à la droite S_1C, on voit aisément que ces rayons qui constituaient, en tombant sur la goutte, un faisceau cylindrique, formeront à la sortie de la goutte, après avoir subi deux réfractions en I et B et une réflexion en A, un faisceau conique dont le sommet est sur S_1C, en un point R. La position de ce point R dépend à la fois de l'indice de réfraction, c'est-à-dire de la couleur des rayons considérés, et de l'angle que fait le rayon incident SI avec la normale IN au point d'incidence, c'est-à-dire de la distance OI.

Les rayons qui tombent sur le petit cercle II' forment à la sortie de la goutte une nappe conique dont le sommet est R; les rayons qui tombent sur un petit cercle très voisin formeront de même une nappe conique dont le sommet sera différent de R; la distance de ces deux nappes coniques augmente indéfiniment à mesure que l'on s'éloigne de la goutte. Entre ces deux nappes existe une quantité déterminée de lumière renvoyée par la goutte; à mesure que les nappes s'écartent, la quantité de lumière qui tombe, dans leur intervalle, sur l'unité de surface, va donc en diminuant rapidement; par suite, si l'on place l'œil dans une direction quelconque, telle que BT, à une distance notable de la goutte de pluie, on ne recevra, de cette goutte, aucune impression lumineuse appréciable, sauf, comme nous allons le voir, dans une position particulière.

Si l'on considère, en effet, des rayons lumineux qui tombent d'abord en O, puis en des points de plus en plus éloignés de O, la déviation D qui correspond à chacun de ces rayons est d'abord égale à 180° pour le rayon lumineux qui tombe en O; on démontre que, lorsque le point d'incidence s'éloigne de O, la déviation va d'abord en diminuant; elle passe par un minimum pour une certaine valeur de l'angle d'incidence qu'il est facile de calculer et qui correspond à un point d'incidence sur la goutte tel que E; enfin la déviation recommence à augmenter quand le rayon lumi-

---

n étant l'indice de réfraction de l'eau par rapport à l'air; de l'équation (2), on déduit la valeur de r qui correspond à une incidence quelconque i, et l'équation (1) donne alors D en fonction de i et de n; le problème est donc entièrement résolu.

neux rencontre la goutte en un point plus éloigné que E du sommet O. Aux environs du minimum, la déviation varie très lentement; tous les rayons lumineux qui rencontreront la goutte sur le petit cercle EE′ et sur des petits cercles voisins, de part et d'autre, subiront donc sensiblement la même déviation et les nappes coniques des rayons réfractés correspondants seront à peu près confondues; il y aura ainsi, dans la direction de ces nappes, une plus grande accumulation de lumière que dans toute autre direction. On donne pour cette raison le nom de *rayons efficaces* à ceux qui rencontrent la goutte suivant la zone EE′, correspondant au minimum de déviation.

Soit G une goutte d'eau qui reçoit les rayons solaires dans la direction SG (*fig.* 72) et GO la direction des *rayons efficaces* renvoyés par cette goutte, pour lesquels la dévia-tion TGO est minimum; si l'œil est placé en un point quelconque O de cette ligne GO, il rece-vra, d'après ce que nous venons de voir, une quan-tité de lumière beaucoup

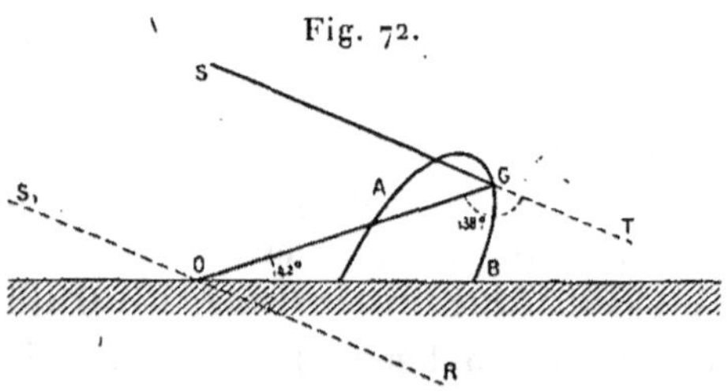

plus grande que dans toute autre position. Du point O menons une droite OS₁, dirigée vers le Soleil, et qui est, par suite, paral-lèle à SG, puisque la distance du Soleil est infiniment grande par rapport à celle qui sépare notre œil des gouttes de pluie. Les con-ditions restent les mêmes si l'on fait tourner toute la figure autour de l'axe S₁OR; toutes les gouttes d'eau qui se trouvent sur le cône dont le sommet est en O et dont la génératrice est GO, sont dans la position qui correspond aux rayons efficaces et enverront ainsi à l'œil plus de lumière que les autres gouttes; et l'on aper-cevra alors, sur la partie du nuage qui se résout en gouttes de pluie, un arc de cercle lumineux AB, dont le rayon sera l'angle GOR, supplémentaire de la déviation minimum TGO.

La valeur de la déviation minimum dépend de l'indice de ré-fraction; elle ne sera donc pas la même pour toutes les couleurs qui composent la lumière blanche et qui se trouveront ainsi séparées, comme dans le passage à travers un prisme. La dévia-

tion minimum est de 137°58′ pour les rayons rouges et de 139°43′
pour les rayons violets; les suppléments de ces angles sont respectivement 42°2′ et 40°17′. L'arc-en-ciel se présentera donc
comme une bande formée d'une série d'arcs de cercle contigus,
dont le centre est sur la ligne S_1O, dans la direction OR, à l'opposé du Soleil par rapport à l'observateur, et dont le rayon
apparent varie de 40°17′ pour les rayons violets à 42°2′ pour les
rayons rouges; le violet est à l'intérieur, le rouge à l'extérieur et
la largeur de l'arc est de 1°45′. De plus, tous les rayons renvoyés
par les gouttes dans une direction autre que celle des rayons
efficaces seront plus déviés que ces derniers et par conséquent
renvoyés en dedans de l'arc. La partie du ciel intérieure à l'arc
sera donc plus lumineuse que la partie extérieure puisque, en
dehors de l'éclairement général du ciel, elle reçoit un certain
nombre de rayons renvoyés par les gouttes de pluie.

Il faut remarquer encore que, dans l'arc-en-ciel, les couleurs
ne sont pas aussi pures ni aussi bien séparées que dans un spectre
solaire que l'on obtient au moyen d'une fente étroite, d'un prisme
et d'une lentille. Le Soleil, en effet, a un diamètre apparent sensible, d'environ un demi-degré. Les couleurs de l'arc-en-ciel, au
lieu de former des bandes très étroites juxtaposées, sont en réalité
des bandes larges chacune d'un demi-degré et qui se recouvrent
partiellement : l'extrémité supérieure du rouge est seule d'une
coloration très pure; le jaune est mélangé d'un peu de rouge; le
vert d'un peu de rouge et de jaune et ainsi de suite.

Un deuxième arc-en-ciel peut être produit par des rayons qui,
tombant sur la goutte suivant SI (*fig.* 73), y entrent dans la direction II′, sont réfléchis une première fois en I′ suivant I′I″, une
seconde fois en I″ suivant I″I‴ et sortent enfin de la goutte dans
la direction I‴T. Un raisonnement analogue à celui qui a été fait
pour le premier arc montre qu'il y a encore dans ce cas un minimum de déviation pour une incidence convenable et, par suite,
des *rayons efficaces* qui donnent naissance à un deuxième arc.
L'angle analogue à GOR (*fig.* 72), pour ce deuxième arc, est
de 50°59′ pour les rayons rouges et de 54°9′ pour les rayons
violets; le rouge est donc en dedans et le violet en dehors, et
la largeur de l'arc est de 3°10′; on voit que ce second arc est
extérieur au premier et que la disposition des couleurs y est

inverse; ils tournent l'un vers l'autre leur partie rouge. Le deuxième arc est beaucoup moins lumineux que le premier; d'abord parce que les rayons qui le produisent ont subi une réflexion de plus, et surtout parce que la largeur de cet arc est presque double; la lumière est ainsi répartie sur une surface beaucoup plus grande.

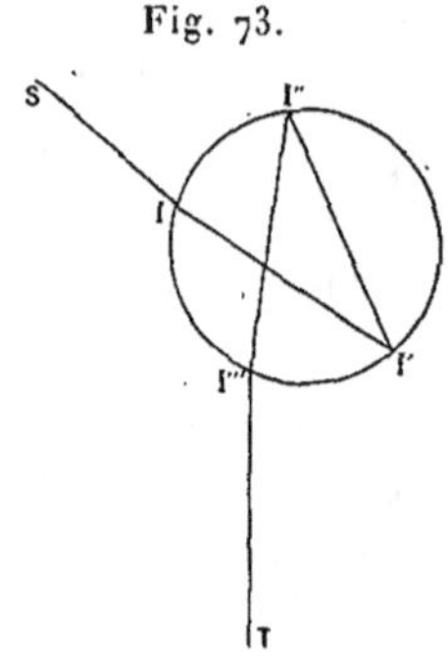

Fig. 73.

Tous les rayons autres que les rayons efficaces sont, dans le cas du second arc, renvoyés au-dessus de lui. Quand les deux arcs se montreront simultanément, l'intervalle qui les sépare paraîtra donc plus sombre que le reste du ciel, puisque les gouttes de pluie n'y renvoient aucun rayon.

La théorie indique qu'il peut se produire d'autres arcs-en-ciel, correspondant à 3, 4, 5 réflexions intérieures; mais on ne les observe pas généralement dans la nature; nous ne nous y arrêterons donc pas.

Les franges violettes et vertes que l'on observe parfois en dessous du premier arc et plus rarement en dessus du second, et que l'on appelle *arcs surnuméraires,* sont produites par des phénomènes de diffraction. La dimension de ces franges dépend de la grosseur des gouttes de pluie. Les arcs surnuméraires sont d'autant plus espacés et, par conséquent, d'autant plus distincts que les gouttes d'eau sont plus petites; mais en même temps leur intensité est moindre; il y a donc là deux conditions contradictoires pour leur visibilité. On ne les aperçoit en général que si la lumière du Soleil est très intense et la dimension des gouttes de pluie assez petite.

La théorie complète de l'arc-en-ciel montre que la grandeur des arcs principaux est, comme celle des arcs surnuméraires, une fonction de la grosseur des gouttes de pluie; les valeurs que nous avons données plus haut pour les rayons des deux arcs principaux ne sont donc pas absolument constantes; mais les valeurs réelles s'en écartent peu et, dans la pratique, il est à peu près impossible de constater une différence, à cause du défaut de netteté qui provient de ce que le Soleil a un diamètre apparent assez grand.

Les arcs-en-ciel ne peuvent plus être observés si la hauteur du

Soleil au-dessus de l'horizon est un peu grande; dès que cette hauteur dépasse 42°, le premier arc est tout entier au-dessous de l'horizon, comme on le voit aisément en se reportant à la *fig.* 72; il en devient de même pour le second arc quand la hauteur du Soleil est supérieure à 51°. A Paris, on ne verra donc pas d'arcs-en-ciel en été aux environs de midi, mais seulement le matin et le soir. De même, sous l'Équateur, le premier arc-en-ciel sera toujours invisible entre 9ʰ du matin et 3ʰ du soir.

La Lune peut évidemment donner naissance à des arcs-en-ciel tout comme le Soleil; mais l'intensité de sa lumière est le plus souvent insuffisante pour que ces arcs soient observables.

L'arc-en-ciel est un phénomène dont l'observation ne présente pas grand intérêt au point de vue météorologique; on n'en peut déduire aucun pronostic du temps; il indique seulement qu'il tombe de la pluie dans la direction où on l'aperçoit.

82. Couronnes. — On appelle *couronnes* des cercles ou anneaux colorés qui se montrent autour de la Lune ou du Soleil et dans leur voisinage immédiat. L'éclat du Soleil empêche généralement de les apercevoir, à moins qu'on ne l'observe à travers un verre coloré assez foncé ou par réflexion sur la surface d'une glace noire ou d'une nappe d'eau.

Ces couronnes, dont le nombre dépasse rarement 2, ont un assez petit diamètre. Le plus souvent on voit autour de l'astre un anneau bleu mélangé de blanc, puis un cercle rouge bien limité en dedans et qui se confond extérieurement avec les autres anneaux; quelquefois les couleurs du spectre sont plus nettes et mieux séparées, le violet étant toujours à l'intérieur et le rouge à l'extérieur. Dans le second anneau et à plus forte raison dans le troisième, quand il existe, on ne distingue généralement que du vert à l'intérieur et du rouge à l'extérieur.

Les couronnes se produisent toutes les fois que, devant la Lune ou le Soleil, vient à passer un nuage peu épais, composé de gouttelettes très fines et ayant toutes à peu près le même diamètre. Le phénomène peut être reproduit aisément en regardant une source lumineuse, comme la flamme d'une lampe, à travers une lame de verre sur laquelle on a projeté son haleine, de façon à y déposer une couche de buée, ou que l'on a recouverte d'une poussière à grains très fins et sensiblement égaux, comme la poudre de lycopode.

La théorie de la diffraction donne l'explication complète des couronnes et permet d'en calculer toutes les conditions. Pour une lumière monochromatique et des corpuscules d'une grosseur déterminée, les diamètres des anneaux brillants successifs augmentent un peu moins vite que les nombres pairs 0, 2, 4, 6, ... et ceux des anneaux obscurs un peu moins vite que les nombres impairs 1, 3, 5, ... Enfin les diamètres des anneaux brillants sont proportionnels à la longueur d'onde de la lumière et en raison inverse des diamètres des corpuscules interposés devant la source lumineuse. Cette dernière loi explique pourquoi il n'y a pas de couronnes si les corpuscules ont des dimensions très différentes; chaque groupe de particules d'une dimension donnée produit un système particulier de couronnes et, si le diamètre de tous ces systèmes n'est pas le même, ils se recouvrent en partie et donnent de la lumière blanche; dans ce cas, l'astre paraît entouré d'une simple auréole lumineuse.

Le rayon du premier anneau brillant dans les couronnes est d'ordinaire compris entre $1°$ et $2°$; par exception il peut s'élever à $4°$. Comme ce rayon varie en raison inverse de la dimension des gouttelettes liquides qui constituent les nuages, il suffira de mesurer le rayon des couronnes pour en déduire la dimension des gouttelettes. Nous avons déjà indiqué (§ 61, p. 197) les résultats obtenus par ce procédé. L'observation des couronnes est donc très intéressante et fournit des renseignements précieux sur la constitution des nuages.

83. Halos. — On range sous le nom générique de *halos* une série d'apparences produites par la réfraction ou la réflexion de la lumière du Soleil et de la Lune dans les cristaux de glace qui constituent les nuages de la famille des cirro-stratus. L'observation de ces phénomènes autour de la Lune est facile; l'éclat du Soleil, au contraire, empêche souvent d'apercevoir les halos; pour les distinguer, surtout quand ils sont faibles, il faut masquer le Soleil avec un écran, ou regarder le ciel à travers un verre coloré un peu foncé, ou bien encore observer par réflexion sur une glace noire ou sur la surface calme d'une nappe d'eau. Avec ces

précautions on peut, même sous nos latitudes, apercevoir dans une
année une centaine de ces phénomènes.

Les cristaux de glace appartiennent au système rhomboédrique
et se présentent le plus souvent sous forme de prismes droits hexa-
gonaux. Les arêtes du prisme sont généralement, ou très grandes,
ou très petites par rapport aux côtés des bases hexagonales; dans
le premier cas (A, *fig*. 74) les cristaux ont la forme d'aiguilles et
s'orientent généralement en tombant
de manière que les arêtes soient verticales; dans le second cas (B, *fig*. 74)
les cristaux se présentent sous forme
de tablettes hexagonales minces et
tombent généralement par la tranche,
c'est-à-dire avec les deux bases verticales.

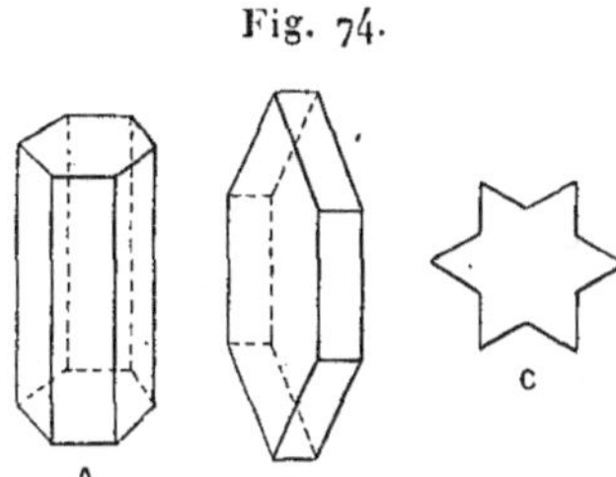

Fig. 74.

Deux faces latérales adjacentes forment un angle de 120°; un rayon lu-
mineux qui entre par une face ne peut donc pas sortir par l'une
des deux faces adjacentes, car, l'indice de réfraction de la glace
étant 1,31, on démontre aisément que les rayons entrant dans un
prisme de glace subissent tous nécessairement la réflexion totale
dès que l'angle du prisme dépasse 99°31'.

Deux faces non adjacentes, quand elles sont séparées par une
seule face, forment entre elles un angle de 60°; la réfraction sera
donc possible dans ce cas. Deux faces non adjacentes, séparées
l'une de l'autre par deux autres faces, sont parallèles; un rayon
qui entre par une face et sort par la face opposée n'éprouve donc
ni déviation ni dispersion. Enfin les faces latérales du prisme
forment avec la base un angle de 90°; la réfraction est encore
possible dans cet angle dièdre.

On trouve souvent encore des cristaux prismatiques dont la
section est une étoile à six branches (C, *fig*. 74); les angles
saillants sont de 60° et les angles rentrants de 120°.

Au point de vue de la réfraction on aura donc à considérer,
dans les aiguilles de glace, seulement des prismes dont les angles
seront de 60° ou de 90°; au point de vue de la réflexion d'une face
sur l'autre, c'est l'angle de 120° qui jouera le rôle principal. Il
peut y avoir encore des facettes inclinées sur les bases ou les

faces latérales des cristaux de glace; mais ces facettes sont rares et ne jouent aucun rôle dans la production des phénomènes que l'on observe d'ordinaire et que nous allons décrire; c'est probablement à ces facettes que l'on doit attribuer quelques apparences que l'on a signalées à titre exceptionnel et que nous laisserons de côté.

La *fig.* 75 représente l'ensemble des phénomènes les plus fré-

Fig. 75.

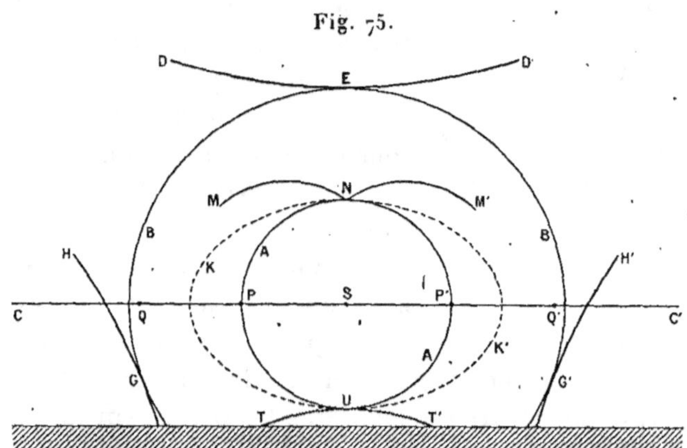

quents parmi ceux qui sont compris sous le nom générique de *halos*. Dans la réalité on n'observe jamais toutes ces apparences à la fois, mais seulement une ou deux et qui même ne sont pas souvent entières et sont réduites à des fragments plus ou moins étendus.

Le *halo ordinaire* est un cercle lumineux A qui entoure le Soleil S; le rayon intérieur de ce cercle est de 22° environ; il est coloré en rouge en dedans (vers le Soleil); puis vient un peu de jaune; le reste des couleurs spectrales n'est pas visible et forme une bande blanche assez large et estompée, qui finit par se confondre avec l'éclairement général du ciel; tout l'espace compris entre ce halo et le Soleil est plus sombre que le reste du ciel.

Ce halo est produit par la réfraction de la lumière à travers des aiguilles de glace orientées de toutes les manières possibles, quand les rayons traversent des prismes de 60° (deux faces non adjacentes). Le minimum de déviation pour de tels prismes est, en effet, d'environ 22°. Toute la lumière qui traverse les aiguilles de

glace est donc renvoyée au moins à 22° du Soleil, d'où l'obscurité
relative de la région intérieure au halo. Le rouge étant la couleur
la moins déviée sera à l'intérieur du halo ; à côté on voit encore
du jaune, mais les autres couleurs sont peu visibles, car elles se
mélangent en partie ; par exemple, à l'endroit où devrait être le
vert, pour des aiguilles de glace placées dans la position du minimum de déviation relative à cette couleur, il y a aussi du rouge
envoyé par des prismes qui sont dans une position un peu différente de celle qui correspond au minimum de déviation pour le
rouge. Le diamètre apparent du Soleil, qui n'est pas négligeable,
produit aussi un mélange de couleurs, comme nous l'avons indiqué
plus haut en parlant de l'arc-en-ciel.

Le *halo extraordinaire* ou *grand halo* est un cercle B, concentrique au halo ordinaire, mais dont le rayon est de 46° environ.
Il est produit aussi par la réfraction dans des cristaux orientés de
toutes les manières possibles, quand les rayons traversent des
angles de 90° (angle d'une face latérale et de la base). Ce halo est
plus large que le halo ordinaire et les couleurs y sont mieux
séparées ; mais son intensité lumineuse est moindre.

Il est impossible de confondre les halos avec les arcs-en-ciel,
car les premiers ont toujours le Soleil (ou la Lune) au centre,
tandis que les derniers se forment dans une direction opposée.

Ces deux phénomènes sont les seuls qui puissent être produits
par des aiguilles orientées de toutes les façons possibles ; ce sont
donc les plus fréquents ; les autres exigent qu'un certain nombre
de cristaux soient tous orientés d'une même manière.

Les cristaux en aiguilles dont les arêtes sont verticales, ce qui
est leur position normale de chute, peuvent donner naissance aux
apparences suivantes :

Le *cercle parhélique,* bande horizontale blanche CSC' qui fait
le tour de l'horizon et passe par le Soleil. On voit facilement que
cette apparence est produite par la réflexion de la lumière sur des
facettes orientées de toutes les manières possibles, tout en restant
verticales.

Les *parhélies* de 22° (*parasélènes,* si l'astre lumineux est la
Lune), taches circulaires PP' très brillantes et colorées, que l'on
voit sur le cercle parhélique à la rencontre du halo de 22°. Les
couleurs dans les parhélies sont plus pures que dans les halos ; le

rouge est à l'intérieur, vers le Soleil, et l'on distingue bien d'ordinaire aussi le jaune et le vert; mais le bleu est à peine visible. Les parhélies sont produits, comme le halo ordinaire, par les rayons qui ont subi la déviation minimum dans des prismes de glace de 60°, mais dont les arêtes sont verticales.

Si le Soleil est assez élevé au-dessus de l'horizon, les parhélies s'éloignent un peu de part et d'autre et passent en dehors du halo de 22°.

Les rayons qui ont subi une première déviation minimum dans un prisme et en subissent ensuite une seconde dans un deuxième prisme donnent naissance à deux nouveaux parhélies, deux fois plus éloignés du Soleil que les premiers, c'est-à-dire à 44° environ du Soleil. Ces *parhélies secondaires* Q, Q', sont beaucoup plus pâles que les premiers, mais les couleurs, quoique faibles, y sont mieux séparées encore; ils sont notablement en dedans du grand halo de 46° quand le Soleil est bas sur l'horizon; ils se trouvent juste sur ce halo quand la hauteur du Soleil atteint 19°, et passent en dehors quand le Soleil s'élève davantage.

Les rayons qui entrent dans les aiguilles de glace par leur base supérieure horizontale et sortent par une des faces latérales verticales, traversent un angle dièdre de 90°. Dans la position du minimum de déviation, ces rayons donnent naissance à l'*arc circumzénithal*. C'est un cercle horizontal DED' qui est tangent à la partie supérieure du halo de 46°; on ne voit jamais ce cercle en entier, mais seulement la partie qui touche le halo de 46°. De tous les phénomènes que nous étudions, c'est de beaucoup le plus brillant et celui où les couleurs sont le plus nettes et le mieux séparées; le rouge est en bas, du côté du Soleil; on distingue nettement le jaune, le vert, le bleu, et même parfois le violet. L'arc circumzénithal ne peut se produire si la hauteur du Soleil est inférieure à 12° ou supérieure à 31°. Si la hauteur du Soleil est comprise entre 59° et 78°, on peut apercevoir un *arc circumhorizontal*, tangent aussi au halo de 46° comme l'arc circumzénithal, dont il est symétrique, mais au-dessous du Soleil. Il est produit par la réfraction des rayons qui entrent par une face latérale et sortent par la base inférieure des prismes de glace.

S'il existe des aiguilles de glace verticales dont la section a la forme d'une étoile à six pointes (C, *fig*. 74), les rayons lumineux

réfléchis sur une face peuvent rencontrer ensuite la face adja-
cente. On voit facilement que deux réflexions successives sur des
miroirs verticaux faisant un angle de 120° donnent, quelle que
soit l'orientation de ces miroirs, deux images fixes, dans des directions qui font un angle de 120° avec celle du rayon incident, de
part et d'autre de celle-ci. La réflexion dans de pareils cristaux
produira donc, sur le cercle parhélique, deux images blanches du
Soleil à 120° de part et d'autre. Ces images blanches, qui forment
avec le Soleil un triangle équilatéral, sont les *paranthélies,* ou
faux-soleils. On peut encore observer d'autres faux-soleils sur le
cercle parhélique, à 98° du Soleil.

La réflexion de la lumière sur les bases horizontales des cristaux, lorsque ces cristaux sont en mouvement et se balancent
autour de la verticale, produit des *colonnes* de lumière verticales
passant par le Soleil, dont le mode de formation est analogue à
celui de la traînée lumineuse verticale que produisent les rayons
solaires sur une nappe d'eau légèrement agitée. Ces colonnes,
combinées avec le cercle parhélique, produisent une apparence
de croix dont le Soleil occupe le centre, et dans laquelle les
branches horizontales (cercle parhélique) sont généralement plus
longues que les branches verticales (colonnes).

Enfin les prismes tabulaires qui tombent avec leurs bases verticales (B, *fig.* 74) peuvent donner naissance à divers phénomènes
dont les plus remarquables sont les suivants :

L'*arc tangent* au halo de 22° (*supérieur* MNM' ou *inférieur* TUT', selon qu'il se présente au point le plus élevé ou au
point le plus bas de ce halo), est produit par la réfraction dans
les faces latérales des prismes tabulaires qui font entre. elles un
angle de 60°; il a des formes très variées suivant la hauteur du
Soleil. Quand le Soleil est à l'horizon, cet arc revêt l'apparence
de deux cornes, qui se raccordent sous un angle voisin de 90°.
Ces cornes s'aplatissent à mesure que le Soleil s'élève et, quand
la hauteur de l'astre atteint 31°, elles forment deux branches
pendantes; c'est cette apparence qui est représentée en MNM'
dans la *fig.* 75. Quand le Soleil s'élève à 45°, l'arc tangent inférieur se réunit à l'arc tangent supérieur, et forme avec lui un
halo elliptique circonscrit au halo de 22°, dont le grand axe
est horizontal et dont les points extrêmes, sur le cercle parhé-

lique, sont à environ 32° du Soleil. Ce halo elliptique est représenté sur la figure par une ligne pointillée KNK'U. Enfin si le Soleil s'élève encore davantage, le diamètre horizontal du halo circonscrit diminue, ce halo se rapproche de plus en plus du halo circulaire de 22° et finit par se confondre avec lui.

La réfraction dans les angles de 90° des prismes tabulaires à bases verticales produit l'*arc tangent infralatéral* au halo de 46° GH, G'H'. Ce sont deux arcs tangents au halo de 46°, obliques et dont les points de contact avec ce halo sont en dessous du cercle parhélique. La coloration de ces arcs est très vive, comme celle de l'arc circumzénithal. Quelquefois ils se montrent sans que le halo de 46° existe; ils paraissent alors suspendus dans l'espace. L'amplitude de ces arcs peut atteindre 50°, mais elle est généralement beaucoup moindre. La théorie indique que, si la hauteur du Soleil est inférieure à 20°, il peut se former encore deux autres *arcs tangents supralatéraux* au halo de 46°, dont le point de contact avec ce halo est au-dessus du cercle parhélique; mais ces derniers arcs ne paraissent jamais avoir été observés.

Enfin une double réflexion, analogue à celle qui produit les paranthélies dans les prismes à axe vertical, donne, dans les prismes à bases verticales, naissance à l'*anthélie* ou faux soleil, tache blanchâtre peu lumineuse, située sur le cercle parhélique, précisément à l'opposé du Soleil.

Telles sont les principales apparences que produisent la réflexion et la réfraction de la lumière dans les cristaux de glace. Ces phénomènes sont très intéressants à observer, car leur apparition indique la présence dans l'atmosphère de nuages glacés (cirro-stratus) qui, dans les latitudes moyennes, sont fréquemment un signe avant-coureur des mauvais temps.

LIVRE IV.

LES PERTURBATIONS DE L'ATMOSPHÈRE.

CHAPITRE I.

LES TEMPÈTES DES LATITUDES MOYENNES ET LES CYCLONES.

84. Dépressions barométriques. — Dans les latitudes moyennes on voit fréquemment, surtout en hiver, la pression diminuer avec une grande rapidité; la baisse peut dépasser 1^{mm} et même 2^{mm} par heure. Après un certain temps, le mouvement barométrique s'arrête, la pression passe par un minimum et se relève ensuite, parfois aussi vite qu'elle était descendue. La *fig.* 76 représente ainsi, comme exemple, la variation de la pression à Paris du 24 au 26 sep-

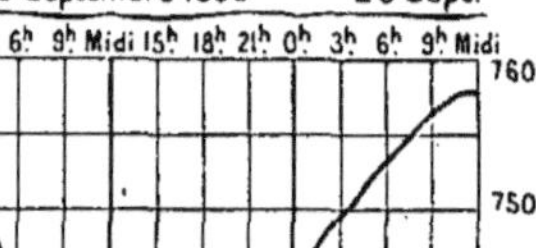

Fig. 76.

Variation régulière du baromètre pendant le passage d'une dépression.

tembre 1896. Ces mouvements rapides du baromètre sont accompagnés de mauvais temps, de vents violents et quelquefois de tempêtes désastreuses.

Si, pendant un de ces mouvements du baromètre, on construit la carte qui représente, à un moment donné, la répartition de la

pression (¹) sur une surface étendue, on constate que la hauteur
du baromètre est très variable d'un point à un autre. Il existe
toujours une région limitée, assez restreinte, sur laquelle la pression est plus petite que partout ailleurs.

Autour de cette région centrale de pression minimum et dans
toutes les directions, la hauteur barométrique augmente, de sorte

Fig. 77.

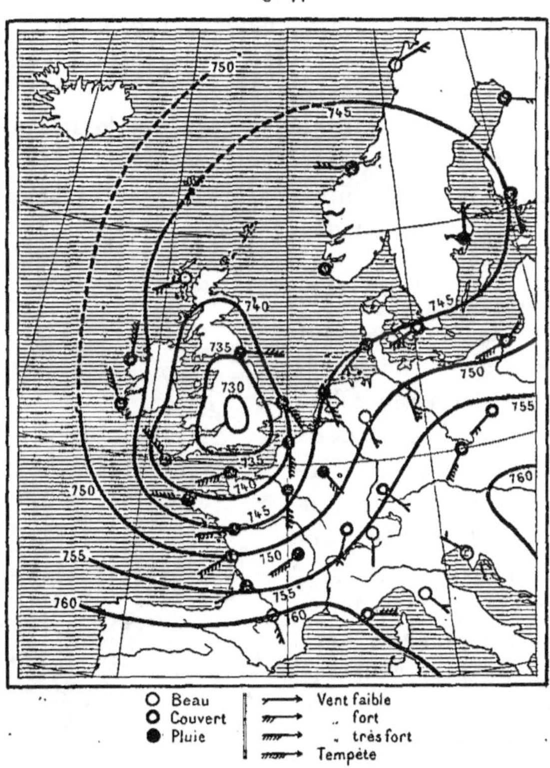

Distribution de la pression et du vent en Europe, le 25 septembre 1896.

que les isobares successives entourent ce minimum et affectent
une forme plus ou moins régulière, circulaire ou elliptique. La
Carte ci-dessus (*fig.* 77) représente, comme exemple de cette

---

(¹) Dans tout ce qui suit, on supposera toujours que les pressions sont réduites
au niveau de la mer (§ 34), pour éliminer l'influence de l'altitude et rendre
toutes les observations comparables.

disposition, la distribution de la pression sur l'Europe occidentale, le 25 septembre 1896, à 7ʰ du matin.

L'ensemble de ces isobares fermées autour d'un minimum de pression constitue une *dépression barométrique*. Si l'on construit une nouvelle carte qui représente la distribution de la pression à un autre moment, par exemple six heures plus tard, on voit d'ordinaire que la dépression tout entière semble s'être déplacée dans une certaine direction. En même temps la pression minimum au centre a pu varier dans un sens ou dans l'autre; si elle a encore diminué, on dit que la dépression *s'est creusée;* dans le cas contraire, elle *se comble*. Enfin on dit qu'une dépression est plus ou moins *profonde,* suivant que la pression est plus ou moins basse au centre.

Les dépressions au centre desquelles le baromètre tombe en dessous de 730ᵐᵐ sont déjà assez rares dans les latitudes moyennes; mais on peut en observer cependant de beaucoup plus profondes. Pendant le passage d'une dépression dont le centre a traversé l'Écosse de l'ouest à l'est, le 26 janvier 1884, on a noté en plusieurs stations de ce pays une hauteur barométrique de 694ᵐᵐ (réduite au niveau de la mer). En Islande le baromètre serait même descendu à 692ᵐᵐ le 4 février 1824.

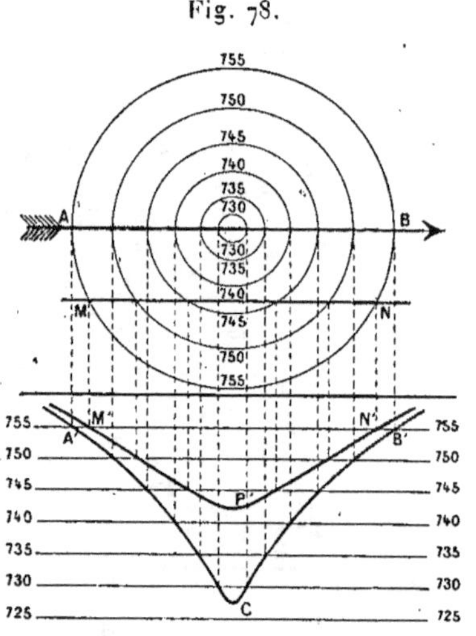
Fig. 78.

Lors du passage d'une dépression, les variations du baromètre présentent la même allure générale dans toutes les stations à une grande distance du centre, souvent à des centaines de kilomètres, parfois à plus d'un millier; mais la valeur absolue de la baisse est d'autant plus grande en une station donnée que celle-ci est plus rapprochée de la trajectoire suivie par le centre de la dépression. Supposons qu'une dépression, de profondeur constante, dont les isobares seraient représentées dans la partie supérieure de la *fig.* 78, se meuve de gauche

à droite avec une vitesse uniforme et que son centre parcoure la
droite AB. Pour tous les points situés sur cette ligne AB, la courbe
qui représente les variations de la pression sera la courbe A′C′B′,
représentée à la partie inférieure de la figure (¹) et dont le minimum descendra, par exemple, un peu au-dessous de 730^{mm}. Mais,
pour les stations situées sur une autre ligne MN, parallèle à AB et
à une certaine distance, on voit que la variation de la pression sera
représentée par une courbe telle que M′P′N′, dont le minimum
est beaucoup moins profond que pour les points situés sur AB.

Dans le cas simple que nous venons d'examiner, le minimum
barométrique se produit, en chaque station, au moment où le
centre de la dépression
passe à la plus courte distance de cette station. Il
n'en est plus de même
quand le minimum baro-
métrique ne conserve pas
la même valeur à mesure
que la dépression se dé-
place. Si la dépression se
creuse de plus en plus en
marchant de A vers B, on
voit aisément qu'en une

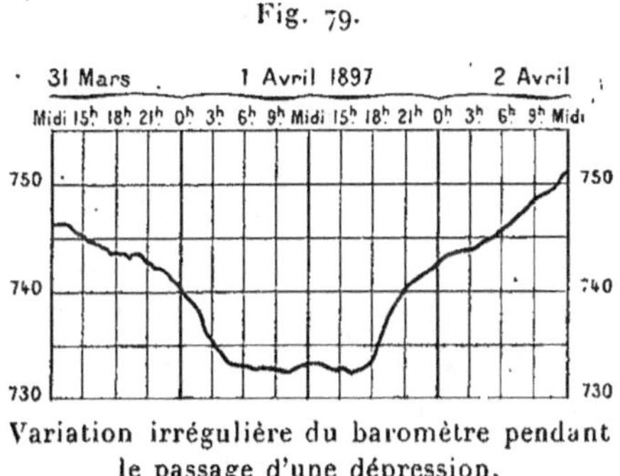

Fig. 79.

Variation irrégulière du baromètre pendant
le passage d'une dépression.

station quelconque, située par exemple sur la ligne MN, le minimum barométrique sera observé après le moment où le centre
a passé au plus près de la station ; il serait observé, au contraire,
avant ce moment, si la dépression se comblait progressivement
en avançant. C'est par suite de circonstances de ce genre que,
dans bien des cas, les courbes, telles que M′P′N′, qui représentent la variation du baromètre en une station, n'offrent pas de
minimum bien net. Au lieu de remonter presque immédiatement
après le moment où le minimum vient d'être atteint, la pression

---

(¹) Pour comparer entre elles la *fig.* 78 et la *fig.* 76, qui représente la variation
du baromètre pendant le passage d'une dépression, on doit remarquer que, sur la
fig. 78, le mouvement a lieu de la gauche vers la droite ; les portions de courbes
B′C ou N′P′ seront tracées ainsi, sur la feuille du baromètre enregistreur, avant les
portions CA′ ou P′M′. Il faudrait donc, sur la *fig.* 78, compter les heures de droite
à gauche, dans une direction inverse de ce qui est représenté sur les *fig.* 76 et 79.

conserve parfois sa valeur la plus basse à peu près constante pendant plusieurs heures ; la courbe barométrique offre alors une apparence telle que celle de la *fig.* 79. Cette allure irrégulière indique toujours que la profondeur de la dépression, sa vitesse ou la direction de sa propagation, subissent de grandes modifications.

Le gradient qui joue, comme nous l'avons vu (§§ **43** et **44**), un si grand rôle dans la théorie du vent, se mesure dans la direction normale aux isobares et représente la variation barométrique, exprimée en millimètres de mercure, qui correspond à une distance de 111^{km}. Dans le cas d'isobares circulaires et concentriques, le gradient est, en tous les points, dirigé vers le centre de la dépression. Les points où le gradient est le plus fort se distinguent aisément sur les cartes : ce sont ceux où les isobares sont le plus serrées.

Dans les dépressions ordinaires, le gradient dépasse rarement 4 ou 5 ; mais on a observé toutefois des nombres beaucoup plus forts : 9,2 aux États-Unis, dans la région de New-York, le 12 mars 1888 ; 13 en Angleterre, le 14 octobre 1881. Dans des phénomènes d'un autre ordre, les trombes, nous verrons que les gradients peuvent être beaucoup plus grands encore et qu'ils n'ont même pour ainsi dire pas de limite ; mais, dans ce cas, la pression ne varie pas d'une manière continue d'un point à un autre et présente toujours un saut brusque.

85. Régime des vents dans les dépressions barométriques. — Les relations générales qui existent entre la pression et le vent nous ont appris (§ **45**) que, dans l'hémisphère nord et au niveau du sol, le vent doit souffler tout autour d'un centre de basses pressions non pas vers le centre, dans la direction du gradient, mais dans une direction inclinée à droite sur celle du gradient, l'angle de ces deux directions étant plus petit qu'un angle droit. Il en résulte que le vent forme autour du centre de la dépression un mouvement tourbillonnaire qui, dans l'hémisphère nord, tourne de droite à gauche, en sens inverse des aiguilles d'une montre. Dans l'hémisphère sud, la rotation se produirait en sens opposé. Ce sont ces mouvements tourbillonnaires que nous avons appelés *mouvements cycloniques*.

Cette allure de la circulation du vent dans les dépressions se retrouve dans tous les cas particuliers; elle est très apparente sur l'exemple de la *fig.* 77, où la direction du vent en chaque point est indiquée par des flèches portant un nombre de pennes en rapport avec la force du vent. Mais il est important d'étudier le phénomène de plus près et de déterminer exactement quelle est la direction moyenne du vent dans les différentes parties des dépressions. Les recherches de MM. Cl. Ley et Hildebrandsson en Europe, Clayton aux États-Unis, ont donné, à cet égard, des résultats très concordants dont nous indiquerons les principaux.

M. C. Ley a déterminé, par des mesures effectuées sur un grand nombre de cartes de dépressions, l'angle moyen du vent avec le gradient à deux distances du centre correspondant à ce qu'il appelle la *zone intérieure* et la *zone extérieure* de la dépression. Dans chacune de ces deux zones, les angles moyens ont été calculés pour huit secteurs de 45° chacun, orientés non par rapport aux points cardinaux, mais par rapport à la direction de la propagation du centre de la dépression; le secteur I est donc celui vers lequel se dirige la dépression, le secteur II celui qui est immédiatement à gauche de la trajectoire et en avant du centre, le secteur V celui que vient de quitter le centre, et ainsi de suite. Dans le cas où la dépression se mouvrait exactement de l'Ouest à l'Est, le secteur I serait donc à l'Est du centre, le secteur II au NE, le secteur III au N, etc. Dans chacune des deux zones et dans les huit secteurs ainsi définis, l'angle du vent avec le gradient a été calculé à la fois pour les vents inférieurs, que l'on observe à la surface du sol, et pour les vents supérieurs, indiqués par le mouvement des cirrus. Nous reproduisons ici, vu leur importance, les résultats obtenus ainsi par M. C. Ley; les angles indiqués sont comptés en partant du gradient vers la droite.

Angle moyen du vent avec le gradient :

Secteurs.	Vent inférieur.		Vent supérieur.	
	Zone intér.	Zone extér.	Zone intér.	Zone extér.
I	58°	48°	135°	152°
II	53	52	130'	163
III	65	62	172	355 (?)

Secteurs.	Vent inférieur.		Vent supérieur.	
	Zone intér.	Zone extér.	Zone intér.	Zone extér
IV	81°	80°	106°	99°
V	77	79	90	96
VI	74	76	51	101
VII	64	66	73	124
VIII	55	54	102	146

Les deux diagrammes ci-dessous représentent respectivement,
d'après les nombres de ce Tableau, la direction respective des
vents inférieurs (*fig.* 80) et des vents supérieurs (*fig.* 81) tout

Fig. 80.   Fig. 81.

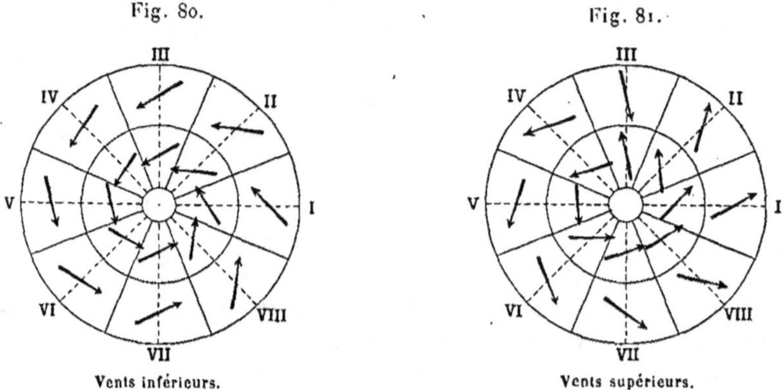

Régime du vent dans une dépression (hémisphère nord).

autour du centre de la dépression, dans l'hémisphère nord. On
voit que ces directions moyennes ont une distribution très régulière, sauf une seule exception, relative à la direction des vents
supérieurs dans la zone extérieure du secteur III. Mais cette direction anormale est la moyenne d'un très petit nombre d'observations très discordantes, dans lesquelles le vent était tantôt à droite,
tantôt à gauche du gradient et toujours faible; cette moyenne
particulière n'a réellement aucune signification, tandis que les
autres nombres résultent d'un grand nombre d'observations concordantes.

Les travaux de MM. Hildebrandsson et Clayton conduisent à
des résultats analogues, ce qui permet de formuler les lois suivantes, qui résument l'ensemble des observations et vérifient les

conclusions que nous avons déduites des relations générales qui unissent le vent et la pression (§ 45) :

Aux latitudes moyennes, dans l'hémisphère nord, le vent forme autour du centre des dépressions un mouvement tourbillonnaire dont la rotation s'effectue de droite à gauche, ou en sens inverse des aiguilles d'une montre (dans l'hémisphère sud, le sens de la rotation serait opposé).

Dans les couches voisines du sol, la direction du vent est inclinée à droite du gradient (à gauche dans l'hémisphère sud) et fait avec lui un angle qui, dans tous les secteurs de la dépression et à toute distance du centre, est plus petit qu'un angle droit. La valeur moyenne de cet angle est de 68° pour la zone intérieure et de 65° pour la zone extérieure. Le vent a donc, par rapport au centre des dépressions, un double mouvement : rotation autour du centre et convergence vers ce centre.

La direction du vent autour d'une dépression n'est pas en général symétrique par rapport au centre; le plus souvent, la convergence des vents vers le centre est plus marquée dans la partie antérieure de la dépression que dans la partie postérieure, en appelant respectivement partie antérieure et partie postérieure celles qui sont situées du côté où la dépression se dirige et du côté dont elle s'éloigne.

A une grande hauteur (région des cirrus), le mouvement de l'air forme encore un tourbillon dont le sens de rotation est le même que près du sol, mais ce mouvement est moins net; de plus, dans presque tous les secteurs, surtout à l'avant de la dépression, la composante dirigée suivant le rayon est centrifuge et non plus centripète; par rapport au centre, le mouvement est donc généralement divergent. L'air qui s'approche du centre dans le bas de la dépression s'en éloigne par le haut.

A une hauteur moindre que celle des cirrus (région des nuages inférieurs), le vent forme autour du centre un mouvement tourbillonnaire dans lequel il n'y a ni convergence, ni divergence; l'air se meut suivant des circonférences et le vent est en chaque point perpendiculaire au gradient inférieur.

Ces diverses lois, qui résultent directement de l'observation, conduisent à une conclusion importante. Le vent est convergent tout autour du centre de la dépression dans les régions inférieures

de l'atmosphère; or, malgré cet afflux d'air incessant par toute
la périphérie, une même dépression peut persister longtemps, le
plus souvent pendant plusieurs jours. Il faut bien que l'air, qui
arrive à chaque instant vers le centre, s'échappe à mesure, sans
quoi la dépression se comblerait rapidement; il ne s'échappe certainement ni par le bas, où il y a le sol, ni par la périphérie, par
où, au contraire, il afflue; c'est donc nécessairement par le haut
qu'il est expulsé. Ainsi, dans toute dépression, l'air possède, en
même temps que le mouvement tourbillonnaire, un mouvement
ascensionnel, au moins dans les couches inférieures de l'atmosphère. On doit alors se représenter le mouvement de l'air dans
la partie inférieure d'une
dépression comme se pro-
duisant sur une sorte d'hélice (*fig.* 82) qui serait par-
courue de droite à gauche
en montant; l'air qui entre
par le bas dans la dépression s'y élève et est expulsé
par le haut, ce qui con-

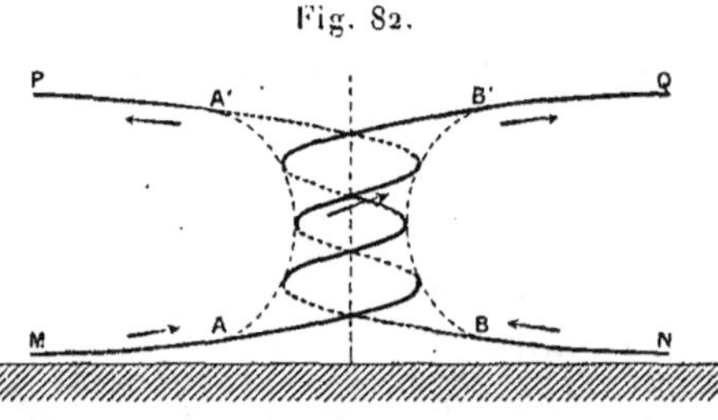

corde bien avec le mouvement divergent observé dans les régions
supérieures. Le chemin que parcourt une même molécule d'air
sur cette sorte d'hélice peut, du reste, comprendre soit une ou
deux spires, comme le représente la figure, soit une fraction de
spire seulement. On ne possède, à cet égard, aucune donnée.

Il ne faut pas toutefois s'exagérer l'importance de ce mouvement ascendant; il est en réalité très faible par rapport au mouvement tourbillonnaire lui-même, car la dimension horizontale des
dépressions est très grande par rapport à leur hauteur. Le diamètre d'une dépression est toujours au moins de plusieurs centaines de kilomètres et dépasse souvent 1000^{km} ou 2000^{km}, tandis
que la hauteur ne saurait être que de quelques kilomètres seulement. Nous avons vu, en effet (§ 34) qu'en supposant la température moyenne de l'air égale à 0°, la pression de 760^{mm} au niveau
de la mer se trouve déjà réduite au dixième, 76^{mm}, à la hauteur
de 18^{km},4, qui devient seulement 16^{km} environ si l'on tient
compte de la décroissance de la température avec l'altitude; à
une hauteur double, 32^{km}, la pression serait réduite au centième,

au millième à 48^{km}, et ainsi de suite; la hauteur pratique de
l'atmosphère ne dépasse donc pas 30^{km} ou 40^{km} et la hauteur des
dépressions est certainement beaucoup moindre. En effet, pour
qu'une dépression persiste, il faut que la quantité d'air qui y entre
par le bas soit au plus égale à celle qui est expulsée par le haut,
ce qui exige que les composantes des vitesses dirigées suivant le
rayon, en bas et en haut, soient à peu près en raison inverse des
pressions; ainsi à 16^{km} de hauteur la vitesse radiale devrait être
déjà environ dix fois plus grande qu'au niveau du sol, et cent fois
plus grande à 32^{km}; or jamais l'observation n'a donné de vitesses
aussi énormes. La hauteur des dépressions est donc de quelques
kilomètres seulement et ne saurait dépasser 12^{km} ou 15^{km}. La forme
de l'ensemble d'une dépression est non pas celle d'une colonne
haute et étroite, mais celle d'un disque horizontal très mince et
très large, dont le diamètre serait cinquante ou cent fois plus
grand que la hauteur; ainsi, dans la *fig.* 82, l'échelle des hauteurs est beaucoup plus grande que celle des longueurs; pour
donner une idée exacte du phénomène, il faudrait conserver les
dimensions transversales de la figure et en réduire la hauteur
à 1^{mm} ou 2^{mm} au plus. Dans un pareil disque, la somme des mouvements verticaux est évidemment très petite et négligeable par
rapport à celle des mouvements horizontaux.

86. Nature des dépressions barométriques. — On assimile
souvent à tort les mouvements d'une dépression barométrique à
ceux d'un tourbillon circulaire de matière qui serait transporté
dans son ensemble par les courants généraux de l'atmosphère, au
milieu desquels le tourbillon aurait pris naissance. Si cette con-
ception était exacte, le mouvement absolu de l'air, par rapport à
la surface du sol, serait la résultante du mouvement circulaire du
tourbillon et du mouvement rectiligne de translation. Au point A
(*fig.* 83), en avant de la dépression, la vitesse réelle du vent
serait, en grandeur et en direction, AV, diagonale du rectangle
ayant respectivement pour côtés la vitesse de rotation AR et la
vitesse de translation AT; au point opposé C, la vitesse serait de
même CV''; au point B, situé à gauche du centre sur la perpendiculaire à la trajectoire, la vitesse BV' serait la différence des
deux vitesses BR' et BT'; enfin en D, à l'opposé de B, la vitesse

serait DV″, somme des deux vitesses DR‴ et DT‴. Le vent serait
donc nettement divergent dans toute la moitié antérieure du tourbillon, convergent dans toute la moitié postérieure et parallèle à
la trajectoire du centre en B et en D, mais très fort en D, dans
le sens de la propagation du tourbillon, et très faible en B, dans
le sens contraire ; enfin le vent
devrait souffler dans le même sens
en B et en D, si la vitesse de
translation du tourbillon était supérieure à la vitesse propre du
mouvement tourbillonnaire, ce qui
se présente parfois. Cette distribution du vent est en contradiction
absolue avec les résultats de l'observation, que nous avons indiqués
plus haut ; en particulier, non seulement le vent n'est pas divergent

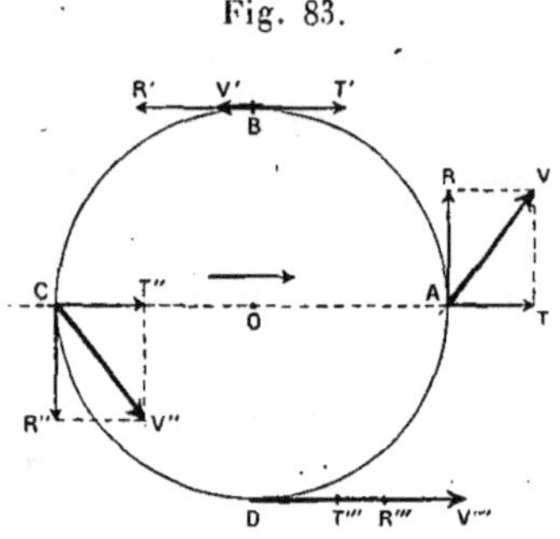

Fig. 83.

dans la moitié antérieure des dépressions, mais même la convergence vers le centre y est beaucoup plus marquée que dans la
moitié postérieure ; on n'a jamais observé non plus de vents de
même sens aux deux extrémités opposées B et D d'une dépression
à translation rapide. Il est donc impossible d'assimiler les mouvements d'une dépression barométrique à ceux d'un tourbillon circulaire de matière, qui serait transporté dans son ensemble par
un courant.

La translation d'une dépression barométrique est en réalité
seulement la propagation d'une variation de pression et non le
transport d'une matière. Une dépression tend sans cesse à disparaître, à se combler, par suite de l'afflux d'air qui se produit de
tous côtés autour du centre. Quand l'afflux d'air a lieu également
de tous côtés et est strictement compensé par le débit des courants
ascendants, la dépression ne change pas ; elle se creuse si le mouvement ascendant enlève dans un temps donné plus d'air qu'il n'en
arrive par la périphérie ; elle se comble et disparaît dans le cas contraire. Quand une dépression n'est pas symétrique, elle se comble
du côté où, dans un certain temps, il arrive plus d'air qu'il n'en
part ; elle se creuse au contraire et paraît ainsi se propager du
côté où l'afflux d'air est inférieur au débit. Ce n'est pas une même

masse d'air qui tourbillonne sur elle-même tout en se transportant en bloc dans une certaine direction; ce sont, au contraire, des masses d'air constàmment renouvelées qui entrent chacune à son tour en mouvement. Si l'air dans lequel se produit la dépression est animé d'une translation d'ensemble, on comprend que ce mouvement puisse exercer une certaine influence sur la propagation de la dépression; mais on conçoit aussi que, sous l'action de conditions spéciales, une dépression se propage dans une direction différente de celle du courant général. Nous reviendrons sur ce sujet en étudiant les causes diverses qui produisent les mouvements des dépressions; mais il est nécessaire d'insister dès maintenant sur ce point qu'il faut se garder de matérialiser les dépressions et que leurs mouvements ne sont nullement assimilables à ceux d'un corps solide qui se déplacerait en bloc à la surface du globe.

Quand on fait tomber une pierre dans un bassin plein d'eau, on voit des ondes se former à la surface, et se propager circulairement dans toutes les directions à partir du point frappé; mais ce mouvement apparent n'est nullement celui des gouttes d'eau, dont chacune effectue seulement des oscillations verticales, sans se déplacer latéralement; ce qui se propage, c'est non pas la matière, mais seulement le mouvement oscillatoire, qui se transmet successivement d'une tranche du liquide à la suivante. Sans vouloir pousser plus loin qu'il ne conviendrait la comparaison de ce mouvement avec celui des dépressions barométriques, ces deux phénomènes ont de grandes analogies. Dans tout ce qui suit, il faudra toujours se garder de confondre ce qu'on appelle la translation d'une dépression, c'est-à-dire la propagation d'une baisse de pression dans une certaine direction, avec un transport effectif, suivant cette direction, de particules matérielles, de masses d'air. Cette confusion, très fréquente, est la cause première de nombreuses inexactitudes dans certaines des théories que l'on a proposées pour expliquer ces phénomènes.

87. Influence des dépressions sur le temps. Vents locaux : fœhn, bora, mistral, siroco, etc. — L'influence qu'exercent les dépressions sur le temps est extrêmement complexe; elle dépend de la situation géographique de la station, de sa position par rapport à

la trajectoire de la dépression, de la saison, des conditions antérieures, etc. Sans vouloir entrer dans le détail de toutes ces
influences, nous indiquerons seulement quelques cas particuliers,
qu'il sera facile ensuite de généraliser.

Considérons une station située, par exemple, dans l'ouest de la
France; supposons qu'on se trouve en hiver ét qu'il arrive une
dépression dont le centre se déplace de l'ouest à l'est. Si la station se trouve sur une ligne, telle que AB, au sud de la trajectoire
du centre (*fig.* 84), on voit sur la figure que, lorsque la partie
antérieure B de la dépression atteindra
la station, on y observera d'abord un
vent du sud, qui tournera peu à peu
au sud-ouest, puis à l'ouest, quand on
se trouvera dans la partie postérieure
A de la dépression. En se reportant à
la Carte qui donne les isothermes de
janvier (*fig.* 14, p. 62), on voit que
le vent du sud n'apportera pas un
grand changement dans la température, les isothermes étant orientées à

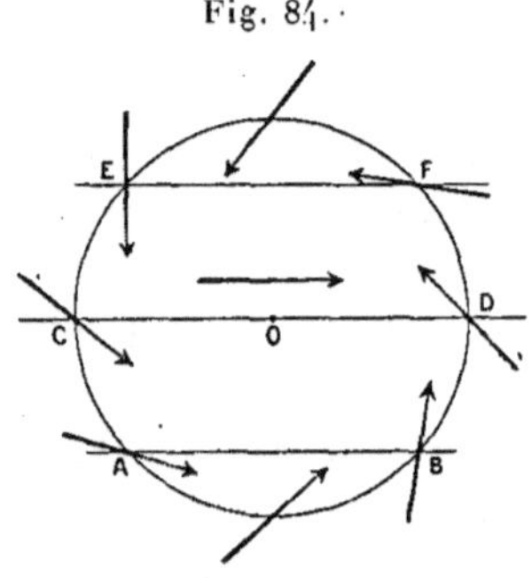

peu près du sud au nord sur la France occidentale. Mais le vent
de sud-ouest, qui vient ensuite, souffle de l'Océan, c'est-à-dire de
régions chaudes et très humides; le passage de la dépression sera
donc accompagné d'une hausse de température et de très fortes
pluies, produites par le mouvement ascendant de cet air humide.
Dans le cas particulier où nous nous sommes placés, les pluies
seront surtout abondantes au moment où les vents souffleront
d'entre ouest et sud-ouest, c'est-à-dire après que le centre de la
dépression aura passé à sa plus courte distance, quand le baromètre commencera à remonter. Aux États-Unis, où la situation
relative de la terre et de la mer est inverse, les vents humides
seront surtout ceux qui soufflent dans la moitié antérieure de la
dépression; la pluie tombera donc principalement, au contraire,
pendant que le centre de la dépression s'approche et que le baromètre baisse.

Si la station se trouvait sur une ligne telle que EF, placée au
nord de la trajectoire du centre, le vent commencerait par être
d'entre sud-est et est, puis tournerait au nord-ouest. Le temps,

d'abord froid et sec, resterait encore assez froid après le passage du centre, mais en devenant humide (vent de nord-ouest); dans ce cas, il y aura de grandes chances pour qu'il tombe de la neige au lieu de pluie.

En tournant la figure de manière que la ligne CD devienne verticale, le point C en haut, on verrait de même ce qui se produirait si la dépression descendait du nord au sud. Dans les points situés à l'est de la trajectoire, le vent soufflerait d'abord du sud, puis du sud-est et de l'est; il y aurait donc en général une grande baisse de température avec temps sec. Pour les points situés, au contraire, à l'ouest de la trajectoire, le vent, passant successivement de l'ouest au nord-ouest et au nord, amènerait un temps chaud et pluvieux, auquel succéderait bientôt un refroidissement accompagné de chutes de neige souvent abondantes.

On pourrait aisément multiplier ces exemples, en les étendant aux différentes régions et aux saisons autres que l'hiver. Par des raisonnements analogues, en tenant compte de la succession des vents, qu'il est toujours aisé de prévoir, et des conditions multiples qui résultent de la position de la station et de la répartition de la température et de l'humidité, on arrivera à expliquer, dans chaque cas particulier, l'influence des dépressions sur le temps. Les exemples indiqués ci-dessus montrent que le passage d'une dépression peut amener simultanément des changements de temps tout différents en des points situés de part et d'autre de la trajectoire du centre. Comme, dans un pays donné, les dépressions suivent le plus souvent des routes analogues, il y a, pour chaque station, certaines relations entre la direction du vent et les divers éléments météorologiques, relations qui changent d'un pays à l'autre. Aussi cherchait-on autrefois à déterminer, pour chaque station et chaque saison, ce qu'on appelait la *rose barométrique,* la *rose thermométrique,* etc., c'est-à-dire la pression moyenne ou la température moyenne correspondant à toutes les directions du vent. Ces roses n'offrent plus grand intérêt, depuis que l'on connaît les lois générales de la constitution des dépressions, de leurs déplacements, et de l'influence qu'elles exercent sur le temps. Ces lois permettent, en effet, d'établir aujourd'hui, d'une manière bien plus complète et générale que par l'emploi des roses barométriques et thermométriques, les relations qui existent entre la direction du vent et les autres éléments météorologiques.

A l'influence des dépressions sur le temps se rattache directement la production de vents locaux, qui impriment à certains climats un caractère tout particulier; tels sont, par exemple, le fœhn, la bora, le mistral, le siroco, etc.

Lorsqu'une dépression passe ou qu'une zone de basses pressions séjourne dans le voisnage de l'Europe centrale, il arrive généralement que le baromètre est à la fois haut sur l'Italie et bas en Allemagne; dans ces conditions, le vent doit souffler du sud en Suisse, et est ainsi contraint de remonter les pentes méridionales, puis de redescendre les pentes septentrionales des Alpes. Les phénomènes de refroidissement par détente, puis de réchauffement par compression que nous avons étudiés antérieurement (§ 59) se produisent alors. En gravissant le versant méridional des Alpes, l'air se refroidit par détente et, s'il est suffisamment humide, la vapeur d'eau se condense et donne de fortes pluies. Mais, dans ces conditions, le refroidissement est très lent, environ 1° pour 210^m à 230^m d'élévation; au contraire, dès qu'il commence à descendre sur le versant septentrional, l'air se réchauffe de 1° pour 103^m ou 104^m; le réchauffement pendant la descente est donc au moins deux fois plus rapide que n'avait été le refroidissement pendant l'ascension; aussi l'air arrive-t-il, dans les vallées de la Suisse, beaucoup plus chaud qu'il n'était au même niveau sur le versant italien des Alpes. Ce vent descendant, chaud et très sec, est connu en Suisse sous le nom de *fœhn;* il provoque, par fusion et par évaporation, la disparition rapide de la neige et peut, en plein hiver, amener une hausse brusque de température de 10° ou 12°. Cet échauffement ne s'observe que sur le versant où l'air descend et ne s'y propage même pas très loin; car, dès que l'air arrive en plaine, il se refroidit rapidement au contact du sol; il n'est réellement chaud que dans les vallées où se produit immédiatement la descente de l'air. Nous avons expliqué déjà (§ 59, p. 194) qu'une condition indispensable pour la production du fœhn est qu'il pleuve sur le versant où le mouvement de l'air est ascendant; si toute la vapeur d'eau qui se condense restait en suspension dans l'air sous forme de nuages ou de brouillard, il n'y aurait pas de différence de température appréciable à un même niveau sur les deux versants de la montagne.

En dehors de la Suisse, le fœhn se retrouve avec les mêmes caractères dans beaucoup d'autres pays de montagnes; le vent connu sous le nom de *chinook* sur le versant oriental des Montagnes Rocheuses, se produit dans les mêmes conditions que le fœhn de Suisse; on observe encore fréquemment le fœhn sur les côtes du Groënland; nous verrons tout à l'heure qu'il joue aussi certainement un grand rôle dans la production d'autres vents chauds, comme le siroco.

La *bora* est un vent de terre, violent, sec et froid, que l'on observe parfois sur les côtes de l'Istrie et de la Dalmatie; il se produit dans la saison froide, quand le baromètre est haut sur les Balkans et bas sur l'Adriatique ou en Italie; le vent souffle alors, en Illyrie, directement de la terre vers la mer. Comme l'intérieur du pays est très élevé, la bora est un vent descendant, comme le fœhn, mais c'est un vent froid. La Bosnie et l'Herzégovine, d'où souffle la bora, présentent en effet, en hiver, une température extrêmement basse par rapport à celle de l'Adriatique, et le réchauffement que l'air subit pendant sa descente est bien inférieur à la différence des températures de l'intérieur du continent et de la mer. La bora s'observe encore sur les côtes orientales de la mer Noire, au pied du Caucase.

Le *mistral* est aussi un vent violent, sec et froid, d'entre nord et ouest, que l'on observe dans la région méditerranéenne de la France, quand une dépression assez profonde se présente sur les golfes du Lion ou de Gênes, et, en général, toutes les fois que la pression est haute dans le nord de la France et basse sur la Méditerranée, entre l'Espagne et l'Italie. Dans ces conditions, le vent doit souffler d'entre nord et ouest sur tout le sud de la France; mais cet afflux d'air est gêné, de part et d'autre de la vallée du Rhône, d'un côté par le Plateau central et les Cévennes, de l'autre par les Alpes. Le vent, qui descend sur une large surface par la Bourgogne et la vallée de la Saône, ne trouve plus en dessous de Lyon, et surtout après Valence, qu'une issue étroite; il prend donc exactement la direction de la vallée et acquiert une grande vitesse. Ce vent violent, déjà froid à l'origine, souffle vers des contrées chaudes; il paraît donc de plus en plus froid à mesure qu'il arrive plus au sud.

En dehors de la vallée du Rhône proprement dite, le mistral

s'observe encore, mais moins fréquemment, sur toutes les côtes françaises de la Méditerranée. Dans le département de l'Hérault, en particulier, c'est un vent de Nord-Ouest qui vient directement des Cévennes. Bien que descendant, ce vent reste froid, comme la bora de l'Adriatique et pour les mêmes raisons.

Le *siroco* se produit quand les dépressions passent sur la Méditerranée et que le baromètre reste relativement élevé en Afrique. Dans ces conditions, le vent souffle de sud à sud-ouest sur les côtes de l'Algérie et de la Tunisie, en Sicile, dans la basse Italie et même quelquefois en Grèce; c'est ce vent du sud, chaud et généralement humide en Italie et en Grèce, qui constitue le siroco; il apporte souvent avec lui des poussières de sable provenant du Sahara. Le siroco, qui est d'ordinaire humide, peut, dans certains cas, devenir sec et extrêmement chaud, lorsqu'il est en même temps vent descendant, et qu'il participe ainsi à la fois du siroco et du fœhn; ce cas se présente, en particulier, dans le nord de la Sicile et surtout sur les côtes de l'Algérie, où le vent du sud, déjà chaud sur les hauts plateaux de l'Algérie, acquiert, comme le fœhn, par sa descente rapide dans les contrées basses, une température et une sécheresse extraordinaires.

Des vents présentant les mêmes caractères que le siroco, et ayant probablement une origine toute semblable, se retrouvent dans un grand nombre de pays; tels sont les *brickfielders* de l'Australie du sud, le *khamsin* en Égypte, l'*harmattan* au Sénégal, etc.

88. Cyclones et typhons. — Dans les pays tropicaux, les variations de la pression se réduisent généralement à l'oscillation diurne, dont la régularité n'est troublée que très rarement par le passage de dépressions. Ces dépressions tropicales sont connues sous le nom de *cyclones;* celui de *typhons* désigne plus spécialement les cyclones que l'on observe dans les parages de la Chine et du Japon.

Il n'y a que des différences de détail entre les cyclones ou les typhons et les dépressions des latitudes plus élevées; tous ces phénomènes appartiennent à une même famille et ont la même constitution générale. Dans les cyclones comme dans les dépressions, les isobares ont une forme circulaire ou elliptique; le vent est incliné sur le gradient, à droite dans l'hémisphère nord, à gauche dans l'hémisphère sud; l'air décrit donc autour du centre des spirales convergentes et le sens de ce mouvement tourbillonnaire est inverse de celui des aiguilles d'une montre au nord de l'équateur, et le même que celui des aiguilles d'une montre au sud de l'équateur. Dans les cyclones comme dans les dépressions, ce mouvement tourbillonnaire est nécessairement accompagné d'un mouvement ascendant. Du reste on voit fréquemment le passage se faire du cyclone à la dépression. Certains cyclones qui arrivent sur les Antilles remontent vers le nord-est, le long des côtes d'Amérique; ils s'élargissent alors progressivement et, quand ils arrivent à la latitude de 45°, rien ne les distingue plus des dépressions ordinaires. Le mot de *cyclone* a été employé pour désigner les tempêtes des régions tropicales avant qu'on ait reconnu le caractère tourbillonnaire des tempêtes des hautes latitudes; on continue de l'appliquer à ces tempêtes des tropiques, bien qu'elles ne se distinguent des nôtres par aucun caractère essentiel.

Les cyclones ont en général un diamètre beaucoup plus petit que les dépressions des latitudes moyennes; en même temps la pression au centre y descend souvent plus bas. Ainsi une pression inférieure à 720^{mm} est relativement fréquente au centre des cyclones, et beaucoup plus rare dans les dépressions ordinaires [1]. Les cyclones étant plus petits avec une pression au centre au moins aussi basse, souvent même davantage, les mouvements du baromètre doivent y être plus rapides que dans les dépressions, les gradients beaucoup plus forts et, par suite, la vitesse du vent beaucoup plus grande, ce qui explique les désastres causés par le passage des cyclones. Dans le cyclone qui a traversé les îles Bahama, le 1er octobre 1866, la pression était de 703^{mm} au centre, et de 754^{mm} à 460^{km} de distance; la baisse du baromètre atteignit 18^{mm} en une heure, et l'on observa des gradients de 13 ou 14. Dans le cyclone du 20 octobre 1882 à Manille, le baromètre tomba de 745^{mm} à 728^{mm} en une heure et demie et l'anémomètre

---

[1] Nous avons vu précédemment (§ 84) que, dans une dépression qui a passé sur les Iles Britanniques le 26 janvier 1884, le baromètre est descendu à 694^{mm}, nombre plus bas que ceux qu'on a observés jusqu'ici dans les cyclones tropicaux.

fut emporté au plus fort de la tempête, après avoir enregistré déjà une vitesse de vent de 54^m par seconde.

Dans les dépressions des régions tempérées la vitesse du vent augmente d'abord progressivement à mesure qu'on se rapproche du centre dans toutes les directions; mais elle diminue dans la région centrale même et y devient assez faible, ce qui est, du reste, d'accord avec les relations générales, qui existent entre la vitesse du vent et le gradient (§ 44, p. 143); le gradient est très petit, en effet, dans la région centrale où la pression est minimum, et par conséquent presque la même sur un assez grand espace. Ce caractère est beaucoup plus marqué dans les cyclones, où la région de *calme central* est extrêmement nette. Le diamètre de cette région de calme avait 40^{km} dans le cyclóne observé aux îles Bahama le 1er octobre 1866; il avait seulement de 24^{km} à 28^{km} dans un cyclone qui a dévasté le golfe du Bengale le 1er novembre 1876, et dont nous reparlerons plus tard. Enfin le passage du calme central a duré 16 minutes à Manille, lors du cyclone du 20 octobre 1882. Ce calme n'est le plus souvent, du reste, qu'un calme relatif; ainsi, dans le dernier cyclone que nous venons d'indiquer, les 16 minutes marquées comme calmes se décomposent ainsi : d'abord 6 minutes de calme entrecoupé de rafales soufflant de diverses directions; puis 2 minutes de calme réel et complet, enfin 8 minutes de calme relatif; aussitôt après, on entrait dans la partie postérieure du cyclone et la tempête recommençait avec toute sa violence.

Le calme central est une conséquence du faible diamètre des cyclones et de la grande vitesse du vent. A mesure que l'air se rapproche du centre et que le rayon de giration diminue, la force centrifuge augmente beaucoup; par suite le vent, tout en conservant une légère composante centripète, sera de plus en plus incliné sur le gradient. Comme il possède en même temps un mouvement ascendant, il sera emporté à une grande hauteur avant de pouvoir arriver suffisamment près du centre et sera alors rejeté au dehors par les courants supérieurs divergents qui existent en dessus de toute dépression (§ 85). Il se produit, en sens inverse, quelque chose de tout à fait analogue à l'entonnoir creux que l'on observe dans les tourbillons formés dans un liquide animé d'un mouvement rapide de rotation.

Le mouvement de l'air dans les cyclones est donc tout à fait
analogue à celui que nous avons indiqué précédemment pour les
dépressions (*fig.* 82, p. 281). Dans le voisinage du sol, en M,
N, ..., l'air afflue de tous côtés et monte en filets hélicoïdaux,
tout en se rapprochant du centre, mais très peu, puisque la composante centripète du mouvement est très faible. A une certaine
hauteur (niveau des nuages inférieurs) le mouvement est exactement circulaire; plus haut enfin en P, Q, ... (région des cirrus) le
mouvement devient divergent et l'air est rejeté en dehors du tourbillon; les lignes ponctuées AA', BB' indiquent la région du calme
central. Dans la figure on a été forcé d'exagérer l'échelle des hauteurs par rapport à celle des longueurs; le diamètre AB du calme
central est compris d'ordinaire, en effet, entre 25^{km} et 40^{km}; il est
donc beaucoup plus grand que la hauteur MP du cyclone, qui
n'atteint certainement pas 10^{km} et est probablement beaucoup
moindre, dans bien des cas. Le mouvement ascendant de l'air est
ainsi très faible en réalité par rapport au mouvement dans le sens
horizontal; en effet, une molécule d'air qui décrirait une hélice
de 30^{km} de diamètre, sous une inclinaison de $10°$ seulement, se
serait élevée, après un tour, de plus de 16^{km}, hauteur bien supérieure à celle des cyclones. Il suffit donc que le mouvement ascendant de l'air soit incliné seulement de quelques degrés sur l'horizontale pour rendre compte de tous les phénomènes.

Les vents très violents qui entourent la région centrale doivent
peu à peu entraîner mécaniquement et faire monter avec eux une
partie de l'air relativement calme du centre. Il n'est pas impossible d'imaginer que le vide résultant de cet entraînement provoque, au-dessus du centre même, une descente lente de l'air des
hautes régions, ou plutôt une sorte d'affaissement progressif des
couches d'air les unes sur les autres; c'est là une hypothèse dont
aucune observation directe ne démontre la réalité, mais qui pourrait expliquer le phénomène suivant, qui se présente quelquefois.
Dans la zone circulaire des vents violents, le ciel est entièrement
couvert de nuages épais et il tombe souvent des pluies dilu-
viennes, dont la cause immédiate se retrouve dans les courants
ascendants de cette partie du cyclone. Mais il arrive parfois que,
dans la région centrale, on aperçoive pendant quelques instants
un ciel bleu sans nuages; cette éclaircie momentanée est connue

sous le nom d'*œil de la tempête*. C'est un phénomène assez rare
du reste, et sur lequel de nouvelles observations seraient dési-
rables; mais il trouverait une explication simple dans l'hypothèse
d'un mouvement descendant local qui se produirait momentanément au-dessus du calme central, et qui ne serait, en tous cas,
qu'un phénomène accessoire, nullement nécessaire et même exceptionnel. Si ce mouvement descendant se propageait jusqu'au niveau du sol, on devrait noter à ce moment une élévation de température et une diminution de l'humidité. Jusqu'à ce jour, ces
circonstances n'ont été observées qu'une fois seulement, à Manille,
le 20 octobre 1882; au moment du passage du centre du cyclone,
la température a monté brusquement de 24° à 31° et l'humidité
relative a baissé de 100 à 53; quelques instants après, elles avaient
repris leurs valeurs premières. Ces phénomènes ne se sont pas
reproduits dans le second cyclone qui a visité la même station à
quinze jours d'intervalle, le 5 novembre 1882. Du reste, dans
aucun de ces deux cyclones, en particulier, on n'a observé l'œil
de la tempête; dans le premier seulement les nuages ont paru se
réduire pendant quelques instants à une couche plus mince.

Tout autour du centre le vent tourne, comme nous l'avons
indiqué à plusieurs reprises, de droite à gauche dans l'hémisphère
nord, de gauche à droite dans l'hémisphère sud, mais en conservant toujours une composante vers le centre. Dans les basses latitudes où s'observent les cyclones, la déviation produite par la rotation de la terre est faible; mais, d'autre part, comme la vitesse du
vent est considérable et le rayon du tourbillon relativement petit,
la force centrifuge est grande, ce qui tend à rejeter l'air en dehors
et à augmenter l'angle du vent avec le gradient. Ces deux causes
agissent en sens inverse, de sorte que l'angle du vent avec le gradient ne diffère pas notablement en somme, dans les cyclones, de
ce que nous avons indiqué pour les dépressions des latitudes
moyennes. Il arrive même parfois que la convergence vers le
centre soit extrêmement marquée. A Manille, le 20 octobre 1882
le vent était WNW avant le passage du centre et S ¼ SE après; le
5 novembre les directions correspondantes étaient WNW et ESE;
si le vent avait soufflé parallèlement aux isobares, il aurait été,
dans les deux cas, sensiblement N avant le passage du centre et
S après; les directions réelles indiquent ainsi une très grande

convergence vers le centre; mais c'est là une circonstance assez
rare. La moyenne d'un grand nombre de mesures faites sur les
Cartes des cyclones du golfe du Bengale, qui sont ceux pour
lesquels on possède le plus de renseignements, a montré que
l'angle du vent avec le gradient y était compris entre 54° et 71°.
Ces nombres sont tout à fait analogues à ceux que l'on observe
dans les dépressions des latitudes moyennes.

Les cyclones présentent les plus grands dangers pour les navigateurs, tant par la violence du vent que par la grandeur des
vagues qu'il soulève. Sous les tropiques, toute baisse anormale
du baromètre est un indice presque infaillible de l'approche d'un
cyclone, indice qui devient une certitude si en même temps le ciel
se couvre et que le vent prenne de la force. La première chose à
faire est alors de déterminer la direction dans laquelle se trouve
le centre du cyclone. Dans l'hypothèse où le mouvement tourbillonnaire serait exactement circulaire, en tournant la face au vent
on aurait le centre exactement à 90° vers la droite dans l'hémisphère nord, vers la gauche dans l'hémisphère sud (règle de Buys-
Ballot). Mais, comme dans les couches les plus basses de l'atmosphère le vent présente d'ordinaire une convergence très notable
vers le centre, cette règle pourrait induire en erreur. Il sera plus
sûr de l'appliquer non au vent inférieur, mais aux mouvements
des nuages les plus bas qui appartiennent, comme nous l'avons
indiqué (p. 280), à une couche où les mouvements de l'air sont
presque exactement circulaires.

En se reportant à la *fig.* 80 (p. 279) qui indique la répartition
des vents inférieurs autour du centre d'une dépression, on voit
que, dans toute la partie située à droite de la trajectoire (à gauche
dans l'hémisphère sud), les vents portent vers l'avant de la dépression. Un vaisseau qui naviguerait vent arrière serait donc conduit
fatalement sur la trajectoire même du centre; de là le nom de
demi-cercle dangereux (¹) donné à cette partie du cyclone,
tandis qu'on désigne par *demi-cercle maniable* l'autre moitié,
où les vents portent vers l'arrière du centre. Si les mouvements

---

(¹) Ce nom n'indique nullement, comme on le répète souvent, que le vent soit
plus violent dans cette partie du cyclone que dans l'autre; en moyenne, il n'y a,
à cet égard, aucune différence marquée entre les deux moitiés du cyclone.

du baromètre, la direction du vent et la connaissance des trajectoires ordinaires des cyclones, que nous indiquerons plus loin,
montrent que l'on se trouve dans le demi-cercle dangereux, il
faudra donc éviter de fuir vent arrière, ce qui augmenterait le
danger, et chercher à s'éloigner du centre ; pour cela on devra
naviguer au plus près du vent et *tribord amures,* c'est-à-dire en
recevant le vent par le côté droit (bâbord amures dans l'hémisphère sud) ; si la mer devient trop forte, il sera même plus prudent de mettre à la cape. Dans le demi-cercle maniable, on pourra
tenter de fuir directement le cyclone dans une direction perpendiculaire à la trajectoire probable ; mais si le vent et la mer deviennent trop forts, on devra mettre à la cape en prenant bâbord
amures (tribord amures dans l'hémisphère sud) pour éviter d'être
masqué par le vent. Nous n'insisterons pas plus longtemps sur
ces règles de navigation, dont l'application stricte ne saurait être
prescrite à cause des irrégularités que présentent parfois les mouvements des cyclones ; en pareil cas, rien ne peut suppléer au
sang-froid et à l'expérience.

Quand un cyclone venu de la mer aborde la terre, aux désastres
causés par le vent s'ajoutent parfois ceux du *ras de marée.* Les
vagues énormes soulevées par le cyclone, rencontrant une côte
basse, la recouvrent momentanément d'une couche d'eau de plusieurs mètres de hauteur. Le 1er novembre 1876 un cyclone, formé
dans le golfe du Bengale et sur lequel nous reviendrons, parvint à
l'embouchure de la Megna (Gange et Brahmapoutra) ; les îles et les
terres basses du delta furent recouvertes d'une couche d'eau de 5^m
à 8^m de hauteur. Dans l'est, l'inondation fut produite directement
par l'eau de la mer ; au nord-ouest et à l'ouest la terre fut recouverte
par l'eau douce des fleuves, arrêtée et refoulée par le ras de marée.
La surface inondée couvrait 7800^{kmq}, et, d'après les rapports offi-
ciels, le nombre des personnes noyées aurait atteint 215000.

89. Trajectoires et fréquence des dépressions et des cyclones.
— Si l'on pointe sur des Cartes les positions successives occupées
par le centre des dépressions ou des cyclones, on reconnaît que,
malgré de nombreuses irrégularités, ces mouvements tourbillonnaires ont une tendance à se propager dans certaines directions
déterminées.

Nous donnons ici, d'après M. Kœppen, une carte (*fig.* 85) qui représente, pour toute la partie de l'hémisphère nord comprise entre les Montagnes Rocheuses et l'Oural, la fréquence et les trajectoires moyennes des dépressions. Les courbes et les teintes indiquent le nombre moyen de dépressions que l'on observe en un an dans chaque lieu ; comme l'évaluation de ce nombre dépend évidemment de la surface considérée, on a pris comme unité de

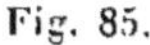

Fig. 85.

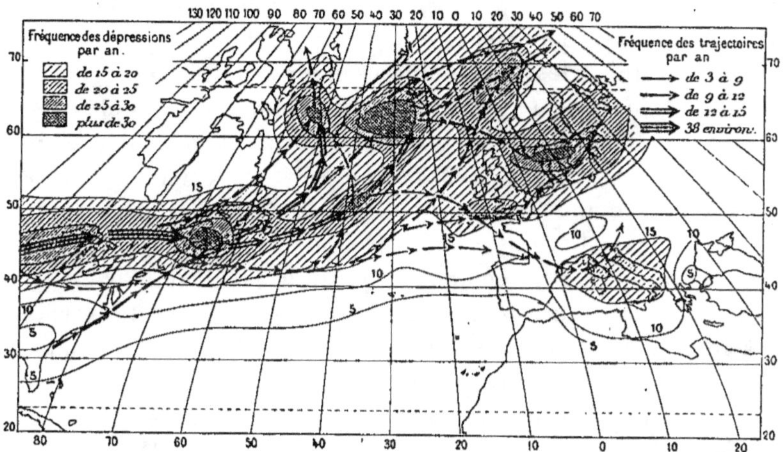

Trajectoires et fréquence moyennes des dépressions sur l'Atlantique nord.

surface celle qui est comprise entre deux méridiens distants de 10°, dans la zone limitée par les parallèles de 50° et de 55°. Les lignes noires munies de flèches figurent les trajectoires moyennes suivies par les dépressions, et l'épaisseur ou le nombre des traits est en rapport avec le nombre des dépressions qui suivent en moyenne chaque trajectoire.

On voit que la distribution des dépressions est loin d'être régulière : très rares au-dessous de la latitude de 35°, les dépressions présentent en certains points des maxima très nets de fréquence, dont les principaux sont au nombre de sept : 1° région des grands lacs américains ; 2° Nouveau-Brunswick ; 3° Atlantique par 51° N et 38° W ; 4° détroit de Davis ; 5° mer entre l'Islande et le Groënland ; 6° mer du Nord, le long des côtes de Norvège ; 7° Danemark et Suède méridionale. Dans ces sept régions le nombre moyen des dépressions dépasse 30 par an. Trois autres maxima secondaires, où le nombre des dépressions est compris entre 20 et 25, existent dans le sud-ouest des Iles-Britanniques, sur le Golfe de Gênes et sur la moitié nord de l'Adriatique.

L'existence de ces maxima est due à des causes multiples : ils se présentent, par exemple, dans des régions où se croisent un grand nombre de trajectoires, ou bien dans d'autres où les dépressions ont une tendance soit à se former, soit à séjourner. Nous verrons plus tard que la position de quelques-uns de ces centres peut s'expliquer facilement.

Les trajectoires les plus nombreuses sont, en Amérique, dirigées à peu près de l'Ouest à l'Est, un peu au-dessus du parallèle de 45°. Arrivées dans les parages de Terre-Neuve, quelques dépressions remontent vers le Nord et vont se perdre dans le détroit de Davis, mais le plus grand nombre se dirige au Nord-Est et passe dans les environs de l'Islande; de là, la plupart continuent leur route vers le Nord-Est et atteignent la partie la plus septentrionale de la Norvège; quelques-unes redescendent par la mer du Nord sur le Danemark et la Baltique. Une trajectoire moins fréquemment suivie part des côtes d'Amérique et traverse l'Atlantique beaucoup plus au Sud que la première; elle se maintient un peu en dessous du parallèle de 45° jusqu'à la longitude de 45° W, puis elle remonte brusquement et passe à l'ouest des Iles Britanniques et de la Norvège. Il est relativement très rare de voir le centre d'une dépression aborder directement l'Europe au-dessous du parallèle de 55°, par le sud des Iles Britanniques ou la France.

D'une manière générale on voit que, dans l'étendue de la carte, les dépressions ont une tendance bien marquée à se mouvoir de l'Ouest à l'Est, c'est-à-dire à peu près dans la direction des mouvements généraux de l'atmosphère. Toutefois, il ne faudrait pas s'exagérer la régularité des mouvements des dépressions; les trajectoires dessinées sur la Carte ne sont que des moyennes, où les irrégularités se trouvent éliminées. En réalité non seulement la vitesse de propagation d'une dépression est extrêmement variable d'un jour à l'autre, mais la forme de la trajectoire même peut être très compliquée; on en a observé qui formaient une boucle, de façon que la dépression, après avoir suivi d'abord une direction assez régulière, décrivait tout à coup une courbe fermée qui la ramenait à un point où elle avait déjà passé quelque temps auparavant; puis, une fois ce circuit accompli, elle reprenait une direction plus ou moins différente de la direction primitive. Ces mouvements irréguliers, qui sont relativement assez fréquents en Europe, peuvent être observés même en plein Océan; tel est le cas de la boucle fermée décrite au milieu de l'Atlantique par la dépression du 2 au 9 janvier 1893.

La vitesse de propagation des dépressions est extrêmement variable non seulement avec les dépressions mais, pour une même dépression, d'un moment à l'autre; souvent on en voit qui, après un certain parcours, restent à peu près stationnaires pendant plusieurs jours, puis se remettent en mouvement. Malgré ces irrégularités dans le détail, les vitesses moyennes suivent des lois assez nettes.

Les mouvements des dépressions sont plus rapides aux États-Unis que sur l'Atlantique, et sur l'Atlantique qu'en Europe. La vitesse moyenne de propagation (dans toute l'année) est en effet de $11^m,7$ par seconde aux États-Unis, $7^m,8$ sur l'Atlantique et $7^m,4$ en Europe, ce qui correspond respectivement à 42^{km}, 28^{km} et 27^{km} par heure. La vitesse varie également suivant les saisons; elle est la plus grande en hiver et la plus petite en été; les vitesses moyennes dans les saisons extrêmes sont, en effet, les suivantes :

Aux États-Unis : hiver, $13^m,6$ par seconde; été, $10^m,3$.

En Europe : hiver, $8^m,0$ par seconde; été, $6^m,7$.

La répartition de la fréquence des dépressions dans le cours de l'année varie suivant les pays et aussi suivant la nature de la trajectoire; certaines routes sont plus suivies en une saison qu'en une autre. D'une manière générale, les dépressions profondes sont, sur l'Atlantique et l'Europe, surtout fréquentes en automne et en hiver. Si nous prenons par exemple les dépressions qui, venant de l'Atlantique, passent au nord des Iles Britanniques et, de là, suivent des routes comprises entre le Nord-Est et le Sud-Est, on trouve que, sur 100 de ces dépressions (c'est à peu près le nombre qu'on en observe en cinq années), il y en a 36 en hiver, 29 en automne, 19 au printemps et 16 en été. Au centre de l'Atlantique, entre les latitudes $45°$ et $60°$ N, sur 100 tempêtes,

il s'en produit respectivement dans chaque mois les nombres
suivants :

Janvier............	20	Juillet.............	2
Février...........	17	Août..............	3
Mars.............	11	Septembre..........	2
Avril.............	5	Octobre	6
Mai	2	Novembre	13
Juin..............	2	Décembre..........	17

La prédominance des tempêtes d'hiver est donc aussi très
marquée dans cette région.

Les cyclones des contrées tropicales suivent, dans leurs déplacements et leur fréquence, des lois très différentes de celles qui
régissent les dépressions des hautes latitudes.

Comme nous le verrons plus loin, les cyclones se forment généralement dans les régions de calmes qui se trouvent à la limite
équatoriale des alizés; ils se propagent alors dans le sens des
mouvements généraux de l'atmosphère, c'est-à-dire de l'Est à
l'Ouest. Mais nous avons vu (§ 46) que les alizés ne s'étendent
pas sur une zone continue tout autour de la Terre; ils sont interrompus par les continents
et forment en réalité, sur
l'Atlantique et le Paci-
fique, la branche équa-
toriale de grands mouve-
ments tourbillonnaires,
dont la branche occiden-
tale remonte de l'équa-
teur vers les pôles. Toutes
les grandes mers, l'Atlantique nord notamment,
montrent bien ce mode
de circulation (*fig.* 5o,
p. 161). Si les cyclones
suivent un de ces circuits
et ont une durée suffi-
sante, leur trajectoire

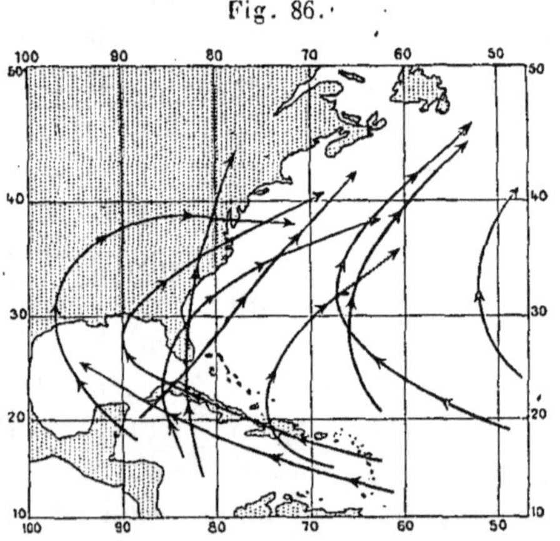

Fig. 86.

Principales trajectoires des cyclones
de l'océan Atlantique.

devra donc, à un certain moment, se recourber vers la droite (vers
la gauche dans l'hémisphère sud) et offrir ainsi l'apparence plus

ou moins exacte d'une parabole. C'est ce que l'on voit, en effet, sur les *fig*. 86 et 87 qui représentent les principaux types des trajectoires des cyclones dans l'Atlantique nord, la mer des Indes et le Pacifique. Mais cette forme plus ou moins parabolique n'est nullement obligatoire pour la trajectoire des cyclones; bien

Fig. 87.

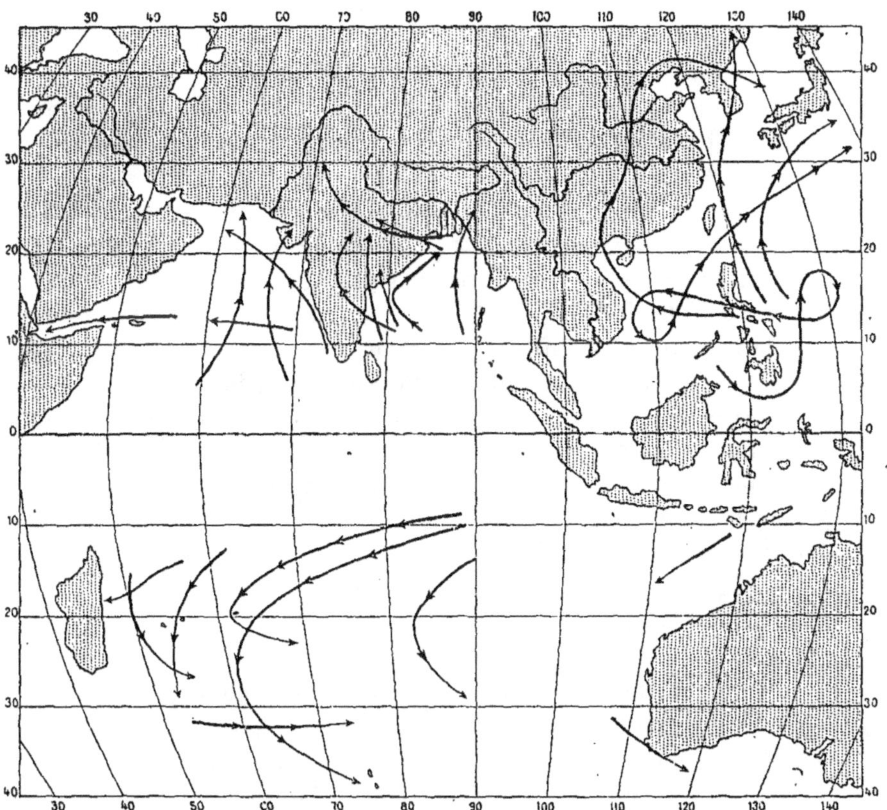

Principales trajectoires des cyclones de l'océan Indien et des mers de Chine.

souvent, elle ne se manifeste nullement, comme on en voit, du reste, des exemples sur les Cartes ci-jointes; en particulier, le cyclone qui a dévasté la Martinique, le 18 août 1891, ne s'est nullement dévié à droite pour remonter vers le nord-est, en approchant des côtes d'Amérique; il a continué son chemin à peu près en ligne directe et est allé s'éteindre dans le golfe du Mexique.

Fréquemment, du reste, les trajectoires que l'on indique comme paraboliques ne le sont que d'une manière très grossière; la régularité de la courbe n'est d'ordinaire qu'une apparence trompeuse, provenant d'une interprétation peu rigoureuse de documents en nombre insuffisant. Comme pour les dépressions, on a des exemples certains de cyclones et de typhons dont les trajectoires ont présenté de grandes sinuosités et ont même décrit des boucles fermées. La *fig.* 87 offre, dans les mers de Chine, un exemple de ces trajectoires très compliquées : c'est celle du typhon qui a passé sur Manille le 5 novembre 1882.

La vitesse des cyclones, comme celle des dépressions, est extrêmement variable, mais elle est d'ordinaire notablement plus petite que celle des dépressions des latitudes moyennes. Le cyclone des îles Bahama du 1er octobre 1866 avait une vitesse de translation comprise entre 4^m et 6^m par seconde (18^{km} à l'heure en moyenne); le cyclone du golfe du Bengale du 29 octobre au 1er novembre 1876 avait à l'origine une vitesse de 11^{km} à l'heure seulement, qui a augmenté progressivement et s'est élevée jusqu'à 32^{km}, au moment où le cyclone a atteint la terre ferme. La vitesse de propagation paraît en moyenne plus grande pour les cyclones des Antilles que pour ceux du golfe du Bengale et des mers de Chine, 23^{km} ou 24^{km} en moyenne pour les premiers, 14^{km} ou 15^{km} seulement pour les seconds.

La fréquence des cyclones présente dans l'année une distribution très nette. Le Tableau suivant montre combien, sur un total de 100, on observe de cyclones dans chaque mois, pour les six régions où ce phénomène est le plus fréquent. Ces régions sont, dans l'hémisphère boréal : 1° les Antilles; 2° la mer de Chine; 3° le golfe du Bengale; 4° la mer d'Oman avec le golfe d'Aden; dans l'hémisphère austral : 5° la partie occidentale de l'océan Indien (parages des îles Maurice et de la Réunion); 6° la région du Pacifique qui comprend les Nouvelles-Hébrides, la Nouvelle-Calédonie, les îles Tonga et les îles Samoa.

Fréquence relative des cyclones dans chaque mois.

	Janv.	Févr.	Mars.	Avr.	Mai.	Juin.	Juill.	Août.	Sept.	Oct.	Nov.	Déc.
1. Antilles	2	1	3	.	.	2	13	27	24	19	6	3
2. Mer de Chine	1	.	.	2	4	6	19	22	26	11	6	3
3. Golfe du Bengale	2	.	1	8	18	9	3	3	5	27	16	8
4. Mer d'Oman	3	.	1	15	20	28	.	2	5	7	16	3
5. Océan Indien (Sud)	24	25	18	12	4	1	.	.	.	1	5	10
6. Océan Pacifique (Sud)	29	19	28	5	1	.	.	.	1	1	4	12

D'une manière générale, les cyclones sont surtout fréquents à
la fin de la saison chaude, alors que la limite inférieure des alizés
et la zone des calmes équatoriaux sont remontées le plus loin possible de l'équateur et vont commencer à redescendre. C'est ainsi
que la saison des cyclones comprend surtout les quatre mois de
juillet à octobre dans l'hémisphère nord (Antilles et mer de Chine)
et les trois mois de janvier à mars dans l'hémisphère sud (Océan
Indien et Océan Pacifique). Le golfe du Bengale et la mer d'Oman
semblent faire exception à cette loi; les cyclones y présentent en
effet deux maxima annuels de fréquence, à la fin du printemps et
à la fin de l'automne. Mais nous savons que cette région offre, au
point de vue de la circulation atmosphérique, des caractères tout
particuliers : le régime constant des alizés y est remplacé par
celui des moussons d'hiver et d'été. Dans ces parages, les cyclones
se présentent précisément aux époques de transition entre les
moussons, alors que, la circulation atmosphérique n'étant pas
nettement établie, d'assez longues périodes de calme sont possibles. On voit ainsi que, dans toutes les régions, les cyclones se
montrent aux époques où les calmes sont le plus fréquents. Les
cyclones, en effet, prennent toujours naissance dans une zone de
calmes.

Cette particularité explique pourquoi l'on n'observe pas de
cyclones dans l'Atlantique au sud de l'Équateur. Nous avons
vu (§ 46, p. 159) que, par suite de la position de l'Équateur
thermique dans l'Atlantique, la zone des calmes dits *équatoriaux* était, sur cet océan, tout entière au nord de l'Équateur,
jusqu'où remontent les alizés de sud-est, caractéristiques de l'hémisphère austral. En aucune saison il n'y a donc dans l'Atlantique
sud de zone de calmes où puissent se produire les cyclones.

90. Théories sur la formation des cyclones et des dépressions.
— Les théories sur la formation des cyclones et des dépressions
sont et seront probablement longtemps encore le sujet de nombreuses controverses, en l'absence de faits précis d'observation
nécessaires pour contrôler ces théories. Les Cartes quotidiennes
qui donnent la situation générale de l'atmosphère n'existent que
pour une région très restreinte du globe, dans laquelle les dépressions ou cyclones arrivent généralement tout formés. De plus,
une Carte par jour ne saurait suffire, car les changements qui se
produisent en 24 heures sont tels, qu'il est souvent impossible de
décider si une dépression que l'on trouve à un certain endroit est
bien la même qui occupait la veille une autre position. Quelquefois
même on aperçoit sur une Carte une dépression profonde, alors
que, le jour précédent, il n'y en avait aucune apparence. Pour
suivre dans le détail les conditions dans lesquelles se développent
les dépressions, il faudrait donc d'abord disposer de deux ou trois
Cartes par jour, dressées à douze ou huit heures d'intervalle. Cela
ne suffirait pas encore, car les Cartes ne nous renseignent que sur
ce qui se passe dans le voisinage immédiat du sol et nous laissent
dans l'ignorance complète de l'état de l'atmosphère aux diverses
hauteurs. Il y a donc nécessairement dans toutes les théories une
grande incertitude, à cause de l'insuffisance des documents.

Ces théories se ramènent à deux types généraux : la *théorie
thermique* ou *physique* et la *théorie mécanique,* que l'on oppose
souvent l'une à l'autre, bien qu'elles contiennent probablement
chacune une part de vérité.

1° *Théorie thermique.* — Dans la théorie thermique, qui a
été développée surtout par Espy et Ferrel, on place les causes de
la production des mouvements cycloniques dans les couches inférieures de l'atmosphère. On peut résumer cette théorie de la
manière suivante :

Dans une région où l'air est calme et très humide, par suite,
de préférence, sur la mer, supposons qu'il y ait une certaine
étendue où, dans les couches inférieures de l'atmosphère, la température soit plus élevée que dans les parties environnantes. Nous
avons vu précédemment (*fig.* 43, p. 148) que dans cette région,
qui constitue un centre chaud, il se produit un minimum barométrique autour duquel, sous l'influence de la rotation de la Terre,

doit se former un mouvement cyclonique ou tourbillonnaire. Dans ce tourbillon, les mouvements de l'air ont une composante centripète dans les couches basses (vents convergents), une composante centrifuge (vents divergents) à une certaine hauteur, au-dessus du plan neutre; enfin, il y a une composante ascendante au-dessus du centre chaud. Ce tourbillon n'aurait qu'une existence éphémère dans l'air sec, car les mouvements de l'air ont précisément pour effet d'uniformiser les températures; mais, si l'air ascendant est suffisamment humide, il atteindra la température de saturation et la condensation commencera à une hauteur relativement faible. A partir de ce moment, la décroissance de température dans l'air saturé ascendant est extrêmement lente (§ 59); la température moyenne de la colonne d'air ascendant sera beaucoup plus élevée que celle d'une colonne de même hauteur de l'air environnant; il se produira ainsi une sorte de tirage et le mouvement continuera de lui-même, grâce à la chaleur dégagée par la condensation de la vapeur d'eau.

Considérons, par exemple, une masse d'air calme dont la température au niveau du sol soit de 20°, et où le refroidissement avec la hauteur soit de 0°,6 pour 100^m, ce qui est à peu près la décroissance moyenne; imaginons qu'au centre de cette masse, il y ait une partie où l'humidité relative soit de 90, et où la surface du sol soit chauffée à 25°; toutes ces conditions n'ont évidemment rien d'exceptionnel. Au-dessus du centre chaud, va se produire un courant ascendant, dans lequel la température diminuera d'abord de 1° pour 104^m environ; mais à 220^m, la saturation sera atteinte, la condensation commencera et la décroissance de la température deviendra beaucoup plus lente dans la colonne d'air ascendant. Le calcul indique que les températures seront les suivantes, à différentes hauteurs, dans le courant ascendant et dans l'air calme extérieur.

	Air		
Altitude.	ascendant.	extérieur.	Différence.
m			
0	25,0	20,0	5,0
220	22,8	18,7	4,1
500	21,6	17,0	4,6
1000	19,4	14,0	5,4
2000	15,0	8,0	7,0
3000	10,5	2,0	8,5

On voit que l'excès de température de l'air ascendant sur celui qui l'entoure augmente avec la hauteur; ce système possède donc en lui-même toutes les conditions de permanence.

En résumé, d'après la théorie thermique, les cyclones ou les dépressions se produiraient dans des régions de calme, à l'endroit où une portion de la surface du sol se trouve à une température notablement plus élevée que la zone environnante; ces mouvements tourbillonnaires ne peuvent se développer et persister que si l'air ascendant au centre est suffisamment humide pour qu'il s'y produise une abondante condensation.

Cette théorie semble rendre un compte assez exact de toutes les particularités que nous avons signalées dans les cyclones des régions tropicales : mouvement tourbillonnaire convergent en bas, divergent en haut; pluies abondantes qui accompagnent toujours ces mouvements; elle explique encore la répartition annuelle de la fréquence des cyclones. Les cyclones, devant se former dans une région d'abord calme, se montreront dans chaque pays à l'époque où dominent les calmes : ce sera la fin de l'été pour la plupart des régions tropicales; pour les pays à moussons, comme le golfe du Bengale, où il y a deux époques de calmes, au moment des renversements de la mousson, il y aura de même deux saisons de cyclones. De plus, il n'y aura pas de cyclones dans les pays tropicaux où il n'y a pas de zones de calmes; c'est, nous l'avons vu, le cas de l'Atlantique sud, les calmes équatoriaux étant toujours, sur l'Atlantique, situés au nord de l'équateur. Enfin, sous l'équateur même, il n'y aura pas non plus de cyclones, puisqu'à cet endroit l'action déviante de la terre sur le vent est nulle; il ne peut donc pas se former de mouvements tourbillonnaires.

Comme exemple de la formation d'un cyclone, nous citerons celui qui a été observé dans le golfe du Bengale à la fin d'octobre 1876 et dont nous avons déjà parlé à diverses reprises; c'est celui qui, jusqu'ici, a été observé de la manière la plus complète et sur lequel on possède le plus de renseignements.

Du 10 au 20 octobre 1876, il avait fait constamment beau et absolument calme sur tout le golfe du Bengale; on notait seulement de très légers vents de NE sur les côtes nord, et de SW bien loin au sud, sur l'Océan Indien; ces vents opposés tendaient à

communiquer à l'air compris entre eux et situé sur le golfe, un
très léger mouvement de rotation cyclonique; mais ils étaient
extrêmement faibles. Le calme régnait aussi dans les régions
élevées de l'atmosphère, car pendant tout le mois, même au moment de la plus grande violence du cyclone, les stations de montagne de l'île de Ceylan n'ont jamais signalé que des vents faibles.
Après ces dix jours de temps calme et beau, la pression était
répartie très uniformément sur tout le golfe du Bengale, où la
température était devenue très élevée, lorsque, le 20, quelques
pluies commencent à tomber dans le sud. Les jours suivants, le
baromètre baisse peu à peu juste au milieu du golfe, à l'ouest des
îles Andaman, et il s'y forme un centre de basses pressions; mais
cette baisse est absolument localisée et ne s'étend pas jusqu'aux
côtes. Les jours suivants, la pluie augmente de plus en plus et
finit par devenir torrentielle; la baisse barométrique s'accentue
sur place; en même temps le vent augmente et, le 29 au soir, il
existe, toujours à cet endroit, un véritable cyclone, qui, seulement
à partir de cette date, commence à se déplacer vers le nord, lentement d'abord, puis de plus en plus vite à mesure qu'il se rapproche du fond du golfe. Le 1ᵉʳ novembre, à 3ʰ du matin, il
arrive à l'embouchure de la Megna et y produit les désastres
que nous avons indiqués précédemment (p. 295). Enfin, après
un parcours sur terre d'un peu plus d'une heure seulement, le
cyclone atteint les collines de Tipperah, formées d'une série de
chaînons parallèles orientés nord-sud, et dont les plus hauts
sommets n'atteignent pas une hauteur de 1000ᵐ. A ce moment,
le cyclone cesse complètement, soit qu'il ne trouve plus dans les
couches inférieures de l'atmosphère les conditions nécessaires à
son entretien, soit que le mouvement giratoire ait été détruit par
le frottement contre les collines. La disparition du cyclone a été
si complète que, de l'autre côté des collines, on a éprouvé seulement un peu de vent; à quelque distance au delà, à Cachar et
dans l'Assam, les stations météorologiques n'ont plus noté qu'une
baisse barométrique insignifiante, tandis que la pression était descendue à 715ᵐᵐ au centre du cyclone.

On voit que ce cyclone paraît satisfaire à toutes les conditions
de la théorie thermique : il s'est formé dans une région de calmes
où la chaleur et l'humidité étaient grandes; la cause première du

mouvement cyclonique paraît donc être l'échauffement de cette
surface calme, à laquelle il faut joindre probablement la concen-
tration sur cette surface d'un très léger mouvement tourbillonnaire préexistant tout autour du golfe du Bengale. A peine la pluie
a-t-elle commencé que le phénomène s'accentue : la baisse barométrique, la vitesse du vent et l'intensité de la pluie augmentent
simultanément et, après une préparation qui dure dix jours, le
cyclone se forme complètement sur place. Les observations
recueillies tout autour, tant sur terre que sur mer, ne laissent
aucun doute sur l'origine absolument locale de ce cyclone; il
devait en outre n'avoir qu'une hauteur très faible puisque,
pendant toute sa durée, il n'y a pas eu de vent dans les stations
élevées de l'ile de Ceylan et qu'il a suffi d'une chaîne de collines
pour le détruire en un instant.

2° *Théorie mécanique.* — La théorie thermique, qui paraît
expliquer très complètement la formation de certains cyclones
des régions tropicales, devient manifestement erronée quand il
s'agit des dépressions des latitudes moyennes. Ces dépressions,
en effet, se montrent surtout pendant la saison froide, à un
moment où aucune des conditions exigées par la théorie thermique ne se trouve réalisée; c'est alors que la circulation générale est la plus active et que l'on a le moins de chances de
rencontrer ces régions de calme et de haute température où se
forment les cyclones des tropiques. Tout au plus pourrait-on
invoquer encore la théorie thermique pour expliquer la production des dépressions qui naissent sur place et séjournent dans
certaines régions chaudes et humides, comme le golfe de Gênes;
mais il est évident qu'elle ne peut plus s'appliquer aux dépressions qui se forment sur les États-Unis ou sur l'Atlantique.

Une première tentative d'explication, basée sur des considérations purement mécaniques, a été faite par M. Faye, qui voit dans
les dépressions et les cyclones des tourbillons à axe vertical, nés
dans les hautes régions de l'atmosphère et descendant jusqu'au
sol; ces mouvements giratoires, entièrement assimilables aux
tourbillons que l'on observe dans les cours d'eau, seraient produits aux dépens des inégalités de vitesse qui existent, dans un
courant général, entre deux filets aériens juxtaposés latéralement.

Nés et entretenus à une grande hauteur, ils seraient soustraits à toutes les influences qui se font sentir dans les couches inférieures, au voisinage du sol. Réduite à ces termes, la théorie mécanique soulève un grand nombre d'objections, dont les principales sont les suivantes :

Si les cyclones sont des tourbillons formés dans un courant général et entraînés par lui, la vitesse du vent observée en un point fixe du sol devrait être la résultante de la vitesse de rotation et de la vitesse de translation. Nous avons vu précédemment (§ 86, p. 282) que cette déduction est en contradiction absolue avec les résultats de l'observation.

Pour qu'un minimum de pression puisse subsister, il faut que, dans un temps donné, il sorte de la dépression une quantité d'air au moins égale à celle qui y entre; si l'air descendait dans l'axe de la dépression, il devrait donc diverger en bas autour du centre; or on observe, en bas, des vents qui sont presque toujours convergents, rarement circulaires, mais jamais divergents.

Les grandes pluies ne peuvent être produites que par des courants ascendants (§§ 59, 60); leur existence dans les cyclones et les dépressions est donc incompatible avec l'existence de courants descendants.

Dans les liquides, les tourbillons se produisent lorsque deux filets voisins sont animés de vitesses différentes; ces tourbillons tournent donc indifféremment dans un sens ou dans l'autre, selon que le filet qui se meut le plus vite est à droite ou à gauche. Les dépressions et les cyclones ont, au contraire, une rotation dont le sens est toujours le même, et précisément celui qui est d'accord avec le mouvement de rotation de la Terre.

Les tourbillons verticaux, formés dans les cours d'eau, ont toujours une dimension très petite par rapport au courant général, une hauteur comparable à leur diamètre et une existence éphémère. Il paraît difficile d'assimiler à ces remous locaux des mouvements dont le diamètre, dans les latitudes moyennes, atteint quelquefois de 1000^{km} à 2000^{km} et dont la hauteur est environ 200 fois plus faible. On ne comprendrait guère non plus comment les inégalités de vitesse entre deux filets d'air pourraient entretenir des tourbillons qui durent quelquefois plusieurs semaines, parcourent un chemin égal au quart de la circonférence de la Terre et présentent, dans leurs trajectoires, les irrégularités dont nous avons donné de nombreux exemples.

On doit donc renoncer à expliquer de cette manière la formation des cyclones et des dépressions; mais on peut concevoir la théorie mécanique d'une manière toute différente.

On sait, par l'observation des nuages et par les ascensions aérostatiques, qu'il existe souvent dans l'atmosphère des couches d'air voisines, superposées ou contiguës, dont le mouvement, la température et l'humidité peuvent être très différents, de façon qu'il y a une véritable discontinuité quand on passe d'une couche à l'autre. Suivant les conditions, les mélanges qui se produisent dans la région où ces deux couches frottent l'une contre l'autre, pourront correspondre à un état stable ou à un état instable; par exemple, l'instabilité est évidente si une couche sèche et froide se trouve au-dessus d'une couche chaude et humide. Quand les deux couches superposées se présentent dans les conditions de stabilité, le frottement entre les deux couches détermine simplement entre elles la formation de grandes vagues atmosphériques, que certaines formes de nuages mettent en évidence, et le mélange ne fait pas de progrès sensibles; les deux couches restent séparées.

Si au contraire, on se trouve dans un cas d'instabilité, le mélange, une fois commencé en un point, continuera de lui-même et se propagera de proche en proche, souvent avec violence. Dans ces conditions, des mouvements ascendants pourront prendre naissance, avec baisse barométrique et condensation rapide de grandes quantités de vapeur d'eau. Si les conditions d'instabilité se reproduisent quelque temps au même point, par suite de la persistance des conditions générales, la baisse du baromètre s'accentuera sur place. Sous l'action de la rotation de la terre, il se produira alors tout autour de ce minimum de pression un mouvement tourbillonnaire cyclonique (§ 45), solidaire de toute dépression, quelle qu'en soit la cause, avec vents convergents en bas et ascendants dans la partie centrale. Comme nous le verrons plus loin, le système ainsi formé pourra persister et se déplacer, si l'air qui afflue vers le centre de la dépression possède des conditions de température et d'humidité convenables.

L'explication de la persistance et des mouvements des dépressions reste alors sensiblement la même dans les deux théories, qui ne diffèrent que par la manière dont elles rendent compte de l'origine première de la dépression barométrique. Dans la théorie thermique, cette origine se trouverait, à la surface même du globe, dans des différences de température existant entre des régions voisines.; dans la théorie mécanique, les dépressions seraient dues à des différences de température et d'humidité se présentant, dans des conditions convenables, entre deux couches d'air superposées ou contiguës, animées de vitesses différentes ; la cause première des dépressions serait alors dans la zone de contact de ces deux couches, par suite à une hauteur quelconque au-dessus du sol ; cette hauteur ne saurait toutefois être extrêmement grande, car les chances de discontinuité entre couches voisines diminuent évidemment à mesure qu'on s'élève dans l'atmosphère.

Les causes de discontinuité se rencontrent de préférence en hiver, puisque c'est dans cette saison que les différences de température et d'humidité sont les plus grandes entre l'équateur et le pôle.

La théorie mécanique, telle que nous venons de l'esquisser, permet donc de comprendre pourquoi, dans les latitudes moyennes ou élevées, le maximum de fréquence et d'importance des dépressions se produit en hiver. Elle explique également pourquoi les dépressions semblent se former le plus souvent en certains endroits toujours les mêmes, surtout sur les océans ; ces endroits sont précisément ceux où, par suite des conditions géographiques, on rencontre d'ordinaire des courants chauds et froids dans le voisinage immédiat l'un de l'autre.

En résumé, l'origine des cyclones et des dépressions n'est probablement pas unique ; tandis que certains cyclones des régions tropicales semblent, dans tous leurs détails, s'accorder avec la théorie thermique, d'autres cyclones des mêmes régions et les dépressions d'hiver des latitudes plus élevées paraissent produits par les mélanges violents de couches d'air indiqués dans la théorie mécanique. L'insuffisance et même le manque à peu près complet d'observations faites à différentes hauteurs dans l'atmosphère rendra toujours très difficile la discussion précise des conditions qui président à la formation des mouvements cycloniques, et laissera longtemps encore planer une grande incertitude sur la théorie de ces phénomènes.

91. Causes de l'entretien et du déplacement des dépressions. —
Les causes de l'entretien et du déplacement des dépressions sont
très complexes; les conditions de l'atmosphère varient souvent
d'une manière très rapide avec l'altitude; une dépression dont
la hauteur est de plusieurs kilomètres se trouvera donc généralement soumise à des actions très différentes dans ses diverses parties. Si toutes ces causes de modifications sont concordantes, la
dépression se creusera beaucoup et pourra présenter un mouvement de translation bien net; si quelques-unes de ces causes agissent en sens contraires, le mouvement deviendra irrégulier et la
direction dans laquelle il se propage changera même, suivant que
telle ou telle action deviendra prédominante. Pour expliquer et
prévoir les modifications qui se produisent dans une dépression, il
faudrait donc pouvoir évaluer à chaque instant l'importance relative de ces différentes actions, à toutes les hauteurs; cela est évidemment impossible avec des observations faites exclusivement à
la surface du sol. On peut toutefois reconnaître et étudier quelques-
unes de ces causes de modification; nous indiquerons ici les plus
importantes.

1° *Mouvement général de l'atmosphère.* — Si une dépression de faible diamètre, comme les cyclones des tropiques, arrive
dans une région où l'atmosphère possède un mouvement d'ensemble bien net, la dépression sera sollicitée à suivre ce mouvement et paraîtra emportée par le courant général. L'air, en effet,
arrive librement à l'arrière de la dépression et tend sans cesse à la
combler de ce côté; à l'avant, au contraire, le courant général est
interrompu par la dépression sur une largeur égale au diamètre
de celle-ci; l'afflux d'air est donc gêné, ce qui détermine un vide
partiel. Ce n'est pas la dépression qui, dans son ensemble, se
déplace suivant le lit du courant; elle se comble constamment en
arrière, se creuse en avant, et les choses se passent comme s'il se
formait sans cesse une nouvelle dépression en avant de l'ancienne,
qui disparaît peu à peu.

On comprend que cet effet se produira surtout sur les dépressions, comme les cyclones, dont le diamètre est petit et qui se
trouvent au milieu d'un courant général bien établi; c'est pourquoi les cyclones des Antilles ont le plus souvent une trajectoire

qui offre grossièrement l'apparence d'une parabole ; les courants généraux, sur l'Atlantique, soufflent en effet de l'Est vers la latitude de 15° nord ; puis ils passent au sud-est, au sud et enfin au sud-ouest au large des côtes d'Amérique. Dans la première partie de cette trajectoire, les courants supérieurs (contre-alisés) sont à peu près à angle droit sur les alisés ; comme les cyclones suivent franchement la direction des vents inférieurs, il est probable que ces cyclones ne s'étendent pas à une très grande hauteur dans l'atmosphère.

L'effet des courants généraux sera beaucoup moins net sur les dépressions des hautes latitudes ; elles ont un diamètre bien plus grand que les cyclones et, dans les régions qu'elles parcourent, il n'y a pas le plus souvent de courants généraux bien établis, surtout dans le voisinage du sol ; aussi leurs trajectoires sont-elles, comme nous l'avons déjà vu, bien moins régulières que celles des cyclones. Toutefois, comme les courants généraux ont, à une certaine hauteur, une régularité plus grande et viennent de l'ouest, les dépressions des hautes latitudes auront une tendance marquée à suivre la direction de l'ouest à l'est, si leur hauteur atteint celle des courants généraux. Cette coïncidence de la direction des courants supérieurs et des mouvements des dépressions dans les hautes latitudes semble indiquer que ces dépressions s'étendent à une hauteur plus grande que les cyclones.

2° *Pluie et humidité*. — La pluie paraît exercer une action très importante sur l'entretien et les mouvements des dépressions. Nous ne parlerons ici que des dépressions des latitudes moyennes, car nous avons indiqué précédemment le rôle que la théorie thermique assigne à la pluie dans la formation des cyclones tropicaux.

Il est assez difficile de préciser l'effet de la pluie sur l'entretien des dépressions quand on considère une dépression animée d'une translation rapide, car les observations pluviométriques ne sont faites dans la plupart des stations qu'une fois par jour seulement ; mais cette étude devient possible quand une dépression reste à peu près stationnaire pendant plusieurs jours dans une même région. Du 5 au 12 octobre 1877, par exemple, une dépression a séjourné sur l'Italie ; pendant ce temps, la pression au centre a

varié notablement et l'on a remarqué que la dépression se creusait
sur place quand il était tombé beaucoup de pluie dans les vingt-
quatre heures précédentes; le baromètre remontait au contraire
quand la pluie diminuait.

Les recherches de Loomis ont montré que la pluie exerce également une grande influence sur le sens et la vitesse du déplacement des dépressions aux États-Unis. Dans ce pays, les vents les
plus humides sont ceux de l'est et du sud-est, qui viennent de
l'Océan et soufflent dans la partie antérieure de la dépression; la
pluie tombe donc principalement dans ces parages à l'avant de la
dépression, pendant la période où le baromètre baisse. Si l'on
délimite sur une carte la surface où il est tombé de la pluie dans
les vingt-quatre heures qui précèdent l'heure de l'observation,
on constate que cette aire de pluies offre grossièrement l'aspect
d'une ellipse plus ou moins allongée. Loomis a montré qu'en
moyenne la direction suivie par le centre des dépressions est précisément celle du grand axe de l'aire des pluies tombées depuis la
veille.

Enfin le centre de la dépression semble se mouvoir d'autant
plus vite que l'aire des pluies qui le précède est plus étendue.
Lorsque le diamètre de l'aire des pluies aux États-Unis avait respectivement pour longueurs moyennes 590^{km}, 845^{km} et 950^{km}, les
vitesses correspondantes du centre de la dépression étaient de
24^{km}, 40^{km} et 63^{km} à l'heure.

Nous venons de voir qu'en Amérique l'aire des pluies se trouve
surtout dans le quadrant sud-est de la dépression, c'est-à-dire en
avant du centre; la pluie tend ainsi à accélérer le mouvement de
la dépression vers l'Est. En Europe, au contraire, où les vents
pluvieux sont ceux de l'ouest et du sud-ouest, la pluie tombe
principalement vers l'arrière de la dépression et doit en retarder
et en gêner la progression. C'est probablement à cette action de
la pluie qu'est due en grande partie la différence que nous avons
signalée précédemment (p. 298), comme résultat d'observation,
entre les dépressions d'Amérique et celles d'Europe; leur vitesse
est plus grande et leur trajectoire plus régulière aux États-Unis.

L'influence de l'humidité est de même ordre que celle de la
pluie. On a souvent remarqué que, lorsqu'il existe dans une région
une zone limitée où l'humidité est maximum, c'est précisément

dans cette zone que les dépressions tendent à se propager. Inversement, la sécheresse paraît être une condition très défavorable à la persistance des dépressions : celles qui arrivent de l'Ouest le long des côtes de Norvège ou sur la Baltique s'arrêtent d'ordinaire brusquement et se comblent sur place sans pénétrer en Russie, comme si la sécheresse extrême de ce pays en hiver était pour elles un obstacle absolu. Les maxima que la Carte de fréquence des dépressions (*fig.* 85) montre à l'ouest de la Norvège et sur la Baltique sont dus précisément, non pas tant à ce qu'il y a un plus grand nombre de dépressions sur ces régions que sur les contrées voisines, mais à ce que les dépressions s'arrêtent en ces endroits et y séjournent assez longtemps avant de s'y combler, sans continuer leur route vers l'Est.

3° *Température.* — Les inégalités de température entre les différents points d'une dépression à la surface du sol peuvent exercer une influence considérable sur les mouvements et sur la constitution même de la dépression.

Dans une dépression où la température au niveau du sol serait partout la même, ainsi que la décroissance de la température avec l'altitude, la diminution de pression dans la verticale serait identique en tous les points; les isobares, tracées dans un plan horizontal à une hauteur quelconque, auraient donc exactement la même forme qu'au niveau du sol. Si les isobares inférieures étaient des circonférences concentriques, il en serait encore de même à tous les niveaux et la dépression serait symétrique autour d'un axe vertical.

Ce cas simple ne doit se présenter que très rarement : tout autour du centre, les vents inférieurs convergents soufflent de directions où les températures sont le plus souvent très différentes et, comme la décroissance de la pression dans la verticale dépend de la température, la distribution de la pression peut se trouver extrêmement modifiée à une certaine hauteur.

Dans l'ouest de l'Europe, les vents de Sud et de Sud-Ouest, qui soufflent dans la partie méridionale des dépressions, sont des vents chauds en hiver, tandis que les vents de Nord-Est et de Nord, qui soufflent dans la partie septentrionale, sont des vents froids. Prenons donc comme exemple (*fig.* 88) une dépression avec iso-

bares circulaires au niveau du sol, et où la température soit élevée
au Sud et basse au Nord, comme le représentent les isothermes
tracées sur la figure en traits interrompus; supposons de plus
que, dans toute la dépression, la température diminue uniformément avec la hauteur de $0°,6$ pour 100^m, ce qui est bien une valeur
moyenne. Il est facile alors, au moyen de la formule de Laplace,

Fig. 88.

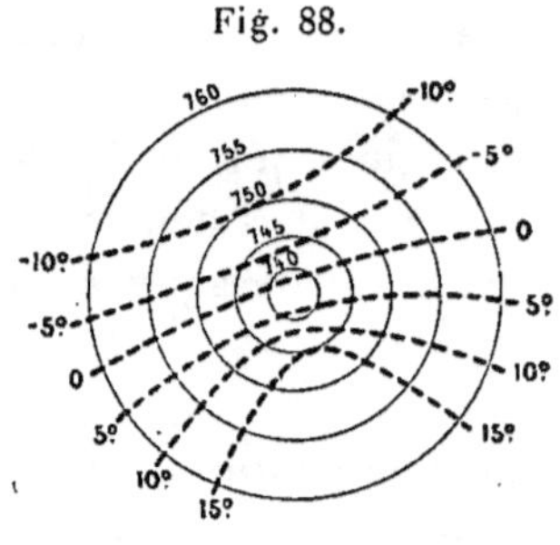

Dépression circulaire et isothermes
au niveau du sol.

Fig. 89.

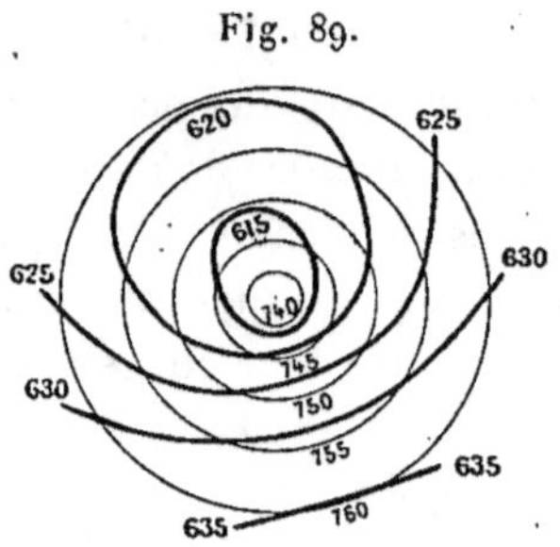

La même dépression à l'altitude
de 1500^m.

Fig. 90.

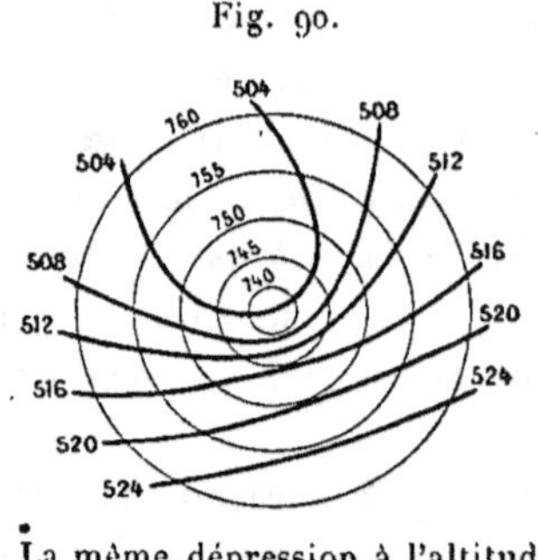

La même dépression à l'altitude
de 3000^m.

Fig. 91.

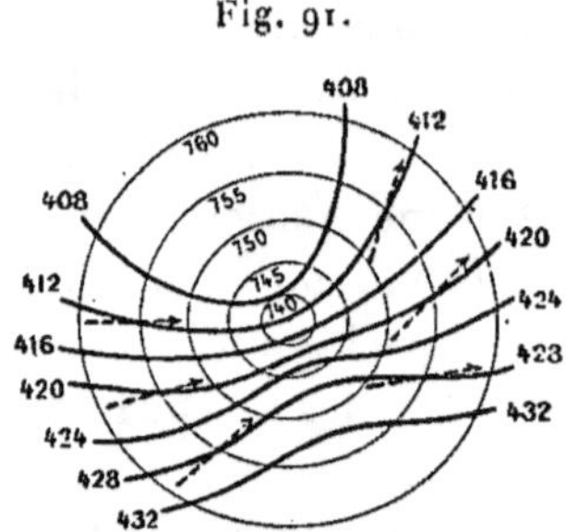

La même dépression à l'altitude
de 4500^m

de calculer la valeur de la pression à une hauteur quelconque au-
dessus de tous les points de la dépression et de tracer les isobares
à différents niveaux. Les *fig.* 89, 90 et 91 représentent ainsi
exactement, pour l'exemple choisi, la distribution de la pression
respectivement à 1500^m, 3000^m et 4500^m.

La déformation progressive des isobares avec la hauteur serait
nécessairement différente si l'on s'était assigné une autre distri-

bution des températures au niveau du sol. Mais, comme le poids
de la colonne d'air comprise entre le sol et un niveau donné est
d'autant plus grand que la température inférieure est plus basse,
on voit que, dans tous les cas, la pression à une certaine hauteur
sera relativement plus basse au-dessus des régions froides et plus
élevée au-dessus des régions chaudes. La déformation des isobares sera toujours ainsi dans le même sens.

Dans l'exemple choisi, la dépression a déjà cessé complètement
d'être symétrique à 1500^m; les basses pressions ont leur centre
au NNE de la position du minimum au niveau du sol; la déformation s'accentue encore aux altitudes de 3000^m et de 4500^m, où
les isobares ne sont même plus des courbes fermées. L'axe de la
dépression, si l'on appelle de ce nom la ligne qui passe par les
points où la pression est minimum à toute hauteur, n'est donc
plus vertical. Quelle que soit la distribution des températures au
niveau du sol, on retrouverait un résultat analogue et l'axe de la
dépression serait toujours incliné en haut du côté des basses températures.

Cette déformation des isobares avec la hauteur explique le fait
signalé depuis longtemps que, lorsqu'une dépression se déplace,
le minimum barométrique ne se produit pas simultanément sur
une même verticale. Aux États-Unis, où les dépressions se meuvent généralement de l'Ouest à l'Est et où, par suite de la position
respective des mers et du continent, les vents chauds sont ceux
qui soufflent en avant de la dépression, l'axe des dépressions doit
être incliné en haut vers l'arrière. Cela est conforme aux observations : en effet, au sommet du mont Washington (Nouvelle-
Angleterre), à l'altitude de 1900^m, le minimum barométrique
s'observe en moyenne 3 heures plus tard qu'au pied de la montagne; de même le retard atteint environ cinq heures trois quarts
pour le sommet du Pike's Peak (Colorado), à l'altitude de 4300^m.

Dans les régions élevées, où le frottement est faible, l'angle du
vent avec le gradient est plus grand qu'auprès du sol et devient
voisin de 90°; le vent souffle donc presque parallèlement aux isobares qui, elles-mêmes, tendent à devenir parallèles aux isothermes
inférieures, surtout dans la partie médiane de la dépression (voir
fig. 90 et 91). Sur la *fig.* 91, en particulier, on a indiqué par
des flèches ponctuées la direction du vent en différents points à

l'altitude de 4500ᵐ; on voit que, dans toute la partie médiane de
la dépression, le vent est bien à peu près parallèle aux isothermes
(*fig.* 88); de plus, le vent est franchement divergent à l'avant de
la dépression, résultat que nous avions signalé antérieurement
(p. 279), comme fait d'observation.

On voit enfin, dans le cas pris comme exemple, qu'il y a, à une
certaine hauteur au-dessus du centre de la dépression, un courant
général très net dirigé de l'Ouest à l'Est. Ce courant général, s'il
est suffisamment développé, pourra aider à la progression de la
dépression, qui aura ainsi une tendance à se mouvoir parallèlement aux isothermes inférieures, en laissant les basses températures à gauche (à droite dans l'hémisphère sud).

En suivant une marche analogue à celle du cas précédent, on
reconnaîtrait aisément que, si une dépression n'est pas circulaire
au niveau du sol, son excentricité sera augmentée encore dans les
couches supérieures lorsqu'il y aura en bas coïncidence entre les
directions où la variation de température et la variation de pression sont les plus rapides. Dans ce cas, la dissymétrie de la pression et celle de la température ajoutent leurs effets et la dépression
prend un mouvement de propagation très net dans la direction des
isothermes inférieures, en laissant toujours les basses températures à gauche. Le mouvement deviendra incertain, au contraire
si les plus grandes variations de pression et de température s'observent dans des directions différentes.

D'autres causes peuvent encore agir pour modifier la profondeur ou les mouvements des dépressions; ce que nous venons
d'indiquer suffit pour montrer la complexité du problème. Ces
influences, qui sont indépendantes les unes des autres et qui
varient souvent chacune avec l'altitude, combinent leurs effets;
les modifications que présentent les dépressions sont la résultante
de toutes ces actions, qui peuvent s'ajouter ou se contrarier; on
comprend ainsi les nombreuses irrégularités dont nous avons
parlé et les difficultés que l'on éprouve à les expliquer et à les
prévoir.

92. Dépressions secondaires. Segmentation des dépressions. —
Sur le bord des dépressions de grand diamètre, on voit souvent
les isobares se déformer et il s'y produit une sorte de boucle ou

d'anse à l'intérieur de laquelle la pression est assez uniforme. Cette boucle persiste quelquefois assez longtemps avec les mêmes caractères et se déplace avec la dépression principale; mais d'autres fois le baromètre y baisse rapidement et il s'y forme bientôt une véritable dépression indépendante, avec isobares fermées et concentriques. Ces boucles et les dépressions qui y prennent naissance sont connues sous le nom de *dépressions secondaires;* elles paraissent ainsi se former par une sorte de segmentation de la dépression principale.

La *fig.* 92, qui représente la distribution de la pression dans l'ouest de l'Europe, le 20 février 1879, à midi, donne des exemples de deux de ces dépressions secondaires à des états de développement différents. La dépression principale avait alors son centre sur la mer du Nord, à l'est des Iles Britanniques; l'isobare de 745^{mm}, au lieu d'être dirigée de l'Ouest à l'Est, comme celle de 740^{mm}, fait une pointe vers le Sud dans laquelle on voit, sur la Vendée et le Poitou, une dépression secondaire bien distincte, au centre de laquelle le baromètre tombe à 731^{mm}. Plus au sud, l'isobare de 750^{mm} décrit entre Albi, Marseille, Perpignan et Biarritz une grande boucle qui

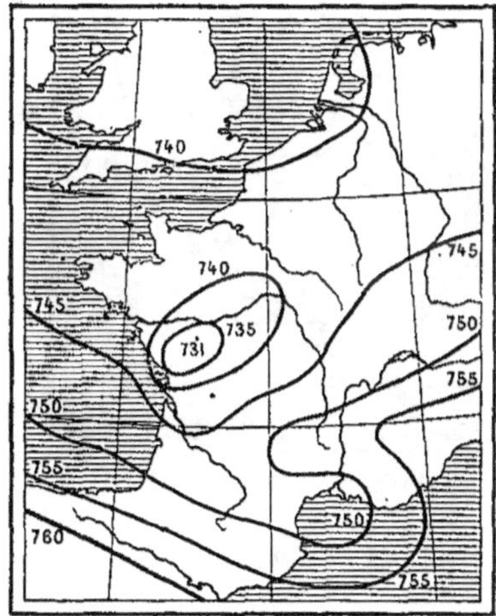

Fig. 92.

Formation de dépressions secondaires
sur la France.

constitue le premier état d'une deuxième dépression secondaire; cette boucle n'existait pas, en effet, quelques heures auparavant et la pression a continué à y diminuer de sorte que, trois heures plus tard, il s'y présente une dépression nette avec isobares fermées.

Un autre exemple de formation de dépression secondaire au milieu de l'océan Atlantique est donné sur la *fig.* 93, dont chaque moitié représente la distribution de la pression respectivement le 13 et le 14 octobre 1881, à 8^h du matin. Sur la carte du 13 oc-

tobre une dépression fortement elliptique est étalée tout le long
des côtes de Norvège. Cette dépression, venue de l'Ouest, était à
peu près circulaire en mer et ne s'est allongée qu'en approchant
des côtes; sa trajectoire, avec la position du centre les 10, 11, 12,
13 et 14 octobre, est indiquée sur la Carte du 13; on y remarque,
en particulier, le ralentissement et le changement de direction de
la dépression au moment où elle approche de la Norvège, fait
assez ordinaire et que nous avons déjà signalé (p. 314). Sur cette
Carte du 13, on voit que l'isobare de 750^{mm} forme, au sud de

Fig. 93.

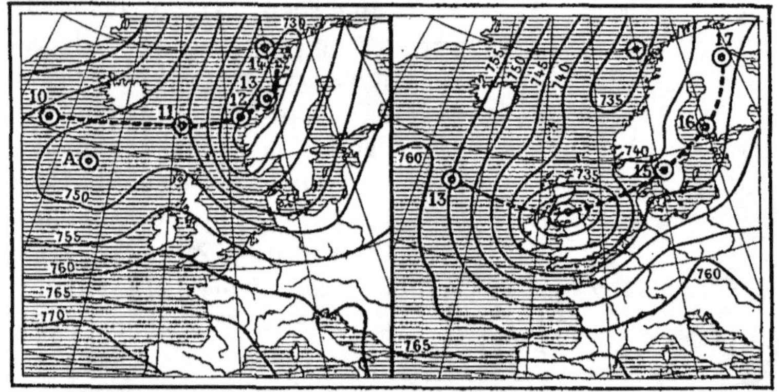

13 octobre 1881, 8ʰ matin.   14 octobre 1881, 8ʰ matin.

Formation d'une dépression secondaire sur l'océan.

l'Islande, une immense boucle dans laquelle la pression est très
uniforme et dont le centre, assez mal déterminé, est indiqué par
le point A. Le lendemain la dépression principale se trouve encore
au nord-ouest de la Norvège; elle tend à se combler et le baromètre n'y descend guère en dessous de 735^{mm}; mais on remarque,
juste sur les Iles Britanniques, une autre dépression ovale très
profonde, au centre de laquelle le baromètre s'abaisse à 720^{mm}.
C'est une dépression secondaire, née dans la boucle qui existait
le jour précédent au sud de l'Islande. Cette dépression secondaire
a continué à se propager les jours suivants avec une grande vitesse,
en amenant sur son parcours une tempête des plus violentes. La
trajectoire du centre et la position qu'il y occupait les 13, 14, 15,

16 et 17 octobre est indiquée sur la Carte du 14. Il n'existe malheureusement pas de documents qui permettent de suivre le développement progressif de cette dépression entre la simple boucle qui existait le 13 à 8ʰ du matin dans l'isobare de 750ᵐᵐ et la dépression considérable que l'on voit sur les Iles Britanniques vingt-quatre heures plus tard.

Les dépressions secondaires se forment généralement sur la droite ou à l'arrière de la dépression principale; il est intéressant de remarquer que, dans l'exemple de la *fig.* 93, la dépression secondaire n'a pris réellement d'importance qu'au moment où la dépression principale s'arrêtait le long de la Norvège, comme si c'était justement cet arrêt brusque qui avait déterminé la formation d'un nouveau mouvement tourbillonnaire à l'arrière du premier.

Ces dépressions secondaires ont une très grande importance, car elles amènent souvent des tempêtes plus violentes que les dépressions principales elles-mêmes. Elles ont, en effet, des dimensions très petites, quelquefois de même ordre que celles des cyclones tropicaux, et, comme le baromètre peut descendre très bas au centre, le gradient est grand et le vent très fort. Le vent est surtout violent sur le bord de la dépression secondaire opposé à la dépression principale; entre les deux dépressions, au contraire, le baromètre reste bas, mais le gradient est nécessairement petit et même nul dans une certaine région, de sorte que le vent est beaucoup moins fort.

Les dépressions secondaires se meuvent souvent plus vite que la dépression principale; dans ce cas elles semblent tourner autour de celle-ci en sens inverse des aiguilles d'une montre (dans l'hémisphère nord; ce serait le sens contraire dans l'hémisphère sud). Ce mouvement de rotation est bien apparent en particulier sur la *fig.* 93; il s'explique du reste par l'action du courant général au milieu duquel se trouve la dépression secondaire, et qui tourne précisément autour de la dépression principale dans le sens que nous venons d'indiquer.

Nous reviendrons sur les dépressions secondaires à propos de l'étude des phénomènes orageux.

93. Centres de hautes pressions; anticyclones. — Il arrive fré-

quemment, surtout en hiver, que l'on observe sur une étendue
plus ou moins grande une distribution de la pression et du vent
absolument inverse de celle qui caractérise les dépressions ou les
cyclones; on a alors le mode de circulation que nous avons étudié
précédemment (§ 45, p. 147, *fig.* 41 et 42) sous le nom de *mouvement anticyclonique* ou *d'anticyclone*. Le vent, divergent en
bas tout autour du centre des hautes pressions, forme autour de
ce centre un mouvement tourbillonnaire qui tourne de gauche à
droite dans l'hémisphère nord, et de droite à gauche dans l'hémisphère sud; nous savons en outre que le mouvement est au contraire convergent vers le centre des hautes pressions à une certaine
hauteur, et qu'il y a nécessairement un mouvement descendant de
l'air dans la partie centrale.

Les anticyclones ont le plus souvent des dimensions beaucoup
plus grandes que les dépressions; les isobares y sont plus espacées
et le gradient y est plus faible, ainsi que la vitesse du vent.

L'origine des anticyclones n'est pas toujours la même; tantôt
ils sont liés intimement aux dépressions et en sont comme un
phénomène annexe; tantôt, au contraire, ils ont une existence
propre; dans l'un ou l'autre cas leurs propriétés sont en général
très différentes.

Nous savons que, dans les dépressions, le mouvement de l'air
est convergent dans la partie inférieure, ascendant au centre et
divergent dans les régions supérieures. L'air qui s'est ainsi élevé
dans la dépression doit nécessairement redescendre plus ou moins
loin vers le sol; si cette descente s'effectue à une grande distance
et tout autour de la dépression, le mouvement descendant, s'éta-
lant sur une zone d'étendue considérable, a une vitesse extrêmement petite par rapport à celle du mouvement ascendant au
centre de la dépression; il est donc absolument inappréciable et
ne donne lieu à aucun phénomène particulier. Il n'en est plus de
même si deux dépressions se suivent à une petite distance; une
fraction importante de l'air qui s'est élevé au centre des deux
dépressions redescend nécessairement dans l'intervalle limité qui
les sépare et y produit, au niveau du sol, un maximum de pression, un anticyclone, qui est ainsi solidaire des deux dépressions
et se déplace avec elles.

Ce genre d'anticyclones s'observe donc quand deux dépressions se suivent à un court intervalle. Il est fréquent aux États-Unis, où l'on voit souvent deux dépressions, l'une sur les côtes de l'Atlantique, l'autre sur celles du Pacifique, séparées par un anticyclone; tout le système se meut de l'ouest à l'est avec une assez grande vitesse. Dans ce cas, le baromètre remonte très rapidement quand la première dépression s'éloigne; le temps devient un instant beau et sec sous l'influence des vents descendants de l'anticyclone; puis, dès que le centre de l'anticyclone a passé, le vent change de direction, le baromètre baisse aussi vite qu'il était monté et l'on entre dans le rayon d'action de la seconde dépression. Ces anticyclones, dont les dimensions sont relativement petites et les déplacements rapides, peuvent être accompagnés de vents violents.

En Europe et pendant l'hiver, on observe fréquemment des anticyclones dont l'origine et les caractères sont très différents. Ils existent indépendamment de toute dépression, présentent de très grandes dimensions, des gradients faibles et séjournent parfois très longtemps à la même place, plusieurs jours et même plusieurs semaines. En l'absence d'observations faites à une assez grande hauteur dans l'atmosphère, il est difficile de préciser les conditions de formation de ces anticyclones, qui couvrent souvent toute l'Europe; on peut supposer qu'ils se produisent lorsque deux grands courants aériens, réguliers et de vitesse modérée, convergent vers une même région : au point de rencontre, il y a accumulation d'air, augmentation de pression et courants descendants qui, parvenus à la surface du sol, s'écoulent lentement sur toute la périphérie de l'anticyclone.

Tant que ce phénomène persiste, le temps reste remarquablement constant, et un calme complet règne dans toute la région centrale de l'anticyclone. L'air, qui ne descend que très lentement, a le temps de perdre par rayonnement une grande partie de la chaleur qu'il gagne par la compression, de sorte qu'il arrive au niveau du sol à une température qui ne diffère pas beaucoup de la normale. Le ciel est alors très beau à une certaine hauteur, comme cela se présente dans tous les courants descendants, qui sont nécessairement secs; près du sol, au contraire, le refroidissement par rayonnement provoque la condensation de l'humidité que l'évaporation renouvelle constamment; il se produit ainsi une couche continue de nuages, ou plutôt de brouillards épais et assez bas; du sol, le ciel paraît donc entièrement couvert, sans cependant qu'il tombe de pluie; le sommet des montagnes, même peu élevées, émerge au contraire de la mer de nuages dans un ciel absolument pur. Nous verrons plus tard (§ 108) des exemples remarquables de ces sortes d'anticyclones, notamment celui qui a été observé en France et dans tout l'ouest de l'Europe en janvier et février 1882.

Enfin des anticyclones peuvent encore être produits simplement lorsque la température de la surface du sol est très basse; nous avons indiqué déjà (§ 45, p. 149) le mécanisme de la formation de ces aires de hautes pressions au-dessus des centres de froid; c'est à cette cause qu'est dû le grand anticyclone qui s'étend normalement en hiver sur le centre et l'est de l'Asie. En Europe et même en France, la même cause peut créer des maxima de pression analogues ou augmenter beaucoup l'importance de maxima déjà existants. En décembre 1879, par exemple, après le passage d'une dépression qui couvrit toute la France d'une épaisse couche de neige, le temps se mit au calme. Sous l'influence du rayonnement la température devint extrêmement basse à la surface du sol et des pressions très élevées s'établirent alors au-dessus de cette région froide. Ce genre d'anticyclones diffère de celui que nous avons étudié précédemment, surtout en ce qu'il ne s'y forme pas près du sol une épaisse couche de nuages ou de brouillards; la quantité de vapeur d'eau contenue dans l'air devient en effet beaucoup trop faible dès que la température est très basse. Le ciel reste alors complètement découvert; la surface du sol éprouve, par rayonnement, un refroidissement considérable, sous l'effet combiné de la couverture de neige, de la pureté du ciel et de la sécheresse de l'air; la température moyenne baisse beaucoup en dessous de la normale et, comme la variation diurne a une grande amplitude quand le ciel est clair, le thermomètre descend extraordinairement bas pendant la nuit. C'est dans ces conditions, qui ont été réalisées notamment en France en décembre 1879, que l'on observe les grands minima de la température.

Ce dernier genre d'anticyclones, qui est dû surtout à des causes locales, est beaucoup moins stable que ceux du genre précédent. Pour les détruire, il suffit qu'il passe à proximité une dépression

profonde, déterminant un appel d'air assez intense. Le refroidissement par rayonnement, auquel est due dans ce cas la production des hautes pressions, est limité en effet à la couche d'air peu
épaisse qui est en contact immédiat avec le sol, et ne peut avoir
lieu d'une manière suffisante que si l'air est calme. Dès qu'une
cause quelconque amène un mouvement et un renouvellement
rapide de l'air, le rayonnement n'a plus le temps de produire
son effet, la température remonte et les hautes pressions disparaissent d'elles-mêmes. Nous reviendrons, du reste, sur ces questions, qui ont une très grande importance dans les études relatives à la prévision du temps.

CHAPITRE II.

ORAGES.

94. Généralités sur les phénomènes orageux. — Dans l'opinion générale, les orages sont avant tout des phénomènes électriques. Des éclairs, qu'accompagne le bruit du tonnerre, jaillissent d'un nuage épais, de couleur sombre et caractéristique, avec des teintes ardoisées ou cuivrées ; ce nuage, d'où tombent des averses de pluie souvent mêlée de grêle, est un *cumulo-nimbus* (p. 204) ; il peut exister seul (*fig.* 1, *Pl.* IV), mais il est surmonté le plus souvent d'un voile de cirro-stratus (*fig.* 2, *Pl.* IV). On indique comme *jours d'orage* ceux où l'on a à la fois vu des éclairs et entendu le tonnerre et l'on note, pour le commencement et la fin de l'orage, les heures du premier et du dernier coup de tonnerre.

Cette définition de l'orage a un double avantage dans la pratique : elle répond entièrement à l'idée commune que l'on se fait de ce phénomène ; de plus, elle est extrêmement précise et ne laisse aucun doute ni aucune part à l'appréciation individuelle ; on doit donc la conserver, bien qu'elle soit certainement trop restreinte au point de vue scientifique. Nous verrons, en effet, que les manifestations électriques ne sont que des accidents locaux ; le phénomène réellement général et le seul important en théorie est la formation et le mouvement du cumulo-nimbus, du nuage orageux, que ce nuage soit ou non accompagné de manifestations électriques ; celles-ci ne constituent qu'un phénomène accessoire : les éclairs et le tonnerre peuvent se présenter sur une partie du parcours du nuage orageux, faire complètement défaut sur une autre partie, puis recommencer plus loin encore, alors que les circonstances sont redevenues favorables à leur production. Nous aurons donc à étudier, au point de vue théorique, surtout les conditions générales dans lesquelles se forme le cumulo-nimbus orageux, puis les conditions spéciales qui amènent les manifesta-tions électriques.

L'étude de l'électricité atmosphérique rentre dans le domaine de la Physique du globe plutôt que dans celui de la Météorologie proprement dite. Toutefois, pour faciliter l'intelligence des phé-nomènes orageux, nous résumerons d'abord sommairement les notions relatives au développement et au rôle de l'électricité dans l'atmosphère.

95. Électricité atmosphérique. — La Terre est un corps con-ducteur; l'électricité qu'elle possède est distribuée à sa surface; l'air, qui est un corps isolant, peut, au contraire, être électrisé dans sa masse. L'atmosphère constitue un *champ électrique*, c'est-à-dire un espace où s'exercent des actions électriques, pro-venant à la fois de l'électricité distribuée à la surface de la Terre et de celle que possède l'air, ou qui se trouve au-delà même de l'atmosphère.

Toutes les masses électriques ont, en un point donné de l'atmo-sphère, un certain *potentiel* (¹), mesuré par le travail qui est accompli par les forces électriques lorsqu'une masse d'électricité positive égale à l'unité, placée d'abord en ce point, s'éloigne jusqu'à l'infini, c'est-à-dire en dehors des limites d'action du champ. Entre deux points A et B il y a généralement une certaine différence de potentiel, que les électromètres permettent de me-surer, et qui représente le travail, positif ou négatif, accompli par les forces électriques lorsque l'unité d'électricité positive se dé-place de A en B. Si le déplacement de A à B s'effectue dans la direction de la force, le travail accompli est positif et l'on dit que la différence de potentiel entre les deux points A et B est positive; le potentiel est plus grand en A qu'en B. Au contraire, le poten-tiel est plus grand en B qu'en A, si le déplacement de A à B s'ef-fectue en sens contraire de la force, si le travail correspondant à ce déplacement est négatif. Enfin les deux points A et B sont dits au même potentiel si le travail correspondant à ce déplacement est nul.

_____

(¹) Nous ne pouvons ici rappeler que très brièvement les notions et les défini-tions indispensables, en renvoyant aux traités de Physique pour les développe-ments et les démonstrations.

Soit AF (*fig.* 94) la direction de la force qui agit en un point A
d'un champ électrique; nous supposerons d'abord que la direction de cette force reste la même dans toute l'étendue du champ.
Tous les mouvements possibles dans le plan MN, perpendiculaire
à AF, s'effectuent sans travail, car ils sont perpendiculaires à la
direction de la force; tous les points du
plan MN sont donc au même potentiel
et ce plan constitue une *surface d'égal*
potentiel ou *équipotentielle*. Un autre
plan M'N', parallèle à MN, sera une
autre surface équipotentielle; le potentiel sera plus petit sur ce deuxième
plan que sur MN si, comme cela a lieu
dans la figure, on va du premier plan
au second en suivant la direction de la force; inversement le potentiel serait plus petit sur MN que sur M'N' si la force était
dirigée de A' vers A.

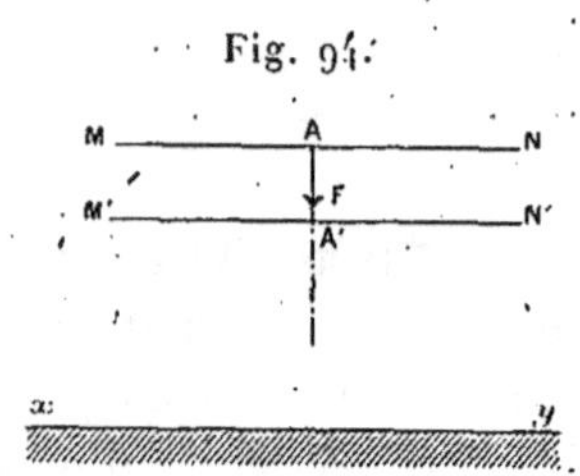

Si la direction de la force ne restait pas la même dans toute
l'étendue du champ, rien ne serait changé à ce qui précède, sauf
que les surfaces équipotentielles ne seraient plus des plans parallèles, mais des surfaces courbes, satisfaisant à la condition d'être,
en chacun de leurs points, perpendiculaires à la direction de la
force.

Les mesures d'électricité atmosphérique faites dans les couches
inférieures de l'atmosphère et même à une assez grande hauteur
en ballon montrent que, par beau temps, la différence de potentiel
entre le sol *xy* (*fig.* 94) et un point A placé dans l'air libre
augmente régulièrement à mesure qu'on s'élève. La force qui agit
en A sur l'unité d'électricité positive est donc dirigée de haut en
bas, vers le sol, et par suite tout se passe comme si le sol était
recouvert d'une couche d'électricité négative. La régularité de
l'augmentation de potentiel avec la hauteur, par beau temps, semble
indiquer que l'action de cette électricité négative répandue à la
surface du sol est tout à fait prépondérante par rapport à celle des
masses électriques qui pourraient exister dans l'air même. Au
contraire, les variations rapides et même les changements de signe
de la différence de potentiel entre un point de l'air et le sol,
quand le temps est mauvais, peuvent s'expliquer par l'existence

de quantités importantes d'électricité existant dans l'atmosphère, dans l'air lui-même ou surtout dans les nuages.

On a proposé des hypothèses très nombreuses pour expliquer l'électrisation de la surface du sol et celle de l'air. Tout d'abord il est possible que la Terre ait reçu à l'origine, lors de sa formation, une certaine quantité d'électricité, qu'elle conservera toujours, puisqu'elle est isolée dans l'espace. De plus il se produit constamment sur notre globe des phénomènes qui sont par eux-mêmes des sources de nouvelles quantités d'électricité. Des expériences nombreuses ont été faites pour essayer de démontrer que l'évaporation est une source d'électricité; mais ces expériences sont contradictoires et la question reste controversée. Au contraire, on a obtenu des résultats bien nets en étudiant le développement d'électricité qui se manifeste au contact de l'air et de l'eau, lorsque cette dernière se résout en gouttes qui retombent ensuite sur le sol. Si une masse d'eau douce, comme une cascade, se sépare en gouttes, celles-ci s'électrisent positivement et la couche d'air qui les entoure prend une quantité égale d'électricité négative; au moment où les gouttes atteignent le bassin inférieur et entrent dans la masse d'eau qui le remplit, l'électricité qu'elles possèdent se répand à la surface de ce bassin et l'air reste chargé d'électricité négative. Le même phénomène peut se produire pendant la pluie; quand des gouttes de pluie se rencontrent et se confondent, il y a apparition d'électricité positive libre sur la goutte résultante et d'une quantité égale d'électricité négative qui reste dans l'air. Les signes électriques sont inverses quand l'eau est fortement chargée de matières salines en dissolution; sur la mer, par exemple, il y a constamment des vagues qui déferlent et se résolvent en fines gouttelettes; la surface de ces gouttelettes est alors électrisée négativement et la couche d'air qui est en contact avec elles est électrisée positivement. Quand ces gouttes retombent, leur électricité négative devient libre à la surface de la mer et l'air reste électrisé positivement.

En dehors de la charge électrique initiale que la Terre peut posséder depuis son origine, il se produit donc constamment des phénomènes qui développent de nouvelles quantités d'électricité; celles-ci se répandent soit à la surface du sol, soit dans la masse de l'atmosphère.

Une fois l'existence de ces quantités d'électricité reconnues, il devient facile d'expliquer l'électrisation des nuages; cette électri-sation peut se faire de manières très différentes; parmi les principales nous signalerons les conditions mêmes de formation des nuages, les phénomènes d'influence et l'action des rayons solaires sur les nuages constitués par des aiguilles de glace.

Lorsqu'un nuage se forme par condensation sur place de la vapeur d'eau, les petites gouttes relativement conductrices qui prennent naissance ramassent toute l'électricité contenue primitivement dans l'air. Quelque faible que soit la quantité d'électricité que possédait ainsi l'air dans sa masse, par mètre cube, cette quantité peut suffire à donner aux gouttelettes d'eau une charge appréciable. Nous avons vu en effet (§ 50, p. 178) que l'air humide contient d'ordinaire entre 1 pour 100 et 3 pour 100 de son poids de vapeur; prenons 2 pour 100 en moyenne et supposons que la moitié de cette quantité de vapeur passe à l'état liquide. La densité de l'eau est environ 770 fois plus grande que celle de l'air; le rapport du volume primitif de l'air au volume de l'eau qui s'y est condensée sera donc, pour l'exemple choisi, 770×100 ou 77000; d'une manière générale, ce rapport restera compris environ entre 50000 et 100000; on conçoit aisément qu'une quantité d'électricité même très faible, contenue primitivement dans une certaine masse d'air, puis concentrée à la surface de gouttelettes occupant ensemble un volume aussi petit par rapport à celui de l'air, puisse donner aux gouttes une charge et un potentiel appréciables.

Le potentiel des gouttes d'eau, pour une même masse totale d'eau et une même quantité d'électricité, augmente rapidement avec le diamètre des gouttes; si l'on réunit en effet deux gouttes égales, le volume de la goutte résultante est double, mais la surface est seulement les huit dixièmes environ de la somme des surfaces des deux gouttes; la charge électrique par unité de surface et, par suite, le potentiel de la goutte d'eau se trouvent donc augmentés ([1]). La quantité totale d'électricité qu'un nuage

---

([1]) Si m est la quantité d'électricité répartie à la surface d'une gouttelette sphérique de rayon r, le potentiel v de la goutte est donné par l'équation $m = vr$. Une seule goutte de rayon R, formée par la réunion de n gouttelettes, possédera

prend à l'air, lors de la condensation, ne dépend que de l'électrisation préalable de l'air; mais le potentiel des gouttes pourra être très différent suivant la manière dont la condensation se sera effectuée; il sera faible dans les nuages constitués de gouttes très petites, très grand au contraire dans les nuages où la condensation est rapide et donne naissance à des gouttes relativement grosses, comme les nuages orageux.

Les phénomènes d'influence jouent aussi un rôle considérable dans l'électrisation des nuages. Un nuage, placé dans le champ de la Terre, s'y électrise par influence, positivement d'ordinaire sur la face inférieure qui regarde le sol chargé d'électricité négative, et négativement sur la face supérieure. Si le nuage se sépare alors en plusieurs parties, chacune d'elles constitue un nuage qui pourra ne posséder qu'une seule sorte d'électricité, soit positive, soit négative. Si le nuage soumis à l'influence de la Terre se résout en pluie à la partie inférieure, l'électricité positive qui se trouve de ce côté est emportée par la pluie et ce qui reste du nuage ne possédera plus que de l'électricité négative. Un nuage qui passe au contact d'une montagne se met au potentiel du sol; quand il se sera éloigné, il sera donc dans un état électrique très différent des couches d'air ou des nuages qui l'environnent. Enfin des actions analogues pourront se produire sous l'influence non plus de la terre, mais d'autres nuages électrisés d'un signe

---

une quantité d'électricité nm, et son potentiel V sera donné de même par l'équation

$$(1) \qquad nm = \mathrm{VR} \qquad \text{ou} \qquad nvr = \mathrm{VR}.$$

D'autre part, l'égalité des volumes des gouttelettes initiales et de la goutte finale s'exprime par la relation

$$(2) \qquad n \times \frac{4}{3}\pi r^3 = \frac{4}{3}\pi \mathrm{R}^3 \qquad \text{ou} \qquad nr^3 = \mathrm{R}^3.$$

Des équations (1) et (2) on déduit

$$\frac{\mathrm{V}}{v} = \frac{\mathrm{R}^2}{r^2} = n^{\frac{2}{3}}.$$

On voit que le potentiel V est beaucoup plus grand que v. Par exemple, si mille gouttes se réunissent en une seule, le diamètre de celle-ci sera seulement dix fois plus grand que celui de chacune des gouttes constituantes, mais son potentiel sera cent fois plus grand.

ou de l'autre; ainsi les phénomènes d'influence donneront indifféremment, suivant les cas, naissance à des nuages électrisés positivement ou négativement.

On sait que les rayons ultra-violets, tombant sur un conducteur métallique électrisé négativement, le déchargent spontanément, tandis qu'ils n'ont aucune action sur l'électricité positive. Des expériences directes ont montré, d'après M. Brillouin, que la glace parfaitement sèche se comporte comme les corps métalliques par rapport aux rayons ultra-violets, qui n'ont au contraire pas d'influence sur l'eau liquide ou la glace humide. Les aiguilles de glace à basse température, et par suite bien sèches, qui constituent les cirrus et les cirro-stratus, placées dans le champ électrique de l'atmosphère, s'électrisent par influence positivement à une extrémité, négativement à l'autre. D'autre part, les rayons solaires renferment une grande proportion de radiations ultra-violettes, surtout dans les régions élevées de l'atmosphère, où ces radiations n'ont pas encore subi une grande absorption. Si ces rayons viennent frapper l'extrémité des cristaux de glace qui est électrisée négativement, cette électricité négative se perdra immédiatement dans l'air. Le nuage restera donc chargé seulement d'électricité positive, qui pourra produire des phénomènes d'influence lorsque le nuage se sera séparé de la couche d'air qui l'entourait d'abord et qui conserve l'électricité négative dont les rayons ultra-violets ont déterminé l'écoulement.

Les considérations qui précèdent suffisent à montrer que les nuages pourront, suivant les circonstances, être chargés de grandes quantités d'électricité, tantôt positive, tantôt négative, et être portés à des potentiels très différents les uns des autres et très différents aussi de celui du sol.

96. Foudre; éclairs; tonnerre. — Lorsque deux corps électrisés à des potentiels différents se rapprochent à une distance suffisante, il se produit entre eux une décharge brusque, ou décharge disruptive, sous forme d'étincelle. La distance maximum à laquelle l'étincelle peut éclater dépend de la forme des corps en présence et de leur différence de potentiel; elle augmente très rapidement avec la différence de potentiel, de sorte que la longueur de l'étincelle devient infiniment grande pour une différence finie de poten-

tiel. On comprend alors qu'il puisse se produire une décharge
sous forme d'étincelle entre deux nuages à des potentiels très différents ou entre un nuage électrisé et le sol, bien que les deux
corps en présence soient à une grande distance. Cette décharge
électrique brusque à travers l'air est la *foudre;* la lumière de
l'étincelle est l'*éclair,* et le bruit qui l'accompagne est le *tonnerre.*

Quand on se trouve tout près de l'endroit où jaillit la foudre,
on entend un bruit bref, sec et violent; c'est le bruit même de la
décharge; il est tout à fait comparable à celui que produit un
explosif puissant. A une certaine distance, ce bruit s'accompagne
d'un roulement prolongé, qui s'affaiblit et se renforce tour à tour.
Les causes de ce roulement sont très complexes; tout d'abord
l'étincelle qui constitue la foudre a, comme nous le verrons
bientôt, une grande longueur et une forme très sinueuse; ses
différentes parties ne sont pas à la même distance de l'observateur, et le son qu'elles émettent ne parvient pas au même moment
à l'oreille. A cette première cause viennent se joindre les échos
produits par la réflexion du son sur les nuages et sur le sol, et qui
jouent le principal rôle dans la prolongation et le renforcement
du son; car l'intensité des sons réfléchis varie avec la forme et
la nature des corps réfléchissants et le temps que l'écho met à parvenir à l'oreille dépend à la fois de la distance qui sépare l'observateur de l'endroit où se produit la foudre et de celui où s'opère
la réflexion du son. Enfin la foudre ne se compose pas d'ordinaire
d'une décharge unique; les nuages ne se comportent pas en effet
comme un corps conducteur; ce sont des amas de masses semi-
conductrices plus ou moins séparées. Lorsqu'une décharge a lieu,
c'est l'électricité répandue à la périphérie du nuage qui produit
la première étincelle; mais, après que cette première décharge a
rompu l'équilibre qui existait entre les différentes parties du
nuage, il s'opère une série de décharges secondaires entre ces parties, jusqu'à ce qu'un nouvel équilibre soit établi. Ces décharges
multiples dans l'intérieur du nuage contribuent pour une certaine
part à produire les roulements et les renforcements du tonnerre;
elles expliquent aussi comment, dans certains cas, ces roulements
peuvent précéder la décharge principale; on observe parfois, en
effet, des coups de tonnerre qui commencent par un grondement

sourd, suivi d'un éclat auquel succèdent de nombreux roulements.

L'étincelle qui constitue la foudre est un trait de feu de couleur blanche, d'un vif éclat et très net, mais de forme irrégulière ; elle est composée non pas, comme on le représente ordinairement, de parties rectilignes raccordées les unes aux autres sous des angles aigus, en zigzags, mais d'une ligne sinueuse formée de parties courbes tournées en tous sens et offrant même parfois l'apparence de boucles ; tout le long du trait principal partent des ramifications très déliées (*fig.* 95); l'apparence est, en somme, exactement celle des étincelles que l'on obtient dans l'air, entre deux conducteurs, au moyen de machines électriques puissantes.

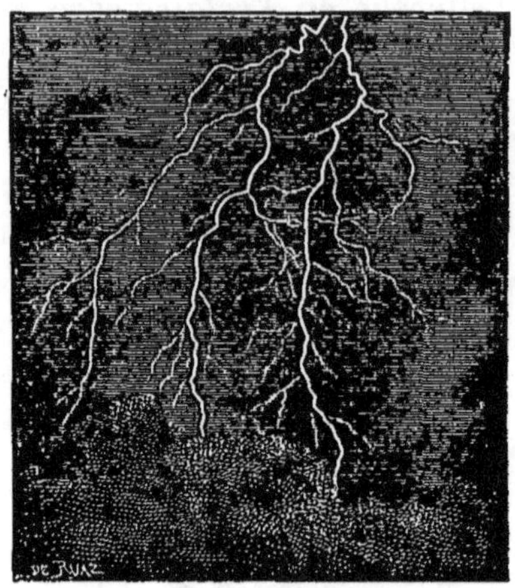

Fig. 95.

Forme des éclairs
(d'après une photographie).

Les sinuosités de la foudre s'expliquent, comme celles des étincelles ordinaires, par les variations de résistance de l'air d'un point à l'autre et par la présence de parties plus conductrices qui facilitent le passage de la décharge. Souvent le trait de feu est unique ; d'autres fois il semble se diviser en deux parties principales, comme le représente la figure ci-dessus, qui reproduit l'apparence exacte d'un éclair, d'après une photographie obtenue, à Paris, le 8 juillet 1893 ; mais il est souvent difficile de décider si ces deux branches appartiennent réellement à un seul coup de foudre ou à deux coups distincts qui se suivraient à un très petit intervalle.

La durée de l'étincelle paraît souvent très appréciable ; mais ce n'est qu'une illusion due à la persistance des impressions lumineuses sur la rétine. Des mesures directes ont montré que cette durée est généralement inférieure à un millième de seconde. Ce nombre est tout à fait de même ordre que la durée des étincelles que l'on obtient dans les laboratoires au moyen des batteries. Les

phénomènes d'aimantation produits par la foudre ont permis d'évaluer grossièrement l'intensité du courant qui passe pendant la décharge; on a trouvé ainsi des valeurs comprises entre 10000 et
20000 ampères.

Si l'on compte le nombre de secondes qui s'écoule entre le
moment où l'on voit l'éclair et celui où l'on commence à entendre
le tonnerre et qu'on multiplie ce nombre par la vitesse du son, on
obtient la plus courte distance de l'éclair à l'observateur; dans la
pratique, comme la vitesse du son ne diffère pas beaucoup de 333^m
par seconde, il suffira de diviser par 3 le nombre de secondes
écoulées pour avoir, en kilomètres, la distance de l'éclair. Si en
même temps on estime la grandeur angulaire de l'éclair, on aura
tous les éléments pour calculer ses dimensions absolues. On a
trouvé ainsi que la longueur de certains éclairs pouvait atteindre
10^{km} ou 15^{km}; ces nombres paraissent toutefois exagérés; la photographie permettrait d'obtenir aisément des mesures beaucoup
plus précises.

Arago a divisé les éclairs en trois classes : la première comprend
les éclairs que nous venons de décrire et qui sont caractérisés par
un trait de feu bien net, jaillissant entre deux nuages ou entre un
nuage et le sol.

Les éclairs de deuxième classe sont des lueurs diffuses, souvent
blanches, quelquefois rouges ou violacées, plus ou moins intenses,
qui illuminent un nuage dans toute sa masse ou seulement sur
son contour; quelquefois ces éclairs ne paraissent accompagnés
d'aucun bruit; peut-être sont-ils réellement silencieux, peut-être
le bruit ne peut-il parvenir jusqu'au sol, parce qu'il est faible et
se produit à une grande distance, dans un air raréfié. Ces éclairs
sont quelquefois simplement le reflet d'éclairs de première classe,
cachés par un nuage; le plus souvent ils ont une existence propre
et sont formés par des décharges partielles qui s'effectuent entre
les différentes fractions d'un même nuage et dans son intérieur.

On désigne sous le nom d'*éclairs de chaleur* des lueurs analogues aux éclairs de deuxième classe, qui apparaissent à l'horizon,
quelquefois en l'absence de tout nuage. Ce n'est pas là un phénomène distinct; toutes les fois, en effet, que l'on note l'heure
et la direction exactes où l'on aperçoit ces éclairs, il est facile de
s'assurer qu'ils coïncident avec un orage qui passe à une très

grande distance. Les éclairs de chaleur ne sont donc que le reflet dans le ciel d'éclairs appartenant à des orages trop éloignés pour que les nuages correspondants soient au-dessus de l'horizon. On a cité, par exemple, des éclairs de chaleur observés en Belgique et provenant d'orages qui passaient au centre de la France.

La troisième classe d'éclairs, d'après Arago, renferme les *éclairs en boule,* phénomène très mystérieux encore et dont l'existence même est controversée. Souvent, pendant les orages, on a cru apercevoir des globes de feu, gros à peu près comme la tête d'un homme, et qui semblaient se mouvoir dans l'air ou rouler sur le sol avec une vitesse très modérée. Après un temps assez long, plusieurs secondes, ces globes disparaissent subitement, tantôt sans laisser de traces ni causer d'accidents, tantôt en produisant une explosion violente, accompagnée de tous les dégâts ordinaires de la foudre, fusion des métaux, rupture des corps isolants, inflammation des matières combustibles, etc. Ce phénomène, absolument inexplicable dans l'état actuel de la Science, est nié par beaucoup d'auteurs, qui le réduisent à une illusion d'optique produite par la lueur éblouissante d'un coup de foudre très voisin et la persistance de cette impression sur la rétine. Cependant on a recueilli à ce sujet des observations assez nombreuses et qui paraissent bien concordantes. Les éclairs en boule, assez rares dans les hautes latitudes, accompagneraient fréquemment, au contraire, les cyclones et les tornades des régions tropicales. Il convient d'attendre, pour se prononcer sur la nature de ce phénomène, qu'il ait été observé d'une manière plus scientifique que cela n'a été fait jusqu'à ce jour.

Nous n'insisterons pas ici sur les effets produits par la foudre et qui sont en somme, à la grandeur près, exactement les mêmes que ceux que l'on obtient dans les laboratoires avec la décharge des batteries.

Les objets élevés, surtout ceux qui se terminent en pointe et sont en bonne communication conductrice avec le sol, sont particulièrement exposés aux atteintes de la foudre. Dans la campagne les arbres sont fréquemment frappés ; mais on remarque à cet égard des différences curieuses. Une statistique très soigneusement établie en Autriche a montré que l'arbre qui est foudroyé le plus souvent est le peuplier ; viennent ensuite, par ordre de

fréquence, le chêne, puis le mélèze, le sapin, etc.;tout à la fin de
la liste sont le hêtre et l'aune. Ces différences peuvent s'expliquer
par la nature du bois et aussi par la dimension des racines et la
profondeur à laquelle elles pénètrent dans le sol; ainsi, parmi
les arbres de même famille, le poirier, qui a des racines plus
profondes que le pommier, est beaucoup plus sujet que lui à être
frappé par la foudre.

97. Classification et fréquence des orages. — Le phénomène
général que l'on retrouve à l'origine de tous les orages est un
état instable de l'atmosphère, par suite duquel un mouvement
ascendant rapide se produit dans les couches inférieures. Si les
conditions de température et d'humidité sont convenables, une
condensation abondante est la conséquence de ce mouvement
ascendant (§ 59) et donne naissance à un cumulo-nimbus puissant, au sein duquel se développent les manifestations électriques
caractéristiques de l'orage. On est ainsi conduit à diviser les
orages en deux classes, suivant la cause de l'instabilité qui provoque le mouvement ascendant.

Les *orages de chaleur* ont pour origine une instabilité due à
un excès de température des couches inférieures de l'atmosphère
en contact avec le sol; nous avons étudié précédemment (§ 16)
cette cause d'instabilité. Ces orages se produisent à peu près
exclusivement pendant la saison chaude et sur les continents;
c'est seulement, en effet, dans ces conditions que l'on peut rencontrer une température très élevée au voisinage du sol et une
décroissance rapide dans la verticale. De plus, les orages de
chaleur sont le plus souvent des phénomènes locaux, ou, tout au
moins, dont l'extension n'est pas très grande.

Les *orages de dépressions* ou *orages cycloniques* sont, comme
leur nom l'indique, une conséquence, un phénomène accessoire
des dépressions ou des cyclones; ils se produisent dans les parties
de ces météores qui sont le siège de mouvements ascendants assez
rapides pour donner naissance à un cumulo-nimbus orageux. A
l'inverse des orages de chaleur, ceux de cette seconde classe peuvent avoir une grande extension géographique, car ils accompagnent souvent les dépressions sur une partie notable de leur
parcours.

Dans les latitudes moyennes, par exemple en Europe, les dépressions sont le plus fréquentes en hiver et dans le voisinage immédiat des mers (§ 89); les orages de dépressions s'observeront donc surtout dans les climats marins; mais ils ne seront pas nécessairement plus fréquents en hiver qu'en été. En hiver, en effet, la quantité absolue d'humidité contenue dans l'air n'est pas toujours suffisante pour donner naissance aux cumulo-nimbus orageux; de sorte que beaucoup de dépressions ne seront pas accompagnées d'orages. En été, au contraire, l'air contient plus de vapeur d'eau qu'en hiver et, bien que le nombre des dépressions soit moindre, une plus grande proportion d'entre elles réunira les conditions nécessaires à la formation des orages; les orages de dépression peuvent donc se produire en toute saison.

La statistique des orages dans les différents pays met bien toutes ces causes en évidence. Dans les climats marins des hautes latitudes, la température reste basse, même en été; les orages de chaleur y seront donc presque inconnus; les orages de dépression y seront rares, bien que les dépressions y soient fréquentes, car la quantité de vapeur d'eau contenue dans l'air est généralement, à cause de la basse température, en quantité insuffisante pour former des cumulo-nimbus. Dans ces régions, on observera donc très peu d'orages et ils se produiront surtout pendant l'hiver, saison des dépressions. En Islande, par exemple, pendant une période de quatorze ans, on a noté seulement 33 orages, dont 22 en hiver.

Dans les latitudes moyennes, sur les continents, on observera surtout, comme nous l'avons dit, des orages de chaleur, qui se produiront principalement en été; sur les côtes, au contraire, dans les parages où les dépressions sont fréquentes et profondes, aux orages d'été viendra se joindre une notable proportion d'orages d'hiver. Ces conditions opposées se rencontrent à petite distance dans la presqu'île scandinave; à Bergen, sur la côte de Norvège, climat marin où les dépressions sont fréquentes en hiver, les orages sont plus nombreux en hiver qu'en toute autre saison; à Stockholm, en Suède, climat continental, il n'y a presque que des orages d'été, comme on le voit par les nombres ci-dessous qui indiquent, pour ces deux stations, combien, sur un total de 100 orages, on en observe dans chaque saison.

	Hiver.	Printemps.	Été.	Automne.
Bergen	45	5	35	15
Stockholm	0	9	87	4

Les mêmes particularités se remarquent en France : à Brest, par exemple, les orages sont moins fréquents d'une manière absolue qu'à Paris, mais la proportion relative des orages d'hiver y est bien plus grande. A Paris même (Parc Saint-Maur), pendant la période de vingt années 1876-1895, il y a eu en tout 559 journées pendant lesquelles on a entendu le tonnerre, ce qui fait exactement une moyenne de 28 par an ; ces 559 journées orageuses se répartissent entre les différents mois de la manière suivante :

Janvier	1	Mai	79	Septembre	57
Février	2	Juin	115	Octobre	17
Mars	19	Juillet	117	Novembre	3
Avril	50	Août	98	Décembre	1

On voit combien les orages d'hiver sont rares sur le continent, même à une aussi petite distance de la mer que Paris : sur 559 journées orageuses, 4 seulement, soit moins de 1 pour 100, appartiennent aux trois mois d'hiver (décembre, janvier, février).

A mesure qu'on se rapproche de l'équateur, les orages augmentent beaucoup de fréquence, excepté, bien entendu, au centre des grands continents, où la sécheresse de l'air est un obstacle à leur production. Les orages des régions tropicales sont presque exclusivement des orages de chaleur; les cyclones sont toujours, il est vrai, accompagnés de manifestations électriques puissantes; mais ils sont tellement rares relativement qu'ils ne comptent guère dans le total des orages. Presque toutes les pluies de ces régions sont des pluies orageuses et, dans certains mois, on observe des orages presque chaque jour. C'est ainsi qu'au Mexique on a une moyenne de 139 orages par an, à Mexico, et de 141, à Leon (Guanajuato); la moyenne atteint 167 à Buitenzorg (Java) et à Bismarckburg (Togoland, Guinée); enfin elle paraît dépasser 180 à Cameroun, dans le fond du golfe de Guinée, d'après une série de trois années d'observations.

La distribution horaire des orages, tout comme la distribution géographique, met encore en évidence le rôle prépondérant de la température. Presque partout, les orages sont le plus fréquents dans la partie la plus chaude de la journée, entre midi et 6^h du soir. Si l'on répartit toutes les observations d'orages relevées par exemple à Paris (Parc Saint-Maur), pendant la période de vingt ans 1876-1895, en huit périodes de trois heures chacune commençant à minuit, on trouve que, sur un total général de 1000 observations d'orages, il s'en présente le nombre suivant dans chaque période :

De minuit à 3^h..........	52	De midi à 15^h..........	242
De 3^h à 6^h..........	40	De 15^h à 18^h..........	304
De 6^h à 9^h..........	43	De 18^h à 21^h..........	173
De 9^h à midi..........	53	De 21^h à minuit.......	93

Les orages sont le plus rares entre 3^h et 6^h du matin, au moment du minimum de la température, et le plus fréquents entre 3^h et 6^h du soir; on observe plus de la moitié du nombre total des orages, 546 sur 1000, entre midi et 6^h du soir.

98. Orages de chaleur. — Les orages de chaleur se présentent sous leur forme la plus simple et tout à fait caractéristique dans certaines îles montagneuses des régions tropicales. Ils ont été décrits de la manière suivante, il y a près de cent ans, dans les îles Sandwich, qui possèdent des montagnes très élevées.

La nuit et le matin, le ciel est absolument pur; c'est, en effet, l'époque où souffle la brise de terre, qui est en même temps ici brise de montagne (§ 48), c'est-à-dire vent descendant et sec. Vers 9^h à 10^h du matin, la brise de mer s'établit et remonte alors de tous côtés les pentes de l'île; dans ce courant ascendant, chaud et humide, la condensation commence à un niveau bien déterminé, qui dépend des conditions initiales de l'air, et l'on voit bientôt se former autour de la montagne un nuage dont la base est horizontale et qui grossit rapidement, tandis que le ciel reste clair sur la mer, à une certaine distance. Si l'humidité et la température de l'air sont suffisantes, le nuage prend une grande épaisseur et bientôt il en tombe des quantités de pluie considérables, en même temps que l'on entend les grondements répétés du tonnerre. A mesure que le Soleil baisse, l'orage diminue d'intensité, la pluie cesse, le nuage se dissipe peu à peu et de nouveau, à la nuit, le ciel se découvre entièrement. Les mêmes phénomènes se reproduisent parfois régulièrement chaque jour pendant une longue période; mais, suivant les conditions, on observera soit seulement la formation du nuage, soit le nuage et la pluie, soit enfin toute la série complète, nuage, pluie et orage.

Des orages de chaleur absolument identiques se produisent fréquemment en été dans les régions montagneuses des latitudes plus élevées, en Suisse, par exemple. La description précédente répond exactement à celles que Saussure et Bravais ont données des orages locaux qu'ils ont observés, le premier au Col du Géant (mont Blanc), le second sur le Faulhorn. Là encore, la nuit est très belle; puis, dans la journée, quand la température s'élève, la montagne s'entoure d'un nuage qui grossit rapidement et finit souvent par être le siège d'un violent orage; le temps redevient beau pendant la nuit, et très fréquemment il est resté beau toute la journée à une petite distance, sur les plaines. C'est donc encore un orage absolument local.

La seule différence entre les orages de chaleur des pays tropicaux et ceux des montagnes dans les latitudes moyennes est que les nuages qui forment ces derniers paraissent atteindre une hauteur beaucoup plus grande; ils montent d'ordinaire, en Suisse, bien au-dessus des sommets les plus élevés, tandis que, dans les îles Sandwich par exemple, ils ne dépassent guère 2000^{m} ou 3000^{m}; du large les navires aperçoivent alors le sommet de la montagne s'élever dans un ciel pur, au-dessus du nuage orageux. Cette différence s'explique aisément, du reste, par la différence d'humidité de l'air dans les deux cas; l'air au-dessus de la mer, dans les régions tropicales, n'est pas plus chaud qu'au pied des montagnes de l'Europe centrale en été, mais il contient beaucoup plus de vapeur d'eau; la condensation doit donc y commencer à un niveau moins élevé.

Sous cette forme simple, les orages de chaleur sont des phénomènes absolument locaux; mais, s'il souffle un vent appréciable à une certaine hauteur, ce vent entraînera le nuage orageux à mesure qu'il se reformera sur place, et l'orage s'étendra alors à une certaine distance de son point de départ. Si plusieurs orages éclatent simultanément sur des sommets différents, les nuages orageux emportés par le vent pourront se rejoindre et, pour un observateur placé à une certaine distance, l'orage paraîtra venir de plusieurs côtés à la fois. En traçant sur une Carte les courbes *isochrones* d'orage, c'est-à-dire les lignes qui passent par tous les points où l'orage a été observé à une même heure, on verra alors que ces courbes ont des formes très compliquées; elles paraîtront diverger autour de certains points, lieux d'origine des divers orages qui se confondent ensuite.

Le caractère très local des orages de chaleur fait qu'on a rarement l'occasion de les observer dans des postes pourvus d'instruments enregistreurs; on ne sait donc pas encore exactement si ces orages sont accompagnés des variations barométriques brusques que nous signalerons dans certains orages de dépression; cette constatation aurait une grande importance pour l'établissement de la théorie de ces variations barométriques.

Pendant ces orages de chaleur comme, du reste, dans les orages de dépression, la pluie tombe, non pas d'une façon continue, mais plutôt par averses successives. On remarque souvent que la pluie, après avoir cessé un instant, reprend avec violence dès qu'on a aperçu un éclair. Dans ce cas, l'averse commence par des gouttes extrêmement grosses, dont la dimension va ensuite progressivement en diminuant. La décharge électrique, qui constitue l'éclair, semble alors jouer un rôle important dans la production de la pluie, comme si les gouttelettes d'eau qui constituent le nuage, séparées par la répulsion électrique qu'elles exercent les unes sur les autres, se réunissaient immédiatement après la décharge et formaient alors des gouttes assez grosses pour tomber avec une certaine vitesse. Nous savons (§ 61, p. 197) que la résistance de l'air est relativement d'autant plus efficace pour ralentir la chute que le diamètre des gouttes est plus petit; des gouttes de dimensions différentes, formées au même instant, devront donc parvenir au sol par ordre de grandeur, ce qui explique bien pourquoi l'averse débute par des gouttes notablement plus grosses que celles qui suivent.

99. Orages de dépression. — Les orages de dépression présentent des caractères très variables et paraissent se former dans des conditions souvent très différentes.

La forme la plus simple s'observe quelquefois en hiver dans la moitié septentrionale de la France. Lors du passage d'une dépression et dans la région qui est à droite de la trajectoire du centre, au moment où le baromètre est au plus bas ou même commence à remonter, on voit le ciel, déjà couvert, s'obscurcir d'une façon anormale, ce qui indique que la couche de nuages devient beaucoup plus épaisse; on entend alors un ou deux coups de tonnerre; la pluie augmente et est même parfois accompagnée de neige; puis le nuage sombre s'éloigne. Il ne s'est produit, du reste, pendant le passage du nuage, aucun autre fait remarquable; la direction et la vitesse du vent près du sol n'ont pas offert de variations sensibles et la marche de la pression n'a pas été modifiée. Les orages de cette sorte sont des phénomènes presque isolés; on ne les observe que dans une région très restreinte et ils paraissent produits par une augmentation subite de la condensation, due aux conditions locales de l'humidité atmosphérique, et peut-être à une recrudescence momentanée des courants ascendants qui règnent dans cette partie de la dépression.

D'autres orages d'hiver et la plupart des orages de dépression de la saison chaude présentent, au contraire, des phénomènes bien plus complexes. Comme les précédents, ils éclatent surtout dans la portion de la dépression située à droite de la trajectoire du centre et au moment où le baromètre est au plus bas, ou bien recommence déjà à monter. Le plus souvent, au début de l'orage, la pression s'élève presque instantanément de quelques dixièmes de millimètre ou même d'un millimètre et plus; la courbe tracée par un baromètre enregistreur montre alors un ressaut à peu près vertical, une sorte de crochet que l'on appelle *crochet d'orage*. En même temps, on observe un coup de vent violent et de courte durée (de quelques minutes à un quart d'heure et même davantage) avec changement brusque de direction; par exemple, le vent qui soufflait du sud-ouest avant l'orage, passe tout d'un coup à l'ouest ou au nord-ouest, pour revenir lentement ensuite à sa direction première. Dans nos pays, cette rotation semble se faire toujours vers la droite, de l'ouest au nord-ouest par exemple, ou du nord à l'est. Ce coup de vent violent, avec changement subit de direction et hausse brusque du baromètre, constitue un *grain*.

Si l'on pointe sur une Carte toutes les localités où le grain a été observé au même instant, on trouve qu'elles sont situées tout le long d'une ligne plus ou moins régulière, qui constitue la *ligne de*

grain. Cette ligne de grain est dirigée à peu près vers le centre de
la dépression ; mais elle ne paraît pas se prolonger jusqu'au centre
lui-même. A mesure que la dépression se déplace, la ligne de
grain se déplace avec elle, de manière que sa direction prolongée
passe toujours aux environs du centre des basses pressions ; dans
ce mouvement, toutes les parties de la ligne de grain n'ont pas
exactement la même vitesse ; cette ligne offre donc souvent de
grandes sinuosités.

La moitié de gauche (I) de la *fig.* 96 représente, d'après

Fig. 96.

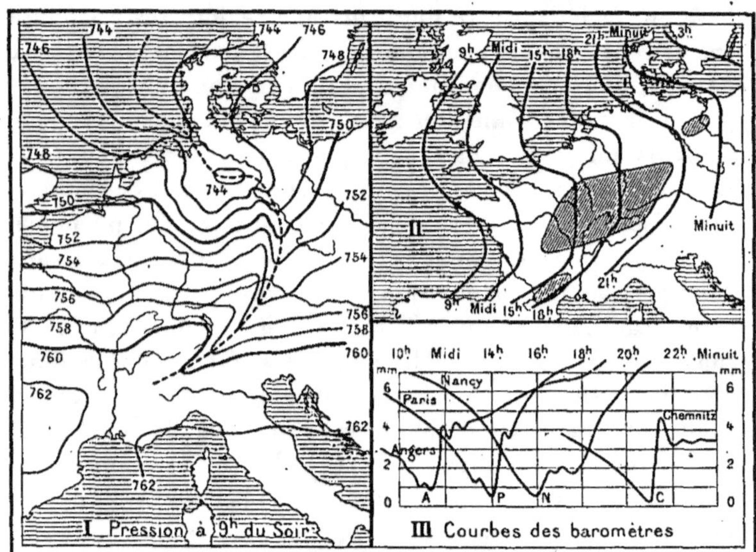

Orage du 27 août 1890.

M. Durand-Gréville, la distribution de la pression sur l'Europe
occidentale à 9ʰ du soir, le 27 août 1890, jour où le phénomène
que nous étudions s'est produit d'une manière très nette et sur une
grande étendue. Un centre de basses pressions (moins de 744ᵐᵐ)
existe alors sur la mer du Nord. Les isobares, au lieu de présenter
une forme régulière, dessinent toutes, au sud du centre, un angle
aigu très net, saillant vers le sud, en forme de V ; aussi désigne-t-on
souvent cette forme d'isobares sous le nom d'*isobares en* V. Les

pointes de ces isobares tournées vers le bas se trouvent sur une
ligne sinueuse, indiquée en traits interrompus sur la figure, et
qui, partant à peu près de l'embouchure de l'Elbe, traverse toute
l'Europe centrale en présentant sa convexité vers l'est, et se termine aux environs de la chaîne principale des Alpes, un peu à
l'est de la vallée du Rhin.

Cette ligne sinueuse est précisément une ligne de grain ; en
tous ses points le coup de vent caractéristique a débuté exactement à 9^h du soir. La pression augmente très rapidement à gauche
de cette ligne ; si l'on se déplace perpendiculairement à cette ligne
vers la gauche, on voit, sur la figure, que l'on rencontre à très
petite distance des pressions plus fortes de 2^{mm} ou 3^{mm} ; si donc
tout le système des isobares se déplace vers l'est, avec une vitesse
à peu près uniforme, une fois que la ligne de grain aura passé
sur un point, le baromètre montera très rapidement et indiquera
un crochet d'orage. C'est ce que l'on voit en effet sur la Partie III
de la *fig.* 96, qui donne les tracés des baromètres enregistreurs à
Angers, Paris, Nancy et Chemnitz (Saxe) ; ces quatre tracés sont
ramenés à la même échelle et l'intervalle de deux lignes horizontales sur la figure correspond à une variation de pression de 1^{mm}.
La hausse brusque du baromètre a été de 3^{mm} environ à Angers
et Paris, de $1^{mm},5$ à Nancy, et de plus de 4^{mm} à Chemnitz ; l'heure
du début de la hausse, correspondant au coup de vent du grain,
est $11^h 25$ à Angers, 14^h à Paris, 16^h à Nancy et 21^h à Chemnitz.
La propagation régulière du grain vers l'est, qui ressort déjà de
ces nombres, est mise encore plus nettement en évidence par la
Partie II de la *fig.* 96, où l'on a représenté les positions successives occupées par la ligne de grain de trois en trois heures, de 9^h
du matin le 27 août à 3^h du matin le 28 ; dans cet intervalle de
temps, la ligne de grain a traversé toute l'Europe centrale, de
l'océan Atlantique à la Russie, avec une vitesse moyenne de 65^{km}
par heure (18^m par seconde). On remarquera sur cette Carte que
la ligne de grain s'arrête au versant septentrional des Alpes et ne
se prolonge pas dans la haute Italie ; par exemple, les observatoires
de Turin et de Milan n'ont signalé aucun phénomène particulier ;
l'arrêt de la ligne de grain sur les Alpes est donc un fait positif et
ne provient pas simplement d'une lacune dans les observations.

C'est à l'existence de ces grains que sont liés les orages de

dépression d'été et une partie de ceux de l'hiver; dans les stations
où l'on observe un orage, celui-ci débute toujours au moment du
passage de la ligne de grain. Mais, là encore, les manifestations
électriques ne sont que des effets secondaires et non la cause du
phénomène; elles ne se montrent que dans certaines régions où
les conditions de température et d'humidité sont convenables pour
produire une condensation abondante et rapide. Si ces conditions
font défaut, on aura seulement un grain sans pluie, ni tonnerre;
enfin, quand il y a orage, les régions où l'on en observe ne forment
qu'une fraction assez faible de la surface totale balayée par le
grain. Les régions où il y a eu des orages le 27 août 1890, par
exemple, sont ombrées sur la partie II de la *fig.* 96; elles sont au
nombre de trois seulement : deux très petites, l'une dans le sud
de la France, la seconde aux environs de Berlin, enfin la troisième,
beaucoup plus étendue, comprend le centre et l'est de la France,
le grand duché de Bade, le Wurtemberg et la plus grande partie
de la Suisse et de la Bavière; ces régions orageuses ont été traversées par la ligne de grain entre 1^h et 10^h du soir. L'orage n'est
donc bien, dans ce cas, qu'un phénomène accessoire du grain,
phénomène qui n'est nullement nécessaire et qui exige, au contraire, une préparation préalable de l'atmosphère, des conditions
convenables de température et d'humidité. On comprend ainsi
pourquoi les orages de dépression sont, en grande majorité,
régis par les mêmes lois de périodicité que les orages de chaleur;
comme eux, ils se produisent de préférence aux heures les plus
chaudes de la journée ou au commencement de la nuit et sont, au
contraire, le plus rares à la fin de la nuit et dans la matinée.

Si l'on représente sur une Carte à grande échelle la distribution
de la pression et du vent au moment du passage d'un grain, on
voit (*fig.* 97) qu'en avant et en arrière du grain, la direction du
vent suit les lois ordinaires; elle est inclinée sur la droite du gradient (hémisphère nord) et fait un angle assez petit avec les isobares. Au moment du grain, au contraire, le vent est presque perpendiculaire aux isobares. La déviation du vent sur le gradient
étant produite par la rotation de la Terre, on conçoit que cet effet
soit moins appréciable sur un coup de vent brusque, de courte
durée, et qui ne souffle que dans une bande très étroite, de
quelques kilomètres de largeur au plus.

Dans une dépression ordinaire, sans grain, le baromètre, après avoir baissé plus ou moins régulièrement, remonte de même, et un instrument enregistreur tracerait une courbe telle que MABCDN (*fig.* 97); s'il y a un grain, au contraire, la courbe présente un ressaut brusque et prend une forme telle que MAB_1C_1DN; l'effet du grain à un moment donné est donc d'augmenter la pression de quantités telles que BB_1, CC_1. Si l'on projette les points A, B, C, D sur une ligne XY et que l'on porte au-dessus de cette ligne en B′, C′, ... des longueurs $B'B'_1$, $C'C'_1$, ... égales respectivement à BB_1, CC_1, ..., on obtient une courbe $A'B'_1C'_1D'$ qui représente la variation de pression due à l'effet propre du grain; on voit que tout se passe dans un grain comme si, à la variation ordinaire du baromètre qui accompagne la translation d'une dépression, s'ajoutait l'effet d'une sorte de vague atmosphérique dont le profil est $A'B'_1C'_1D'$. Quelques observations, malheureusement peu nombreuses encore, semblent montrer que, pendant le passage de cette vague, le mouvement de l'air change de direction aussi bien dans le sens vertical que dans le sens horizontal. Le vent, qui est d'ordinaire très nettement ascendant avant et après le passage du grain, devient horizontal ou même descendant pendant le grain lui-même. Cette descente de l'air et l'augmentation corrélative de pression peuvent être dues, en partie, à l'entraînement mécanique de l'air par les gouttes de pluie qui tombent en grande quantité et avec une grande vitesse; mais elles ont aussi une existence propre et indépendante de la pluie, car on les observe souvent dans des parties de la trajectoire du grain où il n'y a ni pluie, ni orage.

Quand de l'air descend ainsi dans le grain, il devrait, par la compression, se réchauffer d'environ 1° pour 101ᵐ; mais cet air est mélangé de gouttes de pluie ou même de grêle qui le refroidissent, à la fois parce qu'elles ont elles-mêmes une basse température et parce qu'elles s'évaporent ou fondent; cela permet à

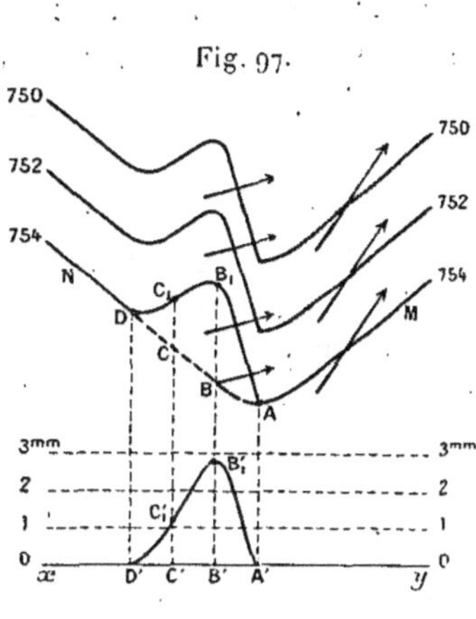
Fig. 97.

l'air d'arriver au sol à une température assez basse, relativement
à celle qui régnait avant l'orage; on comprend ainsi le refroidissement bien marqué qui accompagne la plupart des orages. L'air
qui descend assez rapidement n'a pas d'ordinaire le temps de se
saturer complètement de vapeur d'eau; aussi remarque-t-on que,
dans beaucoup de pluies d'orage, l'humidité relative ne dépasse
pas 90. Enfin ce sont les petites gouttelettes d'eau qui pourront
seules s'évaporer complètement dans l'air descendant, tandis que
les grosses arriveront jusqu'au sol peu réduites; les averses orageuses seront donc composées surtout de grosses gouttes, relativement peu nombreuses et assez espacées, ce qui explique ce
fait d'observation courante que ces averses masquent bien moins
l'horizon et sont, pour ainsi dire, plus transparentes que les
pluies d'hiver, composées d'un nombre énormément plus grand
de gouttes beaucoup plus petites.

La descente de l'air dans les grains est probablement en grande
partie un effet de réaction lié au mouvement ascendant rapide
de l'air à la partie antérieure, mouvement ascendant qui est indispensable pour la formation du cumulo-nimbus orageux. La condensation de la vapeur d'eau a pour effet de maintenir la colonne
d'air ascendant à une température beaucoup plus élevée que s'il
n'y avait pas de condensation; malgré la contraction qui devrait
correspondre à la quantité d'eau qui s'est liquéfiée, le résultat final
est une augmentation de volume; cette augmentation de volume
se traduit par une compression de l'air au-dessous du nuage, ce
qui peut expliquer en partie la hausse du baromètre et le coup de
vent caractéristique du grain. Quelquefois on observe le coup
de vent sur toute la périphérie du nuage orageux; le plus souvent
il ne se produit qu'à l'avant, dans le sens même de la propagation
du grain; les deux effets s'ajoutant alors, le coup de vent est
d'autant plus violent que la vitesse de translation du grain est
plus grande.

En résumé, il existe à l'avant du grain orageux une région A
(*fig.* 98) où il y a, près du sol, dans une atmosphère chaude et
humide, des courants ascendants qui donnent naissance à un
cumulo-nimbus; celui-ci peut être seul ou accompagné d'une
couche de cirro-stratus. Souvent le cumulo-nimbus semble entouré, sur certaines parties, d'un voile de cirrus; parfois enfin ces

cirrus, qui ne sont pas séparés du nuage orageux et forment avec
lui un tout continu, le surmontent et dessinent au-dessus de lui
une sorte d'enclume ou de champignon, qui s'étale à une assez
grande hauteur, surtout à l'avant; c'est cette apparence qui est
représentée sur la *fig.* 98. Nous verrons plus loin le rôle que

Fig. 98.

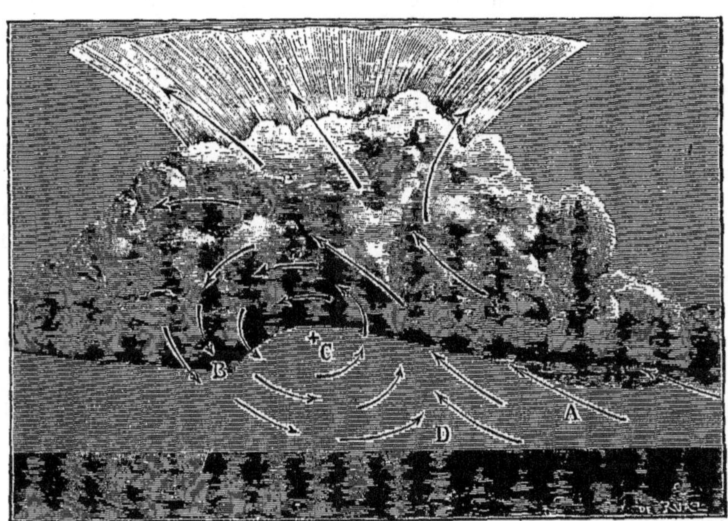

jouent ces parties cirriformes dans la production de la grêle. En
dessous du cumulo-nimbus, à l'avant et assez bas, flottent des
fracto-nimbus, lambeaux de nuages gris, à formes indistinctes,
qui sont le premier degré de la condensation. Plus loin sous le
nuage, en B, il peut y avoir une zone de vents descendants, avec
ou sans pluie; c'est sur le front de cette zone en D qu'éclate le
coup de vent du grain; à la rencontre des deux courants différents A et B il se produit des remous, qui donnent naissance à
ces tourbillons de vent et de poussière que l'on remarque souvent
juste avant l'orage. Enfin le nuage orageux, diminué par la chute
de la pluie, s'amincit peu à peu vers l'arrière. Dans la figure
l'échelle des hauteurs a dû être très exagérée par rapport à celle
des longueurs. La plus grande hauteur du nuage orageux ne
dépasse guère d'ordinaire 4^{km} ou 5^{km}, tandis que sa largeur est
souvent au moins dix fois plus grande.

Entre les deux courants ascendant et descendant A et B, il doit se produire fréquemment, comme cela est représenté en C sur la figure, des mouvements d'une nature particulière et que nous n'avons encore rencontrés dans aucun des phénomènes étudiés antérieurement : ce sont des mouvements tourbillonnaires s'effectuant tout autour d'un axe sensiblement horizontal; il n'est pas rare de voir, pendant les orages, des fragments de nuages présenter des mouvemements de ce genre. Ces tourbillons autour d'un axe horizontal paraissent une condition très favorable à la production de la grêle.

Nous avons indiqué, dans ce qui précède, les points les plus importants de l'étude des grains orageux; mais il reste beaucoup de questions de détail très intéressantes et qui réclament de nouvelles études. La hausse de pression au moment du grain est, dans ses grands traits, un phénomène très général; par contre, les détails des mouvements barométriques sont souvent très différents, même à petite distance; il y a probablement un grand nombre d'actions secondaires, parmi lesquelles celle de la pluie semble une des plus importantes; l'étude de ces actions est très difficile, car elle exige que l'on dispose, dans une région limitée, d'un grand nombre d'instruments enregistreurs; mais elle paraît devoir conduire à des conséquences du plus grand intérêt pour la mécanique de l'atmosphère.

100. Formation de la grêle. — Nous avons déjà indiqué (§ 77) quelles étaient les formes, les dimensions et la nature des grêlons et signalé la coïncidence des chutes de grêle avec les phénomènes orageux. Les études qui précèdent sur la constitution des nuages orageux permettent de préciser maintenant les conditions dans lesquelles la grêle prend naissance.

Les cumulo-nimbus orageux, qui sont formés dans un courant ascendant puissant, peuvent monter à de grandes hauteurs; leurs sommets atteignent fréquemment 4000^m ou 5000^m, quelquefois davantage. A cette altitude, même en été, la température est inférieure à 0°; par temps d'orage, en effet, la décroissance de la température avec l'altitude est généralement très rapide, et peut dépasser 1° pour 100^m; en la supposant seulement de 0°,7, ce qui est probablement moins que la moyenne, cela ferait déjà, pour 4000^m, une différence de 28° avec le sol. Même par les journées les plus chaudes de l'été et, à plus forte raison, dans les autres saisons, la partie supérieure des cumulo-nimbus sera donc fréquemment à une température beaucoup plus basse que o°.

On sait que, dans ces conditions, les gouttelettes très petites qui constituent les nuages conservent d'ordinaire l'état liquide; la surfusion peut persister jusqu'à des températures très basses, — 10° et même — 15°; tant que ces températures ne sont pas atteintes, le haut du cumulo-nimbus reste liquide, mais dans un état très instable, puisqu'il suffit d'un choc ou du contact d'une particule de glace pour que les gouttelettes surfondues se congèlent. Au moment où cesse la surfusion, la gouttelette remonte à la température de o°; une partie reste à l'état liquide et la fraction qui se solidifie est d'autant plus grande que la température primitive de la gouttelette surfondue était plus basse; ces gouttes, en partie solides, en partie liquides, peuvent du reste arriver à la congélation totale, si elles séjournent quelque temps dans une couche d'air en dessous de o°.

Si la hauteur du nuage augmente et que sa température baisse suffisamment, les gouttelettes du cumulo-nimbus ne peuvent plus rester surfondues; elles se congèlent alors et forment ces filaments de cirrus qui accompagnent souvent les cumulo-nimbus, surtout dans leur partie supérieure, et que l'on désigne souvent sous le nom de *faux cirrus,* bien que rien ne les distingue des cirrus ordinaires. L'abaissement de température qui détermine la production de ces nuages de glace peut être obtenu simplement si le sommet du nuage s'élève très haut; il est possible aussi que l'évaporation joue un certain rôle dans ce refroidissement : si des gouttelettes liquides, déjà à — 10° ou — 12°, emportées par un courant ascendant, pénètrent dans une couche d'air sèche, leur surface est soumise à une évaporation rapide qui peut suffire pour les refroidir de quelques degrés et pour amener ainsi leur congélation.

On voit que, lorsque le mouvement ascendant, qui détermine la formation d'un cumulo-nimbus, est assez puissant pour porter le sommet de ce nuage à une grande hauteur, il pourra exister simultanément, en différentes parties du même nuage, des gouttelettes liquides en surfusion et des cristaux de glace; le mélange de ces parties est la condition qui amène la production de la grêle.

En effet, dès qu'un cristal de glace rencontre une gouttelette en surfusion, celle-ci se congèle en partie et accroît le cristal primitif, qui finit par constituer un grêlon de dimensions appréciables. La fraction de l'eau qui reste liquide au moment où cesse la surfusion peut se congeler lentement à son tour, si le tout séjourne dans une couche d'air dont la température soit inférieure à o°; dans ce cas on aura sur le grêlon une couche de glace compacte, dure et transparente. Si, au contraire, une partie de l'eau reste liquide, le mélange de cristaux de glace, de gouttelettes liquides interposées et de bulles d'air petites, mais en très grand nombre, donne une masse blanche, opaque et beaucoup moins résistante. La partie centrale des grêlons offre d'ordinaire une apparence radiée et se compose d'aiguilles de glace qui divergent dans tous les sens tout autour du centre; c'est exactement la forme que l'on obtient toutes les fois que l'on introduit un petit cristal dans une dissolution saline sursaturée; le noyau cristallisé s'entoure de tous côtés de sortes de houppes, constituées par des cristaux en aiguilles.

L'accroissement progressif des grêlons s'effectue à mesure qu'ils descendent et rencontrent de nouvelles gouttes d'eau surfondue. Les observations faites par M. Boussingault, qui a eu l'occasion de traverser, dans les Andes, un nuage où se formait la grêle, ont montré, en effet, que les grêlons, très petits en haut du nuage, devenaient de plus en plus gros quand on descendait. Enfin une condition particulièrement favorable à l'accroissement des grêlons se rencontre dans les tourbillons à axe horizontal que nous avons signalés en certains points du nuage orageux, surtout dans sa partie antérieure (en C, *fig.* 98). Un grêlon qui entre dans un de ces tourbillons peut, si la vitesse du vent est suffisante, être contraint de remonter et de redescendre plusieurs fois dans le nuage; chaque fois qu'il traverse la couche en surfusion, il se recouvre d'une nouvelle couche de glace. Beaucoup de grêlons, en effet, sont manifestement composés de couches successives plus ou moins complètes et régulières, qui se recouvrent les unes les autres (*fig.* 70 C, p. 250). On calcule qu'un vent ascendant de $10^m,5$ par seconde suffit pour soutenir en l'air un grêlon de 5^{mm}

de diamètre; il faudrait un vent de 15^m pour un grêlon de 10^{mm} et un vent de 21^m pour un grêlon de 20^{mm}.

On a souvent attribué à des actions électriques la formation de la grêle : les grêlons, compris entre deux couches nuageuses, électrisées de sens contraires, seraient alternativement attirés et repoussés et oscilleraient de l'une à l'autre, en grossissant toujours jusqu'au moment où leur poids deviendrait plus grand que l'attraction électrique du nuage supérieur; leurs mouvements seraient alors analogues à ceux des balles de sureau dans l'expérience de Physique connue sous le nom de *grêle électrique*. Mais il est facile de s'assurer que les attractions électriques sont toujours très faibles et absolument incapables de faire monter, contre la pesanteur, des grêlons, même très petits, à une hauteur de quelques décimètres seulement. De plus, on n'observe pas généralement, dans les orages, ces deux couches de nuages séparées entre lesquelles s'effectueraient les mouvements alternatifs des grêlons; il n'y a presque jamais qu'un seul nuage, et c'est dans l'intérieur même de ce nuage unique que se forme la grêle. Cette formation s'explique donc, en dehors de toute action électrique, par les mouvements tourbillonnaires que nous avons signalés dans certains nuages orageux et surtout par l'accroissement rapide des grêlons quand ils traversent une couche nuageuse en surfusion. Toutefois cette explication, très satisfaisante en ce qui concerne la formation des grêlons ordinaires, laisse encore planer quelques doutes sur la manière dont se produisent les grêlons énormes que l'on observe exceptionnellement et dont nous avons donné des exemples (§ 77, p. 249). On conçoit aisément que des masses de glace de grandes dimensions et de formes irrégulières puissent se former par la réunion et la soudure de plusieurs grêlons; mais cette explication ne convient plus quand il s'agit de masses présentant une forme très régulière; le mode de formation de ces grêlons extraordinaires reste donc encore très obscur.

Nous avons rappelé plus haut que, lorsque de l'eau surfondue se congèle, une partie seulement prend l'état solide; la plupart des grêlons contiennent ainsi de l'eau liquide interposée entre les petits cristaux de glace; ils ont alors une température de $0°$ et fondent beaucoup plus vite que ne le ferait un morceau de glace compacte de même dimension. Mais, si les grêlons, avant de tomber, ont traversé une couche d'air très froide, ils sont solidifiés en entier et ont quelquefois une température très basse; nous avons vu que l'évaporation pouvait contribuer pour une part à ce refroidissement; c'est ainsi que parfois, bien qu'assez rarement, la température des grêlons peut être de quelques degrés en dessous de zéro; une observation a même donné la température tout à fait exceptionnelle de — 13°. Ces grêlons très froids, quand ils sont un peu gros et nombreux, ne fondent que très lentement et forment alors une couche qui séjourne longtemps sur le sol.

. En résumé, la formation et les propriétés de la grêle trouvent leur explication dans la constitution des cumulo-nimbus orageux. Ceux-ci peuvent ne donner qu'un grain de vent avec ou sans pluie; les manifestations électriques et plus encore la grêle sont des phénomènes accessoires, relativement rares, qui exigent des conditions toutes particulières dans le nuage orageux et dans l'atmosphère où il se forme.

CHAPITRE III.

TROMBES.

101. Trombes marines. — Les trombes marines naissent toujours
au-dessous de gros nuages noirs et bas, tout à fait analogues aux
nuages orageux, sans cependant qu'ils présentent d'ordinaire de
manifestations électriques. On voit se former sous le nuage une
ou plusieurs protubérances coniques, ayant l'apparence de poches
ou d'entonnoirs qui pendraient la pointe en bas. Puis une de ces
protubérances s'allonge vers la mer ; avant qu'elle ne l'ait atteinte,
on voit en dessous la surface de l'eau s'agiter et tourbillonner en
s'élevant peu à peu, de manière à former une sorte de colonne ;
cette colonne et la protubérance qui pend du nuage s'allongent
l'une vers l'autre et, quand elles se rencontrent, la trombe est
constituée. Elle offre alors l'aspect d'une sorte de tube nébuleux,
évasé vers le haut, plus foncé sur les bords que dans l'axe, ce qui
se comprend aisément puisque c'est dans la direction des bords
que le rayon visuel rencontre la plus grande quantité de matière.
La trombe est rarement rectiligne et verticale : « elle pend ordinairement de biais et quelquefois elle paraît au milieu comme une
espèce d'arc, ou, pour mieux dire, a la figure que fait le bras quand
on plie un peu le coude (Dampier). » Souvent, tout autour du
pied de la trombe, l'eau de la mer s'élève en une masse blanche
d'écume, qui constitue le *buisson*. Tous les observateurs s'accor-
dent pour affirmer que l'eau de la mer semble monter dans l'intérieur de la trombe jusqu'à une grande hauteur, même jusqu'au
nuage.

Quelquefois, mais plus rarement, les trombes paraissent commencer à la surface de la mer ; l'eau se soulève en forme de cône,
dont le sommet est en haut, et c'est seulement après quelque
temps que l'on voit une protubérance se former à la surface infé-

rieure du nuage et s'allonger vers le bas à la rencontre du cône qui monte de la mer.

Les trombes sont animées d'un mouvement très rapide de rotation autour de leur axe; elles possèdent en même temps un mouvement de translation qui n'est autre que celui du nuage d'où elles pendent; ce mouvement n'est pas généralement très rapide, car il est remarquable que les trombes de mer se forment presque toujours par temps calme; on n'en rencontre jamais dans les parages où règnent des vents bien établis, les alizés, par exemple, et elles sont le plus fréquentes dans la région des calmes équatoriaux, surtout dans le voisinage des côtes.

Après un certain parcours, la trombe disparaît le plus souvent sans qu'aucun autre phénomène, pluie ou tonnerre, l'ait accompagnée; elle semble remonter vers le nuage en se repliant sur elle-même comme par une sorte de mouvement vermiculaire, analogue à celui des sangsues; il ne reste bientôt plus en-dessous du nuage qu'une sorte de poche qui finit par disparaître à son tour. Quelquefois, au contraire, mais plus rarement, et surtout si elle rencontre un obstacle, la trombe *crève,* pour employer l'expression dont se sont servis presque tous ceux qui ont observé ce phénomène. Dans ce cas il tombe une grande quantité d'eau, qui paraît être toujours de l'eau douce.

Très peu de navires ont été rencontrés par des trombes, de sorte que les renseignements que l'on possède manquent nécessairement de précision, le phénomène ayant toujours été observé d'assez loin. On n'est même pas d'accord sur les dangers qu'elles présentent; parmi les anciens navigateurs, certains considéraient les trombes comme tout à fait inoffensives, tandis que d'autres n'en parlaient qu'avec épouvante; on essayait autrefois de les rompre à coups de canon; mais aucune expérience décisive n'a démontré l'efficacité de cette pratique.

Quelquefois les trombes passent de la mer sur la terre; elles ne paraissent pas alors éprouver de grandes modifications ni différer notablement des trombes terrestres proprement dites, qui sont beaucoup mieux étudiées. Il est donc problable qu'on peut appliquer aux trombes marines la plus grande partie des conclusions auxquelles conduit la discussion des observations de trombes terrestres.

102. Trombes terrestres. — L'aspect général des trombes terrestres est à peu près le même, aux dimensions près, que celui des trombes marines; c'est toujours un cône nuageux, se présentant la pointe en bas, qui tourne autour de son axe avec une grande rapidité. On les désigne, dans certains pays, sous le nom de *tornades* ou *tornados*, qui rappelle leur mouvement tourbillonnaire; nous leur conserverons dans ce qui suit le nom de *trombes*.

Tandis que les trombes marines paraissent généralement n'avoir que quelques mètres de diamètre à la partie inférieure, les trombes terrestres peuvent présenter toutes les dimensions, depuis les plus petites jusqu'à 100^m ou 200^m et même davantage. Elles se produisent exclusivement dans la saison chaude et sous un nuage orageux; très fréquentes aux États-Unis, où elles ont été très bien étudiées, elles sont beaucoup plus rares en Europe; on en a cependant observé deux coup sur coup dans la région de Paris en 1896 et 1897. Les faits principaux qui se dégagent de l'observation des trombes terrestres sont les suivants :

Les trombes sont des mouvements tourbillonnaires à axe vertical ou incliné. La plupart des observations, tant aux États-Unis qu'en Europe, indiquent que le mouvement tourbillonnaire s'effectue, comme celui des cyclones, de droite à gauche (hémisphère nord) ou en sens inverse des aiguilles d'une montre; toutefois quelques observations semblent indiquer une rotation en sens contraire; le sens de la rotation est souvent, du reste, assez difficile à distinguer; il convient donc de faire quelques réserves sur ce point. La vitesse de rotation est très grande : dans le voisinage immédiat du centre on a observé d'une manière certaine des vitesses de 40^m à 50^m par seconde; certaines évaluations, faites en Amérique, conduiraient même à des vitesses dépassant 100^m; mais ces valeurs exceptionnelles exigent de nouvelles confirmations.

La vitesse de rotation diminue très rapidement à mesure que l'on s'éloigne du centre; dans bien des cas la force du vent ne présente plus rien d'anormal à une distance de 200^m à 300^m du centre, et les dégâts sont le plus souvent localisés dans une bande dont la largeur totale ne dépasse pas 100^m à 200^m.

Quelques trombes terrestres naissent, comme les trombes marines, par temps calme ; mais la plupart se produisent sur le bord antérieur d'un grain orageux (§ 99) ; comme dans tous ces grains, elles peuvent indifféremment être ou non accompagnées de pluie, de grêle et de manifestations électriques. En particulier, il n'a ni plu, ni tonné au moment même du passage de la trombe de Paris (10 septembre 1896) et de celle d'Asnières, près Paris (18 juin 1897), bien que, dans les deux cas et surtout dans le premier, il y ait eu des chutes de pluie considérables quelque temps avant et après la trombe.

Jusqu'à ce jour, trois trombes seulement ont passé au-dessus de stations munies de baromètres enregistreurs ; ce sont celles du 20 octobre 1894 à Little-Rock (Arkansas, États-Unis), du 10 septembre 1896 à Paris, et du 18 juin 1897 à Asnières près Paris. Dans ces trois cas les courbes du baromètre, qui sont reproduites ci-dessous (*fig.* 99), sont absolument analogues ; on peut donc

Fig. 99.

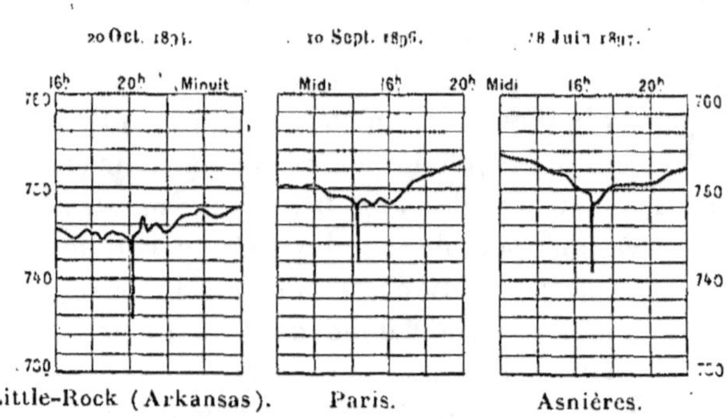

Variation du baromètre pendant les trombes.

en conclure que le phénomène est général. Le baromètre baisse brusquement, puis remonte au point de départ une fois que la trombe est passée ; le double mouvement, qui s'effectue en quelques secondes, se traduit sur les courbes par un trait vertical. Cette baisse, propre au passage de la trombe et indépendante du crochet d'orage, a atteint 8^{mm} à Little-Rock, 6^{mm} à Paris (Tour Saint-Jacques) et $9^{mm},5$ à Asnières. Tandis que le crochet d'orage, qui se produit en même temps que la trombe,

s'observe à de grandes distances, le mouvement spécial que nous
signalons est absolument localisé dans la trombe elle-même.
Ainsi, lors de la trombe de Paris (10 septembre 1896), le baromètre, qui avait baissé de 6^{mm} à la Tour Saint-Jacques, n'a
indiqué au même moment qu'un mouvement de 2^{mm} seulement
à 160^m de distance et absolument rien au Bureau météorologique,
à environ 3500^m. De même, lors de la trombe du 18 juin 1897,
le baromètre enregistreur d'Asnières a donné une baisse de $9^{mm},5$,
tandis qu'on n'a rien observé sur celui de Saint-Ouen, à une distance de 600^m. Comme il est vraisemblable que le centre même
de la trombe n'a pas passé précisément au-dessus des baromètres
enregistreurs, il y a tout lieu de penser que la dépression au
centre est notablement supérieure aux nombres que nous avons
rapportés.

Ces trombes, qui ont produit des variations de pression si remarquables, ne paraissent avoir eu aucun effet sur la température
ni sur l'humidité ; ce fait important a été constaté, par exemple,
lors de la trombe de Paris, qui a passé juste sur les instruments
de la Tour Saint-Jacques. La même trombe a donné lieu à une
observation curieuse : au sommet de la tour, à l'altitude de 58^m,
il n'y a eu aucun dommage, alors que les toits des maisons environnantes, hautes de 20^m à 25^m, volaient en morceaux ; la vitesse
du vent paraissait donc plus grande dans le voisinage immédiat
du sol qu'à une certaine hauteur dans l'air libre.

Le tube vaporeux que nous avons décrit comme constituant la
partie visible de la trombe ne semble être qu'une production
accessoire due, comme nous le verrons plus tard, à une condensation abondante de la vapeur d'eau ; il peut manquer à peu près
complètement, même dans des trombes très violentes et qui ont
causé beaucoup de dégâts. Ainsi, à Paris, le 10 septembre 1896,
on ne voyait dans le ciel, pendant une partie au moins du
parcours de la trombe, que de petits lambeaux de nuages gris
(*fracto-nimbus*), qui tournaient rapidement au-dessous du nuage
orageux, à une altitude de 100^m ou 150^m ; il n'y avait absolument
rien entre ces nuages et le sol. De plus, ces nuages étaient animés
d'un mouvement ascendant très net, mais faible par rapport au
mouvement de rotation ; ils décrivaient des fragments d'hélices
inclinées de $10°$ environ sur l'horizon. La constatation du mou-

vement ascendant des nuages, qui a été faite dans ce cas d'une manière certaine, a une grande importance pour la théorie de ce phénomène; des mouvements ascendants analogues ont du reste été signalés à maintes reprises par d'excellents observateurs, notamment, en 1806, par le célèbre naturaliste Lamarck; il serait très intéressant de porter spécialement l'attention sur ce point quand il se produit une trombe.

Les trombes terrestres sont rarement verticales; elles avancent d'ordinaire obliquement, la partie supérieure en avant. La pointe inférieure quitte souvent le sol, remonte à une certaine hauteur, puis redescend; elle semble procéder ainsi par bonds. Souvent les ravages cessent aux endroits où la trombe a semblé remonter; mais d'autres fois, au contraire, la trombe continue ·ses effets destructeurs tout en ne paraissant pas descendre jusqu'au sol; tel a été, par exemple, le cas à Paris, le 10 septembre 1896. Dans la plupart des trombes la partie ravagée forme une bande large d'une centaine de mètres, quelquefois deux ou trois fois plus; cette bande dessine le plus souvent une ligne droite ou légèrement brisée, dont la longueur est de quelques kilomètres; la trombe d'Asnières (18 juin 1897) a pu être suivie ainsi sur une longueur de 21^{km}.

La plupart des trombes sont accompagnées d'un bruit spécial, que l'on compare à celui que font un train de chemin de fer ou bien plusieurs chariots chargés de ferrailles, lancés à grande vitesse sur une route mal pavée. Il est probable que ce bruit résulte, du moins en grande partie, de l'entrechoquement de tous les débris qui sont entraînés par la trombe.

Les dégâts causés par les trombes consistent généralement en arbres tordus, brisés ou déracinés, murs renversés, toitures enlevées, maisons démolies; ils indiquent parfois un vent d'une violence réellement extraordinaire; on a cité, par exemple, aux États-Unis, une maison arrachée de ses fondations et transportée à 100^m de distance; dans ce même pays, la trombe qui a ravagé Saint-Louis, le 27 mai 1896, a fait périr 306 personnes et a causé pour plus de 60 millions de francs de dommages. La position des débris sur le sol indique souvent d'une manière très nette le mouvement tourbillonnaire de la trombe.

Indépendamment du vent, la baisse subite du baromètre au

moment du passage de la trombe peut expliquer une partie des effets observés; une baisse barométrique de 10^{mm} seulement correspond, en effet, à une pression de 136^{kg} par mètre carré; si le centre de la trombe passe sur une maison fermée, on comprend que cette brusque diminution de pression à l'extérieur puisse faire éclater des portes et des fenêtres de dedans en dehors et même soulever des toitures.

D'autres effets, enfin, paraissent difficilement explicables autrement que par l'existence d'un mouvement ascendant assez puissant : par exemple, à Walterborough (S. C., États-Unis), le 16 avril 1875, une charrette pesant 1600^{kg} a été emportée à une distance de 18^{m} en passant, sans y toucher, par-dessus une clôture haute de $1^{m},80$; une poutre carrée de $0^{m},15$ de côté et 12^{m} de longueur, pesant 270^{kg}, a été soulevée au-dessus des maisons et est retombée seulement à 120^{m}. Si l'ascension de corps dont la surface est grande par rapport aux autres dimensions, comme des planches ou des fragments de toiture, peut à la rigueur être produite par des coups de vent horizontaux, on ne comprend guère comment le transport d'une poutre, qui a une surface très petite, pourrait se produire sans l'intervention de courants ayant une composante verticale importante. Nous avons vu, du reste, que ces mouvements ascendants ont été observés d'une façon certaine dans plusieurs trombes.

103. Hypothèses sur l'origine et la nature des trombes. — On a essayé d'appliquer aux trombes les diverses théories que nous avons indiquées et discutées (§ 90) à propos des dépressions barométriques et des cyclones.

On peut remarquer tout d'abord qu'il ne semble nullement nécessaire de comprendre dans une même théorie les cyclones et les trombes; ce sont en réalité des phénomènes tout à fait distincts et d'origine très différente; ils n'ont qu'un seul caractère commun, le mouvement tourbillonnaire; mais toutes leurs autres propriétés les séparent. Les trombes sont un accident local, de très petites dimensions, produit dans un nuage orageux qui ne présente dans son ensemble aucun mouvement tourbillonnaire et qui ne constitue à son tour qu'un accident dans une grande dépression barométrique. Quelque petit que soit le diamètre d'un cyclone, il est

toujours très grand par rapport à la hauteur; un tourbillon cyclonique peut être figuré par un disque beaucoup plus large que
haut; dans le même mode de représentation, une trombe serait
une colonne beaucoup plus haute que large. L'allure de la marche
du baromètre est également très différente dans les deux phénomènes; enfin il n'y a aucune transition de l'un à l'autre; entre le
plus petit cyclone et la plus grande trombe il reste une lacune
absolue; la trombe n'est pas un phénomène de circulation. générale, c'est une perturbation locale, éphémère, dont l'origine ne
doit pas être cherchée au delà du nuage orageux dans lequel elle
se forme et dans lequel elle meurt.

La théorie thermique, qui explique la formation de certains
cyclones par un excès de température dans les couches inférieures
de l'atmosphère (§ 90) est inapplicable au cas des trombes qui se
produisent toujours, en effet, par temps couvert, sous un nuage
orageux épais; du reste, le point de départ des trombes est toujours
le nuage orageux et, si les conditions thermiques jouent un rôle
dans la formation des trombes, on ne pourrait faire intervenir
que les conditions thermiques du nuage lui-même et non celles
de la surface du sol.

La théorie dynamique, sous la forme que lui a donnée M. Faye,
considère les trombes comme des tourbillons descendants à axe
vertical, nés dans les couches élevées de l'atmosphère; dans ces
couches, où les mouvements sont rapides, les tourbillons se produiraient aux dépens des inégalités de vitesse entre des filets juxtaposés latéralement. Tout d'abord il ne saurait être question de
mettre l'origine des trombes à une bien grande hauteur; toutes
les fois que, d'une station un peu éloignée, on a pu observer la
partie supérieure du nuage orageux au-dessous duquel se forme
une trombe, on n'y a rien constaté d'anormal; il présentait toujours
la forme mamelonnée caractéristique du cumulo-nimbus, sans
aucune trace de mouvement tourbillonnaire; ce mouvement n'atteint donc certainement pas le sommet du nuage, c'est-à-dire une
altitude de 3000^m à 4000^m au plus; il est même très probable qu'il
ne dépasse pas la moitié inférieure du nuage, c'est-à-dire une hauteur de 1000^m à 2000^m au maximum, peut être beaucoup moins.

Des tourbillons verticaux descendants, dûs à des différences de
vitesse permanentes entre filets voisins, s'observent bien dans les

cours d'eau, au voisinage d'obstacles. Mais ces tourbillons sont à peu près stationnaires; emportés par le courant, ils meurent à une petite distance des obstacles qui les ont produits. Les trombes, au contraire, effectuent souvent un parcours de plus de 20^{km}, en subvenant pendant tout leur trajet à une dépense d'énergie considérable.

On comprend difficilement comment un mouvement tourbillonnaire peut se propager de haut en bas, à travers des couches d'air de densité croissante. La difficulté est encore plus grande si, au lieu de tourbillons à axe vertical comme ceux qui se forment dans l'eau, on considère les trombes, dont l'axe est le plus souvent très incliné et parfois même courbé et tordu sur lui-même.

Enfin l'existence d'un mouvement descendant de l'air paraît peu compatible avec la baisse brusque et considérable du baromètre, que nous avons signalée sur le passage de la trombe; elle est, de plus, en contradiction avec le mouvement ascendant que semblent indiquer le transport de certains objets pesants et de petite surface, et surtout les affirmations d'observateurs qui ont décrit d'une manière formelle des mouvements ascendants dans la gaine nébuleuse de la trombe.

Dans l'état actuel de nos connaissances, et jusqu'à ce que de nouvelles observations aient permis de compléter les notions insuffisantes que nous possédons, on doit considérer les trombes comme ayant leur origine, non dans les couches élevées de l'atmosphère, mais dans la partie inférieure d'un cumulo-nimbus orageux, c'est-à-dire à une altitude comprise entre 500^m et 2000^m au plus. Les mouvements violents qui agitent cette partie du nuage et que nous avons déjà signalés en parlant de la grêle et les différences de température considérables qui peuvent exister entre régions voisines détermineraient en un point du nuage la formation d'un tourbillon rapide et de rayon assez petit où, par suite, la force centrifuge serait très grande; il en résulterait une baisse barométrique importante et un appel d'air intense. Comme dans les expériences de reproduction artificielle des trombes, faites par M. Weyher, les couches d'air plus basses, obéissant à cet appel d'air, monteraient progressivement et prendraient part l'une après l'autre au mouvement. L'appel d'air, se propageant de haut en bas, produirait ainsi dans l'air un tourbillon dans lequel la composante verticale serait dirigée de bas en haut, c'est-à-dire ascendante; la composante tourbillonnaire serait du reste très grande par rapport à la composante verticale, de sorte que les molécules d'air décriraient des sortes d'hélices ascendantes très peu inclinées sur l'horizon. Cette manière d'expliquer le mouvement des trombes, et qui paraît encore aujourd'hui la plus satisfaisante, est à peu près, en somme, celle qui avait été proposée par Franklin.

La détente de l'air humide est accompagnée d'un refroidissement qui provoque la condensation de la vapeur; le mouvement ascendant et la dépression barométrique dans la trombe suffisent donc pour expliquer la formation de la gaine nébuleuse qui rend la trombe visible. Si l'air des couches basses n'est pas assez voisin de la saturation, la condensation ne commence qu'à une hauteur plus ou moins grande; l'appendice ou tube nébuleux peut donc faire défaut, même dans des trombes bien caractérisées; c'est ce qui est arrivé en particulier à Paris, le 10 septembre 1896. On comprend aussi comment ce tube nébuleux peut varier rapidement de longueur, selon que l'air qui arrive dans le rayon d'action de la trombe est plus ou moins humide.

Notons pour terminer qu'une partie des divergences que l'on signale dans quelques descriptions de trombes, tiennent probablement à ce que l'on prend quelquefois pour des trombes des grains plus violents que d'ordinaire et produisant des dégâts importants. Il est vraisemblable que certaines tornades des États-Unis, signalées comme ayant sévi sur une étendue assez grande, n'étaient que des grains; la saute de vent qui se produit dans ce cas augmente les chances d'erreur en faisant croire à un mouvement tourbillonnaire. C'est un point sur lequel il convient d'appeler spécialement l'attention; on ne devra compter comme trombes réelles que celles où l'on aura pu constater d'une manière certaine, non pas un simple changement de direction du vent, mais un mouvement tourbillonnaire complet.

104. Trombes ou tourbillons de chaleur. — On range souvent à tort dans la même catégorie que les trombes des phénomènes entièrement différents, qui n'ont de commun avec elles que de se présenter sous forme de colonnes tourbillonnaires ascendantes;

telles sont les trombes ou colonnes de sable que l'on aperçoit fréquemment dans les déserts. A cause de leur origine, ces mouvements tourbillonnaires pourraient être appelés *tourbillons de chaleur*.

Ces tourbillons se produisent sous l'influence d'un échauffement considérable de la surface du sol par les rayons solaires; un temps découvert est donc la condition nécessaire de leur formation, tandis que les trombes proprement dites, au contraire, ne naissent que par temps couvert, sous un nuage orageux.

Dans les déserts de sable, quand la température s'élève beaucoup, on voit parfois naître à la surface du sol un mouvement tourbillonnaire, rendu apparent par le sable qu'il soulève. La formation de ce tourbillon est due à l'échauffement considérable du sol, qui provoque un mouvement ascendant de l'air et une diminution de pression à la base de la colonne ascendante, comme nous l'avons déjà expliqué à différentes reprises (§§ 45 et 48). L'air des régions voisines converge vers le petit minimum de pression ainsi produit; sous l'influence de la rotation de la Terre, et plutôt encore à cause des dissymétries inévitables, ce mouvement convergent se transforme en un mouvemet tourbillonnaire; il se produit donc un tourbillon ascendant, où l'air converge vers le centre dans les parties inférieures et qui peut tourner dans un sens ou dans l'autre suivant les circonstances.

Si l'échauffement à la surface du sol est suffisant, ces tourbillons peuvent acquérir de grandes dimensions; on en a observé en Égypte qui se présentaient sous forme de colonnes, de 2^m à 3^m de diamètre à la base, qui allaient en s'évasant dans le haut, et dont la hauteur atteignait jusqu'à 500^m et 1000^m. Quand le vent se met à souffler, il emporte la trombe de sable avec lui; elle se déplace alors dans le sens du vent en continuant à tourbillonner sur elle-même et quelquefois sa vitesse de translation est assez grande pour qu'un homme en courant ne puisse la rattraper. Ces tourbillons de sable durent quelquefois plusieurs heures; ils disparaissent dès qu'ils rencontrent un obstacle ou qu'ils arrivent dans une région où la surface du sol ne présente plus une température suffisante. Ils ne semblent pas capables de produire d'effets mécaniques notables.

Un échauffement exceptionnel du sol produit quelquefois, dans nos pays, des phénomènes analogues. Sur une prairie récemment fauchée et où l'on avait laissé le foin à sécher, on a pu ainsi, par un jour de grande chaleur, voir se former un mouvement tourbillonnaire ascendant, convergent à la base, qui attirait le foin, le faisait monter à une grande hauteur, puis le dispersait dans l'air. Le mouvement ascendant était alors déterminé par une forte élévation de température de la surface du sol, due probablement à la fois à la radiation solaire et à la chaleur développée par la fermentation du foin.

On cite encore des mouvements analogues produits au-dessus de prés où l'on avait étendu du linge à sécher au soleil; toutes les pièces de linge, attirées par le tourbillon, montaient en tournoyant dans l'air à une grande hauteur et retombaient ensuite au loin dans toutes les directions.

On voit que ces phénomènes, dont l'explication est très simple, n'ont aucune ressemblance véritable avec les trombes proprement dites; leurs effets n'ont, du reste, aucune importance.

LIVRE V.

CHAPITRE I.

PRÉVISION RATIONNELLE DU TEMPS.

105. Organisation des services de prévision du temps. — La prévision rationnelle du temps a pour base actuelle la connaissance de l'état général de l'atmosphère, à un moment donné, dans un grand nombre de stations, couvrant une partie notable de la surface du globe. Les observations faites dans toutes ces stations sont transmises immédiatement par le télégraphe à un bureau central et permettent d'y dresser des cartes qui représentent la distribution, au moment même, des principaux éléments météorologiques : pression, vent, température, humidité, pluie, etc. La comparaison de ces cartes avec celles de la veille montre les modifications qui se sont produites dans l'état de l'atmosphère; il devient possible alors, comme nous l'indiquerons plus loin, de prévoir, avec de grandes chances de succès, le sens et la grandeur des modifications nouvelles qui suivront, et d'annoncer ainsi le temps probable un jour ou deux à l'avance.

L'idée de cette application des observations météorologiques à la prévision du temps avait déjà été proposée à plusieurs reprises, d'une manière plus ou moins nette, depuis la fin du xviiie siècle; c'est en France qu'elle a été d'abord réalisée par l'astronome Le Verrier en 1855; presque toutes les nations civilisées sont entrées à leur tour dans la même voie et possèdent maintenant des services réguliers de prévision du temps. Nous prendrons, comme exemple de ces services, celui du Bureau central météorologique de France.

Chaque matin, entre 7^h et 10^h, on reçoit à Paris, les dépêches de 133 stations météorologiques distribuées de la manière suivante : France, 45 (dont 7 stations élevées); Algérie et Tunisie, 9; Espagne et Portugal, 8; Italie, 7; îles de la Méditerranée (Baléares, Corse, Sardaigne, Sicile et Malte), 5; Grèce et Turquie, 3; Suisse, 1; Belgique et Pays-Bas, 5; Iles Britanniques, 7; Allemagne, 9; Autriche-Hongrie, 8; Danemark, Suède et Norvège, 11; Russie, 13; île de Madère, 1; Açores, 1.

Ces dépêches donnent, pour chaque station, le résultat des observations faites le matin même (¹) et comprenant : pression, température, humidité, direction et force du vent, état du ciel et de la mer; on y joint la plus haute et la plus basse température et la quantité totale de pluie notées dans les vingt-quatre heures qui précèdent, ainsi que l'indication des phénomènes exceptionnels, orages, aurores boréales, etc. Enfin les mêmes dépêches donnent, pour la veille au soir, les valeurs de la pression, de la température, de la direction et de la force du vent et de l'état du ciel.

On transcrit ces dépêches, à mesure qu'elles arrivent, et l'on pointe les nombres sur des cartes qui représentent ainsi la répartition géographique des principaux éléments météorologiques, sur toute l'Europe, le matin même et la veille au soir; on construit, en même temps que ces Cartes, celles qui figurent les différences constatées en chaque point à vingt-quatre heures d'intervalle dans la pression et la température. C'est l'étude comparative de ces Cartes avec celles du jour précédent, qui permet d'établir

---

(¹) Les observations sont faites, suivant les pays, le matin de 7^h à 9^h, et le soir de 6^h à 9^h, à l'heure nationale; de sorte qu'elles sont loin de correspondre en réalité au même instant. Entre le Portugal et Moscou la différence de longitude est de 3 heures environ; 9^h du matin, heure des observations dans le Portugal, correspond à midi de Moscou, où les observations sont faites à 7^h du matin, ce qui fait une différence réelle de cinq heures entre les époques des observations en ces deux points. Il serait très désirable qu'une entente internationale permît de rendre les observations à peu près simultanées, ou tout au moins que la plus grande différence ne dépassât pas une heure.

la prévision du temps, et d'envoyer le jour même, à midi, les dépêches télégraphiques qui annoncent, pour chaque région de la France, le temps probable dans les vingt-quatre heures qui suivent et même, quelquefois, dans un plus long intervalle.

Ces dépêches de prévision du temps sont de deux sortes : les dépêches maritimes et les dépêches agricoles.

Les dépêches maritimes, expédiées à tous les ports et aux sémaphores, indiquent la direction et la force probables du vent et l'état de la mer, séparément pour les côtes de la Manche, de la Bretagne, de l'Océan, de la Méditerranée et de l'Algérie. Si une tempête est prévue, ordre est donné aux sémaphores de hisser des signaux spéciaux, visibles du large; ces signaux, en forte toile noire, se composent d'un cône et d'un cylindre dont la base et la hauteur ont toutes deux 1^m; vus de loin, le cône a l'apparence d'un triangle et le cylindre celle d'un carré, de quelque manière que le vent les tourne. Le cône hissé seul indique : la pointe en bas, un coup de vent probable du sud (de SE à W par le sud); la pointe en haut, un coup de vent probable du nord (de NW à E par le nord). Si le coup de vent doit avoir une violence exceptionnelle, on hisse le cône comme précédemment et l'on ajoute le cylindre, du côté de la base du cône; pour un coup de vent violent du sud, le cône sera donc tourné la pointe en bas, avec le cylindre au-dessus du cône; pour un coup de vent violent du nord, le cône est tourné la pointe en haut et le cylindre est en dessous. Ces signaux ne permettent évidemment pas de donner des indications très détaillées; mais ils ont l'avantage d'être très simples; leur signification peut être aisément comprise et retenue.

Dans les dépêches agricoles, la prévision porte principalement sur les variations de température, l'état du ciel et la pluie. Ce genre de prévisions est évidemment beaucoup plus difficile que le précédent, car les conditions climatologiques locales ont, sur la température et la pluie, une influence bien plus grande que sur la circulation atmosphérique et la marche des tempêtes. On a divisé la France en huit régions naturelles, pour chacune desquelles on établit une prévision agricole séparée. Il arrive même parfois que cette division ne suffit pas et que le temps n'est pas le même dans les différentes parties d'une même région. Les difficultés du service et la nécessité d'établir les prévisions très vite, puisqu'elles doivent être expédiées chaque jour à midi, empêchent de partager la France en un plus grand nombre de régions. Mais, pour remédier en partie à cet inconvénient, la dépêche de prévision du temps proprement dite est précédée d'un résumé de la situation générale de l'atmosphère le matin même ; ce résumé contient les détails nécessaires pour permettre de se faire une idée nette de cette situation et même de tracer les isobares avec une précision suffisante ; on peut ainsi, dans certains cas spéciaux, rectifier sur place la prévision expédiée de Paris, en tenant compte des conditions locales.

En France, tant pour le service maritime que pour le service agricole, la moyenne des prévisions exactes atteint une proportion d'environ 90 pour 100.

Des services analogues existent à peu près dans tous les pays d'Europe ; dans les autres parties du monde on peut citer surtout ceux des États-Unis d'Amérique, de l'Inde, de l'Australie et du Japon. Le plus complet de tous est celui des États-Unis (*Weather Bureau*) ; dans ce pays les observations sont rigoureusement simultanées, ce qui n'a pu être encore obtenu en Europe ; elles sont faites deux fois par jour, à 8^h du matin et 8^h du soir (heure du 75e méridien ouest de Greenwich) ; on établit donc chaque jour deux séries de cartes et deux prévisions. Il serait évidemment très difficile d'élaborer assez promptement au siège central du service, à Washington, des prévisions détaillées pour toutes les parties d'un pays aussi étendu ; aussi le *Weather Bureau* a-t-il établi récemment un certain nombre de succursales (actuellement 26), dans chacune desquelles on établit les prévisions particulières relatives à la région correspondante. Cette division du travail permet de tenir compte des conditions locales et aussi des besoins propres de chaque région ; par exemple, dans certains districts, aux époques critiques de la végétation, il y a des prévisions spéciales relatives à la culture du tabac, à celle du coton, etc.

106. Prévision des tempêtes. Tempêtes d'Europe. — Parmi les services que peut rendre la prévision rationnelle du temps, les plus importants sont certainement ceux qui résultent de l'annonce des tempêtes ; si une attention suffisante était donnée à ces annonces, bien des désastres seraient évités, surtout pour la petite navigation côtière. Mais il faut remarquer que les pays de l'ouest de l'Europe, la France et les Iles Britanniques en particulier, se trouvent placés dans des conditions très défavorables pour la prévision du temps.

Nous avons vu, en effet (§ 89), que presque toutes les dépressions que l'on observe dans ces parages viennent de l'océan Atlantique, c'est-à-dire d'une région d'où l'on ne peut recevoir en temps utile aucune indication sur l'état de l'atmosphère. Pour annoncer l'approche d'une tempête aux ports de la Manche ou de l'Océan, on ne saurait attendre que la dépression barométrique apparaisse nettement sur les Cartes que l'on dresse chaque matin au moyen des observations transmises par le télégraphe; le plus souvent, en effet, l'annonce de la tempête arriverait trop peu de temps avant la tempête elle-même. Il faut alors guetter et presque même deviner les plus petits indices qui peuvent révéler l'existence d'une dépression au large, dans les observations transmises par les stations extrêmes du réseau : Stornoway, dans les Hébrides, et surtout Valentia, à la pointe sud-ouest de l'Irlande.

Quand, par exemple, après une période de vents modérés de l'ouest ou du sud-ouest, on voit le vent tourner au S et au SE à Valentia, en même temps que le baromètre y manifeste une tendance à la baisse, il devient probable qu'une dépression approche; on sait, en effet, que les vents de S et de SE caractérisent le bord antérieur des dépressions. Si la baisse barométrique s'accentue, la probabilité de l'existence d'une dépression au large devient presque une certitude. Il faut alors étudier les Cartes qui résument la situation atmosphérique sur l'Europe le jour même, les comparer à celles de la veille et, en appliquant les lois qui président à l'entretien et aux déplacements des dépressions, on peut, surtout après une longue pratique, arriver à se faire, malgré l'insuffisance de renseignements précis, une idée assez exacte de l'importance de la dépression, de sa position actuelle et du chemin qu'elle devra suivre. Une fois ce premier point établi, il devient facile de prévoir et d'annoncer le temps probable dans les différentes régions, en appliquant les règles que nous avons indiquées sommairement (§ 87), en parlant de l'influence des dépressions sur le temps.

Nous ne pouvons entrer ici dans le détail des indications relatives à ce genre de prévision; c'est une question de pure pratique, et il suffira de donner un exemple, que nous choisirons parmi les plus instructifs, car il comprend deux tempêtes successives, dont la première a été annoncée plus de trente-six heures d'avance, tandis que la seconde était absolument impossible à prévoir :

Du 20 au 21 septembre 1896, la pression avait monté de plus de 3^{mm} à Paris ; le 21, à 7^h du matin, le baromètre marquait 760,4 par vent très faible du S et ciel peu nuageux ; rien absolument ne semblait, en cette station, annoncer l'approche du mauvais temps. Cependant, la hausse barométrique depuis la veille avait été insignifiante en Bretagne, où le vent, tout en restant faible, avait passé de NW à S ; c'était déjà un premier indice de l'existence d'une dépression sur l'Atlantique. Les dépêches d'Irlande changeaient cet indice en certitude, car, à Valentia, le baromètre avait baissé de près de 13^{mm} et le vent, de WNW le 20, avait tourné à SE très fort le 21. Il devenait évident ainsi qu'une dépression s'approchait ; en outre, comme la pression était basse dans tout le nord de l'Europe et haute dans le sud, il était probable que cette dépression se dirigerait de l'ouest à l'est, en passant par le nord des Iles Britanniques ; en France, le vent devrait donc prendre de la force et tourner progressivement de S à W, avec pluie et hausse de température. Aussi la dépêche expédiée le 21 à midi annonçait-elle : « Une nouvelle dépression apparaît ce matin au sud-ouest de l'Irlande..... En France, la température va se relever et des ondées restent probables. »

Ces prévisions ont été entièrement réalisées : le centre de la dépression apparaissait le 22 au matin à l'ouest de l'Irlande et, continuant lentement sa marche vers l'est, traversait l'Écosse, se trouvait le 23 sur la mer du Nord et le 24 sur le Danemark ; puis, la dépression disparaissait en se comblant sur la Baltique. Du 21 au 23, à 7^h du matin, la hausse de température dépassait 6° à Paris, où l'on recueillait 17^{mm} d'eau.

Mais, en même temps que cette dépression se comblait dans la nuit du 24 au 25, une autre, que rien n'a pu faire prévoir, la suivait avec un mouvement de progression beaucoup plus rapide, et amenait une tempête d'une violence extrême sur les Iles Britanniques et la France. Le 24, à 7^h du soir, la pression était encore supérieure à 760^{mm} sur toute la France et dépassait même 765^{mm} dans le centre et le sud-ouest, de la Vendée à la Suisse et de Biarritz à Perpignan; le baromètre marquait alors 761,7 (au niveau de la mer) à Paris et c'est seulement à partir de 8^h du soir qu'a commencé une baisse très rapide, comme on le voit sur la *fig.* 76 (p. 273), qui représente la marche du baromètre à Paris pendant le passage de cette dépression. Au sommet de la tour Eiffel, la vitesse du vent augmente depuis $6^h 15^m$ et c'est seulement à partir de $4^h 30^m$ du matin, le 25, qu'elle dépasse 20^m par seconde. A 9^h du soir, le 24, le baromètre était en pleine baisse à Valentia, avec vent violent du sud; le lendemain matin à 7^h, le centre de la dépression était déjà parvenu au milieu de l'Angleterre (*fig.* 77, p. 274).

On voit qu'un intervalle de quelques heures seulement a séparé l'apparition des premiers signes précurseurs de cette tempête et le début du coup de vent. L'annonce de la tempête n'aurait donc pu parvenir aux ports en temps utile, même si les premiers indices s'étaient manifestés le matin, au moment où se fait, en Europe, l'échange des dépêches météorologiques. Avec les renseignements dont on dispose actuellement, il était donc impossible de prévoir cette tempête. Des cas analogues se présentent quelquefois, ce qui rend la prévision du temps particulièrement difficile pour la France et les Iles Britanniques; on comprend, du reste, que la prévision soit beaucoup plus aisée et puisse être faite plus longtemps d'avance pour les régions, comme le centre et l'est de l'Europe, où les tempêtes n'arrivent qu'après avoir traversé des pays où elles ont été observées et où l'on a même pu déjà déterminer la direction de leur propagation.

Pour améliorer le service de prévision des tempêtes dans l'ouest de l'Europe il n'y a qu'un moyen, c'est d'obtenir des observations de stations suffisamment éloignées dans la direction d'où viennent les tempêtes, c'est-à-dire du côté de l'Atlantique; or il n'existe de ce côté que deux groupes d'îles, les Açores et l'Islande. Les Açores sont, depuis peu, reliées à l'Europe par un câble télégraphique, et l'on en reçoit assez régulièrement des observations; mais il suffit de se reporter à la *fig.* 85 (p. 296), qui représente les trajectoires moyennes des dépressions sur l'Atlantique, pour voir que les Açores sont très en dehors des routes suivies d'ordinaire par ces dépressions, et ne peuvent pas être d'un grand secours pour la prévision des tempêtes d'Europe; des observa-

tions faites dans cette région n'en sont pas moins utiles, comme
nous le verrons plús loin, mais à un autre point de vue. L'Islande
se trouve dans une position beaucoup plus avantageuse; un grand
nombre de dépressions qui arrivent en Europe passent auparavant,
comme on le voit sur la *fig.* 85, soit directement sur l'Islande,
soit à une distance assez petite pour y faire encore sentir leurs
effets; mais cette île n'est pas encore reliée à l'Europe par un
câble télégraphique, et il ne paraît guère probable que cette jonc-
tion soit faite avant longtemps. Dans ces conditions, il était
naturel de chercher des renseignements plus loin encore, c'est-
à-dire en Amérique.

L'idée de prédire d'Amérique l'arrivée des tempêtes sur les
côtes d'Europe a soulevé de nombreuses controverses; on a même
fait à plusieurs reprises des tentatives dans cette voie, mais sans
arriver jusqu'ici à aucun résultat réellement pratique. La distance
entre les États-Unis et l'Europe est beaucoup trop grande pour
que cette prévision puisse être faite avec des chances sérieuses de
succès. Comme on le voit sur la *fig.* 85, un grand nombre de
tempêtes parties d'Amérique se dirigent vers l'océan Glacial et
passent bien au nord de l'Europe, qui reste en dehors de leur
zone d'influence. Beaucoup d'autres, qui ont la même origine, se
comblent et disparaissent en route sans atteindre l'Europe. Enfin
il arrive. fréquemment que des dépressions prennent naissance
au milieu même de l'Atlantique et amènent en Europe des tempêtes très violentes, dont aucun indice n'a pu être observé aux
États-Unis; nous avons précisément donné, dans la *fig.* 93
(p. 319), un exemple de ces tempêtes formées spontanément sur
l'Océan.

Les études faites sur les Cartes quotidiennes du temps à la
surface de l'Atlantique ont justifié toutes ces objections à la possibilité de prévoir les tempêtes d'Europe au moyen des observations américaines.

Le capitaine Hoffmeyer a étudié toutes les dépressions qui,
pendant une période de vingt et un mois, ont apparu dans la
région comprise entre les latitudes 30° et 70° N et les longi-
tudes 10° et 60° W, c'est-à-dire en somme sur toute la partie
de l'Atlantique qui s'étend de l'Amérique à l'Europe. Pendant
cette période on a observé en tout 285 dépressions qui, au

point de vue de l'origine, se répartissent de la manière suivante :

8 pour 100 ont apparu d'abord dans la mer de Baffin ou le détroit de Davis, et arrivaient probablement des régions arctiques.

44 pour 100 sont venues des États-Unis ou du Canada.

9 pour 100 se sont montrées d'abord entre les Açores et Terre-Neuve et provenaient des parties tropicales de l'océan Atlantique, mais sans avoir fait sentir leur approche aux États-Unis.

37 pour 100 se sont formées sur l'Océan même, et il paraissait possible d'en attribuer l'origine à une segmentation de dépressions préexistantes.

2 pour 100 enfin se sont formées spontanément d'une manière certaine sur l'Océan.

On voit que moins de la moitié (44 pour 100) des dépressions observées sur toute la surface de l'Atlantique nord peuvent être observées d'abord aux États-Unis ou au Canada.

Si l'on se restreint seulement aux dépressions qui sont arrivées jusqu'à la longitude de 10° W, c'est-à-dire dans les parages de l'Europe, le résultat est à peu près le même : dans la période étudiée par Hoffmeyer, sur un total de 285 dépressions, 145 ont fait sentir leurs effets en Europe, et dans ce nombre 68 seulement venaient de l'Amérique. Mais il ne faudrait pas croire que l'annonce faite d'Amérique aurait pu être considérée comme exacte, même dans ces 68 cas; les dépressions correspondantes, en effet, ont suivi des routes très différentes : 22 ont pris par le Groenland, 13 par l'Islande, 20 directement par l'océan Atlantique, et 13 par les Açores; un certain nombre de celles qui ont passé par le Groenland et l'Islande ne se sont fait sentir que sur l'extrémité la plus septentrionale de la Norvège et n'ont produit aucun effet sur les Iles Britanniques ou la France. Enfin, la durée du trajet de ces dépressions entre l'Amérique et l'Europe a varié entre trois et dix jours, sans qu'il parût possible de se faire *a priori* la moindre idée de la vitesse de leurs déplacements.

En résumé, plus de la moitié des tempêtes d'Europe ne viennent pas d'Amérique et ne sauraient ainsi nous être annoncées de l'autre côté de l'Atlantique. Quant aux tempêtes parties d'Amérique, moins de la moitié arrivent en Europe, et il y a une incertitude de plus d'une semaine sur la durée de leur parcours. L'avis qu'une dépression quitte les côtes d'Amérique en se dirigeant vers l'est n'est donc, dans l'état actuel, d'aucune utilité pratique pour la prévision des tempêtes d'Europe. Tout au plus cet avis peut-il éveiller l'attention et engager à surveiller de près les moindres symptômes de changement du temps dans les stations de la France et des Iles Britanniques.

Les recherches de E. Loomis ont conduit à des résultats tout à fait analogues : il a calculé que, lorsqu'une dépression quitte les côtes d'Amérique, la probabilité qu'elle se fasse sentir si peu que ce soit dans une partie quelconque des Iles Britanniques est déjà moindre que $\frac{1}{2}$; la probabilité qu'elle y produise un vent fort ou une tempête tombe respectivement à $\frac{1}{6}$ et $\frac{1}{13}$. Pour les côtes de France les chiffres seraient encore beaucoup plus faibles, car la plus grande partie des dépressions passe bien au nord de l'Écosse.

107. Types du temps ; influence des anticyclones. — Nous venons d'indiquer les difficultés que présente l'annonce des tempêtes, surtout dans l'ouest de l'Europe ; aussi, dans la plupart des cas, cette prévision ne peut-elle guère être faite au plus que vingt-quatre heures à l'avance. Mais, en dehors de cette prévision toute spéciale, il n'est pas moins intéressant, dans la pratique, de pouvoir indiquer quels seront, chaque jour, les caractères généraux du temps : état du ciel, pluie ou sécheresse, variations de température, etc. Cette prévision s'établit, comme celle des tempêtes, par la discussion des cartes quotidiennes du temps, et généralement un jour à l'avance ; mais il ne paraît pas impossible, dans bien des cas, de l'étendre à un intervalle plus long, deux ou trois jours au moins. La réalisation de cette extension des prévisions peut être cherchée dans l'étude des *types du temps.*

Si l'on examine la série des Cartes quotidiennes du temps recueillies pendant un assez grand nombre d'années, on n'y trouve jamais deux situations absolument identiques ; mais il arrive souvent que plusieurs cartes du temps présentent des caractères généraux très analogues. On peut alors classer ces Cartes en un certain nombre de catégories, dont chacune représente un des types du temps. L'étude de ces types exige la réunion de documents portant sur un très long intervalle ; bien qu'à peine commencée à l'époque actuelle, elle semble promettre des résultats très importants. Il y aurait lieu de rechercher, notamment, de quelle façon se fait la transition d'un type à un autre; si l'on arrivait, par exemple, à reconnaître que telle situation se transforme presque toujours d'une même manière, on pourrait, le jour où cette situation se présenterait, en déduire les caractères probables du temps pour une assez longue période.

Certains de ces types du temps manifestent une tendance très nette à se reproduire plus fréquemment ou à persister plus longtemps que les autres. Les types stables sont toujours caractérisés, en Europe, par la présence d'un anticyclone bien développé; les centres de hautes pressions sont constitués, en effet, dans les couches inférieures de l'atmosphère, par une masse d'air à peu près calme et relativement froide, au-dessus de laquelle soufflent des courants plus ou moins convergents vers le centre et relativement chauds. La décroissance de la température suivant la verticale est donc assez lente dans les anticyclones; souvent même on y observe une inversion; ce sont là des conditions particulièrement favorables à la stabilité. Les dépressions circulent généralement autour de ces anticyclones ou dans les sortes de couloirs qui les séparent.

Les anticyclones qui caractérisent les types stables du temps en Europe peuvent être généralement rattachés aux centres de hautes pressions que nous avons signalés dans les Cartes des isobares moyennes (§ 36). En hiver, par exemple (*fig.* 25, p. 116), l'Asie présente un maximum principal de pression dont le centre se trouve vers Irkoutsk, mais qui offre souvent un second centre dans la région de l'Oural; d'autre part, une zone de hautes pressions règne sur l'Atlantique, du centre des États-Unis à Madère et au Maroc, et, dans cette zone, les isobares tendent à se grouper autour de deux centres : l'un vers Madère, l'autre entre la côte des États-Unis et les Bermudes. Si l'on compare à cette carte moyenne celle qui correspond à un jour particulier, les différences pourront être très grandes, mais on y retrouvera presque constamment les centres de hautes pressions que nous venons d'indiquer, plus ou moins déplacés ou développés. En général, les causes qui amènent le déplacement de ces centres de hautes pressions durent un certain temps; on aura donc des périodes assez longues de calme ou, au contraire, une succession de tempêtes, suivant que

la position des anticyclones maintiendra les trajectoires des dépressions plus ou moins loin de nos régions.

Quelquefois deux de ces anticyclones se rapprochent l'un de
l'autre et semblent se réunir; quand cette réunion est complète,
elle peut persister très longtemps; mais si elle reste imparfaite, si
les maxima ne font que se rapprocher par leurs bords au lieu de
se fondre réellement, chacun d'eux tend d'ordinaire à reprendre
sa position normale et d'autant plus vite qu'ils s'en étaient écartés
davantage; le type du temps qui correspond à cette réunion momentanée ne présentera pas généralement alors une grande stabilité. Enfin, il semble y avoir une certaine relation entre le développement relatif de ces divers centres de hautes pressions;
quand l'un d'eux prend une grande importance, les autres sont
plus ou moins réduits. Nous en donnerons plus loin quelques
exemples.

On conçoit que la connaissance, même approchée, de la position et du développement relatif de ces centres de hautes pressions,
qui déterminent les types de la situation atmosphérique, ait une
grande importance dans la prévision du temps et puisse un jour
permettre d'établir cette prévision, au moins dans ses traits généraux, pour des périodes plus longues que celles que l'on envisage
actuellement. C'est en entrant dans cette voie que l'on tirera probablement un grand parti des dépêches quotidiennes des États-
Unis et des Açores. Comme nous l'avons dit précédemment, il est
difficile, sauf dans des cas exceptionnels, d'utiliser directement
ces dépêches pour annoncer l'arrivée des tempêtes en Europe.
Par contre, on peut en déduire des indications importantes sur la
position et l'importance des principaux centres de hautes pressions, et reconnaître ainsi le type auquel se rapporte la situation
atmosphérique de chaque jour, ce qui suffira souvent pour déterminer les caractères généraux du temps quelques jours à l'avance.

108. Exemples de types du temps. — Nous venons d'indiquer
l'importance que présente, pour la prévision, l'étude des types du
temps; on ne saurait entrer ici dans la discussion détaillée de tous
les types, dont la signification peut être très différente suivant les
saisons; nous nous bornerons donc, pour préciser les considérations générales qui précèdent, à donner un petit nombre

d'exemples particuliers, à titre d'indication. Ces exemples sont relatifs à l'Europe et à la saison d'hiver.

La *fig.* 100 représente la distribution de la pression, du vent et

Fig. 100.

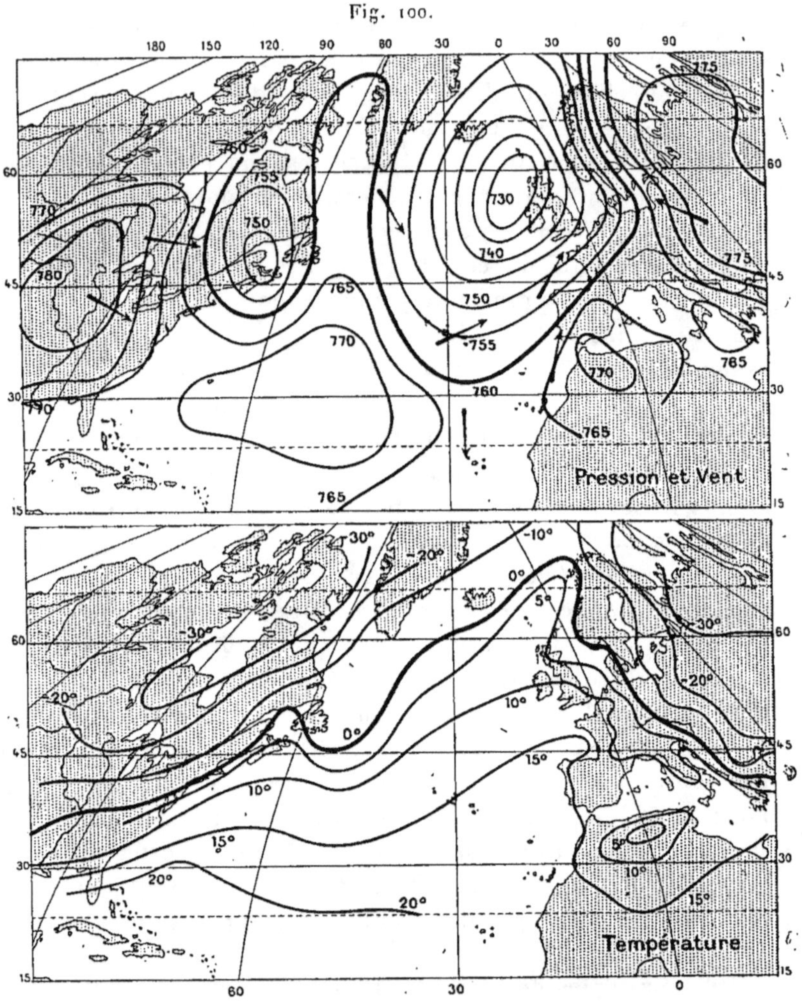

État de l'atmosphère le 19 février 1880.

de la température sur l'est de l'Amérique, l'Atlantique et l'Europe, le 19 février 1880, à 7^h du matin; elle correspond à un type d'hiver chaud et pluvieux sur l'ouest de l'Europe. Les trois centres principaux de hautes pressions qui entourent l'Europe sont bien indiqués et se trouvent à peu de distance de leurs positions normales : le premier couvre la Russie (pression supérieure à 775^{mm}); ceux de Madère et des Bermudes sont un peu déplacés vers l'est : le premier a son centre sur le détroit de Gibraltar, le second sur l'Atlantique, vers 55° de longitude W. Une grande dépression, au centre de laquelle le baromètre tombe en dessous de 730^{mm}, existe au nord-ouest des Iles Britanniques; c'est non pas une tempête à progression bien déterminée vers l'est, mais le centre de basses pressions qui existe normalement en hiver au sud-ouest de l'Islande (voir *fig.* 25, p. 116) et qui s'est déplacé vers l'est; on retrouve, en effet, ces basses pressions d'une manière constante du 7 au 21 février, et seulement avec de faibles variations de position; ce type a donc persisté dans ses traits généraux pendant deux semaines. Sous l'influence de cette distribution de la pression, le vent souffle constamment du S au SW sur la France et les Iles Britanniques, et amène sur ces régions un temps très doux et pluvieux. A Paris, où il avait gelé sans interruption du 3 janvier au 6 février, les gelées cessent le 7; jusqu'à la fin du mois, le thermomètre ne descend plus que quatre fois au-dessous de zéro, avec un minimum absolu de — 0°,7 seulement; les 17, 19, 20 et 21, la température moyenne de la journée dépasse 10° et atteint même 12°,5 le 19, en excès de plus de 8° sur la normale. En même temps, il pleut tous les jours, du 7 au 24, sauf le 14. La partie inférieure de la *fig.* 100, qui indique la disposition des isothermes, le 19 février 1880, montre combien la température est élevée dans toutes les régions soumises à l'influence des vents marins; le thermomètre est en dessus de 10° sur le sud des Iles Britanniques et l'ouest de la France et dépasse même 15° au fond du golfe de Gascogne. En Russie, au contraire, sous le centre des hautes pressions, le temps est beau et la température extrêmement basse (— 31° à Kharkov, — 34° à Arkhangelsk); il en est de même au nord de l'Amérique et pour les mêmes raisons.

Un type absolument opposé d'hiver sec, beau et extrêmement froid, est fourni par la *fig.* 101, qui représente la distribution de la température, de la pression et du vent le 17 décembre 1879. Le maximum de pression d'Amérique a son centre au milieu même du continent et se prolonge, sur l'Atlantique, au delà des

Bermudes. Les deux maxima de Madère et de Sibérie, séparés d'abord, se réunissent, le 6 décembre, sur l'Europe centrale et y

Fig. 101.

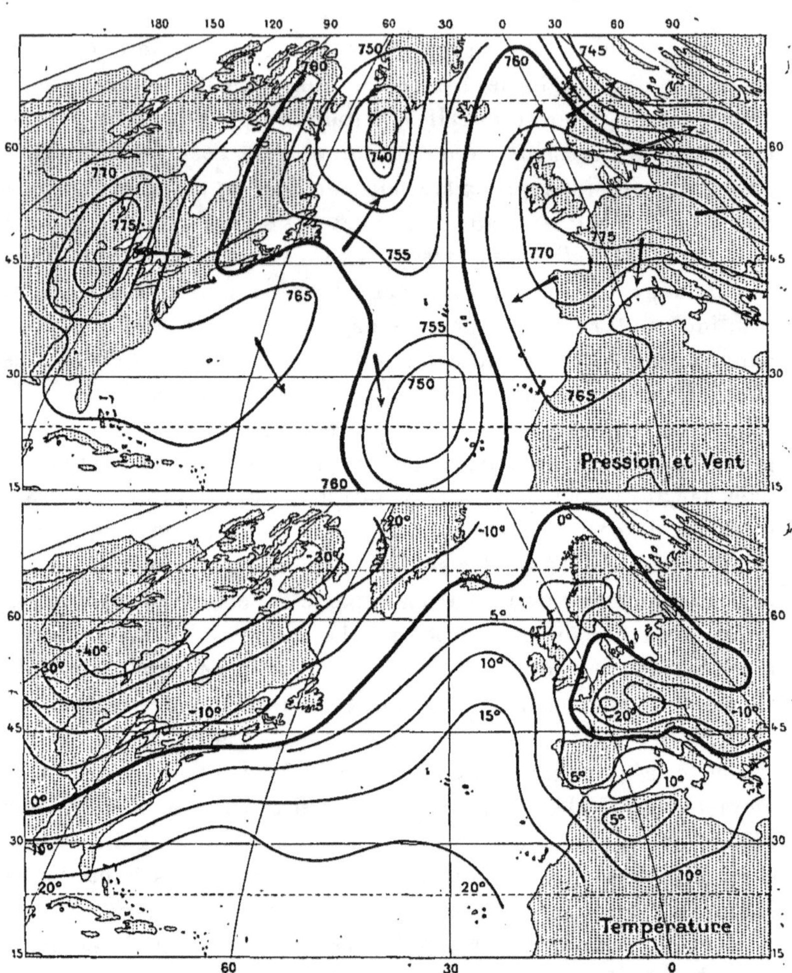

État de l'atmosphère le 17 décembre 1879.

forment un maximum unique qui séjourne à peu près sur place jusqu'au 28, c'est-à-dire pendant vingt-deux jours consécutifs; le centre de ce maximum s'est seulement déplacé lentement pendant tout ce temps, de part et d'autre, dans le triangle limité par le Danemark, la France et la Hongrie. Au même moment, le maximum, qui est normal en hiver sur la Sibérie, avait presque entièrement disparu; c'est à peine si l'on en retrouvait quelque trace dans l'extrême Orient, depuis Irkoutsk jusqu'au bassin de l'Amour et à Pékin. C'est seulement le 30 décembre que le maximum de pression d'Europe s'est scindé en deux parties qui se sont transportées, l'une vers l'Espagne, l'autre vers le nord-est de la Russie, du côté où sont généralement les centres des anticyclones principaux en hiver. Tant que cette situation atmosphérique se continue, les dépressions circulent, comme le montre la *fig.* 101, soit sur l'Atlantique, dans le couloir qui sépare les anticyclones d'Europe et d'Amérique, soit bien loin au nord, dans l'océan Arctique, entre le Groenland et la pointe septentrionale de la Norvège, pour redescendre ensuite en Sibérie et sans influer en rien sur le centre de l'Europe.

Pendant toute cette période de trois semaines, le temps a été d'une fixité remarquable sur la France et le centre de l'Europe; à Paris, après une chute de neige assez importante le 8 et une autre insignifiante le 10, il n'est plus tombé de pluie ni de neige jusqu'au 29; le ciel a été soit brumeux, soit très pur; le vent, à peu près nul, soufflait de l'Est au Nord et, comme cela est normal en hiver par temps clair et calme, la température descendait extrêmement bas. Le refroidissement s'est trouvé augmenté encore par ce fait que le sol était recouvert d'une épaisse couche de neige tombée le 8, et surtout du 4 au 6, pendant une violente tempête dont le centre avait traversé la France en passant près de Paris. Sous l'influence du rayonnement intense de la neige et de la longue durée de ces mêmes conditions, le mois de décembre 1879 a été un des plus rigoureux que l'on ait jamais observés dans toute la région couverte par le maximum de pression. A Paris, il a gelé sans interruption tous les jours jusqu'au 28 décembre et, du 7 au 27, il n'y a même eu qu'un seul jour, le 13, où le thermomètre se soit élevé un peu en dessus de 0° au milieu de la journée; sur 21 jours, il y a donc eu 20 jours de gelée totale, dont 11 ont donné une température moyenne inférieure à —10°; la plus basse moyenne diurne (—17°,3) a été observée le 9, et le minimum absolu (—25°,6) le 10; c'est la plus basse température observée à Paris d'une manière certaine. Le refroidissement, dù au rayonnement par temps calme, est toujours confiné dans les couches en contact immédiat avec le sol (§ 16, p. 51) et, dès qu'on s'élève à une petite hauteur, on trouve des températures beaucoup plus élevées. Aussi cette période a-t-elle fourni des exemples remarquables d'inversion de température que nous avons déjà signalés. Malgré une différence de niveau de 1080^m, la température était beaucoup plus élevée au sommet du Puy-de-Dôme qu'à Clermont-Ferrand; les températures minima y ont notamment été plus hautes de 14°,5 le 17 décembre et de 16°,9 le 21, tandis qu'elles devraient être normalement plus basses de 5°,4.

La partie inférieure de la *fig.* 101 montre que le froid a été général dans toute la région couverte par l'anticyclone. Le 17 décembre, la température était en dessous de — 10° sur toute l'Europe centrale, de la France à la Hongrie, et tombait même en dessous de — 20° dans les environs de Paris et en Bavière. Par contre, l'extrême nord de l'Europe, soumis au régime des vents d'Ouest, jouissait d'une température élevée; le 17, alors qu'il faisait — 21° à Paris, on observait + 0°,6 à Saint-Pétersbourg et + 3° à Haparanda, dans l'extrême nord du golfe de Bothnie.

Nous étudierons enfin, pour terminer, un troisième type de temps d'hiver qui offre souvent aussi une très grande persistance. Ce type est représenté, sous sa forme la plus développée, dans la *fig.* 102, qui donne l'état de l'atmosphère le 17 janvier 1882; il est encore caractérisé par la réunion des deux maxima de pression de la Sibérie et de Madère, qui se sont rejoints sur l'Europe dès le 10 janvier; tandis que la pression reste relativement basse sur l'Asie, un anticyclone existe d'une manière permanente, soit sur l'Europe même, soit un peu à l'Ouest, sur l'Atlantique, du 10 janvier au 26 février. Mais cet anticyclone n'est pas entièrement séparé de celui d'Amérique, comme dans le type étudié précédemment; ils restent réunis par une bande de pressions relativement hautes qui s'étend d'un continent à l'autre. Pendant toute la durée de cette situation, le minimum barométrique d'Islande est le plus souvent rejeté vers l'Ouest, du côté de la mer de Baffin, et les dépressions passent encore beaucoup plus loin de l'ouest de l'Europe que dans le type caractérisé par la *fig.* 101.

C'est généralement quand le type de la *fig.* 102 est bien établi que l'on observe les maxima absolus de la pression dans l'ouest

Fig. 102.

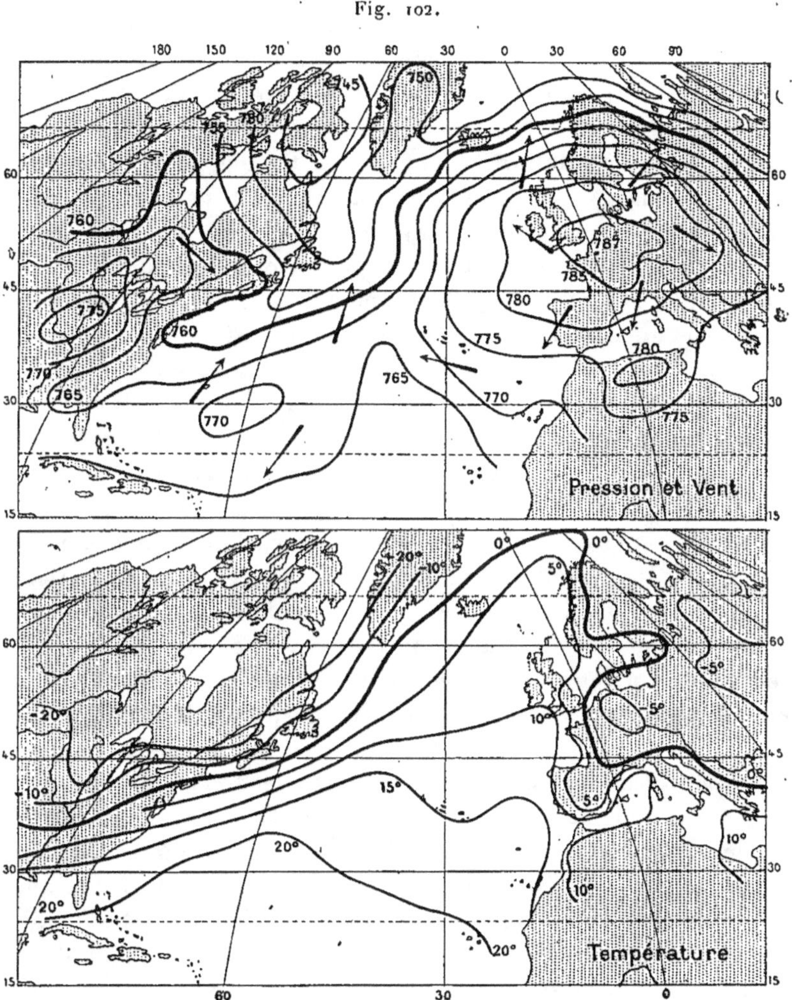

État de l'atmosphère le 17 janvier 1882.

de l'Europe; ainsi, le 17 janvier 1882, le baromètre s'est élevé, à Paris, à 787^{mm} (au niveau de la mer); pendant six jours et demi, du 15 au 21, il s'est tenu constamment au-dessus de 780^{mm}; ces nombres comptent parmi les plus élevés que l'on ait jamais observés sous le climat de Paris.

Au centre de l'anticyclone, le mouvement lentement descendant de l'air amène nécessairement de l'air sec et un ciel très pur; au sommet du Puy de Dôme, en effet, on n'a que rarement observé des nuages du 11 janvier au 11 février 1882; le ciel a été constamment découvert, en particulier du 12 au 20 janvier, et l'humidité relative est descendue fréquemment en dessous de 20 et même jusqu'à 10. Dans ces conditions, on pourrait s'attendre à des froids intenses causés par le rayonnement; il n'en a cependant rien été, et c'est surtout par la température et l'état du ciel que ce type diffère du précédent. L'automne de 1881 avait été doux et pluvieux et aucune chute de neige ne s'était produite en novembre ni en décembre. Le sol, chaud et humide, émettait ainsi une assez grande quantité de vapeur d'eau qui, sous l'influence du rayonnement, se condensait en une épaisse couche de brouillards élevés, maintenue immobile grâce au calme de l'air. Du 11 au 26 janvier, puis du 3 au 6 et du 8 au 10 février, le ciel n'a pas présenté, à Paris, une seule éclaircie; il était recouvert d'un voile gris uniforme, mais il n'y avait ni vent ni pluie; du 10 janvier au 14 février, en trente-six jours, il n'a pas plu une seule fois; on a observé seulement quelques bruines qui n'ont pas fourni en tout 2^{mm} d'eau. Grâce à cette épaisse couche de brouillard, dont sortaient seuls les sommets des montagnes, Vosges, Puy de Dôme, etc., le refroidissement par rayonnement a été beaucoup atténué; aussi la température moyenne, à Paris, n'est-elle descendue que peu au-dessous de la normale. En même temps, la variation diurne de la température était presque annulée; les températures maxima étaient basses, mais les minima restaient élevées, de façon que l'hiver paraissait peu rigoureux; à Paris, en janvier 1882, tandis que la température moyenne a été inférieure à la normale de 1° environ, la plus basse température du mois a été seulement de — $4^{\circ},2$. Ce type remarquable se reproduit assez souvent en hiver et avec une grande persistance; on l'a retrouvé, par exemple, en janvier 1898; il est caractéristique des hivers calmes, brumeux, sans pluie et relativement tempérés.

Nous nous bornerons à ces trois exemples, que nous avons choisis parmi les types qui présentent la persistance la plus remarquable. Ils font bien comprendre comment l'étude des types du temps, quand elle sera suffisamment développée, pourra être d'un grand secours pour la prévision du temps, en permettant souvent de l'étendre à d'assez longues périodes.

Les types d'hiver sont généralement les plus nets, parce que c'est en cette saison que, dans l'hémisphère nord, les différences entre les mers et les continents sont le plus grandes. On trouverait cependant, dans les autres saisons, des types également intéressants; tel est, au printemps, le type qui amène d'ordinaire les giboulées et qui est appelé souvent *type à couloir*, parce que les hautes pressions de la Sibérie et de Madère se rapprochent beaucoup, tout en laissant entre elles, sur la France et le centre de l'Europe, une sorte de couloir de pressions relativement basses, par où descendent, du nord-ouest au sud-est, les petites dépressions qui produisent les giboulées. Un examen rapide de la collection des Cartes quotidiennes du temps, que publient les principaux services météorologiques, mettra facilement en évidence les types du temps les plus remarquables et les particularités qui s'y rattachent pour chaque région.

109. Prévisions locales. — Nous venons d'indiquer les principes sur lesquels repose la prévision du temps au moyen des Cartes quotidiennes, telle qu'elle est faite dans les différents bureaux météorologiques, qui sont reliés par le télégraphe avec un grand nombre de stations. Il nous reste à voir comment un observateur isolé peut arriver, par la seule observation du ciel et des instruments les plus ordinaires, à formuler, pour la localité où il se trouve, des prévisions dont la valeur est souvent très grande.

Dans tous les pays il existe des proverbes ou dictons relatifs au temps; ces dictons, qui remontent souvent à la plus haute antiquité, ne reproduisent parfois que des préjugés sans fondement; mais beaucoup résument des notions exactes, qui reposent sur des observations poursuivies pendant des siècles; les connaissances que nous avons acquises aujourd'hui sur les lois de la formation et des mouvements des tempêtes nous apportent souvent l'explication et la justification de ces proverbes. C'est en appliquant des règles de ce genre que les agriculteurs et les marins peuvent bien souvent, un jour à l'avance, se faire une idée très exacte des caractères généraux du temps.

De ces signes du temps, les uns ont partout la même signification ; d'autres, au contraire, n'ont qu'une valeur locale et peuvent avoir des sens très différents et même opposés d'un pays à l'autre. Ainsi des cirrus légers, en filaments très fins et presque stationnaires, sont, dans le monde entier, des signes de beau temps, tandis que les cirrus en forme de balafres et à mouvements rapides indiquent partout l'approche des tempêtes. Par contre, un ciel pommelé, formé de cirro-cumulus floconneux, est généralement signe de beau temps dans les Iles Britanniques ; il donne une indication absolument opposée dans le sud de l'Europe, notamment en Italie ; sous les tropiques enfin, il n'a plus aucune signification et est associé aussi bien au beau qu'au mauvais temps. Les différences peuvent être très grandes à de moindres distances encore : on a établi que, dans les Iles Britanniques, les cumulus terminés, à la partie inférieure, par des protubérances en forme de festons ou de poches indiquent simplement de la pluie sans vent dans le Lancashire, tandis qu'ils sont un présage de tempête dans les Orcades. Cette diversité fréquente dans la signification d'un même phénomène ne permet pas de donner ici de règles générales pour ce genre de prévision ; nous nous bornerons donc à quelques indications succinctes. Il serait très désirable que, dans chaque pays, des observateurs expérimentés établissent la liste des signes locaux du temps et des proverbes qui y sont relatifs, en même temps que le nombre de fois où chacun d'eux conduit à une prévision exacte ou erronée.

En étudiant les dépressions dans leur constitution (§ 85) et dans l'influence qu'elles exercent sur le temps (§ 87), nous avons vu qu'à l'avant des dépressions le vent est convergent en bas et divergent en haut ; de plus ces courants divergents emportent avec eux un voile de cirro-stratus, provenant de la condensation de la vapeur d'eau qui s'est produite dans le courant ascendant des parties centrales de la dépression. L'apparition d'un voile de cirro-stratus, qui s'avance dans une direction très différente du vent inférieur, indiquera donc, souvent même avant toute baisse du baromètre, l'approche d'une dépression et la direction dans laquelle se trouve le centre. A travers ce voile nuageux, le disque du Soleil ou de la Lune paraît trouble et est souvent entouré d'un halo ou d'autres phénomènes lumineux de la même famille. Au contraire, à l'arrière d'une dépression les nimbus font place à des cumulus plus ou moins séparés, dans l'intervalle desquels on aperçoit le bleu du ciel; l'apparition d'un petit espace bleu dans le ciel, surtout si elle coïncide avec la fin de la baisse ou le commencement de la hausse du baromètre, sera donc un signe que la dépression s'éloigne et que le temps s'améliore.

Un halo avec du vent et un baromètre en baisse est un signe presque certain de l'arrivée d'une dépression; un halo sans vent et avec un baromètre à peu près stationnaire présage seulement de la pluie.

Une pression forte ou faible n'est pas par elle-même, contrairement à l'opinion générale, un signe de bon ou de mauvais temps; les indications *pluie, variable, beau,* que l'on voit souvent gravées sur les baromètres, n'ont par elles-mêmes aucune valeur réelle. Ce sont les mouvements du baromètre qu'il faut considérer, beaucoup plutôt que la valeur absolue de la pression; aussi les baromètres enregistreurs, dont il existe maintenant des modèles peu coûteux, peuvent-ils rendre de grands services, en permettant de suivre plus aisément les variations de la pression. Des mouvements rapides, soit en hausse, soit en baisse, indiquent une situation troublée et un temps variable; au contraire, quand le baromètre est à peu près stationnaire, et surtout quand la variation diurne de la pression est nettement indiquée, la situation est calme et doit persister avec ses caractères actuels.

La température et l'humidité peuvent fournir aussi d'utiles indications. En hiver, après une période de beau temps, quand les murs et les pierres deviennent humides et se mettent à suinter, quand le haut des collines s'enveloppe d'une couche de nuages, la pluie est proche. Une nuit claire avec production abondante de rosée est le plus souvent un signe de beau temps persistant; la rosée se produit surtout, en effet, quand l'air est calme et très transparent, ce qui indique que les couches élevées sont sèches. Au printemps, quand la température moyenne est encore peu élevée, un refroidissement intense par rayonnement pendant la nuit peut amener des gelées désastreuses pour la végétation. Ces gelées pourront être, le plus souvent, prévues par l'observation du psychromètre; si, en effet, pendant le jour, le thermomètre mouillé donne une température beaucoup plus basse que celle du thermomètre sec, et qui descend même dans le voisinage de 0°, c'est un signe que l'air est très sec et par suite très transparent; le refroidissement sera donc très grand pendant la nuit et l'on devra prendre des précautions contre la gelée. Si, au contraire, le thermomètre mouillé ne descend, dans la journée, que très peu au-dessous du thermomètre sec, l'air est humide; le ciel sera donc couvert pendant la nuit ou, s'il reste clair, il se produira à la surface du sol des brouillards épais qui protégeront les plantes contre un trop grand rayonnement.

La plus ou moins grande pureté du ciel, l'aspect et les colorations qu'il présente au coucher du soleil dépendent de la quantité d'eau contenue dans l'atmosphère, soit en vapeur, soit à l'état de petites gouttelettes liquides; on pourra donc aussi en déduire de très bons pronostics pour le temps du lendemain.

Enfin, il ne faudra pas négliger les indications fournies par les animaux, surtout les oiseaux et les insectes; ils sont affectés, ainsi que l'homme, par l'état actuel de l'atmosphère; c'est, par exemple, un présage de pluie dans le monde entier que de voir les hirondelles voler près du sol. Mais on ne doit jamais demander à ces signes que des indications sur les circonstances présentes, et il serait tout à fait illusoire de chercher à annoncer les caractères généraux d'une saison, par exemple, d'après l'époque plus ou moins hâtive de l'arrivée ou du départ des oiseaux migrateurs. L'étude de ces migrations a prouvé qu'elles ne présentaient absolument pas de relation avec les phénomènes météorologiques que l'on observe ultérieurement; elles sont uniquement régies par les conditions actuelles et l'on n'en peut déduire aucune prévision à longue échéance.

Les signes du temps seront donc d'un grand secours dans la prévision locale; leur valeur sera encore accrue et leur signification précisée si l'on connaît la situation générale de l'atmosphère, qui est télégraphiée chaque jour par les bureaux météorologiques. Ces établissements ne peuvent fournir que des indications générales; il leur sera toujours impossible d'entrer dans le détail et de formuler une prévision spéciale pour toutes les parties d'un pays, où les conditions sont souvent très différentes à peu de distance.

C'est dans chaque région en particulier que l'annonce du temps pourra toujours être faite avec les plus grandes chances de succès, en combinant les indications fournies par la dépêche quotidienne de l'établissement central, la connaissance des conditions locales et les signes spéciaux observés sur place.

CHAPITRE II.

110. Tentatives de prévision à longue échéance. Recherches sur la périodicité dans les phénomènes météorologiques. — Nous avons indiqué, dans le Chapitre précédent, les principes sur lesquels repose actuellement la prévision rationnelle du temps, et nous avons vu que, dans les conditions présentes, cette prévision ne peut être établie sérieusement qu'un ou deux jours d'avance dans la plupart des cas, quelques jours au plus dans des circonstances exceptionnelles. Bien des tentatives ont été faites cependant pour annoncer le temps, au moins dans ses caractères généraux, pour des périodes beaucoup plus longues, plusieurs mois ou plusieurs années; mais, jusqu'à ce jour, ces tentatives n'ont abouti à aucun résultat sérieux. En signalant seulement les cas de réussite et en omettant les insuccès, on a pu temporairement attirer sur ces prophéties l'attention du public; mais, si l'on calcule, sans parti pris, la proportion relative des prédictions qui ont été vérifiées et de celles qui ont échoué, on reconnaît que cette proportion ne dépasse guère d'ordinaire celle que fourniraient des prévisions faites absolument au hasard. Il n'est pas impossible, toutefois, que l'on ne puisse un jour arriver à quelque résultat dans cette voie; il y a donc intérêt à exposer sommairement les recherches qui ont été faites dans cet ordre d'idées, tant pour faire justice de nombreuses erreurs que pour indiquer les points qui méritent de fixer l'attention.

Tous les essais de prévision du temps à longue échéance reposent, explicitement ou implicitement, sur la croyance à une périodicité dans les phénomènes météorologiques. Comme nous ne voyons guère autour de nous de périodicité régulière que dans les mouvements des astres, on se trouve conduit le plus souvent à rapprocher les unes des autres les périodes astronomiques et météorologiques; la prévision du temps à longue échéance se trouve reliée ainsi à la recherche des *influences cosmiques,* c'est-à-dire des rapports qui peuvent exister entre les phénomènes de l'atmosphère et les mouvements des corps célestes.

Avant d'entrer dans la discussion des périodes en Météorologie, il est utile de signaler les difficultés que présente ce genre d'études. La principale provient de l'extrême complexité des phénomènes météorologiques : l'amplitude des perturbations est généralement très grande par rapport à celle des variations périodiques; celles-ci ne sont donc pas immédiatement apparentes dans les observations et, pour les dégager, il faut employer la méthode des moyennes (§ 4, p. 7). Or cette méthode suppose que les observations ont une durée extrêmement grande par rapport à la période que l'on recherche, condition qui n'est presque jamais satisfaite. Il existe bien peu de stations dans lesquelles on possède une série de bonnes observations remontant à un siècle; rechercher, dans une de ces séries de longueur exceptionnelle, une période de dix années, par exemple, est une opération tout aussi aléatoire que celle qui consisterait, par exemple, à vouloir déterminer les lois de la variation diurne de la pression au moyen d'observations faites pendant huit ou dix jours seulement; dans la plupart des cas, l'effet des perturbations reste encore tout à fait prédominant.

Il y a plusieurs moyens de contrôler la valeur des résultats obtenus. Le Calcul des probabilités donne un premier criterium, dans l'examen duquel nous ne pouvons entrer ici, mais qu'on ne devra jamais négliger; il est clair qu'il serait peu rationnel d'admettre l'existence d'une variation périodique dont l'amplitude ne serait pas notablement supérieure à l'*erreur probable* des nombres qui ont servi à l'établir. Il sera encore prudent de séparer la série d'observations que l'on étudie en deux ou plusieurs parties égales et de rechercher si chacune d'elles présente, au moins dans ses traits généraux, la périodicité cherchée. Enfin, quand on croira avoir trouvé une période de longueur donnée, on devra s'assurer que toute autre période, de longueur différente et choisie arbitrairement, ne satisfait pas à l'ensemble des observations avec le même degré d'approximation.

La diversité d'origine de la plupart des phénomènes météorologiques amène encore d'autres complications et peut masquer parfois des périodes existant réellement. Les pluies d'été, par exemple, sont amenées, les unes par des orages locaux, les autres par le passage de dépressions ; on conçoit que, si ces deux classes de pluies étaient soumises à des lois de périodicité différentes, il serait très difficile de mettre ces lois en évidence, car il faudrait commencer par pouvoir séparer toutes les pluies observées suivant leur origine.

On voit ainsi que, dans la plupart des cas, on ne peut guère espérer trouver dans les phénomènes météorologiques de périodicité bien nette. A supposer même que ces périodes existent, elles sont le plus souvent masquées par le mélange avec d'autres périodes de durées différentes ou par des perturbations, ce qui explique le peu de résultats positifs que l'on a obtenus jusqu'ici dans ce genre de recherches. Nous passerons rapidement en revue les principales périodes qui ont fait l'objet des discussions les plus sérieuses, en les classant d'après les astres auxquels on a cru pouvoir en rapporter l'origine.

111. Périodes solaires. — Nous avons étudié, dans tous leurs détails, les variations diurnes et annuelles des divers éléments météorologiques, qui dépendent de la double rotation de la Terre sur son axe et autour du Soleil. Il n'y a pas lieu de revenir ici sur cette question, et nous comprendrons dans les périodes solaires seulement celles que l'on peut rapporter à des phénomènes qui se manifestent directement sur le Soleil lui-même.

On sait que la surface du Soleil montre fréquemment des taches, dont le nombre, la grandeur et la durée sont extrêmement variables. Ces taches ne paraissent pas immobiles à la surface de l'astre ; à quelque position qu'elles y apparaissent, elles présentent toutes un déplacement dans un même sens, ce qui met en évidence une rotation du Soleil autour de son axe. Mais, en dehors de ce mouvement général, les taches possèdent encore des mouvements propres ; en particulier, leur vitesse angulaire de rotation va en diminuant de l'équateur aux pôles du Soleil ; la rotation de cet astre ne s'effectue donc nullement comme celle d'une sphère solide, et il en résulte de grandes difficultés pour la détermination exacte de la durée de la révolution.

La rotation du Soleil se fait dans le même sens que la révolution de la Terre dans son orbite; si une tache A (*fig.* 103) se
trouve à un moment donné en ligne droite

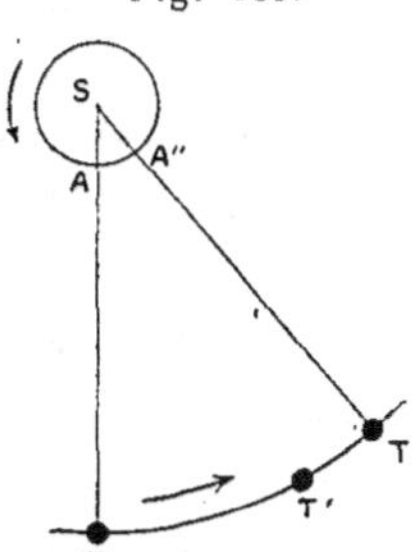

Fig. 103.

avec les centres S et T du Soleil et de la
Terre, quand le Soleil aura fait exactement
une révolution, et que la tache sera revenue
en A, la Terre se trouvera en T′, et les trois
points S, A, T′ ne seront plus en ligne
droite; cette coïncidence ne se reproduira
que plus tard, dans la position S A″T″; c'est
alors seulement que la tache paraîtra, pour
l'observateur placé sur la Terre, avoir exécuté une révolution complète; la durée de
la *révolution apparente* ou *révolution synodique* est donc plus
grande que celle de la *révolution vraie* ou *révolution sidérale*.
Les valeurs de ces révolutions, déterminées par les divers observateurs, présentent entre elles de grandes divergences, ce qui
tient aux difficultés du problème, que nous avons indiquées plus
haut. On peut admettre qu'en moyenne la durée de la révolution
sidérale est de $24^j,86$ ou $24^j 20^h 38^m$ et celle de la révolution
synodique de $26^j,68$ ou $26^j 16^h 19^m$.

Si la rotation du Soleil sur son axe est capable d'exercer une
influence sur les phénomènes terrestres, cette influence dépend
de la position relative des deux astres, c'est-à-dire de la révolution synodique du Soleil; elle doit donc se manifester dans les
phénomènes météorologiques par une variation périodique dont
la durée serait de $26^j,68$ environ. Des tentatives ont été faites
pour mettre en évidence des variations de cette nature; mais les
résultats obtenus jusqu'ici ne paraissent pas bien concluants. Une
périodicité de $26^j,68$ existe peut-être dans les variations du magnétisme terrestre, bien que la courbe que l'on ait donnée pour
cette variation présente encore une forme bien compliquée et
irrégulière; les conclusions sont encore moins nettes pour la
pression et la température. Sans nier absolument la possibilité
de cette variation, elle est certainement trop faible et trop mal
connue pour pouvoir servir de base à des prévisions sérieuses.

En dehors de leurs mouvements, qui sont liés à la révolution
du Soleil, les taches solaires présentent dans leur fréquence une

variation assez régulière, dont l'existence est bien établie, et dont la période est d'environ 11 ans et 2 mois; les durées pendant lesquelles les taches augmentent ou diminuent de fréquence ne sont pas égales : après un maximum les taches diminuent pendant 6 ans environ, passent alors par un minimum et recommencent à augmenter pendant 5 ans, jusqu'au maximum suivant; en moyenne les taches sont, aux époques des maxima, quinze fois plus étendues qu'aux moments des minima (¹). Mais ce n'est là qu'un chiffre moyen, car les valeurs absolues des maxima successifs sont souvent très différentes; il en est de même pour les minima, de sorte que l'amplitude des oscillations présente de grandes variations.

De très nombreuses recherches ont été faites pour retrouver dans les phénomènes météorologiques l'influence des taches solaires. Cette influence est extrêmement nette et en dehors de toute contestation en ce qui concerne le magnétisme terrestre et les aurores polaires; mais les résultats sont beaucoup moins satisfaisants pour les phénomènes météorologiques proprement dits.

La première idée qui se présente est que les taches doivent être corrélatives de changements dans la chaleur émise par le Soleil et, par suite, dans la température de la Terre. D'après Kœppen, en effet, la température moyenne annuelle, dans les régions tropicales, suivrait une variation analogue à celle des taches du Soleil : elle serait la plus haute un peu avant les époques de minimum des taches, et la plus basse juste au moment des maxima; l'amplitude totale de ces variations de température serait de $0°,7$ environ. Mais les observations antérieures à 1816 semblent indiquer une relation absolument opposée; il en est de même des observations faites à Paris depuis une tren-

---

(¹) Nous donnons ici l'indication des années où se sont produits les minima et les maxima des taches solaires, depuis le moment où l'on a commencé à les observer.

| Minima............ | 1611 | 1619 | 1634 | 1645 | 1655 | 1666 | 1679 | 1689 | 1699 |
| Maxima............ | | 1615 | 1626 | 1639 | 1649 | 1660 | 1675 | 1685 | 1693 |

| Minima............ | 1712 | 1723 | 1734 | 1745 | 1755 | 1766 | 1775 | 1784 | 1798 |
| Maxima............ | 1705 | 1718 | 1727 | 1738 | 1750 | 1761 | 1769 | 1778 | 1787 |

| Minima............ | | 1810 | 1823 | 1833 | 1843 | 1856 | 1867 | 1878 | 1889 |
| Maxima............ | 1804 | 1816 | 1830 | 1837 | 1848 | 1860 | 1870 | 1883 | 1893 |

taine d'années. Il est donc probable qu'il n'y a pas de rapport direct entre les taches solaires et les températures terrestres et que la relation entre ces deux phénomènes est beaucoup plus compliquée. On pourrait concevoir que les taches solaires influent, par exemple, sur la position des centres de hautes et de basses pressions, et il serait alors facile de comprendre que ces déplacements produisissent des variations de température d'un certain sens dans une région, d'un sens opposé dans un autre, et nulles enfin dans d'autres encore. Il est possible qu'en reprenant ces études dans cet ordre d'idées on arrive à concilier les résultats, contradictoires en apparence, que l'on a obtenus jusqu'ici.

L'étude des pluies a conduit à des conclusions moins nettes encore que celle de la température; par contre, il paraîtrait, d'après les recherches de Meldrum et de Poëy, que les cyclones de la partie australe de l'océan Indien et ceux des Antilles seraient plus fréquents aux époques de maximum des taches solaires.

Si les taches solaires exercent une influence sur les phénomènes météorologiques, ce qui ne peut être encore considéré comme bien démontré, cette influence ne saurait, en tous cas, être attribuée à des changements de la quantité de chaleur émise par le Soleil; elle serait due plutôt soit à des variations électriques (comme, par exemple, l'émission de rayons cathodiques), soit même simplement à des variations lumineuses. Nous avons vu, en effet (p. 331), que les radiations ultra-violettes, tombant sur des nuages formés de cristaux de glace et soumis à l'influence du champ électrique de la Terre, peuvent leur donner une charge positive, tandis qu'une quantité égale d'électricité négative se répand dans l'air. La production de ces nuages électrisés serait peut-être alors l'intermédiaire au moyen duquel les taches solaires exerceraient leur action sur l'atmosphère.

Comme on le voit, l'influence des taches du Soleil sur les phénomènes météorologiques reste encore une question très obscure et qui exige des recherches méthodiques nouvelles. La réalité de cette influence paraît assez vraisemblable; mais, dans l'état actuel, elle est trop mal connue pour servir de point de départ à la prévision du temps.

112. Périodes lunaires. — L'opinion que la Lune exerce une influence sur les phénomènes météorologiques remonte aux époques les plus reculées; il n'en est pas qui ait laissé plus de traces dans les croyances et dans les dictons populaires relatifs au temps, ni qui ait suscité plus de controverses.

Rappelons que la durée de la révolution vraie ou *révolution sidérale* de la Lune est de $27^j\,7^h43^m$ ou $27^j,322$; la *révolution apparente* ou *synodique* (*voir* p. 394), période après laquelle le Soleil, la Terre et la Lune se retrouvent dans la même position respective, est un peu plus longue; elle a pour valeur $29^j\,12^h44^m$ ou $29^j,531$; c'est après cet intervalle que les *phases* de la Lune redeviennent les mêmes. La *révolution anomalistique,* ou valeur moyenne des intervalles de temps qui séparent deux passages consécutifs de la Lune à sa plus courte distance de la Terre, est de $27^j\,13^h19^m$ ou $27^j,555$. Enfin l'orbite de la Lune est inclinée de $5^u8'48''$ en moyenne sur l'écliptique; la déclinaison maximum de la Lune varie donc entre $18°10'$ et $28°45'$, tandis que la déclinaison maximum du Soleil est de $23°27'$.

La Lune ne fait que nous renvoyer, en très petite partie, la lumière et la chaleur qu'elle reçoit du Soleil; la chaleur qu'elle émet vers la Terre est, en particulier, si faible qu'il a fallu employer, pour la mettre en évidence, les instruments les plus puissants et les procédés de mesure les plus délicats; il ne saurait donc être question d'une action lumineuse de la Lune ou, à plus forte raison, d'une action calorifique, et l'on ne peut guère songer qu'à un effet d'attraction, analogue à celui qui produit les marées sur les grandes masses d'eau des océans. Il y a donc lieu de chercher tout d'abord si l'action de la Lune produit des marées atmosphériques, qui devraient se manifester par des variations périodiques dans la hauteur du baromètre.

Si l'on observe la pression aux heures lunaires, c'est-à-dire quand la Lune passe au méridien, puis qu'elle en est distante de $15°$, $30°$, $45°$, etc., et qu'on fasse les moyennes horaires des nombres relevés pendant une période très longue, pour éliminer les perturbations, ces moyennes donnent bien l'indication d'une marée lunaire, mais extrêmement faible; on ne la retrouve que dans les stations équatoriales, et elle disparaît entièrement aux latitudes moyennes. A Batavia, les maxima de pression se présentent une demi-heure ou une heure après les passages supérieur et inférieur de la Lune au méridien; les minima, de six heures à sept heures lunaires après les maxima; l'amplitude totale de la variation est seulement de $0^{mm},11$, ce qui correspond à une colonne d'eau de $1^{mm},5$ environ.

La petitesse de la variation diurne lunaire de la pression indique qu'il doit en être de même de la variation correspondant à la révolution de la Lune autour de là Terre, c'est-à-dire aux phases de la Lune. A Batavia, la pression est la plus faible au moment de la nouvelle Lune et la plus forte un peu après la pleine Lune; l'amplitude totale de cette oscillation n'atteint pas $0^{mm},2$. La rotation diurne et la révolution synodique de la Lune provoquent donc des marées aussi bien dans l'atmosphère que sur les océans; mais les marées atmosphériques sont tellement faibles qu'elles ne dépassent guère la limite d'exactitude des observations du baromètre.

L'étude de l'influence de la révolution synodique ou des phases de la Lune sur les autres phénomènes météorologiques conduit à des résultats absolument contradictoires, et qui ont été discutés en détail par Arago et plus récemment par M. van Bebber; nous ne ferons donc que résumer brièvement les conclusions auxquelles ils sont parvenus.

La température, la nébulosité et les orages ne montrent aucune périodicité qui se rapporte à celle des phasés de là Lune. En Allemagne, les vents de N et NE semblent le plus fréquents au moment du dernier quartier et le plus rares au premier quartier; les vents de SW présentent une variation inverse; mais cette loi n'a pas été vérifiée pour d'autres pays.

A Paris et en Allemagne, le maximum du nombre de jours pluvieux a lieu entre le premier quartier et la pleine Lune; le minimum, entre le dernier quartier et la nouvelle Lune; le rapport du maximum au minimum est de 1,26 à Paris et de 1,21 en Allemagne; il semblerait donc, au premier abord, qu'il y ait là une loi réelle et que les chances de pluie soient, après le premier quartier, plus grandes d'un quart ou d'un cinquième qu'après le dernier; ce serait, du reste, une différence encore trop faible pour pouvoir servir de base à une prévision sérieuse. Mais la loi ne subsiste plus pour le sud de la France; à Orange, en effet, le minimum des jours pluvieux se produirait entre la pleine Lune et le dernier quartier, et à Montpellier au moment du premier quartier. S'il y a une relation entre les phases de la Lune et la pluie, cette relation est donc très complexe et variable d'une région à une autre.

L'étude des changements de temps a donné des résultats encore moins probants. En discutant les observations faites à Padoue au siècle dernier, Toaldo avait trouvé que, d'accord avec les croyances populaires, le temps change beaucoup plus souvent au moment de la nouvelle Lune qu'aux autres époques de la lunaison. Mais, convaincu d'avance de l'influence qu'il voulait démontrer, Toaldo comptait à l'actif de la nouvelle Lune les changements de temps qui se produisaient un jour ou même deux jours avant ou après, tandis que, pour le reste de la lunaison, chaque jour était considéré isolément. Si l'on recommence les calculs d'une manière rigoureuse, en conservant à chaque jour la même valeur, on ne trouve plus aucune trace de l'influence des phases de la Lune sur les changements de temps.

Dans ces dernières années, l'étude de l'influence de la Lune a été reprise d'une manière qui paraît plus scientifique. Tout d'abord on a abandonné l'idée de trouver des relations entre les phénomènes météorologiques et les phases de la Lune, c'est-à-dire la révolution synodique, qui ne représente que les positions relatives de la Terre, de la Lune et du Soleil; on a étudié alors la révolution anomalistique, qui correspond mieux aux positions respectives réelles de la Terre et de la Lune; on a cherché surtout à comparer la position de la Lune en déclinaison non pas à un phénomène météorologique particulier, température, pluie, changement de temps, etc., mais à l'ensemble de la distribution de la pression à la surface du globe. L'idée fondamentale de ces recherches est que les mouvements de la Lune en déclinaison peuvent amener des déplacements généraux de l'air, un balancement entre les régions tropicales et les latitudes élevées, et faire changer ainsi périodiquement, par exemple, la limite des alizés et la loi de variation de la pression avec la latitude. On comprendrait alors qu'un mouvement d'une zone de hautes pressions, par exemple, pût amener du beau temps d'un côté de la zone, et simultanément du mauvais temps d'un autre côté, et que ces variations, contraires au premier aspect, fussent dues cependant à une même cause. Ces études sont encore trop récentes et trop peu développées pour avoir donné déjà des résultats que l'on puisse considérer comme suffisamment concluants et généraux. Il était cependant intéressant de les signaler ici, car c'est en suivant cette voie que l'on arrivera peut-être à découvrir des relations réelles entre les mouvements de la Lune et les phénomènes météorologiques, alors que les recherches anciennes n'avaient abouti à aucune conclusion sérieuse. En résumé, dans l'état actuel de nos connaissances, on ne peut pas affirmer que la Lune exerce une influence sur le temps; mais on ne doit pas non plus nier que cette influence ne puisse exister. En tous cas, elle se manifesterait par des phénomènes complexes, tels que le déplacement des zones de hautes et de basses pressions, et pourrait ainsi se traduire par des résultats immédiats très différents d'une région à l'autre.

Pour terminer l'examen des opinions relatives à l'influence de la Lune, il convient de dire un mot des préjugés relatifs à la *Lune rousse*. On appelle ainsi la lunaison qui, commençant en avril, a sa pleine lune, soit dans la seconde moitié du mois, soit dans le courant de mai; s'il y a deux nouvelles lunes en avril, c'est donc la dernière qui commence la Lune rousse. Les jardiniers constatent souvent qu'à cette époque, lorsque le ciel est clair et que la Lune brille d'un vif éclat pendant la nuit, les bourgeons sont gelés et roussissent, bien que la température de l'air ne tombe pas au-dessous de 0°; rien de pareil ne se produit si la Lune reste cachée par les nuages. L'explication de ce phénomène est simple et la Lune n'y est absolument pour rien. Quand le ciel est clair et l'atmosphère sèche et transparente (c'est alors que la Lune brille du plus vif éclat), la température des corps soumis au rayonnement nocturne s'abaisse beaucoup au-dessous de celle de l'air; si, pendant le jour, la température n'est pas trop élevée, le rayonnement nocturne pourra alors refroidir les plantes au-dessous de 0°, et elles gèleront, bien que l'air reste à une température supérieure; les plantes ne gèleront pas, au contraire, s'il y a des nuages, qui diminuent le rayonnement. Les conditions qui amènent ces gelées par rayonnement sont donc un ciel clair et une température déjà peu élevée pendant le jour. A la fin de mai et en juin, la température moyenne est généralement trop haute pour que les gelées

par rayonnement soient à craindre, bien qu'elles se produisent
quelquefois. Avant le commencement de la Lune rousse, c'est-
à-dire dans les premiers jours d'avril et en mars, la température
moyenne est plus basse que pendant la Lune rousse même; les
conditions sont donc bien plus favorables aux gelées par rayonnement; mais, comme la végétation n'a pas encore commencé,
ces gelées ne font pas de dégâts et ne sont pas remarquées. Il y
a donc là un phénomène très simple, dans lequel la Lune n'a
d'autre part que d'indiquer, par son éclat, si le ciel est pur et
transparent.

Dans les pays du Midi, où la végétation est plus hâtive que
dans le centre et le nord de la France, la période critique pour la
végétation serait, non plus la Lune rousse, mais la lunaison qui
la précède.

113. Périodes pouvant être rapportées à d'autres astres. — De
la faiblesse de l'action que la Lune exerce sur notre atmosphère
on peut conclure que l'action de toutes les planètes est absolument nulle et qu'il n'y a pas lieu de la rechercher. Mais on a
invoqué l'influence d'autres corps appartenant au Système solaire, les essaims d'étoiles filantes, pour expliquer certaines anomalies que l'on constate fréquemment dans la variation annuelle
de la température.

Si, dans les stations qui possèdent une très longue série d'observations, on calcule les températures moyennes de toute la série
jour par jour, au lieu de se borner aux moyennes mensuelles,
comme nous l'avons fait jusqu'ici, on voit que la courbe qui
représente la variation de ces moyennes quotidiennes présente de
nombreuses irrégularités. La température n'augmente pas régulièrement et progressivement d'un jour à l'autre depuis le milieu
de janvier, époque du minimum, jusqu'au milieu de juillet,
époque du maximum; de même, la décroissance de la température
n'est pas non plus régulière dans la seconde partie de l'année; au
contraire, surtout à certaines époques de l'année, la courbe pro-
cède par sauts brusques dans un sens ou dans l'autre, présente
des sortes de dents ou de crochets.

Il est naturel de supposer que ces anomalies sont dues à ce que
la série d'observations est trop courte pour que l'influence des

perturbations soit complètement éliminée ; cependant, l'on constate que, si l'on calcule les moyennes en prenant des séries de plus en plus longues, tandis que certaines de ces irrégularités s'effacent, d'autres semblent subsister, et toujours aux mêmes époques ; de plus, on les retrouve dans toutes les stations comprises dans une région assez étendue, même si les moyennes ont été, pour toutes ces stations, calculées avec des années différentes. Bien qu'il soit très difficile de faire la part des perturbations, il y a donc quelque raison d'admettre que ces irrégularités ne sont pas dues au hasard, mais ont une existence réelle.

La courbe des températures moyennes de Paris offre un certain nombre d'anomalies de ce genre ; par exemple, il y a des périodes de refroidissement très marquées du 8 au 11 février, du 4 au 11 mars, du 10 au 12 mai et vers le 21 novembre. C'est un fait curieux que de retrouver la trace de certaines de ces irrégularités dans des dictons anciens, ce qui prouve que ces phénomènes étaient assez marqués pour avoir frappé l'attention, même avant l'usage général des instruments d'observation. Par exemple, à l'abaissement de température constaté le 11 mai correspond la croyance ancienne aux *Saints de glace* (saint Mamert, saint Pancrace, saint Servais ; 11, 12 et 13 mai) ; de même il y a souvent, dans la première quinzaine de novembre, une période de réchauffement qui correspond à l'*été de la Saint-Martin* (11 novembre).

On sait que tous les ans, du 11 au 13 novembre, la Terre coupe l'orbite elliptique d'un amas d'astéroïdes qui circulent autour du Soleil ; la rencontre de ces astéroïdes et des régions élevées de notre atmosphère est signalée par l'apparition, à l'époque indiquée, d'un grand nombre d'étoiles filantes que l'on désigne sous le nom de *Léonides,* parce que toutes leurs trajectoires apparentes passent par un point du ciel situé dans la constellation du Lion. C'est à ces astéroïdes que l'on a attribué à la fois le refroidissement des Saints de glace et le réchauffement de la Saint-Martin, qui se produisent exactement à six mois d'intervalle. La Terre, se trouvant en novembre entre le Soleil et ces astéroïdes, recevrait, par suite de la réflexion de la chaleur solaire sur ces corps, une plus grande quantité de chaleur ; en février, au contraire, il y aurait refroidissement, parce que l'essaim d'étoiles filantes passerait entre la Terre et le Soleil et intercepterait ainsi une partie de la chaleur qui aurait dû nous arriver.

Le fait que le refroidissement des Saints de glace ne se produit pas chaque année ne serait pas une objection bien forte, car l'importance du passage des Léonides est très variable d'une année à l'autre. Les astéroïdes sont répartis d'une manière très inégale tout le long de leur anneau; l'effet sur la Terre peut donc être différent, suivant qu'il s'interpose entre elle et le Soleil une partie plus ou moins dense de l'anneau.

Quelque invraisemblable que paraisse cette explication, il n'y en a pas moins entre les Saints de glace, l'été de la Saint-Martin et les étoiles filantes qui constituent l'essaim des Léonides, une coïncidence d'autant plus curieuse qu'elle se reproduit pour un autre essaim d'étoiles filantes, celui des *Perséides,* dont le point radiant est dans la constellation de Persée, et que l'on observe du 10 au 13 août. En effet, la courbe des températures moyennes de Paris présente non seulement à ce moment aussi un réchauffement appréciable, mais encore à six mois d'intervalle un refroidissement considérable, celui du 11 février, qui est peut-être la mieux caractérisée de toutes les anomalies de la courbe.

Il paraît cependant impossible d'accepter l'explication proposée et d'attribuer ces variations de température à une action directe des astéroïdes. Cette action, en effet, devrait s'étendre simultanément à toute la Terre et se manifester, plus que partout ailleurs, dans les stations tropicales, où les perturbations sont rares. Or, jusqu'à ce jour, on n'a jamais constaté rien de semblable; les années où le refroidissement du 11 au 13 mai est le plus marqué en France et dans tout l'ouest de l'Europe, ne présentent le plus souvent aucune trace d'abaissement de température correspondant dans d'autres parties de la Terre, aux Indes notamment.

Si l'existence même de ces anomalies de température semble très probable, l'explication qu'on en a proposée est certainement insuffisante ou inexacte. Il est malheureusement impossible d'en offrir actuellement une meilleure, car les données d'observations font défaut. Pour que les moyennes sur lesquelles on opère aient quelque valeur, il faut qu'elles soient déduites d'observations qui aient une durée d'au moins cinquante ou soixante ans et même davantage. Or on ne possède guère de semblables séries qu'en

Europe, dans une région où les variations simultanées de température sont à peu près les mêmes, et où, par suite, la similitude des anomalies observées ne peut être considérée comme un argument sérieux. Pour établir définitivement la réalité de ces phénomènes et en découvrir les lois, il faudrait les étudier en même temps dans des pays où les conditions météorologiques sont très différentes, par exemple en Europe, aux États-Unis et dans quelques stations de l'hémisphère austral; les documents nécessaires paraissent à peine suffisants aujourd'hui pour commencer cette étude.

114. Périodes diverses. — On a successivement essayé de découvrir, dans les phénomènes météorologiques, un grand nombre de périodes diverses, qui ne rentrent pas dans les catégories que nous avons étudiées précédemment. Nous ne pouvons discuter ni même énumérer ici toutes ces périodes, dont la plupart, du reste, ne présentent aucun intérêt et n'ont même pas d'existence réelle. C'est un genre de recherches dans lequel il est très facile de se laisser abuser et de prendre pour une loi de simples coïncidences fortuites.

Parmi ces périodes, nous n'en retiendrons qu'une seule, celle qui a fait l'objet des recherches les plus étendues et qui paraît établie avec le plus de vraisemblance : c'est la période de 35 ans environ, signalée par M. Brückner; ce sera en même temps un bon exemple pour montrer comment il faut envisager ces genres de périodes.

Le point de départ de ces recherches a été l'étude des changements de niveau de la mer Caspienne, qui paraît présenter des variations alternatives dont la période est de trente-quatre à trente-six ans. M. Brückner a retrouvé une périodicité analogue dans les observations de température et de pluie faites en Russie. Mais il faut remarquer dès l'abord qu'il ne peut s'agir ici d'une périodicité rigoureuse, car la durée des périodes successives varie entre d'assez grandes limites; pour la température et la pluie, enfin, les variations se présentent bien dans le sens voulu si l'on considère les moyennes générales de toutes les stations, mais on n'en retrouve plus aucune trace dans chaque station considérée isolément.

Ces résultats, bien qu'un peu vagues, se trouvent confirmés en partie par l'étude des variations de niveau des lacs et des rivières et par celles des quantités de pluie, dans des stations choisies dans toutes les parties de la Terre. Nous indiquerons ici les principaux résultats obtenus par M. Brückner :

Les lacs sans écoulement ont présenté, en général, les niveaux les plus bas vers 1720, 1760, 1800, 1835 et 1865, et les plus hauts vers 1740, 1780, 1820, 1850 et 1880; pour les lacs avec écoulement et les fleuves, les minima se sont produits vers 1760, 1795, 1831-35 et 1861-65 et les maxima vers 1740, 1775, 1820, 1850 et 1876-80; pour toute la Terre, depuis 1830, les périodes sèches ont été 1831-40 et 1861-65 et les périodes humides 1846-55 et 1876-85. Enfin les périodes de température élevée ont été 1791-1805, 1821-35, 1851-70 et celles de basse température 1806-20, 1836-50 et 1871-85. Il y a une assez grande concordance entre toutes ces époques; mais l'intervalle de deux maxima et de deux minima consécutifs a varié de vingt à cinquante ans; c'est donc en somme une périodicité peu régulière.

D'une manière générale, il y a coïncidence d'une part entre les périodes froides et humides, et de l'autre entre les périodes chaudes et sèches. Les variations sont surtout marquées sur les continents; elles peuvent s'intervertir sur les océans et dans certaines des contrées qui les bordent, de façon qu'il s'établit une sorte de compensation entre les mers et les continents. Les périodes pluvieuses des continents y sont accompagnées de pressions relativement basses, en même temps que la pression est haute et que l'on traverse une période sèche sur les mers, et inversement.

En résumé, cette période de trente-cinq ans qui, de toutes celles que l'on a étudiées jusqu'ici, fournit encore les résultats les moins douteux, ne paraît pas correspondre à l'idée qu'on peut se faire d'une réelle périodicité; ce sont là des variations, tantôt dans un sens, tantôt dans un autre, mais qui se succèdent sans grande régularité et, en tous cas, à des intervalles beaucoup trop variables pour qu'on puisse fonder sur cette succession la moindre tentative de prévision.

115. Variabilité des climats. — La question de la constance ou de la variabilité des climats se rattache étroitement à celle des

influences cosmiques et de la périodicité des phénomènes de
l'atmosphère. La Géologie nous montre, par l'étude des fossiles
animaux et végétaux, que, dans un même lieu, les conditions climatologiques ont certainement beaucoup changé et à plusieurs
reprises. L'étude de ces variations aux époques géologiques ne
rentre pas dans le domaine de la Météorologie; nous nous bornerons donc aux changements qui ont pu se produire depuis les
temps historiques. On peut toutefois remarquer que les phénomènes géologiques n'impliquent pas tous nécessairement de
grandes variations dans la température moyenne de la Terre;
beaucoup pourraient s'expliquer par de simples changements
dans la position respective des terres et des mers; les différences ne semblent souvent pas dépasser celles qui existent
actuellement entre deux points situés à une même latitude : par
exemple, les îles Feroë et la région d'Iakoutsk, dans le centre de
la Sibérie.

L'étude des variations du climat depuis les temps historiques
présente les plus grandes difficultés, même si l'on se restreint
aux deux derniers siècles, c'est-à-dire aux époques postérieures
à l'emploi des instruments d'observation : baromètre, thermomètre
et pluviomètre. Toutes les observations anciennes soulèvent, en
effet, les critiques les plus graves : les instruments étaient défec-
tueux; leur graduation mal faite, ou dans des conditions que nous
ne connaissons plus; ils étaient généralement installés dans de
mauvaises conditions; enfin les observations elles-mêmes étaient
fréquemment très mal faites. Aussi est-il le plus souvent impossible de comparer les observations anciennes avec celles qui sont
faites depuis quarante ou cinquante ans. Nous en donnerons
quelques exemples.

Les observations faites à Paris pendant les douze années 1772-
1783 avaient donné une température moyenne de 12°,2, tandis
que la valeur exacte est aujourd'hui 10°,0. Si l'on ne possédait
pour Paris que cette ancienne série et si l'on ignorait qu'elle a été
obtenue dans des conditions défectueuses, on serait amené à en
conclure que le climat de Paris, il y a une centaine d'années, était
exactement celui que l'on observe de nos jours à Toulouse, dont
la température moyenne est précisément de 12°,2, et l'on admet-
trait alors en un siècle une variation de climat telle qu'elle devrait

modifier entièrement le caractère de la végétation. De même, deux séries d'observations ont été faites à peu d'années de distance à Montevideo : la première, mauvaise, donnait une température moyenne de 19°,3; la seconde, exacte, a abaissé cette valeur à 16°,8; soit une différence de température de 2°,5, plus grande encore que celle que nous avons signalée pour Paris.

Si, au lieu de moyennes, on considère les observations individuelles, on peut avoir des erreurs bien plus grandes encore; ainsi, le 9 décembre 1879, le thermomètre descendait à — 24°,4 au nord de Paris, à Aubervilliers, et à — 23°,5 au sud, à Montsouris; donc la température au centre de la ville aurait dû être de — 24°; or, à ce même moment, M. Renou observait seulement — 14° avec un excellent thermomètre, à une fenêtre du quatrième étage, dans une cour s'ouvrant au nord et bien dégagée de ce côté; l'erreur provenant de l'influence de la ville atteignait donc 10°. M. Renou cite de même le minimum de température de — 1°,5 observé à Vendôme, le 20 avril 1852, avec un bon instrument, mais dans la ville, alors que les seigles étaient gelés aux environs; cet effet sur la végétation serait resté incompréhensible si une observation faite au même moment dans la campagne, au thermomètre-fronde, n'avait donné une température de — 9°,4; l'influence de la ville avait relevé de 8° la température minimum.

Les autres phénomènes météorologiques peuvent présenter des erreurs au moins aussi grandes : à l'Observatoire de Paris, on a noté comme total annuel de pluie 230^{mm} en 1723 et 210^{mm} en 1733; c'est à peu près ce qui tombe dans l'extrême sud de l'Algérie, à l'entrée du Sahara. La hauteur de la Seine n'a, du reste, présenté rien d'anormal dans ces deux années; il y a même eu une très forte crue en avril 1733. Les quantités de pluie relevées sont donc grossièrement inexactes; on a probablement laissé échapper sans la mesurer plus de la moitié de la pluie.

Ces quelques exemples suffiront pour montrer combien on doit se méfier des observations anciennes et à quelles conclusions extraordinaires on serait conduit si on les employait, sans vérification, pour étudier les variations du climat. C'est à peine si l'on peut utiliser celles qui remontent au commencement du XIXe siècle. Dans ces conditions, avec le peu de durée des observations méritant quelque confiance, il serait absolument illusoire de chercher

dans les observations météorologiques proprement dites des arguments pour ou contre l'hypothèse de la variabilité des climats;
·les seules données auxquelles on puisse avoir recours sont celles
qui·concernent les phénomènes de la végétation.

Même dans cet ordre de faits, une grande attention est nécessaire pour ne pas attribuer à des causes météorologiques des variations dont l'origine est toute différente. On sait, par exemple,
qu'autrefois la culture de la vigne s'étendait, en France, jusqu'en
Picardie, tandis qu'aujourd'hui, elle ne dépasse guère au nord le
·département de Seine-et-Oise. Doit-on en inférer une détériora-
tion du climat, qui aurait obligé à reculer vers le sud la limite de
cette culture? La cause paraît toute différente : on conservait
autrefois des vignobles dans des régions où le raisin ne parvenait
pas tous les ans à maturité et dans des terrains qui ne paraissaient
pas propres à d'autres cultures; quand le progrès des communica-
tions permit à ces régions de recevoir à bon marché du vin de
pays plus favorisés, la culture de la vigne fut rapidement aban-
donnée pour d'autres plus rémunératrices.

Les renseignements les meilleurs, au point de vue climatolo-
gique, seraient certainement ceux qui concernent les époques de
·feuillaison et de floraison des plantes spontanées et des arbres fo-
restiers; le mode de culture et l'introduction de nouvelles espèces
peuvent produire en effet des variations notables dans les époques
de végétation des plantes cultivées. Mais c'est pour les plantes
cultivées que l'on possède les documents les plus nombreux et qui
remontent le plus loin; les époques des vendanges, en particulier,
sont connues dans quelques localités, presque sans lacunes,
depuis le xive ou le xve siècle. L'examen de ces longues séries
d'observations conduit aux conclusions suivantes :

Dans les descriptions que donne Columelle (premier siècle de
notre ère) des vignes de la Gaule, on reconnaît parfaitement une
variété spéciale (le Pinot) qui est toujours le plant des grands
crus de la Bourgogne. On sait de même que, depuis Grégoire de
Tours (vi^e siècle), ce sont encore les mêmes collines et la même
partie des collines qui donnent les grands vins de Bourgogne; or,
les mêmes plants donnent des produits très différents dès qu'ils
sont transportés sous un autre climat ou même à une altitude très
peu différente. La moindre modification permanen te dans la tem-

pérature ou dans l'humidité aurait donc fait varier la position des grands vignobles.

La discussion des époques de vendanges en France et dans les pays voisins montre du reste que l'époque moyenne reste à peu près constante. La date des vendanges, dans un même pays, éprouve de grandes variations d'une année à l'autre, sous l'influence des conditions météorologiques; parfois même toute une série d'années donne une moyenne plus hâtive ou plus tardive; il y a donc, dans les époques de vendanges, des oscillations qui présentent, du reste, certains rapports avec celles que M. Brückner a signalées dans d'autres phénomènes et que nous avons indiquées précédemment. Mais ce sont de véritables oscillations autour d'une valeur moyenne et nullement une variation continue dans un sens, toujours le même, qui indiquerait un changement progressif du climat. En résumé, la discussion des observations relatives à la végétation de la vigne montre que le climat de la France a pu subir des oscillations passagères, tantôt dans un sens, tantôt dans l'autre, mais qu'en moyenne il est resté le même depuis quatorze ou quinze siècles.

M. Eginitis a montré qu'il en était de même pour la Grèce. Actuellement comme quatre siècles avant notre ère, du temps d'Aristote et de Théophraste, le dattier pousse et fructifie à Athènes, mais il n'y mûrit pas ses fruits; la comparaison avec les régions voisines montre que, dans les pays où la température moyenne annuelle est plus basse que celle d'Athènes de moins de $1°$, le dattier pousse difficilement et ne fructifie plus. Au contraire, avec une température plus élevée de $1°$, les dattes deviennent mangeables, bien que ne mûrissant pas encore complètement. De même à Chypre les conditions de la végétation du dattier sont restées absolument, à l'époque actuelle, ce qu'elles étaient au IVe siècle avant notre ère. Le climat de la partie orientale de la Méditerranée n'a donc pas varié d'une manière appréciable depuis vingt-trois siècles.

Biot enfin est arrivé aux mêmes conclusions pour la Chine, en discutant les conditions anciennes et actuelles de la culture dans ce pays, l'époque du développement des vers à soie, celles de l'arrivée et du départ des oiseaux migrateurs, etc.

En résumé, toutes ces observations montrent que le climat

moyen de la Terre n'a pas changé d'une manière appréciable depuis les temps historiques. Si, comme les phénomènes géologiques portent à le croire, notre globe doit aller sans cesse en se refroidissant, ce refroidissement est tellement lent que, pour le mettre en évidence, il faudrait des observations très précises, poursuivies au moins pendant dix ou vingt siècles.

Une dernière question, encore très controversée, est celle de l'influence que l'homme peut exercer sur le climat. On parle bien souvent, par exemple, de l'effet des reboisements ou des défrichements; mais aucun des arguments que l'on peut invoquer, dans un sens ou dans l'autre, n'a de valeur réelle. Il est hors de doute que le reboisement des montagnes, par exemple, régularise le régime des cours d'eau; mais rien ne prouve qu'il agisse d'une manière quelconque sur le climat, qu'il augmente ou diminue la fréquence ou l'intensité de la pluie. On ne peut rien conclure, en effet, de ce que les quantités moyennes de pluie recueillies dans la région ne seraient pas les mêmes, pendant deux périodes de quelques années chacune, l'une antérieure, l'autre postérieure au reboisement; la pluie est un élément tellement variable que, dans une même localité où les conditions générales restent invariables, deux périodes différentes, même assez longues, ne donnent jamais la même moyenne. Le seul moyen d'obtenir des nombres probants serait de faire, avant toute modification et pendant une dizaine d'années, des observations comparatives dans un assez grand nombre de stations, situées, les unes dans la région considérée, les autres tout autour jusqu'à une grande distance; puis, une fois la modification accomplie, reboisement ou défrichement, de recommencer les observations pendant un temps égal, sans rien changer aux stations. De telles observations systématiques, les seules qui puissent compter, ne paraissent jamais avoir été faites. On ne possède donc encore aucun fait précis qui montre la grandeur des effets que l'intervention de l'homme serait capable d'avoir sur le climat; en pareille matière, on en est réduit à peu près à l'hypothèse.

Théoriquement l'action de l'homme sur le climat semble possible, mais à condition de s'exercer sur des surfaces immenses, ce qui, en pratique, la rend tout à fait négligeable. Des changements considérables seraient certainement produits si, par exemple, on pouvait amener et maintenir, sur toute la surface du Sahara, une couche d'eau suffisamment profonde; la température moyenne de toute cette région serait abaissée de 8° à 10°, l'équateur thermique refoulé bien loin vers le sud, et les mouvements généraux de l'atmosphère entièrement modifiés. Des changements en sens inverse seraient observés si toute la surface du Brésil se trouvait transformée en un sol aride et dépourvu de toute végétation. Des révolutions de ce genre sont probablement survenues aux époques géologiques, par suite de soulèvements ou d'abaissements portant sur d'énormes étendues; mais, en réalité, l'action de l'homme, limitée à des surfaces très restreintes, est incapable d'amener aucune modification appréciable dans les conditions générales de l'atmosphère.

Recouvrir d'eau, comme on l'a proposé autrefois, des surfaces même relativement assez grandes, comme celles des chotts du sud de l'Algérie, n'amènerait vraisemblablement dans cette région aucune modification appréciable, pas même de faibles pluies locales. Le voisinage des mers ou d'immenses océans ne fait pas qu'il pleuve sur les côtes atlantiques du Sahara, sur celles de la mer Rouge, de l'Australie occidentale ou du Pérou; la production de la pluie exige avant tout l'existence préalable des grands mouvements ascendants de la circulation générale ou des tempêtes, qui sont en dehors de nos moyens d'action. Dans un domaine bien plus restreint encore, il ne paraît pas même dans nos moyens de forcer un nuage à se résoudre en pluie par des décharges d'artillerie ou de puissantes explosions. Les quelques faits de ce genre que l'on peut citer ne sont probablement que des coïncidences fortuites. La formation d'un nuage exige, comme nous l'avons vu, des conditions bien plus complexes; même si les nuages existent au préalable, ce ne sont pas des réservoirs remplis d'eau et qu'une violente commotion pourrait ouvrir; on en tirerait peut-être ainsi quelques gouttes; mais, pour qu'une véritable pluie se produise, il faut que d'énormes masses d'air en mouvement apportent sans cesse de nouvelles quantités de vapeur d'eau, dans des conditions où leur condensation rapide soit possible.

Les conditions générales du climat sont déterminées par la forme et la configuration géographique de notre globe; les changer dans leurs traits essentiels sera toujours au-dessus des forces de l'homme. Il peut les utiliser et en tirer le meilleur parti; peut-être même un jour, en s'inspirant et s'aidant de ces conditions générales, arrivera-t-il à obtenir quelques modifications de détail sur de petites surfaces; mais ces modifications, même les plus restreintes, ne pourront être que progressives et demanderont des années ou des siècles d'efforts continus.

FIN.

TABLE DES MATIÈRES.

LIVRE I.

Température.

Pages.

LIVRE II.

La pression atmosphérique et le vent.

LIVRE III.

L'eau dans l'atmosphère.

LIVRE IV.

Les perturbations de l'atmosphère.

LIVRE V.

Prévision du temps.

FIN DE LA TABLE DES MATIÈRES.

25786   Paris. — Imprimerie GAUTHIER-VILLARS, quai des Grands-Augustins, 55.